权威·前沿·原创

皮书系列为
"十二五""十三五""十四五"时期国家重点出版物出版专项规划项目

U0213786

BLUE BOOK

智 库 成 果 出 版 与 传 播 平 台

《财经》媒体支持

可持续发展蓝皮书
BLUE BOOK OF SUSTAINABLE DEVELOPMENT

中国可持续发展评价报告（2023）

EVALUATION REPORT ON THE SUSTAINABLE DEVELOPMENT OF CHINA (2023)

研创 ╱
中国国际经济交流中心
美国哥伦比亚大学地球研究院
飞利浦（中国）投资有限公司
大道应对气候变化促进中心

社会科学文献出版社
SOCIAL SCIENCES ACADEMIC PRESS（CHINA）

图书在版编目（CIP）数据

中国可持续发展评价报告. 2023 / 中国国际经济交
流中心等研创.––北京：社会科学文献出版社，
2023.12
　（可持续发展蓝皮书）
　ISBN 978-7-5228-2968-5

　Ⅰ.①中…　Ⅱ.①中…　Ⅲ.①可持续性发展-研究报
告-中国-2023　Ⅳ.①X22

中国国家版本馆 CIP 数据核字（2023）第 230875 号

可持续发展蓝皮书
中国可持续发展评价报告（2023）

研　　　创 / 中国国际经济交流中心　美国哥伦比亚大学地球研究院
　　　　　　飞利浦（中国）投资有限公司　大道应对气候变化促进中心
主　　　编 / 张焕波　郭　栋　王　军

出 版 人 / 冀祥德
责任编辑 / 薛铭洁
责任印制 / 王京美

出　　　版 / 社会科学文献出版社·皮书出版分社（010）59367127
　　　　　　地址：北京市北三环中路甲 29 号院华龙大厦　邮编：100029
　　　　　　网址：www.ssap.com.cn
发　　　行 / 社会科学文献出版社（010）59367028
印　　　装 / 三河市东方印刷有限公司

规　　　格 / 开　本：787mm×1092mm　1/16
　　　　　　印　张：38.75　字　数：588 千字
版　　　次 / 2023 年 12 月第 1 版　2023 年 12 月第 1 次印刷
书　　　号 / ISBN 978-7-5228-2968-5
定　　　价 / 198.00 元

读者服务电话：4008918866

编 委 会

课题指导

宁吉喆　第十四届全国政协常委、经济委员会副主任，中国
　　　　国际经济交流中心副理事长，国家发改委原副主任，
　　　　国家统计局原局长

张大卫　中国国际经济交流中心副理事长兼秘书长，河南省
　　　　人民政府原副省长，河南省人大常委会原副主任

苏　伟　国家发改委原副秘书长，中国气候谈判首席代表

Steven Cohen　美国哥伦比亚大学可持续发展中心主任，教授

Satyajit Bose　美国哥伦比亚大学可持续发展管理硕士项目副
　　　　主任，教授

李　涛　飞利浦集团副总裁

课题顾问

解振华　中国气候变化事务特使

仇保兴　国际欧亚科学院院士，中国城市科学研究会理事长，
　　　　住房和城乡建设部原副部长

赵白鸽　第十二届全国人大外事委员会副主任委员，中国社
　　　　会科学院"一带一路"国际智库专家委员会主席，
　　　　蓝迪国际智库专家委员会主席

周　建　环境保护部原副部长

飞利浦公司课题组成员：

张丹丹　飞利浦大中华区政府事务部高级总监

Hendrickx Anette　飞利浦可持续发展传播合伙人

田璐璐　飞利浦大中华区政府事务部高级经理

《财经》课题组成员：

邹碧颖　《财经》区域经济与产业科技研究院研究员

张　舸　《财经》区域经济与产业科技研究院副研究员

张明丽　《财经》区域经济与产业科技研究院助理研究员

孙颖妮　《财经》区域经济与产业科技研究院助理研究员

主编简介

张焕波　中国国际经济交流中心美欧研究部部长，研究员，中国科学院研究生院博士、清华大学公共管理学院博士后。自 2009 年至今在中国国际经济交流中心从事可持续发展、碳政策、国际经济、产业发展等方面的研究工作。撰写内参 100 多篇，数十篇获得国家领导人重要批示。在 SSCI、SCI、CSSCI 等国内外学术期刊发表论文 100 多篇。主持国家发改委、商务部、中国国际经济交流中心、国家自然科学基金会、地方政府、世界 500 强企业等委托研究课题 50 多项。学术成果获得国家发改委优秀成果一等奖 2 项、二等奖 3 项、三等奖 2 项。出版专著包括《中国宏观经济问题分析》《中国、美国和欧盟气候政策分析》《发展更高层次的开放型经济》《〈巴黎协定〉——全球应对气候变化的里程碑》《负面清单管理模式下我国外商投资监管体系研究》《中国可持续发展评价报告》《亚洲竞争力报告》等。

郭　栋　哥伦比亚大学可持续发展政策与管理研究中心副主任，研究员，哥伦比亚大学国际与公共事务学院客座教授，职业研究学院高级招生顾问，纽约亚洲协会政策研究所研究员。在哥伦比亚大学教授微观经济学、可持续指标、定量研究方法、统计在管理学中的应用等课程。研究方向包括可持续企业管理、可持续城市政策及评价、可持续金融、教育经济学等，并在中国就以上领域进行了多项研究。此外，还研究了中国的教育回报率、中国职业教育的经济回报及特点、教育的同群效应、环境监管对就业的影响、环境风险认知与管理以及环境态度与行为。曾担任哥伦比亚大学地球研究院中国项目主任，上海财经大学特聘教授（讲授可持续金融学）、河南大学讲座教授、上海国际金融与经济研究院特聘研究员。曾在北京大学、清华大学授课，应邀在许多国际研讨会上发言。合著了《金融生态圈——金融在推进可持续发展中的作用》《可持续城市》等书籍。于哥伦比亚大学教育学院获得经济和教育学博士学位，并获哥伦比亚大学国际与公共事务学院公共管理硕士，伦敦大学学院经济学学士学位。

王　军　华泰资产管理有限公司首席经济学家，中国首席经济学家论坛理事，研究员，博士。曾供职于中共中央政策研究室，任处长；曾任中国国际经济交流中心信息部部长、中国国际经济交流中心学术委员会委员；曾任中原银行首席经济学家。先后在《人民日报》《光明日报》《经济日报》《中国金融》《中国财政》《瞭望》《金融时报》等国家级报刊上发表学术论文 300 余篇，已出版《中国经济新常态初探》《抉择：中国经济转型之路》《打造中国经济升级版》《资产价格泡沫及预警》等 10 余部学术著作，多次获省部级科研一、二、三等奖。研究方向为宏观经济理论与政策、金融改革与发展、可持续发展等。在中央政策研究室工作期间，多次参与中央主要领导在重要会议上的讲话以及中央重要文件的起草，多篇研究报告得到中央主要领导的重要批示。在中国国际经济交流中心工作期间，一直负责跟踪研究国内宏观经济运行，对重大宏观经济问题提出分析建议，为中央、国务院决策提供参考。作为主要组织者和参与者，共主持完成深改办、中财办、中研室、国研室、发改委、财政部、商务部、外交部、国开行、博鳌亚洲论坛秘书处等部委及机构委托的重点研究课题 40 余项。

摘　要

实现可持续发展是新时代全球治理和构建人类命运共同体的核心任务。习近平总书记多次指出，可持续发展是"社会生产力发展和科技进步的必然产物"，是"破解当前全球性问题的'金钥匙'"；"大家一起发展才是真发展，可持续发展才是好发展"。在第七十六届联合国大会上，习近平总书记提出全球发展倡议，希望各国共同努力，加快落实2030年可持续发展议程，构建全球发展命运共同体。报告基于中国可持续发展评价指标体系基本框架，对2021年我国的可持续发展状况从国家、省级地区和重点城市三个层面进行了全面系统的数据验证分析。国家可持续发展指标评价体系数据验证结果分析显示：中国可持续发展水平不断提高，经济实力明显跃升、社会民生福祉持续增进、资源环境状况总体提升、消耗排放控制成效突出、治理保护效果逐步显现。中国省域可持续发展指标评价体系数据验证结果分析显示，位居前10位的分别是北京市、上海市、浙江省、广东省、天津市、重庆市、福建省、海南省、江苏省和湖北省。中国110座大中型城市可持续发展情况综合排名前10位的城市分别是：杭州、珠海、无锡、青岛、南京、北京、上海、广州、济南、苏州。杭州市可持续发展综合排名连续三年位居首位。

当今世界正处于大发展大变革大调整时期，人类面临许多全球性问题和挑战。越是在这样的时刻，越需要各国加强合作，坚持走可持续发展的道路，努力实现全球可持续发展目标。中国将继续与各国人民一道，携手并进，以完成2030年可持续发展议程目标为契机，以积极行动为全球发展创

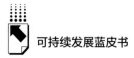
造更多机会，努力落实"全球发展倡议"，共创普惠平衡、协调包容、合作共赢、共同繁荣的发展格局，为全球发展事业贡献中国智慧和中国方案。报告在以下方面提出建议：要切实落实"双碳"目标，坚定不移走生态优先、绿色低碳的高质量发展道路；加快产业结构优化调整，建设绿色低碳现代产业体系；加快高水平对外开放，拓展中国式现代化的发展空间；持续打好蓝天、碧水、净土保卫战；推动三北地区生态保护和绿色低碳发展；持续优化ESG治理，引导企业投资经营中重视绿色低碳发展和履行社会责任；倡导公众积极参与城市的可持续发展，树立可持续发展是解决全球问题的"金钥匙"理念，等等。报告还围绕绿色建筑、"双碳"战略、生态文明国际话语权、ESG管理等做了专题研究，对无锡、承德、台州和太原等城市进行了案例分析，对部分企业的可持续发展实践进行分析。报告介绍并分析了美国纽约、巴西圣保罗、西班牙巴塞罗那、法国巴黎、中国香港、新加坡新加坡、荷兰埃因霍温，以及阿联酋迪拜这些国际大都市的可持续发展政策与成果，并通过15个指标同中国大中型城市的可持续发展水平进行了比较。

关键词： 可持续发展　社会治理　可持续发展议程

目 录 ↖

Ⅰ 总报告

B.1 2023年中国可持续发展评价报告

…………… 张焕波 郭 栋 韩燕妮 孙 珮 王 佳 / 001

    一 中国国家级可持续发展评价 ………………………… / 003

    二 中国省级可持续发展评价 …………………………… / 007

    三 中国重点城市可持续发展评价 ……………………… / 011

    四 对策建议 ……………………………………………… / 017

Ⅱ 分报告

B.2 中国国家级可持续发展指标体系数据验证分析

………………………………………… 张焕波 孙 珮 / 021

B.3 中国省级可持续发展指标体系数据验证分析

………………………… 张焕波 韩燕妮 王 佳 / 038

B.4 中国110座大中城市可持续发展指标体系数据验证分析

………… 郭 栋 王 佳 王安逸 柴 森 郭艳茹 / 130

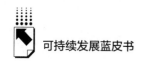
Ⅲ 专题篇

B.5 实施"双碳"战略，推进可持续发展 ……………………… 宁吉喆 / 218

B.6 绿色建筑发展的三个趋势 …………………………… 仇保兴 / 222

B.7 多元赋能助推可持续发展 ………… 赵白鸽 杨林林 夏尧囡 / 231

B.8 气候变化国际谈判与中国的双碳战略 ……………………… 苏 伟 / 238

B.9 当代中国生态文明国际话语权及其影响力 …… 刘宇宁 张 健 / 254

B.10 国际 ESG 投资的实践经验及启示 ………… 王 军 孟 则 / 263

B.11 中国 ESG 地方治理数据体系研究报告

………………………… 宋光磊 林紫歆 李萍萍 / 284

B.12 中国促进 ESG 投资的探索实践与发展建议 ………… 刘向东 / 297

B.13 城镇化与教育公平视角下家庭教育的几个问题 ……… 张 简 / 314

B.14 统筹绿色低碳转型和能源安全的思路与建议

………………………………… 申静怡 崔 璨 / 324

B.15 非洲国家新能源产业发展情况及与我国合作前景研究

——以安哥拉为例 ……………………… 张岳洋 / 334

Ⅳ 案例篇

B.16 广西北部湾经济区：以区域一体化推动协调可持续发展

………………………………… 覃元臻 / 354

B.17 无锡：高质量可持续发展新模式 ………………… 曾望龙 / 366

B.18 承德：城市群水源涵养的可持续创新 ……………… 张 舸 / 377

B.19 台州：从"制造之都"到建设高质量"大花园" …… 孙颖妮 / 386

B. 20 太原：打破"一煤独大"，走能源可持续发展之路 …… 张明丽 / 397

B. 21 重庆珞璜：传统工业小镇转型开放物流枢纽的可持续实践

………………………………………… 邹碧颖　王延春 / 405

B. 22 国际城市研究案例

…………… 王安逸　杨宇楠　王　超　孟星园　Sylvia Gan / 418

B. 23 重塑增长

——加速循环经济和零碳医疗保健体系的应用

…………………………………………… 李　涛　刘可心 / 470

B. 24 大梅沙生物圈三号：从万科中心碳中和实验园区到碳中和

社区的探索 …………… 沈　栋　张志恒　蔡文斐　张凌燕 / 484

B. 25 联想集团：践行绿色发展理念，科学迈向净零未来

…………………………………………………… 王　旋 / 494

B. 26 高德地图："评诊治"智能决策 SaaS 系统，助力交通可持续治理

………………………………… 董振宁　苏岳龙　陶荟竹 / 505

附录一 中国国家可持续发展指标说明 ……………………………… / 520

附录二 中国省级可持续发展指标说明 ……………………………… / 540

附录三 中国城市可持续发展指标说明 ……………………………… / 562

Abstract ………………………………………………………… / 576

Contents ………………………………………………………… / 579

皮书数据库阅读**使用指南**

总 报 告

General Report

B.1

2023年中国可持续发展评价报告

张焕波 郭栋 韩燕妮 孙珮 王佳*

摘　要： 在可持续发展评价指标体系基本框架的基础上，报告全面系统地
对2021年中国国家、省级地区及大中城市可持续发展状况进行
了数据分析和排名。研究表明，从全国来看，2015~2021年，中
国可持续发展水平不断提高，经济实力明显跃升、社会民生福祉
持续增进、资源环境状况总体提升、消耗排放控制成效突出、治
理保护效果逐步显现。2021年中国可持续发展保持较强发展动
力，但中国在资源环境方面还需要进一步提高治理水平。从全国
30个省、自治区、直辖市来看，综合排名居前10位的分别是北

*　张焕波，中国国际经济交流中心美欧研究部部长，研究员，博士，研究方向为可持续发展、
中美经贸关系；郭栋，美国哥伦比亚大学可持续发展政策与管理研究中心副主任，研究员，
博士，研究方向为可持续企业管理、可持续城市政策及评价、可持续金融、教育经济学等；
韩燕妮，中国国际经济交流中心创新发展研究部助理研究员，博士，研究方向为科技创新、
可持续发展；孙珮，中国国际经济交流中心美欧研究部助理研究员，博士，研究方向为公共
经济学、健康经济学、可持续发展；王佳，中国国家开放大学研究实习员，研究方向为统计
学、可持续发展、教育管理。

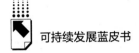

京市、上海市、浙江省、广东省、天津市、重庆市、福建省、海南省、江苏省和湖北省。中国110座大中型城市可持续发展情况综合排名前10位的城市分别是杭州、珠海、无锡、青岛、南京、北京、上海、广州、济南、苏州。杭州市可持续发展综合排名连续三年位居首位。报告认为，推动中国可持续发展水平不断提升，要切实落实"双碳"目标，坚定不移走生态优先、绿色低碳的高质量发展道路；加快产业结构优化调整，建设绿色低碳现代产业体系；加快高水平对外开放，拓展中国式现代化的发展空间；推动三北地区生态保护和绿色低碳发展；持续优化ESG治理，引导企业投资经营中重视绿色低碳发展和履行社会责任；倡导公众积极参与城市的可持续发展，树立可持续发展是解决全球问题的"金钥匙"理念。

关键词： 可持续发展　社会治理　高质量发展

当今世界正处于大发展大变革大调整时期，人类面临许多全球性问题和挑战。越是在这样的时刻，越需要各国加强合作，坚持走可持续发展的道路，努力实现全球可持续发展目标。中国秉持创新、协调、绿色、开放、共享的新发展理念，可持续发展取得突破性成就。2020年，中国农村贫困人口全部脱贫，绝对贫困得以消除，区域性整体贫困得到解决。2022年，中国人均国内生产总值已经达到1.27万美元，接近高收入国家的门槛。近年来，生态环境状况实现历史性的转折，污染物排放持续下降，生态环境质量明显改善，全国空气质量持续向好，地表水环境质量稳步改善，全国土壤环境风险得到基本管控。基本公共服务均等化扎实推进，区域发展的平衡性、协调性和优势互补性持续增强。"中国可持续发展评价报告"课题组依据构建的可持续发展评价指标体系，对2021年中国国家、省和城市层面的可持续发展做了评估。

一　中国国家级可持续发展评价

　　中国国家级可持续发展评价是在中国可持续发展评价指标体系的框架下，经过对初始数据进行查找和筛选，整理分析了自 2015 年至 2021 年的时间序列数据。指标体系包括 5 个一级指标和 53 个三级指标（见表 1），由于部分初始指标的数据没有资料来源，在实际计算中只采用了 47 个初始指标，6 个未纳入计算的指标在表 1 中用"＊"标识。

表 1　国家可持续发展评价指标体系及权重

一级指标（权重%）	二级指标	三级指标	单位	权重（％）	序号
经济发展（25％）	创新驱动	科技进步贡献率	％	2.08	1
		R&D 经费投入占 GDP 比重	％	2.08	2
		万人口有效发明专利拥有量	件	2.08	3
	结构优化	高技术产业主营业务收入与工业增加值比例	％	3.13	4
		数字经济核心产业增加值占 GDP 比重＊	％	0.00	5
		信息产业增加值与 GDP 比重	％	3.13	6
	稳定增长	GDP 增长率	％	2.08	7
		全员劳动生产率	元/人	2.08	8
		劳动适龄人口占总人口比重	％	2.08	9
	开放发展	人均实际利用外资额	美元/人	3.13	10
		人均进出口总额	美元/人	3.13	11
社会民生（15％）	教育文化	教育支出占 GDP 比重	％	1.25	12
		劳动人口平均受教育年限	年	1.25	13
		万人公共文化机构数	个/万人	1.25	14
	社会保障	基本社会保障覆盖率	％	1.88	15
		人均社会保障和就业支出	元	1.88	16

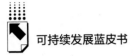

续表

一级指标 （权重%）	二级指标	三级指标	单位	权重 （%）	序号
社会民生 （15%）	卫生健康	人口平均预期寿命	岁	0.94	17
		人均政府卫生支出	元/人	0.94	18
		甲、乙类法定报告传染病总发病率	%	0.94	19
		每千人口拥有卫生技术人员数	人	0.94	20
	均等程度	贫困发生率	%	1.25	21
		城乡居民可支配收入比		1.25	22
		基尼系数		1.25	23
资源环境 （10%）	国土资源	人均碳汇*	吨二氧 化碳/人	0.00	24
		人均森林面积	公顷/万人	0.83	25
		人均耕地面积	公顷/万人	0.83	26
		人均湿地面积	公顷/万人	0.83	27
		人均草原面积	公顷/万人	0.83	28
	水环境	人均水资源量	米^3/人	1.67	29
		全国河流流域一二三类水质断面占比	%	1.67	30
	大气环境	地级及以上城市空气质量达标天数比例	%	3.33	31
	生物多样性	生物多样性指数*		0.00	32
消耗排放 （25%）	土地消耗	单位建设用地面积二三产业增加值	万元/ 公里^2	4.17	33
	水消耗	单位工业增加值水耗	米^3/ 万元	4.17	34
	能源消耗	单位GDP能耗	吨标煤/ 万元	4.17	35
	主要污染 物排放	单位GDP化学需氧量排放	吨/万元	1.04	36
		单位GDP氨氮排放	吨/万元	1.04	37
		单位GDP二氧化硫排放	吨/万元	1.04	38
		单位GDP氮氧化物排放	吨/万元	1.04	39

一级指标（权重%）	二级指标	三级指标	单位	权重（%）	序号
消耗排放（25%）	工业危险废物产生量	单位 GDP 危险废物产生量	吨/万元	4.17	40
	温室气体排放	单位 GDP 二氧化碳排放	吨/万元	2.08	41
		非化石能源占一次能源比	%	2.08	42
治理保护（25%）	治理投入	生态建设投入与 GDP 比 *	%	0.00	43
		财政性节能环保支出占 GDP 比重	%	2.08	44
		环境污染治理投资与固定资产投资比	%	2.08	45
	废水利用率	再生水利用率 *	%	0.00	46
		城市污水处理率	%	4.17	47
	固体废物处理	一般工业固体废物综合利用率	%	4.17	48
	危险废物处理	危险废物处置率	%	4.17	49
	废气处理	废气处理率 *	%	0.00	50
	垃圾处理	生活垃圾无害化处理率	%	4.17	51
	减少温室气体排放	碳排放强度年下降率	%	2.08	52
		能源强度年下降率	%	2.08	53

中国可持续发展总指标从 2015 年的 58.1 增长至 2021 年的 84.9，增幅达 46.1%，整体发展状况取得了重大改善（见图 1）。经济发展、社会民生、资源环境、消耗排放和治理保护均取得了积极的进展和成效。

总体来看，五项一级指标值 2021 年相比 2015 年均有明显增幅，2021年除资源环境较 2020 年略有下降外，其余方面均实现了提升，2021 年总体可持续发展表现优于上年（见图 2）。

经济实力提升明显。经济发展 2021 年峰值为 87.3，与 2020 年相比增长 21.6%，较 2015 年则增长 50.7%。2021 年中国经济发展和疫情防控保持全球领先地位，创新发展水平进一步提高，经济发展结构持续优化，进出口快速增长，为稳定经济增长作出重要贡献。从二级指标看，"创新驱动"指标

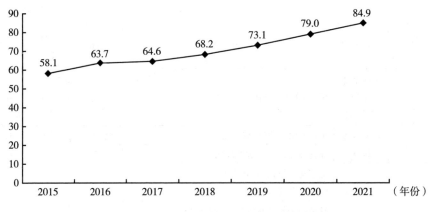

图1 2015~2021年总指标值变化情况

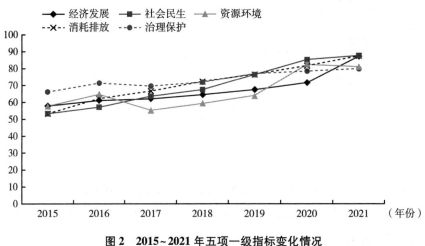

图2 2015~2021年五项一级指标变化情况

值持续增长，国家创新能力进一步增强。"结构优化"受政策影响较大，不同年份有所波动，总体趋势向好。

社会民生持续增进。社会民生2021年峰值为87.7，较2015年的53.3增长64.5%，较2020年增长2.7%。2015~2021年民生福祉持续增进，脱贫攻坚战取得决定性胜利，脱贫攻坚成果得到巩固拓展，基本养老、基本医疗等保障力度继续加大，基本公共服务均等化水平逐步提升，人民生活水平和质量稳步提高。从二级指标看，"社会保障"和"卫生健康"两个指标增长趋势表现更加突出，2015～2021年指标值逐年增长，年均增长率均在18%以上。

资源环境状况总体提升。受气候环境的影响，资源环境不同年份之间波动较大，2017年和2021年为负增长，其余年份均较上一年有所增长。总体来看，中国的资源环境状况总体上提升明显。从细分的二级指标来看，主要受益于"大气环境"和"水环境"的总体波动提升，"国土资源"近两年相比低谷指标值有较大提升。

消耗排放控制成效突出。消耗排放一级指标稳步增长，2015年指标值为53.3，2021年指标值增长为87.4。2019年以来，指标值年增速逐年提高。在6个二级指标中，"土地消耗""水消耗""能源消耗""温室气体排放"4项二级指标值均逐年上升。

治理保护效果逐步显现。总体来看，2015～2021年治理保护情况总体提升效果良好，一级指标值除2017年略有下降外，其余年份均较上一年有所增长，2021年达最大值，较2015年提升了20.9%。"危险废物处理"二级指标在2020年之前逐年上升，2020年达峰值，2021年"危险废物处理"指标值较上一年度下降。

二 中国省级可持续发展评价

省级可持续发展指标评估与国家级指标评估在指标体系设计上保持基本一致，但由于部分指标和部分省级地区数据可获得性等，其中"人均政府卫生支出"为2020年数据，"林地覆盖率""耕地覆盖率""湿地覆盖率""草地覆盖率"为第三次国土资源调查（2020年）数据，"非化石能源占一次能源消费比例"中内蒙古、辽宁、新疆为2020年数据。中国省域可持续发展评价指标框架由5个一级指标53个三级指标构成，其中11个未纳入计算的指标在表2中用"*"标识（见表2）。

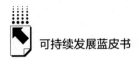

表 2 中国省域可持续发展评价省级指标集及权重

一级指标 （权重%）	二级指标	三级指标	单位	权重 （%）	序号
经济发展 （25%）	创新驱动	科技进步贡献率*	%	0.00	1
		R&D 经费投入占 GDP 比重	%	3.75	2
		万人口有效发明专利拥有量	件	3.75	3
	结构优化	高技术产业主营业务收入与工业增加值比例	%	2.50	4
		数字经济核心产业增加值占 GDP 比重*	%	0.00	5
		电子商务额占 GDP 比重	%	2.50	6
	稳定增长	GDP 增长率	%	2.08	7
		全员劳动生产率	元/人	2.08	8
		劳动适龄人口占总人口比重	%	2.08	9
	开放发展	人均实际利用外资额	美元/人	3.13	10
		人均进出口总额	美元/人	3.13	11
社会民生 （15%）	教育文化	教育支出占 GDP 比重	%	1.25	12
		劳动人口平均受教育年限	年	1.25	13
		万人公共文化机构数	个/万人	1.25	14
	社会保障	基本社会保障覆盖率	%	1.88	15
		人均社会保障和就业支出	元	1.88	16
	卫生健康	人口平均预期寿命*	岁	0.00	17
		人均政府卫生支出	元/人	1.25	18
		甲、乙类法定报告传染病总发病率	%	1.25	19
		每千人口拥有卫生技术人员数	人	1.25	20
	均等程度	贫困发生率	%	1.88	21
		城乡居民可支配收入比		1.88	22
		基尼系数*		0.00	23
资源环境 （10%）	国土资源	人均碳汇*	吨二氧 化碳/人	0.00	24
		森林覆盖率	%	0.83	25
		耕地覆盖率	%	0.83	26
		湿地覆盖率	%	0.83	27
		草原覆盖率	%	0.83	28
	水环境	人均水资源量	米³/人	1.67	29
		全国河流流域一二三类水质断面占比	%	1.67	30
	大气环境	地级及以上城市空气质量达标天数比例	%	3.33	31
	生物多样性	生物多样性指数*		0.00	32

续表

一级指标 （权重%）	二级指标	三级指标	单位	权重 （%）	序号
消耗排放 （25%）	土地消耗	单位建设用地面积二三产业增加值	万元/ 公里²	4.00	33
	水消耗	单位工业增加值水耗	米³/ 万元	4.00	34
	能源消耗	单位GDP能耗	吨标煤/ 万元	4.00	35
	主要污染 物排放	单位GDP化学需氧量排放	吨/万元	1.00	36
		单位GDP氨氮排放	吨/万元	1.00	37
		单位GDP二氧化硫排放	吨/万元	1.00	38
		单位GDP氮氧化物排放	吨/万元	1.00	39
	工业危险 废物产生量	单位GDP危险废物产生量	吨/万元	4.00	40
	温室气体 排放	单位GDP二氧化碳排放*	吨/万元	0.00	41
		非化石能源占一次能源消费比例	%	4.00	42
治理保护 （25%）	治理投入	生态建设投入与GDP比*	%	0.00	43
		财政性节能环保支出占GDP比重	%	2.50	44
		环境污染治理投资与固定资产投资比	%	2.50	45
	废水 利用率	再生水利用率*	%	0.00	46
		城市污水处理率	%	5.00	47
	固体废物 处理	一般工业固体废物综合利用率	%	5.00	48
	危险废物 处理	危险废物处置率	%	5.00	49
	废气处理	废气处理率*	%	2.50	50
	垃圾处理	生活垃圾无害化处理率	%	0.00	51
	减少温室 气体排放	碳排放强度年下降率*	%	0.00	52
		能源强度年下降率	%	2.50	53

　　根据该指标框架，课题组对30个省、自治区和直辖市的可持续发展水平进行了综合排名（不包含港澳台地区，因数据缺乏，西藏自治区未被选为研究对象）（见表3）。居前10位的分别是北京市、上海市、浙江省、广

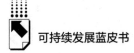
东省、天津市、重庆市、福建省、海南省、江苏省和湖北省。北京市、上海市、浙江省及广东省继续占据前4位，与2020年相同，四个直辖市仍居前10位；此外，湖北省排名重新进入前10，与2020年相比排名提前10位；海南省从2020年的第10名，提升至2021年的第8名；辽宁省排名提升了6名，至第20名。内蒙古和宁夏回族自治区等排名均有所提升。经济发展、社会民生、资源环境、消耗排放和治理保护五大分类指标，省级区域可持续发展不均衡特征较上年有所缩小。

表3 省级可持续发展综合排名情况

省份	总得分	2021年排名	2020年排名
北京	80.30	1	1
上海	77.30	2	2
浙江	73.11	3	3
广东	72.37	4	4
天津	71.12	5	7
重庆	71.05	6	5
福建	70.90	7	6
海南	70.87	8	10
江苏	70.18	9	8
湖北	68.59	10	20
湖南	68.57	11	11
四川	68.52	12	12
江西	68.45	13	14
河南	68.15	14	16
云南	68.12	15	9
山东	68.08	16	15
陕西	67.81	17	13
安徽	67.28	18	17
吉林	67.07	19	18
辽宁	66.88	20	26
贵州	66.69	21	22
河北	66.47	22	19
山西	65.78	23	23

省份	总得分	2021 年排名	2020 年排名
广西	65.48	24	24
甘肃	65.41	25	21
内蒙古	65.22	26	28
黑龙江	64.76	27	27
宁夏	63.92	28	30
青海	62.55	29	25
新疆	61.73	30	29

从五大类一级指标各省份主要情况来看，2021 年度省级可持续发展在"经济发展"方面，居前 10 名的省市为北京市、上海市、浙江省、广东省、天津市、重庆市、福建省、海南省、江苏省和湖北省。在"社会民生"方面，居前 10 名的省份为北京市、青海省、吉林省、黑龙江省、天津市、上海市、甘肃省、重庆市、四川省和江西省。在"资源环境"方面，居前 10 名的省份为青海省、贵州省、福建省、江西省、海南省、云南省、广西壮族自治区、黑龙江省、四川省和湖南省。在"消耗排放"方面，居前 10 名的省份为北京市、福建省、四川省、广东省、云南省、上海市、浙江省、重庆市、天津市、陕西省。在"治理保护"方面，居前 10 名的省份为浙江省、河南省、海南省、河北省、广东省、湖南省、山东省、江苏省、上海市和安徽省。

三　中国重点城市可持续发展评价

本报告选取中国 110 座大中型城市，基于经济发展、社会民生、资源环境、消耗排放、环境治理五大领域，采用中国可持续发展指标体系（CSDIS），通过 24 个分项指标对城市可持续发展情况进行测度，并依据权重计算综合排名（见表 4）。

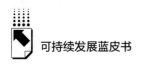

表 4　中国城市级可持续发展指标体系与权重

一级指标 （权重）	序号	二级指标	权重 （%）
经济发展 （21.66%）	1	人均 GDP	7.21
	2	第三产业增加值占 GDP 比重	4.85
	3	城镇登记失业率	3.64
	4	财政性科学技术支出占 GDP 比重	3.92
	5	GDP 增长率	2.04
社会民生 （31.45%）	6	房价-人均 GDP 比	4.91
	7	每千人拥有卫生技术人员数	5.74
	8	每千人医疗卫生机构床位数	4.99
	9	人均社会保障和就业财政支出	3.92
	10	中小学师生人数比	4.13
	11	人均城市道路面积+高峰拥堵延时指数	3.27
	12	0~14 岁常住人口占比	4.49
资源环境 （15.05%）	13	人均水资源量	4.54
	14	每万人城市绿地面积	6.24
	15	年均 AQI 指数	4.27
消耗排放 （23.78%）	16	单位 GDP 水耗	7.22
	17	单位 GDP 能耗	4.88
	18	单位二三产业增加值占建成区面积	5.78
	19	单位工业总产值二氧化硫排放量	3.61
	20	单位工业总产值废水排放量	2.29
环境治理 （8.06%）	21	污水处理厂集中处理率	2.34
	22	财政性节能环保支出占 GDP 比重	2.61
	23	一般工业固体废物综合利用率	2.16
	24	生活垃圾无害化处理率	0.95

　　在往年研究基础上，本年度城市样本扩充至中国 110 座城市，市区常住人口超过 500 万人的城市被全部纳入，同时将国家可持续发展议程创新示范区的城市基本纳入。

　　2023 年城市可持续发展综合排名中，位列前 10 名的城市分别是杭州、珠海、无锡、青岛、南京、北京、上海、广州、济南、苏州。经济最发达的长三角、珠三角、首都都市圈以及东部沿海地区的城市可持续发展综合水平依然较高。综合来看，中国城市可持续发展水平相比 2022 年整体可持续发展水平均得到提升，各指标间的城市排位波动变小，各城市都在平稳地推进可持续发展进程。杭州连续三年排名第 1，是中国城市可持续发展的引领者；珠海的可持续发展水平仅次于杭州，列第 2 位，较上年度排名上升 1 位；无锡由上年的第 4 位上升至第 3 位；青岛和苏州排名均上升 2 位，2023 年分别列第 4 位和第 10 位。与 2022 年相比，南京的可持续发展综合排名从第 2 位下降到第 5 位。2023 年城市可持续发展综合排名前 10 位城市排名变化波动不大，长沙跌出了前 10 名，同时苏州又重新回归到可持续发展综合排名前 10 的行列（见表5）。

表5　2022 年和 2023 年中国城市可持续发展综合排名

城市	2022 年排名	2023 年排名
杭州	1	1
珠海	3	2
无锡	4	3
青岛	6	4
南京	2	5
北京	5	6
上海	7	7
广州	8	8
济南	10	9
苏州	12	10
长沙	9	11
宁波	13	12
深圳	16	13
合肥	11	14
芜湖	18	15
郑州	14	16
武汉	15	17
南昌	19	18
烟台	20	19

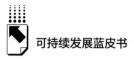

续表

城市	2022 年排名	2023 年排名
太原	29	20
徐州	23	21
南通	17	22
大连	25	23
湖州	—	24
重庆	35	25
宜昌	34	26
潍坊	31	27
拉萨	21	28
天津	28	29
成都	30	30
贵阳	32	31
福州	27	32
克拉玛依	26	33
三亚	47	34
厦门	33	35
海口	36	36
榆林	42	37
西安	38	38
温州	40	39
金华	49	40
昆明	37	41
岳阳	39	42
鄂尔多斯	50	43
常德	22	44
洛阳	41	45
九江	56	46
乌鲁木齐	24	47
沈阳	46	48
绵阳	53	49
长春	43	50
安庆	51	51
泉州	45	52
西宁	54	53

城市	2022 年排名	2023 年排名
蚌埠	48	54
郴州	62	55
襄阳	63	56
扬州	44	57
包头	55	58
铜仁	52	59
济宁	67	60
佛山	—	61
赣州	69	62
唐山	65	63
北海	61	64
东莞	—	65
南宁	57	66
韶关	59	67
黄石	73	68
惠州	66	69
遵义	72	70
许昌	71	71
承德	—	72
怀化	60	73
南阳	86	74
兰州	68	75
宜宾	64	76
呼和浩特	74	77
泸州	70	78
临沂	78	79
桂林	84	80
秦皇岛	76	81
牡丹江	75	82
固原	58	83
石家庄	81	84
枣庄	—	85
乐山	85	86
哈尔滨	77	87

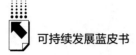

续表

城市	2022 年排名	2023 年排名
南充	80	88
菏泽	—	89
大同	79	90
开封	91	91
吉林	82	92
平顶山	93	93
银川	83	94
湛江	92	95
曲靖	88	96
海东	95	97
汕头	90	98
天水	89	99
大理	87	100
阜阳	—	101
齐齐哈尔	96	102
临沧	—	103
周口	—	104
丹东	94	105
保定	99	106
渭南	98	107
邯郸	97	108
运城	101	109
锦州	100	110

注：当年的排名是基于上一年度统计年鉴中公布的数据（数据发布通常有一年半到两年的滞后。例如，2023 年度报告的排名是基于 2022 年底至 2023 年初发布的 2022 年年鉴中提供的数据。而 2022 年年鉴中是 2021 年的数据，反映了 2021 年各地实际情况）。2022 年排名"—"为新增城市，未纳入 2021 年排名。

从中国各城市五大类一级指标来看，在"经济发展"方面，排名前 10 位的城市为南京、广州、杭州、上海、深圳、北京、苏州、武汉、珠海和合肥。2023 年经济发展质量领先的城市与上年度大致相同，但是排名稍有变化，南京在经济发展方面蝉联首位；进步较大的城市有黄石、宜昌和襄阳。

在"社会民生"方面，排名前 10 位的城市为太原、济南、榆林、宜昌、鄂尔多斯、西宁、潍坊、唐山、包头和南京。与上年度社会民生排名前 10 的城市名单对比，2023 年的前 10 名整体变动不大。其中潍坊和唐山是近三年首次进入社会民生方面领先城市，太原在社会民生方面排名连续三年保持在首位，进步比较大的城市有唐山、遵义和南昌。在"资源环境"方面，排名前 10 位的城市为拉萨、牡丹江、韶关、贵阳、九江、安庆、珠海、乐山、克拉玛依和齐齐哈尔。这些城市自然资源丰富，生态环境良好，其中拉萨市连续四年位居生态环境宜居领先城市榜首。进步较大的城市有海东、齐齐哈尔、锦州和宁波。在"消耗排放"方面，排名前 10 位的城市为深圳、北京、青岛、杭州、宁波、上海、广州、无锡、苏州和珠海；进步较大的城市有惠州、湛江和怀化。在"环境治理"领域，排名领先的城市为天水、石家庄、承德、湖州、三亚、保定、南昌、郑州、珠海和周口。近年来环境治理领先城市大多是自然环境较好的地区和中部治理投入较多的城市；进步较大的城市有遵义、珠海、克拉玛依和厦门。

四　对策建议

（一）要切实落实双碳目标，坚定不移走生态优先、绿色低碳的高质量发展道路

实现碳达峰碳中和是一场广泛而深刻的经济社会系统性变革，贯穿于经济社会发展全过程和各方面。要落实"双碳"目标，要贯彻新发展理念，坚持系统观念，处理好发展和减排、整体和局部、长远目标和短期目标、政府和市场的关系，把碳达峰碳中和纳入经济社会发展全局，以经济社会发展全面绿色转型为引领，以能源绿色低碳发展为关键，加快形成节约资源和保护环境的产业结构、生产方式、生活方式、空间格局，坚定不移走生态优先、绿色低碳的高质量发展道路。中国政府已明确，将单位 GDP 二氧化碳排放量（简称碳排放强度）降低作为国民经济

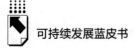
与社会发展的约束性指标管理，在全国范围内实施碳排放双控制度，将碳排放总量纳入核算指标管理，这必将会对"双碳"管理工作起到重要推动作用。下一步需要在统计核算、标准计量、调控管理、碳市场交易上夯实工作基础。

（二）加快产业结构优化调整，建设绿色低碳现代产业体系

要把握新一轮科技革命和产业变革新机遇，培育战略性新兴产业，推动传统产业转型升级，深入实施重大技术改造升级工程，以高端制造为导向，夯实高质量发展的产业基础，建设现代化产业体系。要围绕产业链部署创新链，围绕创新链布局产业链，统筹基础研究、应用研究和市场化全链条各环节，为构建现代化产业体系注入强大活力。要大力发展战略性新兴产业，推动互联网、大数据、人工智能、第五代移动通信等新兴技术与绿色低碳产业深度融合，建设绿色制造体系和服务体系，不断提高绿色低碳产业在经济总量中的比重。大力推动能源、钢铁、有色、石化、化工、建材等传统产业节能降碳改造，加快推进工业领域低碳工艺革新和数字化转型。

（三）加快高水平对外开放，拓展中国式现代化的发展空间

实现可持续发展，需要建立在继续推进对外开放的基础上。以开放促改革、促发展、促创新是推动中国可持续发展的重要力量。当前贸易投资保护主义、单边主义，经济全球化遭遇逆流，多边贸易体制面临严峻挑战，国际经贸规则趋于碎片化，全球产业链供应链面临重构，贸易摩擦冲突上升，推进更高水平对外开放，是支持经济全球化、推动经济稳健增长和可持续发展的必然选择。要推进高水平对外开放，稳步扩大规则、规制、管理、标准等制度型开放，加快建设贸易强国。要积极探索进一步开放之路，大力改善营商环境，为接纳高质量外资项目塑造良好的产业环境。要加强与国际高标准经贸规则对接，不断深化"放管服"改革，构建更高水平开放型经济新体制，推进实现更高水平的可持续发展。

（四）持续打好蓝天、碧水、净土保卫战

三大保卫战一直是国家高度重视的攻坚战，2021年《中共中央 国务院关于深入打好污染防治攻坚战的意见》发布，在加快推动绿色低碳发展，深入打好蓝天、碧水、净土保卫战等方面作出具体部署，加强污染物协同控制，基本消除重污染天气。统筹水资源、水环境、水生态治理，推动重要江河湖库生态保护治理，基本消除城市黑臭水体。加强土壤污染源头防控，开展新污染物治理。

（五）推动三北地区生态保护和绿色低碳发展

推动"三北"地区生态保护和绿色低碳发展，对筑牢中国北疆生态安全屏障、维护国家能源资源安全、实现区域发展的有效协同和战略平衡具有重要意义。要建立完善政府主导的跨区域生态补偿机制，在"碳达峰"的问题上展现灵活性，将"三北"地区打造为服务新发展格局的战略性资源保障区，系统谋划"三北"地区对外开放的布局，提高"三北"地区生态保护和绿色低碳发展能力。在"三北"地区加快扩大风电、光伏等新能源装机规模和应用比例，推动新能源与传统能源、高耗能产业耦合发展，建设国家战略性关键矿产资源保障基地。

（六）持续优化ESG治理，引导企业投资经营中重视绿色低碳发展和履行社会责任

要加强ESG治理水平，借鉴欧美等成熟市场ESG评估的经验，将全球适用性较广的指标纳入其中，以充分体现与国际通行规则接轨的一致性。通过评估标准，以市场逻辑引导企业和投资者重视ESG理念，将有效推动经济社会的可持续发展。在完善ESG评估标准基础上，加快规范发展ESG第三方评估市场。进一步完善ESG数据库体系和信息披露体系，明确ESG投资的评估标准，即引导资本流向的指挥棒要充分体现在环境、社会和治理层面的价值理念追求中，使其与财务绩效高度联动。引导企业投资经营

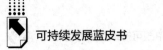

中重视绿色低碳发展和履行社会责任，持续与社会公众分享 ESG 实践成果，发挥龙头企业、骨干企业的示范带动作用，推动产业链上下游积极开展供应链 ESG 审查。

（七）倡导公众积极参与城市的可持续发展，树立可持续发展是解决全球问题的"金钥匙"理念

鼓励社会公众、私营部门、非营利性组织等利益攸关方发挥更大作用，支持低碳城市、低碳社区、健康城市、美丽乡村、文明社区建设。调动更多社会资本参与到可持续发展中来。综合运用传统媒体和多种新媒体，提高公众对于可持续发展的认可与参与，营造全社会积极参与城市可持续发展的浓厚氛围。持续巩固贫困地区脱贫攻坚的成果，实现贫困人口稳定脱贫，并在就业机会和家庭收入增加上有更多的进步。关注教育水平、妇女儿童权益保障、居民健康福祉等领域的工作，增加政府收入，促进社会公共服务均等化发展，加强社会基本服务保障，促进社会公正和谐。城市作为人口流动的主要聚集地，要完善公共服务网络，提高城市服务水平，促进人才培养和流动，促进城市地区的教育、文化、科技、卫生、社会治理等方面的多元化发展，保障社会公共权益和民生福祉，提供与人口集聚、经济发展相匹配的社会基本服务。

分 报 告
Sub-Reports

B.2
中国国家级可持续发展指标
体系数据验证分析

张焕波 孙珮*

摘 要： 通过可持续发展指标体系，本报告对2015年以来中国的可持续发展
状况做出了详细的分析和评估。研究表明，中国的可持续发展总体发
展水平不断提高，经济实力明显跃升、社会民生福祉持续增进、资源
环境状况总体提升、消耗排放控制成效突出、治理保护效果逐步显现。
下一步，需巩固拓展发展成果，保持经济合理增速，继续加快产业结
构优化调整，持续打好蓝天、碧水、净土保卫战；同时要补齐发展短
板，加强教育文化投入，加强土地高效利用，加大治理投入。

关键词： 可持续发展 评价体系 高质量发展

---

* 张焕波，中国国际经济交流中心美欧部部长，研究员，博士，研究方向为可持续发展、中美
经贸关系；孙珮，中国国际经济交流中心美欧研究部助理研究员，博士，研究方向为公共经
济学、健康经济学、可持续发展。

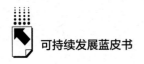
一 国家可持续发展评价指标体系

可持续发展是当今人类社会的重要议题。2015 年 9 月，联合国可持续发展峰会通过了由联合国 193 个会员国共同达成的《变革我们的世界：2030 年可持续发展议程》。该议程是继《联合国千年宣言》之后关于全球发展进程的又一指导性文件。2030 可持续发展议程包含 17 个可持续发展目标和 169 个具体目标，跨越经济、社会和环境三个维度，为全球发展提供了新的路线图和风向标。寻找实现可持续发展目标的综合评价方法，既是联合国 2030 年可持续发展议程的要求，也是中国在新发展格局下的必然要求。中国可持续发展评价报告课题组从 2015 年就开始构架了一套包含经济发展、社会民生、资源环境、消耗排放和治理保护五个维度的可持续发展评估框架体系，本报告涵盖 25 项二级指标以及 53 项三级指标（见表 1）。

表 1 国家级指标集及权重

一级指标 （权重%）	二级指标	三级指标	单位	权重 （%）	序号
经济发展 （25%）	创新驱动	科技进步贡献率	%	2.08	1
		R&D 经费投入占 GDP 比重	%	2.08	2
		万人口有效发明专利拥有量	件	2.08	3
	结构优化	高技术产业主营业务收入与工业增加值比例	%	3.13	4
		数字经济核心产业增加值占 GDP 比*	%	0.00	5
		信息产业增加值与 GDP 比重	%	3.13	6
	稳定增长	GDP 增长率	%	2.08	7
		全员劳动生产率	元/人	2.08	8
		劳动适龄人口占总人口比重	%	2.08	9
	开放发展	人均实际利用外资额	美元/人	3.13	10
		人均进出口总额	美元/人	3.13	11

续表

一级指标 （权重%）	二级指标	三级指标	单位	权重 （%）	序号
社会民生 （15%）	教育文化	教育支出占 GDP 比重	%	1.25	12
		劳动人口平均受教育年限	年	1.25	13
		万人公共文化机构数	个/万人	1.25	14
	社会保障	基本社会保障覆盖率	%	1.88	15
		人均社会保障和就业支出	元	1.88	16
	卫生健康	人口平均预期寿命	岁	0.94	17
		人均政府卫生支出	元/人	0.94	18
		甲、乙类法定报告传染病总发病率	%	0.94	19
		每千人口拥有卫生技术人员数	人	0.94	20
	均等程度	贫困发生率	%	1.25	21
		城乡居民可支配收入比		1.25	22
		基尼系数		1.25	23
资源环境 （10%）	国土资源	人均碳汇*	吨二氧化碳 /人	0.00	24
		人均森林面积	公顷/万人	0.83	25
		人均耕地面积	公顷/万人	0.83	26
		人均湿地面积	公顷/万人	0.83	27
		人均草原面积	公顷/万人	0.83	28
	水环境	人均水资源量	米³/人	1.67	29
		全国河流流域一二三类水质断面占比	%	1.67	30
	大气环境	地级及以上城市空气质量达标天数比例	%	3.33	31
	生物多样性	生物多样性指数*		0.00	32
消耗排放 （25%）	土地消耗	单位建设用地面积二三产业增加值	万元/ 公里²	4.17	33
	水消耗	单位工业增加值水耗	米³/万元	4.17	34
	能源消耗	单位 GDP 能耗	吨标煤/万元	4.17	35
	主要污染物 排放	单位 GDP 化学需氧量排放	吨/万元	1.04	36
		单位 GDP 氨氮排放	吨/万元	1.04	37
		单位 GDP 二氧化硫排放	吨/万元	1.04	38
		单位 GDP 氮氧化物排放	吨/万元	1.04	39
	工业危险 废物产生量	单位 GDP 危险废物产生量	吨/万元	4.17	40
		单位 GDP 二氧化碳排放	吨/万元	2.08	41
	温室气体排放	非化石能源占一次能源比	%	2.08	42

续表

一级指标 （权重%）	二级指标	三级指标	单位	权重 （%）	序号
治理保护 （25%）	治理投入	生态建设投入与 GDP 比 *	%	0.00	43
		财政性节能环保支出占 GDP 比重	%	2.08	44
		环境污染治理投资与固定资产投资比	%	2.08	45
	废水利用率	再生水利用率 *	%	0.00	46
		城市污水处理率	%	4.17	47
	固体废物 处理	一般工业固体废物综合利用率	%	4.17	48
	危险废物 处理	危险废物处置率	%	4.17	49
	废气处理	废气处理率 *	%	0.00	50
	垃圾处理	生活垃圾无害化处理率	%	4.17	51
	减少温室 气体排放	碳排放强度年下降率	%	2.08	52
		能源强度年下降率	%	2.08	53

二 中国国家级可持续发展数据处理方法

（一）资料来源

国家级可持续发展指标体系数据来源为《中国统计年鉴》《中国城市建设统计年鉴》《中国高技术产业统计年鉴》《中国科技统计年鉴》《中国环境统计年鉴》《中国能源统计年鉴》《中国劳动统计年鉴》，中国生态环境状况公报、卫健委统计公报、国民经济和社会发展统计公报以及相关官方网站公开资料等。由于部分指标没有数据，在实际计算当中我们只将 47 个三级指标纳入计算，6 个未纳入计算的指标在表 1 中用 "＊"标识。

所选取的初始指标中，部分指标受限于统计手段和相关资料不充分等因素，某些年份数据存在缺失的情况。故在正式分析前，对缺失数据进行处理，采用最近年份的官方普查数据对无法获取的数据（通常为近几年）进行填充或者采用可得的数据计算增长率，对缺失数据进行推演。

（二）标准化处理

中国可持续发展评价指标体系中的指标项均为人均的绝对量指标或者比率值指标，不同指标的量纲不一而同，故在得到初始指标之后，为便于后续的比较，需对指标值进行标准化。初始的 47 个指标中包含 35 个正向指标和 12 个逆向指标。对于正向指标，采用的计算公式为：

$$\frac{X - X_{\min}}{X_{\max} - X_{\min}} \times 50 + 45$$

对于负向指标，采用的计算公式为：

$$\frac{X_{\max} - X}{X_{\max} - X_{\min}} \times 50 + 45$$

47 个指标的标准化值均为 45~95。$X_{\max}$ 和 $X_{\min}$ 分别为 2015~2021 年时间序列的最大值和最小值，X 则为对应年份的实际值。

（三）权重设定

为降低人为因素的影响，三级、二级的权重均采取上一级指标下的均等权重，例如"经济发展"一级指标下有 4 个二级指标，则 4 个二级的权重均为 1/4，"创新驱动"二级指标下有 3 个三级指标，则 3 个三级指标的权重均为 1/3。一级指标则根据专家打分法对 5 个指标进行赋权，"经济发展""社会民生""资源环境""消耗排放""治理保护"5 个一级指标的权重分别为 25%、15%、10%、25%、25%。

三 中国国家级可持续发展体系数据验证结果分析

2015 年是中国"十二五"规划的收官之年，2021 年则是"十四五"规划的开局之年，纵观这 7 年的发展历程，中国始终致力于不断提高可持续发展的水平，也取得了不错的成果。中国可持续发展总指标从 2015 年的 58.1 增长至 2021 年的 84.9，增幅达 46.1%，整体发展状况取得了重大改善。无论是经济发展和社会民生，还是资源环境、消耗排放和治理保护，均取得了积极的进展和成效。具体到每一年的增速，除 2017 年由于上年度极端天气的影响，增幅仅不到 2%，其余年份增速均在 5% 以上，2018 年之后各年份增速均保持在 7% 以上，其中 2021 年相比 2020 年指标增长了 7.4 个百分点（见图 1）。

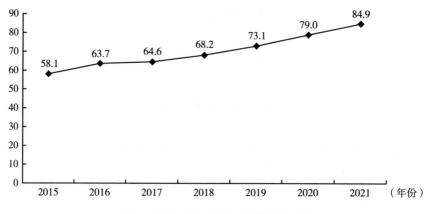

图 1 2015~2021 年总指标值变化情况

从细分一级指标来看，共有三个指标保持与可持续发展总指标相似的发展趋势，分别是经济发展、社会民生和消耗排放，这三个指标均在 2021 年达到最高值。其中，经济发展 2021 年峰值为 87.3，与 2020 年相比增长 21.6%，较 2015 年则增长 50.7%；社会民生 2021 年峰值为 87.7，较 2015 年的 53.3 增长 64.5%，较 2020 年增长 2.7%；消耗排放 2021 年达到峰值 87.4，较 2015 年的 53.3 增长 64.0%，较上一年增长 7.0%。另外两个一级指标中，资源环境总体上升，2021 年较 2020 年的峰值 82.4 微降 1.6%，指标值为 81.1，其余年份除 2017 年受极端气候影响指标值较上一年下降明显外均呈现上升趋势。而治理保护一级指标则波动上升，2021 年达到最高值 80.0，较 2015 年上升 20.9

个百分点，较2020年则增长1.9个百分点。总体来看，五项细分一级指标值2021年相比2015年均有明显增幅，充分体现了2015~2021年可持续发展的有效成果，而2021年除资源环境较2020年略有下降外，其余方面均实现了提升，2021年总体可持续发展表现优于上年（见图2）。

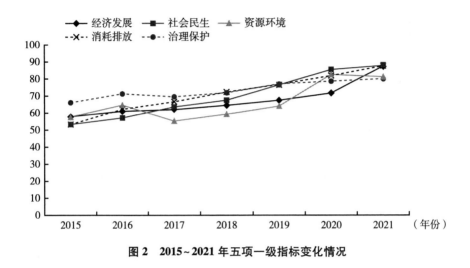

图2　2015~2021年五项一级指标变化情况

（一）经济实力提升明显

经济发展一级指标值从2015年的57.9提升至2021年的87.3，年均增幅为8.4%。2021年中国经济发展和疫情防控保持全球领先地位，创新发展水平进一步提高，经济发展结构持续优化，进出口快速增长，为稳定经济增长作出重要贡献，2021年经济发展一级指标较2020年增长达21.6%，增速为2015年以来最高。总体来看，经济实力在2015~2021年提升明显（见图3）。

"经济发展"一级指标下的四个二级指标项"创新驱动"、"结构优化"、"稳定增长"和"开放发展"均在2021年达到最大值。"创新驱动"方面，2015~2021年，国家不断加强创新引领，国家战略科技力量加快壮大，创新能力进一步增强，"创新驱动"指标值持续增长，2015年指标值为45.0，2021年则增长至95.0。"结构优化"则受政策影响较大，不同年份有所波动，总体

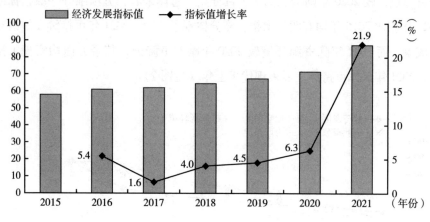

图 3 2015～2021 年"经济发展"一级指标变化情况

趋势向好，2015 年指标值为 63.4，2016 年提高至 72.8，随后先降后升，2021
年指标值达到最高点 80.9。而"稳定增长"指标值从 2015～2018 年每年保持
小幅上涨，2015 年指标值为 74.6，2018 年增长至 75.7，而 2019 年和 2020 年
由于新冠疫情的严重冲击，稳定增长指标有所下降，尤其是 2020 年降幅明显，
指标值仅为 58.5，2021 年中国统筹疫情防控和经济社会发展，经济保持恢复
发展，指标值增长至历年高点 78.3。"开放发展"指标除 2016 年有小幅下降
之外，随后各年随着对外开放程度的不断加深，指标值一路走高，尤其是
2021 年进出口规模年内跨过 5 万亿美元、6 万亿美元两大台阶，达到历史高
点，对外开放指标值则达 95.0，较 2015 年的 48.8 提升 46.2 个点，年均增长
率达 15.8%，为经济增长注入了活力（见图 4）。

（二）民生福祉持续增进

2015 年以来，民生基础建设稳步推进，社会民生指标值逐年改善，
2015 年指标值为 53.3，2021 年则增长至 87.7，年均增速在 10% 以上。
2015～2021 年民生福祉持续增进，脱贫攻坚战取得决定性胜利，脱贫攻坚成
果得到巩固拓展，基本养老、基本医疗等保障力度继续加大，基本公共服务
均等化水平逐步提升，人民生活水平和质量稳步提高（见图 5）。

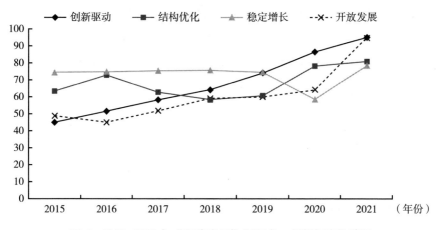

图4 2015~2021年"经济发展"项下各二级指标变化情况

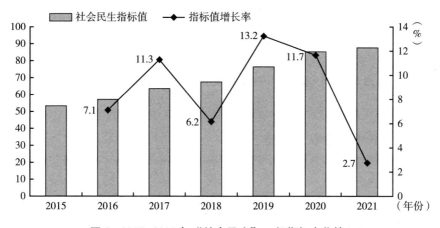

图5 2015~2021年"社会民生"一级指标变化情况

社会民生指标值的提高，具体体现在"教育文化"、"社会保障"、"卫生健康"及"均等程度"四个二级指标的全面提升。细分来看，"社会保障"和"卫生健康"两个指标增长趋势表现更加突出，指标值实现了翻倍，两个指标均在2015年为最小值45.0，2021年分别达到峰值95.0和93.7，年均增长率均在18%以上，体现出中国近几年持续加强社会保障体系建设、提高医疗卫生服务能力取得的喜人成效。"教育文化"在2021年的四项二级指标中排名末位，受政策影响，国家财政教育经费占GDP比重各年份有所波动，2021 年该比值为 4.01%，相比 2020 年的 4.23% 下降较明显，拖累 2021 年教育文化指标值较 2020 年下降 6.4，仅为 78.1。"均等程度"指标值波动上升，2021 年如期打赢脱贫攻坚战，指标值也达峰值 83.9，较 2015 年的 61.7 增长 22.2 个点（见图 6）。

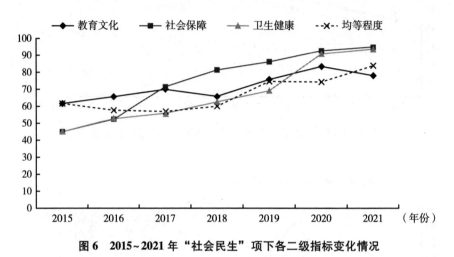

图 6　2015~2021 年"社会民生"项下各二级指标变化情况

（三）资源环境状况总体提升

资源环境状况易受气候环境的影响，不同年份之间波动较大，其中 2017 年和 2021 年表现为负增长，其余年份均较上一年表现为正增长，总体来看资源环境指标值由 2015 年的 57.8，增长至 2021 年的 81.1，平均年增幅达 6.7%，资源环境状况总体上提升明显（见图 7）。

资源环境状况的提升，从细分的二级指标来看，主要收益于"大气环境"和"水环境"的总体波动提升，以及"国土资源"近两年相比低谷指标值的较大提升。具体来看，"大气环境"指标值在 2017 年之后逐年上升，2021 年达到最大值 95.0，近年来，"蓝天保卫战"扎实推进，重点区域秋冬季大气污染综合治理攻坚行动持续开展，成效显著，2021 年全国地级及以上城市优良天数比例达 87.5%。"水环境"指标则受天气影响较大，在 2016 年和 2020 年因极端降水偏多，指标值较临近年份偏高，总体波动

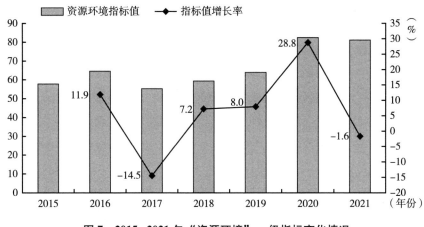

图 7　2015~2021 年"资源环境"一级指标变化情况

上升，2020 年指标值达最大 85.5，2021 年指标值则为 79.5，较上一年下降 6 个点。中国幅员辽阔，土地资源丰富，但人均占有量不高，且资源利用率较低，"国土资源"二级指标总体趋势下降，2019 年达最低值 58.1，2020 年较上一年有所上升，2021 年则较 2020 年略有下降，指标值为 68.7（见图 8）。随着全面加强生态环境保护的推进以及国土绿化的科学开展，国土资源的开发和保护日益受到重视，近年来相关意见或通知不断出台，如 2020 年出台了《国务院办公厅关于坚决制止耕地"非农化"行为的通知》，2021 年出台了《国务院办公厅关于科学绿化的指导意见》等，充分体现出国家推动国土绿化高质量发展的决心，国土资源有望在未来几年得到改善。

（四）消耗排放控制成效突出

随着污染防治攻坚战的深入开展，消耗排放一级指标保持稳步增长，2015 年指标值为 53.3，2021 年指标值增长为 87.4。从指标增速来看，2019 年以来，指标年增速逐年提高，2021 年指标增速为 7.0%，较 2020 年 6.7% 的增速提高 0.3 个百分点。总体上看，2019 年以来，消耗排放控制力度有所加大，生态环境质量进一步改善（见图 9）。

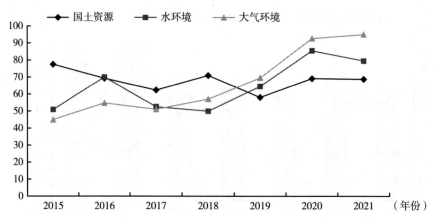

图8 2015~2021年"资源环境"项下各二级指标变化情况

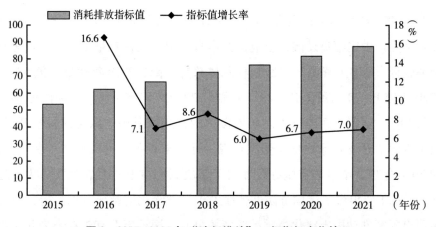

图9 2015~2021年"消耗排放"一级指标变化情况

"消耗排放"一级指标项下共有六项二级指标,其中,"土地消耗""水消耗""能源消耗""温室气体排放"四项指标值均逐年上升,从2015年的45.0增长至2021年的最大值95.0,以"水消耗"为例看,单位工业增加值水耗从2015年的56.8米³/万元降低至2021年的28.0米³/万元,水资源高效利用水平提升明显。其余二级指标中,"主要污染物排放"指标值总体趋势表现为波动上升,2015年指标值最低为45.0,2019年指标值达峰值91.2,2020年略有下降,2021年则较上一年有所上升,指标值为 86.0，这表明随着生态文明建设的持续推进，能源消费结构进一步优化，主要污染物排放量得到有效控制。"工业危险废物产生量"则与其余指标趋势有所差异，在 2019 年之前逐年走低且下降趋势逐年放缓，随后开始波动上升，这表明近几年随着绿色制造和服务体系的持续建设，以及危险废物整治三年行动的深入推进，对工业危险废物的控制和整治有所加强（见图 10）。

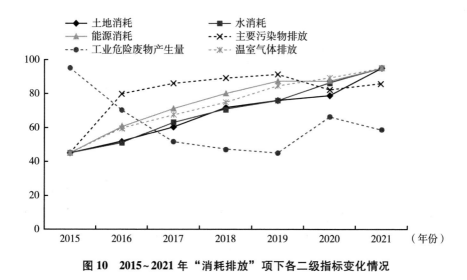

图 10　2015~2021 年"消耗排放"项下各二级指标变化情况

（五）治理保护效果逐步显现

治理保护一级指标除 2017 年略有下降外，其余年份均较上一年有所增长，2021 年达最大值 80.0，较 2015 年的 66.2 提升了 13.8 个点，表现稍逊于其他一级指标，但总体趋势向好。总体来看，2015~2021 年治理保护情况总体提升效果良好，随着生态环境综合治理力度的加大，治理保护效果将进一步凸显（见图 11）。

"治理保护"一级指标下由六项二级指标构成，其中"废水利用率"和"垃圾处理"两项指标均在 2015 年为最低值 45.0，随后逐年上升，2021 年达最大值 95.0，表明随着污染防治工作的扎实推进，废水的循环

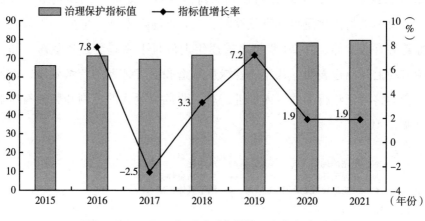

图 11　2015~2021 年"治理保护"一级指标变化情况

利用进展喜人，垃圾处理的"减量化、资源化、无害化"的水平逐渐提升。"治理投入"指标值与政策关联较大，受近两年财政性节能环保支出占 GDP 比重下降影响，"治理投入"指标值在 2019 年达到峰值 88.8 之后，连续两年下降，说明可持续治理的投入力度有待加大。"固体废物处理"指标值则在 2015 年到 2019 年持续下降，指标值由最开始的 95.0 降低至 45.0，随后出现好转态势，2021 年指标值回升至 72.4，表明随着近两年传统产业结构的调整和升级以及绿色低碳发展的扎实推进，固体废物处理相关指标逐步向好。"危险废物处理"二级指标在 2020 年之前逐年上升，2020 年达峰值 95.0，2020 年危险废物利用处置量大于危险废物产生量，导致 2020 年危险废物处理率偏高，达 110.9%，2021 年则危险废物处理率为 97.9%，较 2020 年偏低，但高于 2019 年水平，相应地，2021 年"危险废物处理"指标值较上一年度下降 8.5 个点。"减少温室气体排放"指标值则在 2015 年至 2020 年逐年下降，2020 年指标值达到最低值 45.0，2021年相比上一年有大幅上升，说明碳达峰碳中和工作的推进在 2021 年取得了喜人的成效，未来需要社会各界共同努力，持续推进能源低碳转型（见图 12）。

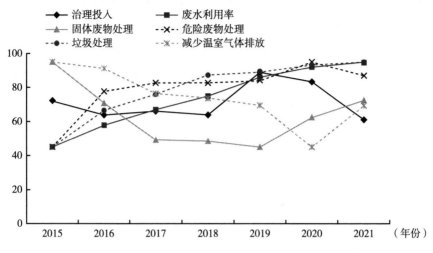

图 12 2015～2021 年"治理保护"项下各二级指标变化情况

四 政策建议

一是保持经济合理增速。合理的经济增速既是稳就业和保民生的需要，同时也是防范化解重大风险的要求。虽然 2015 年以来中国经济发展整体趋势向好，但是面对日益复杂的国际形势，尤其是 2019 年新冠疫情之后，经济稳定增长受到不小的挑战，2019 年和 2020 年经济稳定增长指标值都低于上一年度。这就要求政府部门制定适当的政策，为经济平稳运行提供支撑，例如制定精准有力的货币政策，保持流动性合理充裕；保证财政政策积极有力，支持经济增长保持在合理区间；通过政府投资和政策激励有效带动全社会投资，发挥投资对带动经济增长的关键作用；着力扩大内需，增强消费对经济发展的基础性作用。

二是加快产业结构优化调整，坚定不移推进高水平科技自立自强。中国已转向高质量发展阶段，但经济结构性矛盾仍然突出，从"结构优化"二级指标来看，经济产业结构优化面临的困难仍然不小，对此需要引起重视，采取相关措施加快产业结构的优化调整。"十四五"规划指出，坚持自主可控、安全高效，推进产业基础高级化、产业链现代化，保持制造业比重基本稳定，增强制造业竞争优势，推动制造业高质量发展。这就需要把握新一轮科技革命和产业变革新机遇，培育战略性新兴产业，推动传统产业转型升级，深入实施重大技术改造升级工程，以高端制造为导向，夯实高质量发展的产业基础，建设现代化产业体系。高水平科技自立自强是抢抓新一轮科技革命和产业变革新机遇的必然选择。要围绕产业链部署创新链，围绕创新链布局产业链，统筹基础研究、应用研究和市场化全链条各环节，为构建现代化产业体系注入强大活力。

三是加强教育文化投入。2021年"教育文化"二级指标值较2020年有所下降，主要受国家财政教育经费占GDP比重下降，2021年接近了4%的底线要求，这需要引起政府部门的重视。要深入实施科教兴国战略，加快建设高质量教育体系，统筹推进教育强国、科技强国、人才强国，需要财政性教育投入力度的持续加大，不断改革完善经费使用管理制度，提高经费使用效益，加快推进教育财务治理现代化，健全多渠道筹集教育经费的体制。

四是持续打好蓝天、碧水、净土保卫战。三大保卫战一直是国家高度重视的攻坚战，2021年《中共中央 国务院关于深入打好污染防治攻坚战的意见》发布，在加快推动绿色低碳发展，深入打好蓝天、碧水、净土保卫战等方面作出具体部署。下一步要深入贯彻落实党的二十大报告要求，持续深入打好蓝天、碧水、净土保卫战。加强污染物协同控制，基本消除重污染天气。统筹水资源、水环境、水生态治理，推动重要江河湖库生态保护治理，基本消除城市黑臭水体。加强土壤污染源头防控，开展新污染物治理。

五是加大治理投入。财政性节能环保支出2019年达到最大值7390亿元，随后逐年走低，2021年仅5525亿元，相比2019年下降25个百分点，财政性节能环保支出占GDP的比重相应地也明显下降。2021年，国务院印发了《"十四五"节能减排综合工作方案》，要求各级财政加大节能减排支持力度，统筹安排相关专项资金支持节能减排重点工程建设。这需要政府部门加大财政支持力度，进一步健全节能减排政策机制，发挥财政资金带动作用，引导社会资本投入节能减排重点工程、重点项目和关键共性技术研发，扩大政府绿色采购覆盖范围，健全绿色金融体系，加大绿色金融评价力度，落实环境保护、节能节水、资源综合利用税收优惠政策。

参考文献

2016~2022 年度《中国统计年鉴》。

2016~2022 年度《中国科技统计年鉴》。

2016~2022 年度《中国环境统计年鉴》。

2022 年度《中国城市建设统计年鉴》。

2016~2022 年度《中国能源统计年鉴》。

2016~2022 年度《中国劳动统计年鉴》

2015~2021 年度《中国生态环境状况公报》。

2016~2022 年度《中国高技术产业统计年鉴》。

2015~2021 年度《国民经济和社会发展统计公报》。

张焕波：《高质量发展特征指标体系研究及初步测算》，《全球化》2020 年第 2 期。

张焕波：《中国省级绿色经济指标体系》，《经济研究参考》2013 年第 1 期。

Duan, H., et al. (2008). Hazardous Waste Generation and Management in China: A review. *Journal of Hazardous Materials*, 158 (2), 221-227.

Gregg, Jay S., Robert J. Andres and Gregg Marland (2008). "China: Emissions Pattern of the World Leader in CO2 Emissions From Fossil Fuel Consumption and Cement Production." Geophysical Research Letters 35. 8.

Tamazian, A., Chousa, J. P. adn Vadlamannati, K. C. (2009). Does Higher Economic and Financial Development Lead to Environmental Degradation: Evidence From BRIC Countries. *Energy Policy*, 37 (1), 246-253.

B.3
中国省级可持续发展指标
体系数据验证分析

张焕波 韩燕妮 王 佳[*]

摘　要： 2021年中国省级可持续发展指标体系数据显示，居前10位的分别是北京市、上海市、浙江省、广东省、天津市、重庆市、福建省、海南省、江苏省和湖北省。北京市、上海市、浙江省和广东省保持前4名不变，与2020年相同，四个直辖市仍居前10位；此外，湖北省排名重新进入前10名，与2020年相比排名提前10位。从经济发展、社会民生、资源环境、消耗排放和治理保护五大分类指标来看，省级区域可持续发展不均衡特征较去年有所缩小，用各地以及指标排名的极差来衡量不均衡程度，高度不均衡（差异值>20）的有14个省区市，分别为北京市、广东省、天津市、福建省、海南省、四川省、河南省、云南省、贵州省、河北省、广西壮族自治区、甘肃省、黑龙江省、青海省；中等不均衡（10<差异值≤20）的有15个省区市，分别为上海市、浙江省、重庆市、江苏省、湖北省、湖南省、江西省、山东省、陕西省、安徽省、吉林省、辽宁省、山西省、内蒙古自治区、宁夏回族自治区；比较均衡（差异值≤10）的省区个数为1个，为新疆维吾尔自治区。2021年，随着疫情等因素好转，各省区市在可持续发展均衡程度方面，较去年均有所提升。

---

* 张焕波，中国国际经济交流中心美欧研究部长，研究员，博士，研究方向为可持续发展、中美经贸关系；韩燕妮，中国国际经济交流中心创新发展研究部，助理研究员，博士，研究方向为科技创新、可持续发展；王佳，国家开放大学研究实习员，硕士，研究方向为统计学、可持续发展、教育管理。

关键词： 省级可持续发展　评价指标体系　排名　均衡程度

一　中国省级可持续发展指标体系

省级可持续发展指标评估与国家级指标评估在指标体系设计上保持基本一致。省级可持续发展指标框架（见表1）对30个省区市进行了排名（不含港澳台地区，因数据缺乏，西藏自治区未被选为研究对象）。

表1　CSDIS 省级指标集及权重

一级指标 （权重%）	二级指标	三级指标	单位	权重 （%）	序号
经济发展 （25%）	创新驱动	科技进步贡献率*	%	0.00	1
		R&D 经费投入占 GDP 比重	%	3.75	2
		万人口有效发明专利拥有量	件	3.75	3
	结构优化	高技术产业主营业务收入与工业增加值比例	%	2.50	4
		数字经济核心产业增加值占 GDP 比重*	%	0.00	5
		电子商务额占 GDP 比重	%	2.50	6
	稳定增长	GDP 增长率	%	2.08	7
		全员劳动生产率	元/人	2.08	8
		劳动适龄人口占总人口比重	%	2.08	9
	开放发展	人均实际利用外资额	美元/人	3.13	10
		人均进出口总额	美元/人	3.13	11
社会民生 （15%）	教育文化	教育支出占 GDP 比重	%	1.25	12
		劳动人口平均受教育年限	年	1.25	13
		万人公共文化机构数	个/万人	1.25	14
	社会保障	基本社会保障覆盖率	%	1.88	15
		人均社会保障和就业支出	元/人	1.88	16
	卫生健康	人口平均预期寿命*	岁	0.00	17
		人均政府卫生支出	元/人	1.25	18
		甲、乙类法定报告传染病总发病率	%	1.25	19
		每千人口拥有卫生技术人员数	人	1.25	20

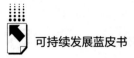

续表

一级指标 （权重%）	二级指标	三级指标	单位	权重 （%）	序号
社会民生 （15%）	均等程度	贫困发生率	%	1.88	21
		城乡居民可支配收入比		1.88	22
		基尼系数 *		0.00	23
资源环境 （10%）	国土资源	人均碳汇 *	吨二氧 化碳/人	0.00	24
		林地覆盖率	%	0.83	25
		耕地覆盖率	%	0.83	26
		湿地覆盖率	%	0.83	27
		草原覆盖率	%	0.83	28
	水环境	人均水资源量	米³/人	1.67	29
		全国河流流域一二三类水质断面占比	%	1.67	30
	大气环境	地级及以上城市空气质量达标天数比例	%	3.33	31
	生物多样性	生物多样性指数 *		0.00	32
消耗排放 （25%）	土地消耗	单位建设用地面积二三产业增加值	万元/ 公里²	4.00	33
	水消耗	单位工业增加值水耗	米³/ 万元	4.00	34
	能源消耗	单位 GDP 能耗	吨标煤/ 万元	4.00	35
	主要污染 物排放	单位 GDP 化学需氧量排放	吨/万元	1.00	36
		单位 GDP 氨氮排放	吨/万元	1.00	37
		单位 GDP 二氧化硫排放	吨/万元	1.00	38
		单位 GDP 氮氧化物排放	吨/万元	1.00	39
	工业危险 废物产生量	单位 GDP 危险废物产生量	吨/万元	4.00	40
	温室气体 排放	单位 GDP 二氧化碳排放 *	吨/万元	0.00	41
		非化石能源占一次能源消费比例	%	4.00	42
治理保护 （25%）	治理投入	生态建设投入与 GDP 比 *	%	0.00	43
		财政性节能环保支出占 GDP 比重	%	2.50	44
		环境污染治理投资与固定资产投资比	%	2.50	45
	废水 利用率	再生水利用率 *	%	0.00	46
		城市污水处理率	%	5.00	47

一级指标 （权重%）	二级指标	三级指标	单位	权重 （%）	序号
治理保护 （25%）	固体废物 处理	一般工业固体废物综合利用率	%	5.00	48
	危险废物 处理	危险废物处置率	%	5.00	49
	废气处理	废气处理率 *	%	2.50	50
	垃圾处理	生活垃圾无害化处理率	%	0.00	51
	减少温室 气体排放	碳排放强度年下降率 *	%	0.00	52
		能源强度年下降率	%	2.50	53

注：＊为没纳入计算体系。

二　省级可持续发展数据处理及计算方法

省级可持续发展资料来源为《中国统计年鉴》《中国人口统计年鉴》《中国科技统计年鉴》《中国城市建设统计年鉴》《中国卫生健康统计年鉴》《中国环境统计年鉴》《中国能源统计年鉴》《中国贸易外经统计年鉴》《中国文化文物和旅游统计年鉴》《中国劳动统计年鉴》，各省市统计年鉴、水资源公报、国民经济和社会发展统计公报、中国农村贫困检测报告以及相关官方网站公开资料等。

省级可持续发展数据处理及计算方法与国家级可持续发展数据及计算方法一致。纳入计算体系的 42 个三级指标中包含 32 个正向指标和 10 个逆向指标。对于正向指标，采用的计算公式为：

$$\frac{X - X_{\min}}{X_{\max} - X_{\min}} \times 50 + 45$$

对于负向指标，采用的计算公式为：

$$\frac{X_{\max} - X}{X_{\max} - X_{\min}} \times 50 + 45$$

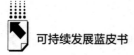
42 个指标的标准化值均为 45～95。X_{max} 和 X_{min} 分别为 2019 年数据的最大值和最小值，X 为实际值。

为降低人为因素的影响，三级指标、二级指标的权重均采取上一级指标下的均等权重，例如"经济发展"一级指标下有 4 个二级指标，则 4 个二级指标的权重均为 1/4，"创新驱动"二级指标下有 3 个三级指标，则 3 个三级指标的权重均为 1/3。一级指标则根据专家打分法对 5 个指标进行赋权，"经济发展""社会民生""资源环境""消耗排放""治理保护"5 个一级指标的权重分别为 25%、15%、10%、25%、25%。

三　中国省级可持续发展体系数据验证结果分析

（一）省级可持续发展综合排名

根据以上数据和方法，计算出 30 个省级可持续发展水平的综合排名（见表 2）。可持续发展排名居前 10 位的分别是北京市、上海市、浙江省、广东省、天津市、重庆市、福建省、海南省、江苏省和湖北省。北京市、上海市、浙江省及广东省等省市继续占据前 4，天津市从 2020 年第 7 名提高至第 5 名，海南省从 2020 年第 10 名提高至第 8 名，湖北省作为中部地区可持续发展典范从第 20 名跃升至第 10 名。沿海地区可持续发展综合排名普遍靠前，可持续发展综合排名靠后的省份主要集中在东北地区、西南地区和西北地区。

表 2　省级可持续发展综合排名情况

省区市	总得分	2021 年排名	2020 年排名
北京	80.30	1	1
上海	77.30	2	2
浙江	73.11	3	3
广东	72.37	4	4
天津	71.12	5	7

续表

省区市	总得分	2021 年排名	2020 年排名
重庆	71.05	6	5
福建	70.90	7	6
海南	70.87	8	10
江苏	70.18	9	8
湖北	68.59	10	20
湖南	68.57	11	11
四川	68.52	12	12
江西	68.45	13	14
河南	68.15	14	16
云南	68.12	15	9
山东	68.08	16	15
陕西	67.81	17	13
安徽	67.28	18	17
吉林	67.07	19	18
辽宁	66.88	20	26
贵州	66.69	21	22
河北	66.47	22	19
山西	65.78	23	23
广西	65.48	24	24
甘肃	65.41	25	21
内蒙古	65.22	26	28
黑龙江	64.76	27	27
宁夏	63.92	28	30
青海	62.55	29	25
新疆	61.73	30	29

（二）省级可持续发展均衡程度

用各地一级指标排名的极差来衡量可持续发展均衡程度，极差越大表示可持续发展越不均衡（见图1）。从经济发展、社会民生、资源环境、消耗排放和环境治理五项一级指标来看，高度不均衡（差异值>20）的有 14 个省份，分别为北京市、广东省、天津市、福建省、海南省、四川省、河南

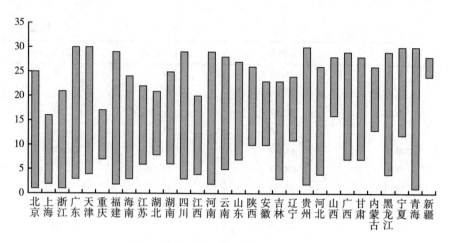

图1 中国省级可持续发展均衡程度

省、云南省、贵州省、河北省、广西壮族自治区、甘肃省、黑龙江省、青海省；中等不均衡（10<差异值≤20）的有15个省份，分别为上海市、浙江省、重庆市、江苏省、湖北省、湖南省、江西省、山东省、陕西省、安徽省、吉林省、辽宁省、山西省、内蒙古自治区、宁夏回族自治区；比较均衡（差异值≤10）的省份个数为1个，为新疆维吾尔自治区。大部分省级区域可持续发展均衡程度与2020年相比有显著提高，可持续发展水平方面有明显改进，但比较均衡的省份个数仍然过少。

（三）五大类一级指标各省主要情况

1.经济发展

2021年度省级可持续发展在经济发展方面，居前10名的省份为北京市、上海市、广东省、天津市、浙江省、江苏省、重庆市、湖北省、福建省和海南省。排名靠后的省份为甘肃省、广西壮族自治区和贵州省。

2021年是各地经济稳步复苏的一年，北京市、上海市、广东省依旧位列经济发展的前三名。广东省GDP达到12.44万亿元，成为全国首个也是唯一一个GDP跨上12万亿元台阶的省份。2021年湖北省相对于全国其他地方恢复更加显著，经济增速高达12.9%，位列全国第1，一方面受2020年负5%低基数效应影响，另一方面也得益于疫情发生以来各方给予湖北的大力支持。2021年海南自贸港建设红利初步释放，海南省地区生产总值、固定资产投资、社会消费品零售总额增速均位居全国前列，海南省实现了11.2%的高增长。湖北省、海南省等均以不俗的表现跻身经济发展指标的全国前10位（见图3）。

表3 省级经济发展类分项排名情况

省份	2021年经济发展指标排名	省份	2021年经济发展指标排名
北　京	1	辽　宁	16
上　海	2	山　西	17
广　东	3	内蒙古	18
天　津	4	湖　南	19
浙　江	5	黑龙江	20
江　苏	6	吉　林	21
重　庆	7	宁　夏	22
湖　北	8	河　南	23
福　建	9	河　北	24
海　南	10	云　南	25
安　徽	11	青　海	26
山　东	12	新　疆	27
江　西	13	甘　肃	28
陕　西	14	广　西	29
四　川	15	贵　州	30

2. 社会民生

2021年度省级可持续发展的社会民生方面，居前10名的省份为北京市、青海省、吉林省、黑龙江省、天津市、上海市、甘肃省、重庆市、四川省和江西省。其中，北京市人均政府卫生支出达3212.47元/人，人均社会保障和就业支出为4815.84元/人，分别位居全国第1和第2，青海省人均政府卫生支出达2665.38元/人，人均社会保障和就业支出5262.64元/人，分别位居全国第2和第1，表现优异。劳动人口平均受教育年限方面，北京、上海和天津位列前3，分别为13.962年、13.065年和12.494年，广东省以

11.036 年位居第 4。东北三省中，吉林省和黑龙江省社会民生排名前 5，在"基本社会保障覆盖率""人均社会保障和就业支出""人均政府卫生支出""每千人口拥有卫生技术人员数"等方面综合表现优异，辽宁省"人均政府卫生支出"为 890.03 元/人排名全国最后，综合指标排全国 11 名。广东省在该项指标排全国第 30 名，主要表现在其"万人公共文化机构数"为 0.188 个/万人，青海省这一指标达到 0.943 个/万人，人口大省四川也达到 0.589 个/万人；同时，广东省"基本社会保障覆盖率"为 75.03%，"每千人拥有卫生技术人员数"6.88 人，均排名靠后（见表 4）。

表 4 省级社会民生类分项排名情况

省份	2021 年社会民生指标排名	省份	2021 年社会民生指标排名
北 京	1	山 西	16
青 海	2	河 北	17
吉 林	3	安 徽	18
黑龙江	4	湖 北	19
天 津	5	江 苏	20
上 海	6	浙 江	21
甘 肃	7	山 东	22
重 庆	8	广 西	23
四 川	9	海 南	24
江 西	10	湖 南	25
辽 宁	11	贵 州	26
宁 夏	12	新 疆	27
内蒙古	13	云 南	28
陕 西	14	福 建	29
河 南	15	广 东	30

3. 资源环境

2021 年度省级可持续发展的资源环境方面，居前 10 名的省份为青海省、贵州省、福建省、江西省、海南省、云南省、广西壮族自治区、黑龙江省、四川省和湖南省，其中湖南省从 2020 年的第 16 名，提升至第 10 名，前 10 名内其他省份变化不大，排名相对靠后的地区为山西省、河南省和天津市。近些年各地产业转型不断深化，中国资源环境质量持续向好。2021年全国"空气质量达标天数比例"均在70%以上，相比2020年提升4个百分点，14个省份或直辖市超过90%，其中海南省达到99.4%、福建省达到99.2%。青海省资源环境指标排名稳居全国第1，其"人均水资源量"、"草原覆盖率"和"湿地覆盖率"等指标在全国遥遥领先。贵州省"林地覆盖率"、"全国河流流域一二三类水质断面占比"和"地级及以上城市空气质量达标天数比例"位居全国前列。天津、河南和山西等省市排名靠后，自然环境条件有限，人均指标表现欠佳（见表5）。

表5　省级资源环境类分项排名情况

省份	2021年资源环境指标排名	省份	2021年资源环境指标排名
青　海	1	上　海	16
贵　州	2	湖　北	17
福　建	3	辽　宁	18
江　西	4	内蒙古	19
海　南	5	安　徽	20
云　南	6	陕　西	21
广　西	7	江　苏	22
黑龙江	8	宁　夏	23
四　川	9	新　疆	24
湖　南	10	北　京	25
吉　林	11	河　北	26
浙　江	12	山　东	27
广　东	13	山　西	28
重　庆	14	河　南	29
甘　肃	15	天　津	30

4. 消耗排放

2021年度省级可持续发展在消耗排放控制方面，居前10名的省份为北京市、福建省、四川省、广东省、云南省、上海市、浙江省、重庆市、天津市、陕西省，其中四川省从2020年的第5名上升到2021年的第3名，上海市排名由第11名上升到第6名。排名相对靠后的地区为青海省、黑龙江省和宁夏回族自治区。

2021年各省市纷纷落实贯彻"双碳"目标，转变经济发展方式，推进经济结构转型，并实现了阶段性成果。北京市产业结构的优越性依然突出，"单位工业增加值水耗"和"单位GDP能耗"控制成效良好，居全国首位。福建省"单位GDP危险废物产生量"最低，排名全国第1。上海市"单位建设用地面积二三产业增加值"达到39.80亿元/公里²，土地资源利用率全国最高。广东省和云南省在主要污染物排放和能源消耗等方面表现稳定分列第4、第5位。黑龙江省在"单位建设用地面积二三产业增加值""单位GDP氨氮排放""单位GDP二氧化硫排放"等方面均需进一步改善，宁夏回族自治区在"单位GDP能耗"方面达到1.91吨标煤/万元，能源消耗效率有待提升（见表6）。

表6　省级消耗排放类分项排名情况

省份	2021年消耗排放指标排名	省份	2021年消耗排放指标排名
北 京	1	江 苏	16
福 建	2	河 北	17
四 川	3	江 西	18
广 东	4	贵 州	19
云 南	5	甘 肃	20
上 海	6	山 西	21
浙 江	7	吉 林	22
重 庆	8	安 徽	23
天 津	9	辽 宁	24
陕 西	10	广 西	25
河 南	11	内蒙古	26
海 南	12	新 疆	27
山 东	13	青 海	28
湖 南	14	黑龙江	29
湖 北	15	宁 夏	30

5. 治理保护

2021年度省级可持续发展在治理保护方面，居前10名的省份为浙江省、河南省、海南省、河北省、广东省、湖南省、山东省、江苏省、上海市和安徽省，排名相对靠后的省份为青海省、四川省和新疆维吾尔自治区。其中浙江省从 2020 年全国排名第 6 上升为 2021 年的全国第 1，湖南省从第 12 名上升为第 6 名，辽宁省从第 25 名上升为第 18 名，内蒙古自治区从第 29 名上升为第 22 名，以上几个省份治理保护效果突出。山西省则从第 1 名下降到第 16 名（见表 7）。

表 7 省级治理保护类分项排名情况

省份	2021 年治理保护指标排名	省份	2021 年治理保护指标排名
浙 江	1	山 西	16
河 南	2	重 庆	17
海 南	3	辽 宁	18
河 北	4	广 西	19
广 东	5	江 西	20
湖 南	6	湖 北	21
山 东	7	内蒙古	22
江 苏	8	吉 林	23
上 海	9	云 南	24
安 徽	10	甘 肃	25
福 建	11	陕 西	26
北 京	12	黑龙江	27
天 津	13	新 疆	28
贵 州	14	四 川	29
宁 夏	15	青 海	30

浙江省综合指标表现优异，北京市在"环境污染治理投资与固定资产投资比"为 2.66%，排名全国第 1。内蒙古自治区在"能源强度年下降率"达到 8.3%，为全国最高；福建省负增长 0.9%，青海省负增长 7%，急需改善能源使用结构，提升能源使用效率。"一般工业固体废物综合利用率"指标方面，中国达到 90% 以上的省份有 5 个，山西省在"一般工业固体废物综合利用率"仅为 40.5%，显著拉低山西省排名。综合来看，中国治理保护水平总体提升，绝大多数省份的"危险废物处理率"和"生活垃圾无害化处理率"均达到 100%，"城市污水处理率"全部达到 90% 以上。

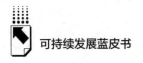
四 中国省级可持续发展对策建议

基于中国省级可持续发展评价，为进一步推动各省市发展转型，提出以下几点建议。

一是经济大省要平衡经济发展与社会民生。中国主要经济发达省市如广东省、浙江省和江苏省等，在经济发展指标中排名分列第3、第5和第6位，但社会民生指标分别排第30、第21和第20名。其中，广东省在"万人公共文化机构数""基本社会保障覆盖率""人均社会保障和就业支出""每千人口拥有卫生技术人员数"指标中均排第28或第29名，社会民生指标整体排名不乐观。当然，这部分源于广东是人口排名第1的大省，同时也是外来人口最多的省份。据统计，2022年，广东外来人口总规模高达2962.2万人，占总人口的23.5%，位居全国之首。广东省经济发展迅速同样也带来了外来人口的社会保障问题，这也是经济大省的共性问题，未来要妥善解决相关矛盾，实现经济可持续发展。

二是人口大省亟须探索可持续发展新模式。河南省、山东省等都是耕地面积占比高、资源有限的人口大省，面临妥善处理人与资源的关系、提高资源循环使用效率、提高劳动力素质等挑战。如河南省是耕地面积和人口大省，2021年河南在可持续发展综合排名中列第14位，但河南省消耗排放与治理保护表现良好，分别排第11和第2名，其中"城市污水处理率"为99.2%，排第2名，"危险废物处置率""生活垃圾无害化处理率"均达到100%，"一般工业固体废物综合利用率"为78.5%，排第10名，表现出了优秀的治理能力，这也是可持续发展对河南、山东、广东等人口大省提出的重要要求。同时，随着农业生产的规模化和集约化，这些省份要妥善吸纳多余劳动力、积极提升劳动力素质。

三是以更加开放的对外合作拓展可持续发展之路。近年来，中国对外开放不断取得新进展，2020年6月1日，《海南自由贸易港建设总体方案》（以下简称为《总体方案》）发布，海南自由贸易港建设进入全面实施阶段。2022 年，《区域全面经济伙伴关系协定（RCEP）》正式生效。截至 2022 年底，中国已同 26 个国家和地区签署了 19 个自由贸易协定，自贸伙伴遍及亚洲、大洋洲、拉丁美洲、欧洲和非洲。但 2021 年，部分省市在对外合作方面有下降趋势，如湖南省 2021 年"人均实际利用外资额"仅为 36.47 美元/人，而这一数据在 2020 年为 316.01 美元/人，下滑 88.5%。当前，要坚持对外开放战略，通过大胆试、大胆闯、自主改，尝试在不同开放基础、不同开放应对能力、不同地理和开放环境下的自贸区展开多层次的试验，包括自由贸易平台建设、引进外资和国际金融运作、先进制造业基地建设、国际高标准经贸规则对接，以及市场化、法治化、国际化营商环境的建设等方面先行先试，取得经验之后再复制推广到全国。

四是持续提高老百姓收入水平，缩小贫富差距。党的二十大报告提出，"探索多种渠道增加中低收入群众要素收入，多渠道增加城乡居民财产性收入"。近年来中国整体民生状况已跃上了一个新台阶，不过贫富差距仍然突出。据统计，新疆维吾尔自治区、甘肃省内部首尾城市收入差距超过了 3 倍，广东省也达到 2.93 倍。提高百姓收入，缩小贫富差距，要持续通过税收、社保、就业、社会激励等制度安排和市场调节，减少低收入者，增加中等收入群体规模，逐步缩小收入差距，使橄榄形分配格局加快形成。在城镇化方面，要进一步深化户籍制度改革，积极实行以人为本的城镇化，让更多人从农村转移到城镇，加入更高收入行业，成为更高收入群体。在社会保障方面，要逐步提高城乡居民保障水平，保障制度朝着更加公平、更加统一的方向推进，并将新形态就业群体以及弱势群体纳入保障体系。在公共服务方面，要进一步推进公共服务均等化，继续加大对农村地区基本公共服务设施投入力度，加强劳动者技能培训。

五　中国30个省份和地区可持续发展数据验证分析

本部分详述 CSDIS 指标体系中 30 个省份及地区在不同可持续发展领

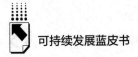
域中的具体表现，包括各项指标的原始数值、单位、分数和排名。按可持续发展综合排名情况对这些省份及地区做如下详细述。

（一）北京

北京已连续多年蝉联可持续发展综合排名首位。在经济发展、社会民生和消耗排放方面排名第1。资源环境和治理保护方面仍相对落后，排名分别为第25和第12。

北京市经济发展成效显著，"R&D经费投入占地区生产总值比重"达到6.53%，"万人口有效发明专利拥有量"185.03件，"高技术产业主营业务收入与工业增加值比例"达到181.13%，"电子商务额占地区生产总值比重"119.44%，均位居全国第1。在社会民生发展方面，北京市"劳动人口平均受教育年限""甲、乙类法定报告传染病总发病率""人均政府卫生支出""每千人口拥有卫生技术人员数"等均排名第1，"基本社会保障覆盖率"从2020年的第1名下滑至2021年第8名。北京市在消耗排放方面综合排名全国第1，北京市在"单位工业增加值水耗""单位地区生产总值能耗"及其他污染物排放控制方面做到全国首位，"单位建设用地面积二三产业增加值"全国第3。

北京市一直面临资源环境制约的挑战。2021年，北京市"全国河流流域一二三类水质断面占比"75.2%、"地级及以上城市空气质量达标天数比例"78.9%，均有所提升，但排名均为第24名。国土资源如耕地、湿地和草原覆盖率普遍偏低。治理保护方面，北京市治理工作有很大的成效，2021年北京"环境污染治理投资与固定资产投资比""危险废物处置率""生活垃圾无害化处理率"均排名第1。此外，"城市污水处理率"从第27名提升至第22名，"一般工业固体废物综合利用率"从第22名提升至第15名，但"能源强度年下降率"排名第15名，有所下降（见表8）。

表8　北京市可持续发展指标分值与分数

北京 1st/30

序号	指标	分值	分值单位	分数	排名
	经济发展			86.71	1
1	R&D 经费投入占地区生产总值比重	6.53	%	95.00	1
2	万人口有效发明专利拥有量	185.03	件	95.00	1
3	高技术产业主营业务收入与工业增加值比例	181.13	%	95.00	1
4	电子商务额占地区生产总值比重	119.44	%	95.00	1
5	地区生产总值增长率	8.5	%	64.6	25
6	全员劳动生产率	34.78	万元/人	95.00	1
7	劳动适龄人口占总人口比重	73.66	%	95.00	1
8	人均实际利用外资额	710.90	美元/人	84.23	2
9	人均进出口总额	7199.07	美元/人	59.72	6
	社会民生			82.42	1
1	国家财政教育经费占地区生产总值比重	2.85	%	52.35	23
2	劳动人口平均受教育年限	13.962	年	95	1
3	万人公共文化机构数	0.237	个	48.399	28
4	基本社会保障覆盖率	89.22	%	82.59	8
5	人均社会保障财政支出	4815.84	元/人	89.19	2
6	人均政府卫生支出	3212.47	元/人	95.00	1
7	甲、乙类法定报告传染病总发病率	94.57	1/10 万	95	1
8	每千人口拥有卫生技术人员数	13.2	人	95	1
9	贫困发生率	0	%	95	1
10	城乡居民可支配收入比	2.45		72.11	22
	资源环境			58.89	25
1	森林覆盖率	58.96	%	85.65	9
2	耕地覆盖率	5.70	%	50.56	28
3	湿地覆盖率	0.19	%	45.65	26
4	草原覆盖率	0.88	%	45.62	20
5	人均水资源量	280.0	米³/人	45.54	28
6	全国河流流域一二三类水质断面占比	75.2	%	74.04	24
7	地级及以上城市空气质量达标天数比例	78.9	%	60.02	24

续表

北京 1ˢᵗ/30

序号	指标	分值	分值单位	分数	排名
	消耗排放			84.58	1
1	单位建设用地面积二三产业增加值	27.29	亿元/公里²	76.10	3
2	单位工业增加值水耗	5.09	米³/万元	95.00	1
3	单位地区生产总值能耗	0.18	吨标准煤/万元	95.00	1
4	单位地区生产总值主要污染物排放（单位化学需氧量排放）	1.20947E-08	吨/万元	95.00	1
5	单位地区生产总值氨氮排放量	5.44268E-10	吨/万元	95.00	1
6	单位地区生产总值二氧化硫排放量	3.53125E-10	吨/万元	95.00	1
7	单位地区生产总值氮氧化物排放量	2.03752E-08	吨/万元	95.00	1
8	单位地区生产总值危险废物产生量	0.0007	吨/万元	95.00	1
9	非化石能源占一次能源消费比例	12.0	%	51.38	20
	治理保护			76.89	12
1	财政性节能环保支出占地区生产总值比重	0.62	%	54.10	12
2	环境污染治理投资与固定资产投资比	2.66	%	95.00	1
3	城市污水处理率	97.2	%	64.23	22
4	一般工业固体废物综合利用率	58.8	%	64.11	15
5	危险废物处置率	100.0	%	95.00	1
6	生活垃圾无害化处理率	100	%	95.00	1
7	能源强度年下降率	3.1	%	78.15	15

（二）上海

上海在可持续发展综合排名中位列第2。经济发展排名第2，社会民生和消耗排放排名全国第6，治理保护排名全国第9，资源环境排名第16。

经济发展方面，上海在各项指标中表现总体比较稳定，2021年经济增长迅速，"地区生产总值增长率"为8.1%，表现优异，从2020年的第22名上升到第12名。上海市2021在"人均进出口总额"和"人均实际利用外资额"均排名全国第1。

社会民生方面，"劳动人口平均受教育年限"稳居全国第2，"人均社会保障财政支出"、"每千人口拥有卫生技术人员数"和"人均政府卫生支出"均位居全国前5，受人口数量制约，上海市"万人公共文化机构数"和"基本社会保障覆盖率"两个指标排名落后。

资源环境方面，"全国河流流域一二三类水质断面占比"进步明显，全国排名第20，距2020年提升10位。"地级及以上城市空气质量达标天数比例"达到91.8%，有显著提升。但"人均水资源量"排名下降6名，全国排名第29，资源环境掣肘加剧。

消耗排放方面，"单位建设用地面积二三产业增加值"达到39.80亿元/公里^2，排名全国第1。"单位工业增加值水耗"偏高，全国排名第29。在治理保护方面，上海市在"一般工业固体废物综合利用率"、"危险废物处置率"和"生活垃圾无害化处理率"整体表现良好，"能源强度年下降率"为2.6%，相对较低。

表9　上海市可持续发展指标分值与分数

上海					2nd/30
序号	指标	分值	分值单位	分数	排名
	经济发展			80.50	2
1	R&D经费投入占地区生产总值比重	4.21	%	75.81	2
2	万人口有效发明专利拥有量	69.09	件	63.25	2
3	高技术产业主营业务收入与工业增加值比例	78.32	%	66.10	4
4	电子商务额占地区生产总值比重	112.01	%	91.70	2
5	地区生产总值增长率	8.1	%	61.83	12
6	全员劳动生产率	31.66	万元/人	89.23	2
7	劳动适龄人口占总人口比重	72.74	%	90.31	3
8	人均实际利用外资额	906.03	美元/人	95.00	1
9	人均进出口总额	24287.86	美元/人	95.00	1

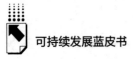
续表

上海					2nd/30
序号	指标	分值	分值单位	分数	排名
	社会民生			71.75	6
1	国家财政教育经费占地区生产总值比重	2.41	%	47.30	27
2	劳动人口平均受教育年限	13.065	年	86.30	2
3	万人公共文化机构数	0.186	个	45.00	30
4	基本社会保障覆盖率	74.47	%	45.00	30
5	人均社会保障财政支出	4113.93	元/人	80.07	5
6	人均政府卫生支出	2267.32	元/人	74.65	3
7	甲、乙类法定报告传染病总发病率	135.23	1/10万	88.17	6
8	每千人口拥有卫生技术人员数	9.2	人	63.90	3
9	贫困发生率	0	%	95.00	1
10	城乡居民可支配收入比	2.14		83.74	6
	资源环境			69.94	16
1	森林覆盖率	12.90	%	50.04	26
2	耕地覆盖率	25.55	%	73.01	11
3	湿地覆盖率	11.47	%	95.00	1
4	草原覆盖率	0.21	%	45.00	30
5	人均水资源量	216.6	米^3/人	45.31	29
6	全国河流流域一二三类水质断面占比	80.6	%	78.72	20
7	地级及以上城市空气质量达标天数比例	91.8	%	82.03	12
	消耗排放			79.72	6
1	单位建设用地面积二三产业增加值	39.80	亿元/公里^2	95.00	1
2	单位工业增加值水耗	60.53	米^3/万元	46.93	29
3	单位地区生产总值能耗	0.28	吨标准煤/万元	92.22	2
4	单位地区生产总值主要污染物排放（单位化学需氧量排放）	1.73866E-08	吨/万元	94.58	2
5	单位地区生产总值氨氮排放量	6.82041E-10	吨/万元	94.67	2
6	单位地区生产总值二氧化硫排放量	1.33424E-09	吨/万元	94.63	2
7	单位地区生产总值氮氧化物排放量	3.14011E-08	吨/万元	92.97	2
8	单位地区生产总值危险废物产生量	0.0032	吨/万元	93.73	4
9	非化石能源占一次能源消费比例	15.8	%	56.20	13

| 上海 | | | | | 2nd/30 |

上海 2nd/30

序号	指标	分值	分值单位	分数	排名
	治理保护			77.97	9
1	财政性节能环保支出占地区生产总值比重	0.37	%	47.44	21
2	环境污染治理投资与固定资产投资比	1.44	%	68.82	5
3	城市污水处理率	96.9	%	60.38	26
4	一般工业固体废物综合利用率	93.96	%	90.73	4
5	危险废物处置率	99.9	%	94.89	17
6	生活垃圾无害化处理率	100	%	95.00	1
7	能源强度年下降率	2.6	%	76.38	20

（三）浙江

浙江在可持续发展综合排名中位列第3。其中，治理保护水平提升显著，排名全国第1。经济发展排名第5，消耗排放和资源环境方面分别排名第7和第12，社会民生排名第21。

浙江省在经济发展方面，"万人口有效发明专利拥有量"38.28件，排名第4，"劳动适龄人口占总人口比重"排名第4。"人均进出口总额"表现良好，排名全国第5。"全员劳动生产率"每人18.86万元，排名全国第6。

消耗排放和治理保护方面，2021年浙江省在"单位地区生产总值主要污染物排放"和"单位地区生产总值氨氮排放量"排名前5，但"单位地区生产总值危险废物产生量"和"非化石能源占一次能源消费比例"排名分列第15和17位，还需进一步提升。"能源强度年下降率"为5.6%，排名全国第4名，距上年第29名提升了25名。

资源环境方面整体排名第12，"森林覆盖率""地级及以上城市空气质量达标天数比例"分别排名第10、9名。社会民生排名第21名，需要进一步提升，其中"国家财政教育经费占地区生产总值比重"为2.77%排名第

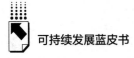

25，"基本社会保障覆盖率"为77.05％，排名第26，"人均社会保障财政支出"1966.56元/人，排名全国第23。

表10 浙江省可持续发展指标分值与分数

| 浙江 | | | | 3rd/30 | |

浙江					3rd/30
序号	指标	分值	分值单位	分数	排名
	经济发展			63.10	5
1	R&D经费投入占地区生产总值比重	2.94	％	65.24	6
2	万人口有效发明专利拥有量	38.28	件	54.81	4
3	高技术产业主营业务收入与工业增加值比例	49.57	％	58.01	10
4	电子商务额占地区生产总值比重	27.06	％	53.90	10
5	地区生产总值增长率	8.5	％	64.46	7
6	全员劳动生产率	18.86	万元/人	65.55	6
7	劳动适龄人口占总人口比重	72.58	％	89.54	4
8	人均实际利用外资额	280.41	美元/人	60.45	9
9	人均进出口总额	9458.12	美元/人	64.39	5
	社会民生			67.13	21
1	国家财政教育经费占地区生产总值比重	2.77	％	51.48	25
2	劳动人口平均受教育年限	10.724	年	63.58	8
3	万人公共文化机构数	0.344	个	55.48	21
4	基本社会保障覆盖率	77.05	％	51.56	26
5	人均社会保障财政支出	1966.56	元/人	52.17	23
6	人均政府卫生支出	1229.89	元/人	52.32	15
7	甲、乙类法定报告传染病总发病率	144.35	1/10万	86.63	9
8	每千人口拥有卫生技术人员数	8.85	人	61.17	6
9	贫困发生率	0	％	95.00	1
10	城乡居民可支配收入比	1.94		91.17	3
	资源环境			71.36	12
1	森林覆盖率	57.76	％	84.72	10
2	耕地覆盖率	12.23	％	57.95	22
3	湿地覆盖率	1.57	％	51.67	11
4	草原覆盖率	0.60	％	45.36	24
5	人均水资源量	2067.5	米³/人	51.89	14

续表

浙江					3rd/30
序号	指标	分值	分值单位	分数	排名
6	全国河流流域一二三类水质断面占比	86.1	%	83.48	17
7	地级及以上城市空气质量达标天数比例	94.4	%	86.47	9
	消耗排放			79.54	7
1	单位建设用地面积二三产业增加值	20.64	亿元/公里²	66.07	6
2	单位工业增加值水耗	13.25	米³/万元	87.93	7
3	单位地区生产总值能耗	0.38	吨标准煤/万元	89.27	8
4	单位地区生产总值主要污染物排放（单位化学需氧量排放）	6.78369E-08	吨/万元	90.60	3
5	单位地区生产总值氨氮排放量	4.75816E-09	吨/万元	84.95	5
6	单位地区生产总值二氧化硫排放量	5.89329E-09	吨/万元	92.92	4
7	单位地区生产总值氮氧化物排放量	5.17605E-08	吨/万元	89.23	6
8	单位地区生产总值危险废物产生量	0.0069	吨/万元	91.95	15
9	非化石能源占一次能源消费比例	13.0	%	52.62	17
	治理保护			80.98	1
1	财政性节能环保支出占地区生产总值比重	0.28	%	45.00	30
2	环境污染治理投资与固定资产投资比	0.91	%	57.56	16
3	城市污水处理率	97.9	%	73.21	17
4	一般工业固体废物综合利用率	99.4	%	94.81	2
5	危险废物处置率	100.0	%	95.00	1
6	生活垃圾无害化处理率	100	%	95.00	1
7	能源强度年下降率	5.6	%	86.17	4

（四）广东

广东省在2021年可持续发展综合排名中位列第4。经济发展排名全国第3，消耗排放排名全国第4，治理保护和资源环境分列第5和第13。社会民生方面发展不平衡状况仍突出，排名全国最后。

广东省经济发展排名全国第3，其中"高技术产业主营业务收入与工业

增加值比例"为 119.43%，排名全国第 2，"R&D 经费投入占地区生产总值
比重"为 3.22%，排名第 4，"电子商务额占地区生产总值比重"为
47.15%，排名第 4。广东省"人均进出口总额"为 11627.72 美元/人，排
名第 2。

广东省消耗排放方面整体表现良好，除"单位工业增加值水耗"为
17.32 米³/万元，排名第 11 以外，其他各项消耗排放指标均排名全国前 10。
在资源环境方面，广东省还面临紧迫的人均水资源问题，"人均水资源量"
为 965.1 米³/人，排名第 21。"森林覆盖率"和"地级及以上城市空气质量
达标天数比例"排名第 7 和第 10。

广东省在社会民生方面仍需大力改善，2020 年和 2021 年连续两年排名
第 30，表现欠佳。2021 年广东省"万人公共文化机构数"为 0.188，全国
排名第 29。"基本社会保障覆盖率""人均社会保障财政支出"均排名第
28，"每千人口拥有卫生技术人员数"排名第 29。"国家财政教育经费占地
区生产总值比重"排名第 19，"城乡居民可支配收入比"为 2.46，排名全
国第 24。

表 11 广东省可持续发展指标分值与分数

广东					4ᵗʰ/30
序号	指标	分值	分值单位	分数	排名
	经济发展			65.60	3
1	R&D 经费投入占地区生产总值比重	3.22	%	67.59	4
2	万人口有效发明专利拥有量	34.66	件	53.82	5
3	高技术产业主营业务收入与工业增加值比例	119.43	%	77.65	2
4	电子商务额占地区生产总值比重	47.15	%	62.83	4
5	地区生产总值增长率	8.0	%	60.79	15
6	全员劳动生产率	17.59	万元/人	63.18	7
7	劳动适龄人口占总人口比重	72.15	%	87.32	6
8	人均实际利用外资额	218.09	美元/人	57.01	11
9	人均进出口总额	11627.72	美元/人	68.86	2

续表

广东					4th/30

序号	指标	分值	分值单位	分数	排名
	社会民生			60.33	30
1	国家财政教育经费占地区生产总值比重	3.05	%	54.64	19
2	劳动人口平均受教育年限	11.036	年	66.61	4
3	万人公共文化机构数	0.188	个	45.16	29
4	基本社会保障覆盖率	75.03	%	46.41	28
5	人均社会保障财政支出	1680.77	元/人	48.45	28
6	人均政府卫生支出	1319.83	元/人	54.25	13
7	甲、乙类法定报告传染病总发病率	272.44	1/10万	65.11	26
8	每千人口拥有卫生技术人员数	6.88	人	45.86	29
9	贫困发生率	0	%	95.00	1
10	城乡居民可支配收入比	2.46		71.68	24
	资源环境			71.04	13
1	森林覆盖率	60.06	%	86.50	7
2	耕地覆盖率	10.58	%	56.09	25
3	湿地覆盖率	1.00	%	49.18	16
4	草原覆盖率	1.33	%	46.03	16
5	人均水资源量	965.1	米³/人	47.97	21
6	全国河流流域一二三类水质断面占比	89.9	%	86.77	14
7	地级及以上城市空气质量达标天数比例	94.3	%	86.30	10
	消耗排放			80.44	4
1	单位建设用地面积二三产业增加值	19.77	亿元/公里²	64.76	7
2	单位工业增加值水耗	17.32	米³/万元	84.40	11
3	单位地区生产总值能耗	0.33	吨标准煤/万元	90.77	4
4	单位地区生产总值主要污染物排放（单位化学需氧量排放）	1.27107E-07	吨/万元	85.92	8
5	单位地区生产总值氨氮排放量	6.2071E-09	吨/万元	81.50	10
6	单位地区生产总值二氧化硫排放量	7.87117E-09	吨/万元	92.17	7
7	单位地区生产总值氮氧化物排放量	5.06206E-08	吨/万元	89.44	5
8	单位地区生产总值危险废物产生量	0.0041	吨/万元	93.33	8
9	非化石能源占一次能源消费比例	20.6	%	62.10	7

续表

| 广东 | | | | | 4th/30 |

序号	指标	分值	分值单位	分数	排名
	治理保护			76.91	5
1	财政性节能环保支出占地区生产总值比重	0.40	%	48.19	20
2	环境污染治理投资与固定资产投资比	0.90	%	57.44	17
3	城市污水处理率	98.4	%	79.62	11
4	一般工业固体废物综合利用率	84.2	%	83.31	6
5	危险废物处置率	100.0	%	95.00	1
6	生活垃圾无害化处理率	100	%	95.00	1
7	能源强度年下降率	1.2	%	71.81	26

（五）天津

天津市在可持续发展综合排名中位列第5，相比2020年提升两名。经济发展和社会民生也相对靠前，排名分别为第4、第5。消耗排放和治理保护与2020年相比均有所下降，资源环境排名第30。

2021年，天津市经济增长有所恢复，创新驱动发展有所提升。2021年天津"R&D经费投入占地区生产总值比重"为3.66%，排名第3，同比增长0.22个百分点，"万人口有效发明专利拥有量"为31.62件，排名第6，"高技术产业主营业务收入与工业增加值比例"为63.91%，排名第8。天津市经济对外合作与国际化程度较高。2021年"人均进出口总额"排名第3，"人均实际利用外资额"排名第4，"电子商务额占地区生产总值比重"排名第3。

天津市在社会民生方面总体表现良好，排名全国第5。其中，"劳动人口平均受教育年限"排名第3，"人均政府卫生支出"和"每千人口拥有卫生技术人员数"均排名第5。但"基本社会保障覆盖率"为76.92%，据2020年有所提升，但排名仍较为落后。天津市在"城乡居民可支配收入比"方面表现优异，2021年达到1.84，排名全国第1。

天津市2021年仍面临资源环境的严峻压力，"森林覆盖率""全国河流流域一二三类水质断面占比""地级及以上城市空气质量达标天数比例""人均水资源量"均排名全国靠后。

天津市治理保护总体水平有所上升，如"财政性节能环保支出占地区生产总值比重""环境污染治理投资与固定资产投资比""能源强度年下降率"均同比有所上升，但全国其他省份治理水平提升明显，天津市整体排名相对下滑5名。

表12 天津市可持续发展指标分值与分数

天津					5th/30

序号	指标	分值	分值单位	分数	排名
	经济发展			65.48	4
1	R&D经费投入占地区生产总值比重	3.66	%	71.24	3
2	万人口有效发明专利拥有量	31.62	件	52.98	6
3	高技术产业主营业务收入与工业增加值比例	63.91	%	62.04	8
4	电子商务额占地区生产总值比重	49.96	%	64.08	3
5	地区生产总值增长率	6.6	%	51.10	23
6	全员劳动生产率	24.49	万元/人	75.95	3
7	劳动适龄人口占总人口比重	70.81	%	80.51	8
8	人均实际利用外资额	392.50	美元/人	66.64	4
9	人均进出口总额	11615.42	美元/人	68.84	3
	社会民生			73.86	5
1	国家财政教育经费占地区生产总值比重	3.05	%	54.65	22
2	劳动人口平均受教育年限	12.494	年	80.76	3
3	万人公共文化机构数	0.346	个	55.59	22
4	基本社会保障覆盖率	76.92	%	51.23	27
5	人均社会保障财政支出	4355.14	元/人	83.21	6
6	人均政府卫生支出	1571.70	元/人	59.68	5
7	甲、乙类法定报告传染病总发病率	138.35	1/10万	87.64	8
8	每千人口拥有卫生技术人员数	8.87	人	61.33	5
9	贫困发生率	0	%	95.00	1
10	城乡居民可支配收入比	1.84		95.00	1

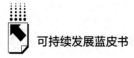
天津　　　　　　　　　　　　　　　　　　　　　　　　　　　　　　　　5th/30

序号	指标	分值	分值单位	分数	排名
	资源环境			50.32	30
1	森林覆盖率	12.39	%	49.65	27
2	耕地覆盖率	27.54	%	75.26	9
3	湿地覆盖率	2.73	%	56.79	8
4	草原覆盖率	1.25	%	45.96	17
5	人均水资源量	288.4	米³/人	45.57	27
6	全国河流流域一二三类水质断面占比	41.7	%	45.00	30
7	地级及以上城市空气质量达标天数比例	72.3	%	48.75	27
	消耗排放			77.74	9
1	单位建设用地面积二三产业增加值	14.33	亿元/公里²	56.54	21
2	单位工业增加值水耗	9.19	米³/万元	91.45	2
3	单位地区生产总值能耗	0.38	吨标准煤/万元	89.36	7
4	单位地区生产总值主要污染物排放（单位化学需氧量排放）	9.89085E-08	吨/万元	88.15	4
5	单位地区生产总值氨氮排放量	1.58457E-09	吨/万元	92.52	3
6	单位地区生产总值二氧化硫排放量	5.42211E-09	吨/万元	93.09	3
7	单位地区生产总值氮氧化物排放量	6.83319E-08	吨/万元	86.18	12
8	单位地区生产总值危险废物产生量	0.0046	吨/万元	93.08	10
9	非化石能源占一次能源消费比例	7.7	%	46.02	29
	治理保护			76.84	13
1	财政性节能环保支出占地区生产总值比重	0.30	%	45.62	26
2	环境污染治理投资与固定资产投资比	0.32	%	45.00	30
3	城市污水处理率	96.8	%	59.10	28
4	一般工业固体废物综合利用率	99.6	%	95.00	1
5	危险废物处置率	100.0	%	95.00	1
6	生活垃圾无害化处理率	100	%	95.00	1
7	能源强度年下降率	5.1	%	84.55	7

（六）重庆

重庆市在 2021 年可持续发展综合排名中位列第 6。在经济发展、社会民生、消耗排放三个方面表现优秀，均排名前 10。其中社会民生提升 6 名，资源环境和治理保护分别排名第 14 和第 17。

重庆市 2021 年在"R&D 经费投入占地区生产总值比重""万人口有效发明专利拥有量""高技术产业主营业务收入与工业增加值比例""电子商务额占地区生产总值比重"方面均同比有所增长和提升，在"人均进出口总额"方面，从 2020 年 2617.18 美元/人增长到 3395.77 美元/人，2021 年对外开放成效明显。但 2021 年"劳动适龄人口占总人口比重"为 66.97%，排名仍靠后。

在社会民生方面，"基本社会保障覆盖率"和"人均社会保障财政支出"均有所增长。但"每千人口拥有卫生技术人员数"排名第 23，还有待提升。在消耗排放方面，重庆市排名第 8。2021 年"单位地区生产总值能耗""单位地区生产总值危险废物产生量""非化石能源占一次能源消费比例"均表现良好，全国排名第 5，消耗排放总体控制良好。

治理保护方面，重庆市"城市污水处理率""一般工业固体废物综合利用率"表现良好，分别排名第 5 和第 8，"危险废物处置率"达到 100%。

表 13　重庆市可持续发展指标分值与分数

重庆					6th/30
序号	指标	分值	分值单位	分数	排名
	经济发展			58.80	7
1	R&D 经费投入占地区生产总值比重	2.16	%	58.87	14
2	万人口有效发明专利拥有量	13.18	件	47.94	13
3	高技术产业主营业务收入与工业增加值比例	98.79	%	71.85	3
4	电子商务额占地区生产总值比重	34.33	%	57.13	5

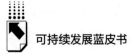

重庆				6th/30	

序号	指标	分值	分值单位	分数	排名
5	地区生产总值增长率	8.3	%	63.23	8
6	全员劳动生产率	16.72	万元/人	61.58	9
7	劳动适龄人口占总人口比重	66.97	%	61.04	21
8	人均实际利用外资额	332.04	美元/人	63.30	7
9	人均进出口总额	3395.77	美元/人	51.87	10
	社会民生			69.48	8
1	国家财政教育经费占地区生产总值比重	2.85	%	52.34	24
2	劳动人口平均受教育年限	10.312	年	59.58	18
3	万人公共文化机构数	0.401	个	59.22	16
4	基本社会保障覆盖率	89.60	%	83.55	5
5	人均社会保障财政支出	3174.27	元/人	67.86	9
6	人均政府卫生支出	1221.26	元/人	52.13	17
7	甲、乙类法定报告传染病总发病率	194.67	1/10万	78.18	16
8	每千人口拥有卫生技术人员数	7.68	人	52.08	23
9	贫困发生率	0	%	95.00	1
10	城乡居民可支配收入比	2.40		73.78	18
	资源环境			70.30	14
1	森林覆盖率	56.91	%	84.06	11
2	耕地覆盖率	22.70	%	69.78	13
3	湿地覆盖率	0.18	%	45.62	27
4	草原覆盖率	0.29	%	45.07	29
5	人均水资源量	2338.6	米³/人	52.86	12
6	全国河流流域一二三类水质断面占比	95.0	%	91.15	9
7	地级及以上城市空气质量达标天数比例	89.3	%	77.76	17
	消耗排放			79.48	8
1	单位建设用地面积二三产业增加值	17.39	亿元/公里²	61.16	11
2	单位工业增加值水耗	24.47	米³/万元	78.20	19
3	单位地区生产总值能耗	0.34	吨标准煤/万元	90.37	5
4	单位地区生产总值主要污染物排放（单位化学需氧量排放）	1.21245E-07	吨/万元	86.39	7

重庆					6th/30
序号	指标	分值	分值单位	分数	排名
5	单位地区生产总值氨氮排放量	7.00873E-09	吨/万元	79.59	12
6	单位地区生产总值二氧化硫排放量	1.81454E-08	吨/万元	88.31	10
7	单位地区生产总值氮氧化物排放量	5.64841E-08	吨/万元	88.36	7
8	单位地区生产总值危险废物产生量	0.0035	吨/万元	93.61	5
9	非化石能源占一次能源消费比例	25.2	%	67.87	5
	治理保护			76.10	17
1	财政性节能环保支出占地区生产总值比重	0.59	%	53.25	14
2	环境污染治理投资与固定资产投资比	0.95	%	58.51	13
3	城市污水处理率	98.9	%	86.03	5
4	一般工业固体废物综合利用率	81.9	%	81.61	8
5	危险废物处置率	100.0	%	95.00	1
6	生活垃圾无害化处理率	96.6	%	45.00	30
7	能源强度年下降率	3.4	%	78.96	14

（七）福建

福建省在可持续发展综合排名中位列第7。消耗排放方面排名全国第2，资源环境排名第3，经济发展和治理保护分别排名第9和第11。社会民生方面排名第29，仍需改善。

福建省"全员劳动生产率"和"人均进出口总额"两项指标表现优良，分别达到22.22万元/人和5905.12美元/人，排名全国第5和第7。福建省资源环境优势突出，保护有力。2021年福建省"森林覆盖率"为71.06%，连续排名全国第1，"地级及以上城市空气质量达标天数比例"为99.2%，排名第2，"全国河流流域一二三类水质断面占比"为97.3%，排名第7。

在消耗排放和治理保护方面，福建省用地用能效率方面表现突出，"单位建设用地面积二三产业增加值"排名第2，"单位地区生产总值能耗"排名第6。"非化石能源占一次能源消费比例"达到11.8%，排名第21，在全国范围来看还需进一步改善。

福建省在社会民生方面差距仍然很大,"国家财政教育经费占地区生产总值比重"排名第29,"人均社会保障财政支出"排名第30,"每千人口拥有卫生技术人员数"为 7.03 人,排名第28,以上几个方面仍需提高。

表14 福建省可持续发展指标分值与分数

| 福建 | | | | | 7th/30 |

序号	指标	分值	分值单位	分数	排名
	经济发展			57.38	9
1	R&D 经费投入占地区生产总值比重	1.98	%	57.37	15
2	万人口有效发明专利拥有量	14.84	件	48.39	10
3	高技术产业主营业务收入与工业增加值比例	47.71	%	57.49	11
4	电子商务额占地区生产总值比重	17.80	%	49.77	18
5	地区生产总值增长率	8.0	%	60.81	14
6	全员劳动生产率	22.22	万元/人	71.75	5
7	劳动适龄人口占总人口比重	69.57	%	74.21	14
8	人均实际利用外资额	117.16	美元/人	51.44	17
9	人均进出口总额	5905.12	美元/人	57.05	7
	社会民生			63.47	29
1	国家财政教育经费占地区生产总值比重	2.21	%	45.11	29
2	劳动人口平均受教育年限	10.468	年	61.10	12
3	万人公共文化机构数	0.363	个	56.68	18
4	基本社会保障覆盖率	81.20	%	62.14	22
5	人均社会保障财政支出	1415.10	元/人	45.00	30
6	人均政府卫生支出	1157.24	元/人	50.75	20
7	甲、乙类法定报告传染病总发病率	209.49	1/10 万	75.69	12
8	每千人口拥有卫生技术人员数	7.03	人	47.02	28
9	贫困发生率	0	%	95.00	1
10	城乡居民可支配收入比	2.20		81.41	22
	资源环境			75.96	3
1	森林覆盖率	71.06	%	95.00	1

续表

| 福建 | | | | | 7th/30 |

7th/30

序号	指标	分值	分值单位	分数	排名
2	耕地覆盖率	7.52	%	52.62	27
3	湿地覆盖率	1.52	%	51.48	13
4	草原覆盖率	0.60	%	45.36	23
5	人均水资源量	1817.7	米^3/人	51.01	17
6	全国河流流域一二三类水质断面占比	97.3	%	93.18	7
7	地级及以上城市空气质量达标天数比例	99.2	%	94.66	2
	消耗排放			83.83	2
1	单位建设用地面积二三产业增加值	31.58	亿元/公里^2	82.58	2
2	单位工业增加值水耗	19.90	米^3/万元	82.16	13
3	单位地区生产总值能耗	0.37	吨标准煤/万元	89.49	6
4	单位地区生产总值主要污染物排放（单位化学需氧量排放）	1.14092E-07	吨/万元	86.95	6
5	单位地区生产总值氨氮排放量	7.82149E-09	吨/万元	77.65	18
6	单位地区生产总值二氧化硫排放量	1.333E-08	吨/万元	90.12	9
7	单位地区生产总值氮氧化物排放量	5.02132E-08	吨/万元	89.51	4
8	单位地区生产总值危险废物产生量	0.0036	吨/万元	93.58	6
9	非化石能源占一次能源消费比例	11.8	%	51.13	21
	治理保护			76.91	11
1	财政性节能环保支出占地区生产总值比重	0.29	%	45.26	29
2	环境污染治理投资与固定资产投资比	0.65	%	51.95	24
3	城市污水处理率	98.3	%	78.33	12
4	一般工业固体废物综合利用率	83.8	%	83.07	7
5	危险废物处置率	99.4	%	94.55	21
6	生活垃圾无害化处理率	100	%	95.00	1
7	能源强度年下降率	-0.9	%	64.95	29

（八）海南

海南省在可持续发展综合排名中位列第8，相比2020年提升2名。资源环境和治理保护方面表现突出，分别排名全国第 5 和第 3。社会民生、消耗排放和经济发展分别排第 24、第 12 和第 10 名。

经济发展方面，2021 年海南省"地区生产总值增长率"为 11.2%，排名全国第 2，"高技术产业主营业务收入与工业增加值比例"为 37.89%，相较 2020 年的 45.32% 有所回落。海南自贸港建设不断推进，2021 年海南省"人均实际利用外资额"达到 345.03 美元/人，"人均进出口总额"为 1969.31 美元/人，分别排名第 5 和第 12。在资源环境方面相对靠前，"地级及以上城市空气质量达标天数比例"为 99.4%，排名第 1，"全国河流流域一二三类水质断面占比"排名第 12。

在治理保护方面，海南省表现突出。"危险废物处置率"、"生活垃圾无害化处理率"和"城市污水处理率"分别达到 100%、100% 和 99.6%，均排名全国第 1。

在社会民生方面，"人均政府卫生支出"、"国家财政教育经费占地区生产总值比重"和"劳动人口平均受教育年限"分别排名全国第 4、第 5 和第 9。但"万人公共文化机构数""基本社会保障覆盖率""甲、乙类法定报告传染病总发病率"还有待改善，排名均在全国第 20 名以后。

表 15　海南省可持续发展指标分值与分数

海南				8th/30	
序号	指标	分值	分值单位	分数	排名
	经济发展			56.32	10
1	R&D 经费投入占地区生产总值比重	0.73	%	46.95	29
2	万人口有效发明专利拥有量	4.91	件	45.67	24
3	高技术产业主营业务收入与工业增加值比例	37.89	%	54.73	14
4	电子商务额占地区生产总值比重	24.87	%	52.92	12
5	地区生产总值增长率	11.2	%	83.47	2
6	全员劳动生产率	11.90	万元/人	52.66	21
7	劳动适龄人口占总人口比重	69.60	%	74.39	13
8	人均实际利用外资额	345.03	美元/人	64.02	5

续表

| 海南 | | | | 8th/30 | |

序号	指标	分值	分值单位	分数	排名
9	人均进出口总额	1969.31	美元/人	48.93	12
	社会民生			66.41	24
1	国家财政教育经费占地区生产总值比重	4.56	%	71.71	5
2	劳动人口平均受教育年限	10.668	年	63.04	9
3	万人公共文化机构数	0.342	个	55.34	22
4	基本社会保障覆盖率	78.29	%	54.72	25
5	人均社会保障财政支出	2553.14	元/人	59.79	14
6	人均政府卫生支出	1803.66	元/人	64.67	4
7	甲、乙类法定报告传染病总发病率	342.07	1/10万	53.41	29
8	每千人口拥有卫生技术人员数	7.89	人	53.71	19
9	贫困发生率	0	%	95.00	1
10	城乡居民可支配收入比	2.22		80.54	11
	资源环境			74.98	5
1	森林覆盖率	33.17	%	65.71	19
2	耕地覆盖率	13.75	%	59.67	20
3	湿地覆盖率	3.42	%	59.80	5
4	草原覆盖率	0.48	%	45.25	26
5	人均水资源量	3362.2	米³/人	56.50	6
6	全国河流流域一二三类水质断面占比	91.5	%	88.16	12
7	地级及以上城市空气质量达标天数比例	99.4	%	95.00	1
	消耗排放			76.84	12
1	单位建设用地面积二三产业增加值	12.79	亿元/公里²	54.21	23
2	单位工业增加值水耗	21.94	米³/万元	80.39	14
3	单位地区生产总值能耗	0.40	吨标准煤/万元	88.84	10
4	单位地区生产总值主要污染物排放（单位化学需氧量排放）	2.65224E-07	吨/万元	75.02	15
5	单位地区生产总值氨氮排放量	1.02031E-08	吨/万元	71.97	22
6	单位地区生产总值二氧化硫排放量	6.58827E-09	吨/万元	92.66	5
7	单位地区生产总值氮氧化物排放量	5.91714E-08	吨/万元	87.87	10
8	单位地区生产总值危险废物产生量	0.0029	吨/万元	93.92	2

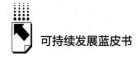
续表

海南					8th/30

序号	指标	分值	分值单位	分数	排名
9	非化石能源占一次能源消费比例	20.3	%	61.78	8
	治理保护			80.48	3
1	财政性节能环保支出占地区生产总值比重	0.78	%	58.40	9
2	环境污染治理投资与固定资产投资比	0.67	%	52.52	23
3	城市污水处理率	99.6	%	95.00	1
4	一般工业固体废物综合利用率	67.1	%	70.41	13
5	危险废物处置率	100.0	%	95.00	1
6	生活垃圾无害化处理率	100.0	%	95.00	1
7	能源强度年下降率	3.1	%	78.02	16

（九）江苏

江苏省在可持续发展综合排名中位列第 9。在经济发展方面排名第 6。社会民生、资源环境、消耗排放和治理保护方面分别排第 20、第 22、第 16 和第 8 名。

江苏省科技创新能力位居全国前列，"R&D 经费投入占地区生产总值比重"为 2.95%，排名第 5，"万人口有效发明专利拥有量"达 41.04 件，位居全国第 3，"高技术产业主营业务收入与工业增加值比例"为 72.13%，居全国第 5 名。2021 年开放型经济进一步发展，"人均实际利用外资额"和"人均进出口总额"分别排名第 5 和第 4。

江苏省在社会民生方面，"甲、乙类法定报告传染病总发病率"排名全国第 3，"劳动人口平均受教育年限"和"城乡居民可支配收入比"均排名第 7。"万人公共文化机构数"和"人均政府卫生支出"排名较为落后，分别排名第 27 和第 23。

消耗排放方面，江苏省用地效率较好，"单位建设用地面积二三产业增加值"、"单位地区生产总值氮氧化物排放量"和"单位地区生产总值能耗"均排名全国第 3，但"单位工业增加值水耗"偏高，全国排名第 28。

江苏省资源环境生态仍较为受限，"地级及以上城市空气质量达标天数比例"和"人均水资源量"排名靠后，均为第22名，"森林覆盖率"全国排名第28。

表16 江苏省可持续发展指标分值与分数

江苏				9th/30	
序号	指标	分值	分值单位	分数	排名
	经济发展			63.08	6
1	R&D经费投入占地区生产总值比重	2.95	%	65.41	5
2	万人口有效发明专利拥有量	41.04	件	55.56	3
3	高技术产业主营业务收入与工业增加值比例	72.13	%	64.36	5
4	电子商务额占地区生产总值比重	17.72	%	49.74	13
5	地区生产总值增长率	8.6	%	65.32	11
6	全员劳动生产率	23.93	万元/人	74.92	4
7	劳动适龄人口占总人口比重	68.27	%	67.64	19
8	人均实际利用外资额	339.21	美元/人	63.70	5
9	人均进出口总额	10183.58	美元/人	65.88	4
	社会民生			67.32	20
1	国家财政教育经费占地区生产总值比重	2.20	%	45.00	30
2	劳动人口平均受教育年限	10.918	年	65.46	7
3	万人公共文化机构数	0.259	个	49.82	27
4	基本社会保障覆盖率	82.47	%	65.39	17
5	人均社会保障财政支出	2223.99	元/人	55.51	18
6	人均政府卫生支出	1135.80	元/人	50.29	23
7	甲、乙类法定报告传染病总发病率	105.94	1/10万	93.09	3
8	每千人口拥有卫生技术人员数	8.13	人	55.58	11
9	贫困发生率	0	%	95.00	1
10	城乡居民可支配收入比	2.16		83.15	7
	资源环境			63.86	22
1	森林覆盖率	7.34	%	45.75	28
2	耕地覆盖率	38.15	%	87.26	5
3	湿地覆盖率	3.88	%	61.82	5
4	草原覆盖率	0.87	%	45.61	21

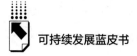
续表

| 江苏 | | | | 9th/30 | |

9th/30

序号	指标	分值	分值单位	分数	排名
5	人均水资源量	589.8	米³/人	46.64	22
6	全国河流流域一二三类水质断面占比	87.1	%	84.35	15
7	地级及以上城市空气质量达标天数比例	82.4	%	65.99	22
	消耗排放			73.55	16
1	单位建设用地面积二三产业增加值	19.28	亿元/公里²	64.01	3
2	单位工业增加值水耗	56.06	米³/万元	50.81	28
3	单位地区生产总值能耗	0.30	吨标准煤/万元	91.63	3
4	单位地区生产总值主要污染物排放（单位化学需氧量排放）	1.02688E-07	吨/万元	87.85	5
5	单位地区生产总值氨氮排放量	3.72457E-09	吨/万元	87.42	4
6	单位地区生产总值二氧化硫排放量	7.61195E-09	吨/万元	92.27	7
7	单位地区生产总值氮氧化物排放量	3.81051E-08	吨/万元	91.74	3
8	单位地区生产总值危险废物产生量	0.0049	吨/万元	92.91	12
9	非化石能源占一次能源消费比例	12.6	%	52.12	18
	治理保护			78.14	8
1	财政性节能环保支出占地区生产总值比重	0.29	%	45.33	30
2	环境污染治理投资与固定资产投资比	0.69	%	52.90	18
3	城市污水处理率	97	%	61.67	23
4	一般工业固体废物综合利用率	94.6	%	91.23	5
5	危险废物处置率	100.0	%	95.00	1
6	生活垃圾无害化处理率	100	%	95.00	1
7	能源强度年下降率	7.5	%	92.39	6

（十）湖北

湖北省在 2021 年可持续发展综合排名中位列第 10，与 2020 年相比提高 10 名。经济发展指标排名第 8，社会民生、资源环境、消耗排放和治理保护分别排名全国第 19、第 17、第 15 和第 21。其中经济发展排名同比提升 14 名。

经济发展方面，2021年湖北省经济增长在疫情恢复下得到大幅回升，"地区生产总值增长率"达到12.9%，全国排名第1。同时，湖北省创新投入和创新产出都有所增加，2021年"R&D经费投入占地区生产总值比重"为2.32%，"万人口有效发明专利拥有量"为15.94件，排第9名，"全员劳动生产率"为15.22万元/人，排第10名。

湖北省社会民生排名较2020年有所提升。"基本社会保障覆盖率""人均社会保障财政支出"分别排名第14和第12。"甲、乙类法定报告传染病总发病率"从2020年的每10万290.81人提升到每10万199.38人，排名提升10名。"国家财政教育经费占地区生产总值比重""万人公共文化机构数""人均政府卫生支出"排名靠后，仍需提升。

消耗排放方面，湖北省经济发展效率较高，"单位建设用地面积二三产业增加值"和"单位地区生产总值危险废物产生量"表现良好，分别排名第4和第3。但"单位工业增加值水耗"和"单位地区生产总值氨氮排放量"指标仍需要进一步改善。

表17 湖北省可持续发展指标分值与分数

| 湖北 | | | | | 10th/30 |

序号	指标	分值	分值单位	分数	排名
	经济发展			58.56	8
1	R&D经费投入占地区生产总值比重	2.32	%	60.15	10
2	万人口有效发明专利拥有量	15.94	件	48.69	9
3	高技术产业主营业务收入与工业增加值比例	39.19	%	55.10	13
4	电子商务额占地区生产总值比重	19.24	%	50.41	15
5	地区生产总值增长率	12.9	%	95.00	1
6	全员劳动生产率	15.22	万元/人	58.80	10
7	劳动适龄人口占总人口比重	68.68	%	69.72	18
8	人均实际利用外资额	213.65	美元/人	56.77	12
9	人均进出口总额	1362.99	美元/人	47.67	19

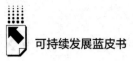
续表

| 湖北 | | | | | 10th/30 |

序号	指标	分值	分值单位	分数	排名
	社会民生			67.39	19
1	国家财政教育经费占地区生产总值比重	2.40	%	47.27	28
2	劳动人口平均受教育年限	10.304	年	59.51	19
3	万人公共文化机构数	0.316	个	53.61	25
4	基本社会保障覆盖率	86.34	%	75.24	14
5	人均社会保障财政支出	2602.89	元/人	60.44	12
6	人均政府卫生支出	1111.56	元/人	49.77	23
7	甲、乙类法定报告传染病总发病率	199.38	1/10万	77.39	17
8	每千人口拥有卫生技术人员数	7.83	人	53.24	20
9	贫困发生率	0	%	95.00	1
10	城乡居民可支配收入比	2.21		81.24	10
	资源环境			68.37	17
1	森林覆盖率	49.92	%	78.66	13
2	耕地覆盖率	25.65	%	73.13	10
3	湿地覆盖率	0.33	%	46.26	23
4	草原覆盖率	0.48	%	45.25	27
5	人均水资源量	2054.1	米³/人	51.85	15
6	全国河流流域一二三类水质断面占比	93.7	%	90.06	11
7	地级及以上城市空气质量达标天数比例	86.7	%	73.33	19
	消耗排放			74.05	15
1	单位建设用地面积二三产业增加值	24.20	亿元/公里²	71.44	4
2	单位工业增加值水耗	54.54	米³/万元	52.12	26
3	单位地区生产总值能耗	0.44	吨标准煤/万元	87.61	13
4	单位地区生产总值主要污染物排放（单位化学需氧量排放）	3.13427E-07	吨/万元	71.22	18
5	单位地区生产总值氨氮排放量	1.0991E-08	吨/万元	70.10	23
6	单位地区生产总值二氧化硫排放量	1.84175E-08	吨/万元	88.21	11
7	单位地区生产总值氮氧化物排放量	5.73604E-08	吨/万元	88.20	9
8	单位地区生产总值危险废物产生量	0.0029	吨/万元	93.90	3
9	非化石能源占一次能源消费比例	18.7	%	59.80	10

续表

湖北					10th/30
序号	指标	分值	分值单位	分数	排名
	治理保护			73.99	21
1	财政性节能环保支出占地区生产总值比重	0.33	%	46.52	24
2	环境污染治理投资与固定资产投资比	0.81	%	55.47	19
3	城市污水处理率	97.8	%	71.92	18
4	一般工业固体废物综合利用率	67.0	%	70.31	14
5	危险废物处置率	98.4	%	93.79	24
6	生活垃圾无害化处理率	100	%	95.00	1
7	能源强度年下降率	0.9	%	70.83	27

（十一）湖南

湖南省在可持续发展综合排名中位列第11。经济发展、资源环境、消耗排放和治理保护分别排名第19、第10、第14和第6，社会民生比较靠后，排名第25。

经济发展方面，湖南省2021年"地区生产总值增长率"为7.7%，较2020年的3.8%大幅提升。值得注意的是，湖南省2021年"人均实际利用外资额"仅为36.47美元/人，而这一数据在2020年为316.01美元/人，估计受疫情防控影响，湖南外商投资额下滑严重。此外，湖南省老龄化，劳动人口外流问题仍然存在，"劳动适龄人口占总人口比重"排名第26。

社会民生方面，湖南省劳动人口素质良好，"劳动人口平均受教育年限"为10.58年，排名全国第10，"基本社会保障覆盖率"达到90.86%，排名第3。"人均政府卫生支出""甲、乙类法定报告传染病总发病率""每千人口拥有卫生技术人员数"排名靠后，还需提升。

2021年，湖南省在水资源保护方面表现不错，"全国河流流域一二三类水质断面占比"和"人均水资源量"排名第5和第11。用地效率较高，"单位建设用地面积二三产业增加值"排名第5。治理保护方面很多指标比较靠

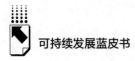

前，其中"城市污水处理率"和"一般工业固体废物综合利用率"分别排名第6和第11。在控制污染物排放方面还需要进一步加大力度，"单位地区生产总值氨氮排放量"排名第25，"单位工业增加值水耗"排名第23，用水效率有待提升。

表18　湖南省可持续发展指标分值与分数

湖南					11th/30
序号	指标	分值	分值单位	分数	排名
	经济发展			52.28	19
1	R&D经费投入占地区生产总值比重	2.23	%	59.44	14
2	万人口有效发明专利拥有量	10.59	件	47.22	15
3	高技术产业主营业务收入与工业增加值比例	35.12	%	53.95	16
4	电子商务额占地区生产总值比重	18.56	%	50.11	17
5	地区生产总值增长率	7.7	%	58.80	16
6	全员劳动生产率	14.14	万元/人	56.80	13
7	劳动适龄人口占总人口比重	65.67	%	54.42	26
8	人均实际利用外资额	36.47	美元/人	46.98	21
9	人均进出口总额	858.52	美元/人	46.63	26
	社会民生			66.36	25
1	国家财政教育经费占地区生产总值比重	2.98	%	53.84	21
2	劳动人口平均受教育年限	10.58	年	62.18	10
3	万人公共文化机构数	0.420	个	60.50	14
4	基本社会保障覆盖率	90.86	%	86.76	3
5	人均社会保障财政支出	1982.26	元/人	52.37	21
6	人均政府卫生支出	1068.09	元/人	48.83	25
7	甲、乙类法定报告传染病总发病率	302	1/10万	60.14	27
8	每千人口拥有卫生技术人员数	7.64	人	51.77	25
9	贫困发生率	0	%	95.00	1
10	城乡居民可支配收入比	2.45		71.93	23
	资源环境			71.87	10
1	森林覆盖率	60.04	%	86.48	8
2	耕地覆盖率	17.13	%	63.49	16

| 湖南 | | | | | 11th/30 |

湖南 11th/30

序号	指标	分值	分值单位	分数	排名
3	湿地覆盖率	1.11	%	49.70	15
4	草原覆盖率	0.66	%	45.42	22
5	人均水资源量	2699.3	米³/人	54.14	11
6	全国河流流域一二三类水质断面占比	97.3	%	93.18	5
7	地级及以上城市空气质量达标天数比例	91.0	%	80.67	13
	消耗排放			75.05	14
1	单位建设用地面积二三产业增加值	21.87	亿元/公里²	67.92	5
2	单位工业增加值水耗	43.85	米³/万元	61.40	23
3	单位地区生产总值能耗	0.41	吨标准煤/万元	88.41	11
4	单位地区生产总值主要污染物排放（单位化学需氧量排放）	3.29595E-07	吨/万元	69.94	19
5	单位地区生产总值氨氮排放量	1.24867E-08	吨/万元	66.53	25
6	单位地区生产总值二氧化硫排放量	1.84219E-08	吨/万元	88.21	12
7	单位地区生产总值氮氧化物排放量	5.68437E-08	吨/万元	88.29	8
8	单位地区生产总值危险废物产生量	0.0045	吨/万元	93.10	9
9	非化石能源占一次能源消费比例	19.9	%	61.25	9
	治理保护			78.39	6
1	财政性节能环保支出占地区生产总值比重	0.42	%	48.87	18
2	环境污染治理投资与固定资产投资比	0.56	%	50.04	27
3	城市污水处理率	98.6	%	82.18	6
4	一般工业固体废物综合利用率	77.4	%	78.17	11
5	危险废物处置率	100.0	%	95.00	1
6	生活垃圾无害化处理率	100	%	95.00	1
7	能源强度年下降率	3.5	%	79.32	13

（十二）四川

　　四川省在可持续发展综合排名中位列第 12，与 2020 年持平。四川省在消耗排放和资源环境方面分别排第 3 和第 9 名，社会民生排名从 2020 年第

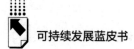

13 名上升至第 9 名。经济发展处于中等水平，排名第 15，治理保护方面相对落后，排名第 29。

四川省 2021 年经济发展各项指标均有所提升，"R&D 经费投入占地区生产总值比重"从 2020 年的 2.17% 提升至 2.26%，"万人口有效发明专利拥有量"从 8.41 件提升至 10.41 件，"高技术产业主营业务收入与工业增加值比例"从 70.25% 提升至 74.35%，排名全国第 6。

社会民生方面部分指标表现较为突出，"万人公共文化机构数"排名第 4，"基本社会保障覆盖率"排名第 7。但"劳动人口平均受教育年限"较低，为 9.482 年，排名全国第 27。

在资源环境方面，"湿地覆盖率""草原覆盖率""人均水资源量""全国河流流域一二三类水质断面占比"指标均排名全国前 10 名。水资源保护方面治理成效明显，"人均水资源量"为 3493.4 米^3/人，排名第 4。"单位工业增加值水耗"排名第 8。

四川省治理保护方面，"危险废物处置率""生活垃圾无害化处理率"均达到 100%，但"城市污水处理率""一般工业固体废物综合利用率"还不够高。

表 19 四川省可持续发展指标分值与分数

四川				12th/30	
序号	指标	分值	分值单位	分数	排名
	经济发展			54.91	15
1	R&D 经费投入占地区生产总值比重	2.26	%	59.62	11
2	万人口有效发明专利拥有量	10.41	件	47.18	16
3	高技术产业主营业务收入与工业增加值比例	74.35	%	64.98	6
4	电子商务额占地区生产总值比重	23.84	%	52.46	13
5	地区生产总值增长率	8.2	%	62.53	11
6	全员劳动生产率	11.39	万元/人	51.71	23
7	劳动适龄人口占总人口比重	66.78	%	60.08	22
8	人均实际利用外资额	137.84	美元/人	52.58	16

四川   12th/30

序号	指标	分值	分值单位	分数	排名
9	人均进出口总额	1697.44	美元/人	48.36	15
	社会民生			69.37	9
1	国家财政教育经费占地区生产总值比重	3.22	%	56.52	15
2	劳动人口平均受教育年限	9.482	年	51.53	27
3	万人公共文化机构数	0.589	个	71.61	4
4	基本社会保障覆盖率	89.26	%	82.69	7
5	人均社会保障财政支出	2586.98	元/人	60.23	13
6	人均政府卫生支出	1219.40	元/人	52.09	18
7	甲、乙类法定报告传染病总发病率	209.56	1/10万	75.68	20
8	每千人口拥有卫生技术人员数	8.04	人	54.88	15
9	贫困发生率	0	%	95.00	1
10	城乡居民可支配收入比	2.36		75.49	17
	资源环境			72.02	9
1	森林覆盖率	52.30	%	80.50	12
2	耕地覆盖率	10.76	%	56.28	24
3	湿地覆盖率	2.53	%	55.90	9
4	草原覆盖率	19.93	%	63.12	6
5	人均水资源量	3493.4	米³/人	56.96	4
6	全国河流流域一二三类水质断面占比	94.8	%	91.02	10
7	地级及以上城市空气质量达标天数比例	89.5	%	78.11	16
	消耗排放			80.77	3
1	单位建设用地面积二三产业增加值	15.15	亿元/公里²	57.77	19
2	单位工业增加值水耗	14.13	米³/万元	87.17	8
3	单位地区生产总值能耗	0.53	吨标准煤/万元	84.86	20
4	单位地区生产总值主要污染物排放（单位化学需氧量排放）	2.52218E-07	吨/万元	76.05	12
5	单位地区生产总值氨氮排放量	1.20477E-08	吨/万元	67.58	24
6	单位地区生产总值二氧化硫排放量	2.52163E-08	吨/万元	85.65	15
7	单位地区生产总值氮氧化物排放量	6.49441E-08	吨/万元	86.80	11
8	单位地区生产总值危险废物产生量	0.0090	吨/万元	90.93	19

四川　　　　　　　　　　　　　　　　　　　　　　　　　　　　　　12th/30

序号	指标	分值	分值单位	分数	排名
9	非化石能源占一次能源消费比例	38.7	%	84.87	3
	治理保护			67.99	29
1	财政性节能环保支出占地区生产总值比重	0.41	%	48.43	19
2	环境污染治理投资与固定资产投资比	1.16	%	62.82	8
3	城市污水处理率	96.4	%	53.97	29
4	一般工业固体废物综合利用率	41.9	%	51.34	27
5	危险废物处置率	100.0	%	95.00	1
6	生活垃圾无害化处理率	100.0	%	95.00	1
7	能源强度年下降率	1.6	%	73.02	25

（十三）江西

江西在可持续发展综合排名中位列第13。在资源环境方面较为突出，排名全国第4。此外，经济发展、社会民生、资源排放和治理保护分别排名第13、第10、第18和第20。

江西吸引外资卓有成效，2021年江西省"人均实际利用外资额"为349.3美元/人，逆势而涨，排名全国第4。经济增长比较稳定，"地区生产总值增长率"8.8%排名第4，"高技术产业主营业务收入与工业增加值比例"达到74.77%，排名全国第5。

社会民生方面，"基本社会保障覆盖率""人均政府卫生支出"均比较稳定，但"每千人口拥有卫生技术人员数"还不高，排名最后一位。

生态环境保护表现良好，江西省"森林覆盖率""人均水资源量""全国河流流域一二三类水质断面占比""地级及以上城市空气质量达标天数比例"均排名全国前列，"全国河流流域一二三类水质断面占比"为99.4%，排名第1，"地级及以上城市空气质量达标天数比例"为96.1%，全国排名第5。

消耗排放方面还有不足，"单位工业增加值水耗""单位地区生产总值主要污染物排放""单位地区生产总值氨氮排放量"分别排名第24、第20、第28。能耗和治理方面还需提升，"一般工业固体废物综合利用率"为48.4%，排名第22。

表20 江西省可持续发展指标分值与分数

江西					13th/30
序号	指标	分值	分值单位	分数	排名
	经济发展			55.78	13
1	R&D经费投入占地区生产总值比重	1.70	%	54.98	18
2	万人口有效发明专利拥有量	5.11	件	45.72	23
3	高技术产业主营业务收入与工业增加值比例	74.77	%	65.10	5
4	电子商务额占地区生产总值比重	19.14	%	50.37	16
5	地区生产总值增长率	8.8	%	66.46	4
6	全员劳动生产率	13.21	万元/人	55.08	15
7	劳动适龄人口占总人口比重	66.70	%	59.67	23
8	人均实际利用外资额	349.30	美元/人	64.26	4
9	人均进出口总额	1501.33	美元/人	47.96	17
	社会民生			69.31	10
1	国家财政教育经费占地区生产总值比重	4.22	%	67.85	8
2	劳动人口平均受教育年限	9.992	年	56.48	21
3	万人公共文化机构数	0.496	个	65.48	12
4	基本社会保障覆盖率	88.67	%	81.18	9
5	人均社会保障财政支出	1975.02	元/人	52.28	22
6	人均政府卫生支出	1425.35	元/人	56.53	10
7	甲、乙类法定报告传染病总发病率	200.4	1/10万	77.21	18
8	每千人口拥有卫生技术人员数	6.77	人	45.00	30
9	贫困发生率	0	%	95.00	1
10	城乡居民可支配收入比	2.23		80.29	12
	资源环境			75.05	4
1	森林覆盖率	62.39	%	88.30	5

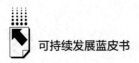
续表

| 江西 | | | | | 13th/30 |

序号	指标	分值	分值单位	分数	排名
2	耕地覆盖率	16.31	%	62.56	17
3	湿地覆盖率	0.17	%	45.58	28
4	草原覆盖率	0.53	%	45.30	25
5	人均水资源量	3142.3	米³/人	55.72	7
6	全国河流流域一二三类水质断面占比	99.4	%	95.00	1
7	地级及以上城市空气质量达标天数比例	96.1	%	89.37	5
	消耗排放			72.02	18
1	单位建设用地面积二三产业增加值	17.19	亿元/公里²	60.85	13
2	单位工业增加值水耗	45.20	米³/万元	60.22	24
3	单位地区生产总值能耗	0.39	吨标准煤/万元	88.94	9
4	单位地区生产总值主要污染物排放（单位化学需氧量排放）	3.69918E-07	吨/万元	66.76	20
5	单位地区生产总值氨氮排放量	1.58844E-08	吨/万元	58.43	28
6	单位地区生产总值二氧化硫排放量	2.95448E-08	吨/万元	84.02	17
7	单位地区生产总值氮氧化物排放量	1.09446E-07	吨/万元	78.62	18
8	单位地区生产总值危险废物产生量	0.0063	吨/万元	92.23	14
9	非化石能源占一次能源消费比例	17.2	%	57.90	12
	治理保护			74.40	20
1	财政性节能环保支出占地区生产总值比重	0.78	%	58.25	10
2	环境污染治理投资与固定资产投资比	1.06	%	60.81	9
3	城市污水处理率	98.1	%	75.77	14
4	一般工业固体废物综合利用率	48.4	%	56.29	22
5	危险废物处置率	98.8	%	94.05	17
6	生活垃圾无害化处理率	100	%	95.00	1
7	能源强度年下降率	3.0	%	77.69	17

（十四）河南

河南在可持续发展综合排名中位列第14。消耗排放和治理保护表现良好，分别排名第 11 和第 2。经济发展排名较为靠后，为第 23 名，社会民生排名第 15，资源环境指标排名第 29。

河南省是人口大省，资源环境挑战突出，2021 年"人均水资源量"为 695.3 米³/人，相比 2020 年的 411.9 米³/人已有大幅提升，排名第 22。"地级及以上城市空气质量达标天数比例"为 70.1%，从第 29 名，提升至第 20 名。

劳动力人口素质仍有待提升，"劳动适龄人口占总人口比重"排第 30 名。"劳动人口平均受教育年限"为 9.907 年，排名第 24。政府在社会民生支出力度相对较弱，"人均社会保障财政支出"排第 29 名，"人均政府卫生支出"排第 27 名。

河南省治理保护方面表现良好，较好地处理了人口大省与资源环境的紧张关系。"城市污水处理率"为 99.2%，排名第 2，"危险废物处置率""生活垃圾无害化处理率"均达到 100%，"一般工业固体废物综合利用率"为 78.5%，排名第 10。

表 21　河南省可持续发展指标分值与分数

河南				14th/30	
序号	指标	分值	分值单位	分数	排名
	经济发展			51.15	23
1	R&D 经费投入占地区生产总值比重	1.73	%	55.27	17
2	万人口有效发明专利拥有量	5.64	件	45.87	29
3	高技术产业主营业务收入与工业增加值比例	49.76	%	58.07	9
4	电子商务额占地区生产总值比重	14.62	%	48.36	24
5	地区生产总值增长率	6.3	%	49.20	26
6	全员劳动生产率	12.17	万元/人	53.15	19
7	劳动适龄人口占总人口比重	63.81	%	45.00	30
8	人均实际利用外资额	213.22	美元/人	56.74	13
9	人均进出口总额	1379.96	美元/人	47.71	18
	社会民生			68.60	15
1	国家财政教育经费占地区生产总值比重	3.03	%	54.42	20

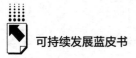

河南   14th/30

序号	指标	分值	分值单位	分数	排名
2	劳动人口平均受教育年限	9.907	年	55.65	24
3	万人公共文化机构数	0.349	个	55.80	19
4	基本社会保障覆盖率	91.18	%	87.58	2
5	人均社会保障财政支出	1578.92	元/人	47.13	29
6	人均政府卫生支出	1027.48	元/人	47.96	27
7	甲、乙类法定报告传染病总发病率	147.92	1/10万	86.03	10
8	每千人口拥有卫生技术人员数	7.65	人	51.84	24
9	贫困发生率	0	%	95.00	1
10	城乡居民可支配收入比	2.12		84.65	5
	资源环境			55.35	29
1	森林覆盖率	26.33	%	60.42	21
2	耕地覆盖率	44.99	%	95.00	1
3	湿地覆盖率	0.23	%	45.85	25
4	草原覆盖率	1.54	%	46.22	14
5	人均水资源量	695.3	米³/人	47.01	22
6	全国河流流域一二三类水质断面占比	72.1	%	71.36	19
7	地级及以上城市空气质量达标天数比例	70.1	%	45.00	20
	消耗排放			77.49	11
1	单位建设用地面积二三产业增加值	17.31	亿元/公里²	61.03	12
2	单位工业增加值水耗	14.91	米³/万元	86.49	9
3	单位地区生产总值能耗	0.44	吨标准煤/万元	87.51	14
4	单位地区生产总值主要污染物排放（单位化学需氧量排放）	2.57857E-07	吨/万元	75.60	14
5	单位地区生产总值氨氮排放量	7.35467E-09	吨/万元	78.76	13
6	单位地区生产总值二氧化硫排放量	1.01818E-08	吨/万元	91.30	8
7	单位地区生产总值氮氧化物排放量	8.45889E-08	吨/万元	83.19	15
8	单位地区生产总值危险废物产生量	0.0046	吨/万元	93.06	11
9	非化石能源占一次能源消费比例	14.6	%	54.64	14
	治理保护			80.67	2
1	财政性节能环保支出占地区生产总值比重	0.36	%	47.14	22

| 河南 | | | | | 14th/30 |

序号	指标	分值	分值单位	分数	排名
2	环境污染治理投资与固定资产投资比	1.01	%	59.80	11
3	城市污水处理率	99.2	%	89.87	2
4	一般工业固体废物综合利用率	78.5	%	79.00	10
5	危险废物处置率	100.0	%	95.00	1
6	生活垃圾无害化处理率	100.0	%	95.00	1
7	能源强度年下降率	2.8	%	77.04	18

（十五）云南

云南在可持续发展综合排名中位列第15，较2020年下降了6名，较2019年上升2名。资源环境与消耗排放排名相对靠前，分别位于第6、第5位。但经济发展、社会民生和治理保护指标得分较低，分别排在第25、第28和第24名。

经济发展方面，2020年云南"地区生产总值增长率"为4%，仅次于贵州，排名全国第2。2021年各省份经济逐渐恢复，云南GDP增长率为7.3%，仅排名第18。云南在资源环境方面具备优势，"地级及以上城市空气质量达标天数比例"为98.6%，排名第3。"森林覆盖率"和"人均水资源量"分别排名第4和第5名。消耗排放方面，"非化石能源占一次能源消费比例"为42%，排名全国第2。"单位建设用地面积二三产业增加值"排名第10，"单位地区生产总值主要污染物排放"排名第13。

云南省近些年引进了新能源电池产业，逐渐形成新材料、贵金属、稀土等上下游产业链，加快实现资源优势向经济优势转化，未来科技和产业优势也将转化为创新优势，提升云南省经济发展质量。

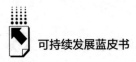
表 22　云南省可持续发展指标分值与分数

云南					15th/30

序号	指标	分值	分值单位	分数	排名
	经济发展			50.57	25
1	R&D 经费投入占地区生产总值比重	1.04	%	49.54	24
2	万人口有效发明专利拥有量	4.02	件	45.43	26
3	高技术产业主营业务收入与工业增加值比例	22.59	%	50.43	22
4	电子商务额占地区生产总值比重	14.44	%	48.28	25
5	地区生产总值增长率	7.3	%	55.92	18
6	全员劳动生产率	9.79	万元/人	48.74	28
7	劳动适龄人口占总人口比重	69.48	%	73.79	15
8	人均实际利用外资额	18.93	美元/人	46.02	24
9	人均进出口总额	879.40	美元/人	46.68	25
	社会民生			64.21	28
1	国家财政教育经费占地区生产总值比重	4.21	%	67.79	9
2	劳动人口平均受教育年限	9.08	年	47.63	29
3	万人公共文化机构数	0.421	个	60.54	13
4	基本社会保障覆盖率	82.32	%	65.00	20
5	人均社会保障财政支出	2127.13	元/人	54.25	19
6	人均政府卫生支出	1368.99	元/人	55.31	12
7	甲、乙类法定报告传染病总发病率	191.41	1/10万	78.73	15
8	每千人口拥有卫生技术人员数	8.12	人	55.50	12
9	贫困发生率	0	%	95.00	1
10	城乡居民可支配收入比	2.88		55.73	28
	资源环境			74.97	6
1	森林覆盖率	63.37	%	89.06	4
2	耕地覆盖率	13.69	%	59.60	21
3	湿地覆盖率	0.10	%	45.27	29
4	草原覆盖率	3.36	%	47.89	11
5	人均水资源量	3433.5	米³/人	56.75	5
6	全国河流流域一二三类水质断面占比	87.7	%	84.87	15
7	地级及以上城市空气质量达标天数比例	98.6	%	93.63	3

| 云南 | | | | | 15th/30 |

云南 15th/30

序号	指标	分值	分值单位	分数	排名
	消耗排放			80.03	5
1	单位建设用地面积二三产业增加值	18.13	亿元/公里²	62.28	10
2	单位工业增加值水耗	23.95	米³/万元	78.65	17
3	单位地区生产总值能耗	0.49	吨标准煤/万元	86.09	17
4	单位地区生产总值主要污染物排放（单位化学需氧量排放）	2.55771E-07	吨/万元	75.77	13
5	单位地区生产总值氨氮排放量	9.64724E-09	吨/万元	73.30	19
6	单位地区生产总值二氧化硫排放量	6.37817E-08	吨/万元	71.15	22
7	单位地区生产总值氮氧化物排放量	1.17919E-07	吨/万元	77.06	20
8	单位地区生产总值危险废物产生量	0.0112	吨/万元	89.83	20
9	非化石能源占一次能源消费比例	42.0	%	88.99	2
	治理保护			73.39	24
1	财政性节能环保支出占地区生产总值比重	0.50	%	50.97	16
2	环境污染治理投资与固定资产投资比	0.57	%	50.41	26
3	城市污水处理率	98.1	%	75.77	14
4	一般工业固体废物综合利用率	51.5	%	58.63	20
5	危险废物处置率	99.4	%	94.51	22
6	生活垃圾无害化处理率	100	%	95.00	1
7	能源强度年下降率	2.2	%	79.68	11

（十六）山东

山东省在可持续发展综合排名中位列第16。资源环境仍是人口大省山东可持续发展的主要矛盾，排在第27名。治理保护排名相对靠前，排在第7名。经济发展、社会民生和消耗排放处于中游水平，分别排在第12、第22和第13名。

山东省创新发展基础良好，电子商务等新兴数字经济产业模式在山东蓬勃发展。2021年，山东省"R&D经费投入占地区生产总值比重"排名第9，

"万人口有效发明专利拥有量"排名第11,"电子商务额占地区生产总值比重"排名第6。经济开放性发展表现较好,"人均进出口总额"排名第8。

社会民生方面,山东省"甲、乙类法定报告传染病总发病率"排第7名,"每千人口拥有卫生技术人员数"排第9名,表现良好,但"万人公共文化机构数""人均社会保障财政支出""人均政府卫生支出"等排名靠后,社会民生支出力度方面需要进一步加大。山东省在水资源处理表现突出,"单位工业增加值水耗"13.80米³/万元,排名第4,"城市污水处理率"为98.4%,排名第9。此外,"危险废物处置率""生活垃圾无害化处理率"均达到100%,"单位地区生产总值主要污染物排放"和"单位地区生产总值氨氮排放量"也排名全国前10。

山东省劳动力质量仍有待提升,仍需妥善处理好耕地与劳动人口的关系,2021年,山东省"劳动适龄人口占总人口比重"为65.66%,排名第27,"劳动人口平均受教育年限"排名第20。资源环境部分指标还需加大力度整治,"地级及以上城市空气质量达标天数比例"排名第29,"全国河流流域一二三类水质断面占比"排名第23。

表23　山东省可持续发展指标分值与分数

| 山东 | | | | 16th/30 | |

序号	指标	分值	分值单位	分数	排名
	经济发展			55.87	12
1	R&D经费投入占地区生产总值比重	2.34	%	60.32	9
2	万人口有效发明专利拥有量	14.83	件	48.38	11
3	高技术产业主营业务收入与工业增加值比例	29.44	%	52.35	17
4	电子商务额占地区生产总值比重	31.60	%	55.92	6
5	地区生产总值增长率	8.3	%	63.23	8
6	全员劳动生产率	15.18	万元/人	58.72	11
7	劳动适龄人口占总人口比重	65.66	%	54.38	27
8	人均实际利用外资额	211.56	美元/人	56.65	14
9	人均进出口总额	5234.13	美元/人	55.67	8

续表

山东 16th/30

序号	指标	分值	分值单位	分数	排名
	社会民生			67.09	22
1	国家财政教育经费占地区生产总值比重	2.90	%	52.93	22
2	劳动人口平均受教育年限	10.241	年	58.89	20
3	万人公共文化机构数	0.291	个	51.96	26
4	基本社会保障覆盖率	86.40	%	75.39	13
5	人均社会保障财政支出	1832.24	元/人	50.42	26
6	人均政府卫生支出	945.87	元/人	46.20	29
7	甲、乙类法定报告传染病总发病率	138.31	1/10万	87.65	7
8	每千人口拥有卫生技术人员数	8.39	人	57.60	9
9	贫困发生率	0	%	95.00	1
10	城乡居民可支配收入比	2.26		79.07	14
	资源环境			55.72	27
1	森林覆盖率	16.49	%	52.82	24
2	耕地覆盖率	40.90	%	90.37	2
3	湿地覆盖率	1.56	%	51.64	12
4	草原覆盖率	1.49	%	46.18	15
5	人均水资源量	516.6	米³/人	46.38	25
6	全国河流流域一二三类水质断面占比	75.2	%	74.04	23
7	地级及以上城市空气质量达标天数比例	71.1	%	46.71	29
	消耗排放			75.59	13
1	单位建设用地面积二三产业增加值	14.62	亿元/公里²	56.97	20
2	单位工业增加值水耗	11.97	米³/万元	89.04	4
3	单位地区生产总值能耗	0.47	吨标准煤/万元	86.73	15
4	单位地区生产总值主要污染物排放（单位化学需氧量排放）	1.88071E-07	吨/万元	81.11	10
5	单位地区生产总值氨氮排放量	5.58828E-09	吨/万元	82.98	6
6	单位地区生产总值二氧化硫排放量	1.98975E-08	吨/万元	87.65	13
7	单位地区生产总值氮氧化物排放量	7.92739E-08	吨/万元	84.17	14
8	单位地区生产总值危险废物产生量	0.0116	吨/万元	89.62	21
9	非化石能源占一次能源消费比例	8.7	%	47.22	26

091

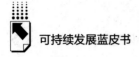
山东					16ᵗʰ/30
序号	指标	分值	分值单位	分数	排名
	治理保护			78.30	7
1	财政性节能环保支出占地区生产总值比重	0.32	%	46.17	25
2	环境污染治理投资与固定资产投资比	0.94	%	58.13	15
3	城市污水处理率	98.4	%	79.62	9
4	一般工业固体废物综合利用率	79.4	%	79.69	9
5	危险废物处置率	100.0	%	95.00	1
6	生活垃圾无害化处理率	100.0	%	95.00	1
7	能源强度年下降率	2.2	%	75.08	22

（十七）陕西

陕西省在可持续发展综合排名中位列第17，相比2020年下降3名。在消耗排放方面相对突出，排名第10，经济发展和社会民生排名第14，治理保护方面相对落后，排名第26。

陕西省近几年科技创新成果突出，"R&D经费投入占地区生产总值比重"和"万人口有效发明专利拥有量"排名第7和第8。在社会民生方面，"每千人口拥有卫生技术人员数"排名第2。陕西省在用地和用水效率方面比较靠前，2021年"单位工业增加值水耗"排名第3，"单位建设用地面积二三产业增加值"排名第8，此外，主要污染物排放指标均处于全国中上游水平。陕西省资源环境指标中，"森林覆盖率"和"草原覆盖率"排名靠前。

但陕西省部分指标仍需进一步改善，如要进一步提高"城乡居民可支配收入比"和"地级及以上城市空气质量达标天数比例"等。

表 24　陕西省可持续发展指标分值与分数

陕西					17/30

序号	指标	分值	分值单位	分数	排名
	经济发展			55.04	14
1	R&D 经费投入占地区生产总值比重	2.35	%	60.41	7
2	万人口有效发明专利拥有量	17.04	件	48.99	8
3	高技术产业主营业务收入与工业增加值比例	36.40	%	54.31	15
4	电子商务额占地区生产总值比重	16.32	%	49.11	20
5	地区生产总值增长率	6.5	%	50.32	25
6	全员劳动生产率	14.25	万元/人	57.01	12
7	劳动适龄人口占总人口比重	68.86	%	70.63	17
8	人均实际利用外资额	259.13	美元/人	59.28	10
9	人均进出口总额	1722.26	美元/人	48.42	14
	社会民生			68.75	14
1	国家财政教育经费占地区生产总值比重	3.44	%	59.03	14
2	劳动人口平均受教育年限	10.41	年	60.53	14
3	万人公共文化机构数	0.508	个	66.28	10
4	基本社会保障覆盖率	87.51	%	78.23	11
5	人均社会保障财政支出	2421.64	元/人	58.08	16
6	人均政府卫生支出	1223.21	元/人	52.17	16
7	甲、乙类法定报告传染病总发病率	155.42	1/10 万	84.77	11
8	每千人口拥有卫生技术人员数	9.32	人	64.83	2
9	贫困发生率	0	%	95.00	1
10	城乡居民可支配收入比	2.76		60.26	26
	资源环境			65.11	21
1	森林覆盖率	60.62	%	86.93	6
2	耕地覆盖率	14.26	%	60.24	18
3	湿地覆盖率	0.24	%	45.86	24
4	草原覆盖率	10.74	%	54.67	8
5	人均水资源量	2155.8	米³/人	52.21	13
6	全国河流流域一二三类水质断面占比	91.0	%	87.72	13
7	地级及以上城市空气质量达标天数比例	80.9	%	63.43	23

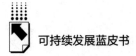
续表

| 陕西 | | | | | 17th/30 |

陕西 17th/30

序号	指标	分值	分值单位	分数	排名
	消耗排放			77.72	10
1	单位建设用地面积二三产业增加值	19.77	亿元/公里²	64.76	8
2	单位工业增加值水耗	9.68	米³/万元	91.02	3
3	单位地区生产总值能耗	0.51	吨标准煤/万元	85.43	18
4	单位地区生产总值主要污染物排放（单位化学需氧量排放）	1.70275E-07	吨/万元	82.52	9
5	单位地区生产总值氨氮排放量	9.10107E-09	吨/万元	74.60	17
6	单位地区生产总值二氧化硫排放量	2.72206E-08	吨/万元	84.90	16
7	单位地区生产总值氮氧化物排放量	7.05451E-08	吨/万元	85.77	13
8	单位地区生产总值危险废物产生量	0.0072	吨/万元	91.80	16
9	非化石能源占一次能源消费比例	12.0	%	51.38	19
	治理保护			71.20	26
1	财政性节能环保支出占地区生产总值比重	0.59	%	53.37	13
2	环境污染治理投资与固定资产投资比	0.87	%	56.79	18
3	城市污水处理率	97.1	%	62.95	23
4	一般工业固体废物综合利用率	49.5	%	57.11	21
5	危险废物处置率	100.0	%	95.00	1
6	生活垃圾无害化处理率	100	%	95.00	1
7	能源强度年下降率	2.7	%	76.71	19

（十八）安徽

安徽省在可持续发展综合排名中位列第18。安徽省在经济发展、社会民生和治理保护方面排名分别为第11、第18和第10，资源环境和消耗排放相对落后，排名为第20和第23名。

2021年，安徽省"地区生产总值增长率"为8.3%，排名第10。安徽省也是科技创新大省，其中"R&D经费投入占地区生产总值比重"为2.34%，排名第8，"万人口有效发明专利拥有量"为19.91件，排名第7，

"高技术产业主营业务收入与工业增加值比例"为47.33%，排名第12。2021年在吸引外资方面，安徽省"人均实际利用外资额"为315.68美元/人，排名第8。

安徽省治理保护水平较高，"一般工业固体废物综合利用率"为93.7%，排名第5，"能源强度年下降率"也达到3.6%。

社会民生方面，除"基本社会保障覆盖率"达到94.09%，排名全国第1以外，其他指标均排名第20左右，"劳动人口平均受教育年限"和"每千人口拥有卫生技术员数"分别排名第25和第27。此外，在"单位工业增加值水耗"和"非化石能源占一次能源消费比例"方面，安徽省仍需加大改善力度。

表25 安徽省可持续发展指标分值与分数

安徽					18th/30
序号	指标	分值	分值单位	分数	排名
	经济发展			55.93	11
1	R&D经费投入占地区生产总值比重	2.34	%	60.33	8
2	万人口有效发明专利拥有量	19.91	件	49.78	7
3	高技术产业主营业务收入与工业增加值比例	47.33	%	57.38	12
4	电子商务额占地区生产总值比重	25.86	%	53.36	11
5	地区生产总值增长率	8.3	%	62.95	10
6	全员劳动生产率	13.36	万元/人	55.36	14
7	劳动适龄人口占总人口比重	65.91	%	55.65	24
8	人均实际利用外资额	315.68	美元/人	62.40	8
9	人均进出口总额	1683.07	美元/人	48.34	16
	社会民生			67.64	18
1	国家财政教育经费占地区生产总值比重	3.06	%	54.75	17
2	劳动人口平均受教育年限	9.694	年	53.59	25
3	万人公共文化机构数	0.342	个	55.32	23
4	基本社会保障覆盖率	94.09	%	95.00	1
5	人均社会保障财政支出	2011.41	元/人	52.75	20
6	人均政府卫生支出	1150.54	元/人	50.61	21
7	甲、乙类法定报告传染病总发病率	235.01	1/10万	71.40	22

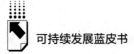

续表

安徽 18th/30

序号	指标	分值	分值单位	分数	排名
8	每千人口拥有卫生技术人员数	7.12	人	47.72	27
9	贫困发生率	0	%	95.00	1
10	城乡居民可支配收入比	2.34		76.14	15
	资源环境			65.34	20
1	森林覆盖率	29.35	%	62.76	20
2	耕地覆盖率	39.79	%	89.12	4
3	湿地覆盖率	0.34	%	46.32	22
4	草原覆盖率	0.34	%	45.12	28
5	人均水资源量	1445.9	米³/人	49.68	18
6	全国河流流域一二三类水质断面占比	83.5	%	81.23	18
7	地级及以上城市空气质量达标天数比例	84.6	%	69.74	20
	消耗排放			69.08	23
1	单位建设用地面积二三产业增加值	16.45	亿元/公里²	59.74	14
2	单位工业增加值水耗	62.76	米³/万元	45.00	30
3	单位地区生产总值能耗	0.42	吨标准煤/万元	88.20	12
4	单位地区生产总值主要污染物排放（单位化学需氧量排放）	2.79439E-07	吨/万元	73.90	17
5	单位地区生产总值氨氮排放量	1.00843E-08	吨/万元	72.26	21
6	单位地区生产总值二氧化硫排放量	1.99036E-08	吨/万元	87.65	14
7	单位地区生产总值氮氧化物排放量	1.03782E-07	吨/万元	79.66	16
8	单位地区生产总值危险废物产生量	0.0055	吨/万元	92.61	13
9	非化石能源占一次能源消费比例	11.3	%	50.54	23
	治理保护			77.41	10
1	财政性节能环保支出占地区生产总值比重	0.46	%	49.98	17
2	环境污染治理投资与固定资产投资比	0.78	%	54.89	20
3	城市污水处理率	97.1	%	62.95	23
4	一般工业固体废物综合利用率	93.7	%	90.54	5
5	危险废物处置率	98.4	%	93.78	25
6	生活垃圾无害化处理率	100	%	95.00	1
7	能源强度年下降率	3.6	%	79.65	12

（十九）吉林

吉林省在可持续发展综合排名中位列第 19。社会民生方面表现抢眼，排名第 3，资源环境排名第 11，经济发展、消耗排放和治理保护较为落后，分别排名第 21、第 22 和第 23。

吉林省社会民生方面表现良好，如"万人公共文化机构数""人均社会保障财政支出"均排名第 8。"每千人口拥有卫生技术人员数"排名第 4。"甲、乙类法定报告传染病总发病率"排名第 2，"城乡居民可支配收入比"为 2.02，排第 4 名。吉林省人口老龄化压力较小，"劳动适龄人口占总人口比重"排第 7 名。

吉林省仍需加强创新投入，2021 年"R&D 经费投入占地区生产总值比重""高技术产业主营业务收入与工业增加值比例"均排名第 20 左右，"万人口有效发明专利拥有量"有所提升，从 2020 年的 7.19 件提升至 2021 年的 9.14 件。电子商务发展速度较慢，"电子商务额占地区生产总值比重"与前一年基本持平，排第 30 名。

在消耗排放方面，"单位建设用地面积二三产业增加值"和"单位地区生产总值主要污染物排放"分别排名第 29 和第 28，其余消耗排放指标排名也整体靠后，仍需提高资源保护能力。

表 26　吉林省可持续发展指标分值与分数

吉林					19th/30
序号	指标	分值	分值单位	分数	排名
	经济发展			51.84	21
1	R&D 经费投入占地区生产总值比重	1.39	%	52.43	20
2	万人口有效发明专利拥有量	9.14	件	46.83	17
3	高技术产业主营业务收入与工业增加值比例	21.30	%	50.07	23
4	电子商务额占地区生产总值比重	7.07	%	45.00	30
5	地区生产总值增长率	6.6	%	51.37	22
6	全员劳动生产率	10.78	万元/人	50.58	25

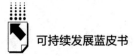
续表

| 吉林 | | | | | 19th/30 |

序号	指标	分值	分值单位	分数	排名
7	劳动适龄人口占总人口比重	72.09	%	87.04	7
8	人均实际利用外资额	28.62	美元/人	46.55	23
9	人均进出口总额	1027.12	美元/人	46.98	23
	社会民生			74.53	3
1	国家财政教育经费占地区生产总值比重	3.68	%	61.75	12
2	劳动人口平均受教育年限	10.357	年	60.02	16
3	万人公共文化机构数	0.533	个	67.92	8
4	基本社会保障覆盖率	87.29	%	77.65	12
5	人均社会保障财政支出	3302.07	元/人	69.52	8
6	人均政府卫生支出	1232.56	元/人	52.37	14
7	甲、乙类法定报告传染病总发病率	105.56	1/10万	93.15	2
8	每千人口拥有卫生技术人员数	9.15	人	63.51	4
9	贫困发生率	0	%	95.00	1
10	城乡居民可支配收入比	2.02		88.25	4
	资源环境			71.69	11
1	森林覆盖率	46.74	%	76.20	14
2	耕地覆盖率	40.01	%	89.37	3
3	湿地覆盖率	1.23	%	50.20	14
4	草原覆盖率	3.60	%	48.12	10
5	人均水资源量	1923.8	米³/人	51.38	16
6	全国河流流域一二三类水质断面占比	76.6	%	75.25	22
7	地级及以上城市空气质量达标天数比例	94.0	%	85.78	11
	消耗排放			69.50	22
1	单位建设用地面积二三产业增加值	7.74	亿元/公里²	46.58	29
2	单位工业增加值水耗	23.96	米³/万元	78.64	18
3	单位地区生产总值能耗	0.48	吨标准煤/万元	86.26	16
4	单位地区生产总值主要污染物排放（单位化学需氧量排放）	5.76644E-07	吨/万元	50.45	28
5	单位地区生产总值氨氮排放量	8.56634E-09	吨/万元	75.88	16
6	单位地区生产总值二氧化硫排放量	4.70595E-08	吨/万元	77.44	20

| 吉林 | | | | | 19th/30 |

吉林 19th/30

序号	指标	分值	分值单位	分数	排名
7	单位地区生产总值氮氧化物排放量	1.53294E-07	吨/万元	70.56	21
8	单位地区生产总值危险废物产生量	0.0185	吨/万元	86.24	25
9	非化石能源占一次能源消费比例	11.5	%	50.72	22
	治理保护			73.53	23
1	财政性节能环保支出占地区生产总值比重	0.85	%	60.20	6
2	环境污染治理投资与固定资产投资比	0.50	%	48.73	28
3	城市污水处理率	97.6	%	69.36	19
4	一般工业固体废物综合利用率	52.6	%	59.40	19
5	危险废物处置率	100.0	%	95.00	1
6	生活垃圾无害化处理率	100	%	95.00	1
7	能源强度年下降率	4.9	%	83.90	19

（二十）辽宁

辽宁省在可持续发展综合排名中位列第 20，较上一年提高了 6 名。社会民生与经济发展指标分别排在第 11 和第 16 名，资源环境和治理保护方面排第 18 名，消耗排放排名第 24。

辽宁省经济发展方面，"电子商务额占地区生产总值比重"、"劳动适龄人口占总人口比重"和"人均进出口总额"排名达到全国前 10，其中，"人均进出口总额"较上一年有较大提升。2020 年 GDP 增长率为 2.8%，排名第 29 名。辽宁省在创新能力、产业结构有较好基础，"R&D 经费投入占地区生产总值比重"排第 13 名，"万人口有效发明专利拥有量"排第 12 名。在对外贸易方面表现较好，"人均进出口总额"排第 9 名。

社会民生方面，"劳动人口平均受教育年限"和"人均社会保障财政支出"分别排名第 7 和第 6。但"人均政府卫生支出"排第 30 名，仍需进一步改善。

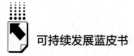
在治理保护方面,"环境污染治理投资与固定资产投资比"和"城市污水处理率"表现良好,排名分别为第2和第7,且"能源强度年下降率"达到5.2%,排名全国第6,绿色低碳发展向好。但在消耗排放方面,辽宁省还需进一步提升,"单位建设用地面积二三产业增加值""单位地区生产总值能耗""单位地区生产总值主要污染物排放""单位地区生产总值氮氧化物排放量""非化石能源占一次能源消费比例"等指标均排名第20以后。

表27 辽宁省可持续发展指标分值与分数

辽宁					20th/30

序号	指标	分值	分值单位	分数	排名
	经济发展			54.06	16
1	R&D经费投入占地区生产总值比重	2.18	%	58.96	13
2	万人口有效发明专利拥有量	13.28	件	47.96	12
3	高技术产业主营业务收入与工业增加值比例	24.04	%	50.83	20
4	电子商务额占地区生产总值比重	27.76	%	54.20	9
5	地区生产总值增长率	5.8	%	45.52	29
6	全员劳动生产率	12.60	万元/人	53.94	18
7	劳动适龄人口占总人口比重	70.43	%	78.58	9
8	人均实际利用外资额	75.67	美元/人	49.15	18
9	人均进出口总额	3595.10	美元/人	52.28	9
	社会民生			69.15	11
1	国家财政教育经费占地区生产总值比重	2.55	%	48.95	26
2	劳动人口平均受教育年限	10.772	年	64.05	7
3	万人公共文化机构数	0.415	个	60.18	15
4	基本社会保障覆盖率	81.98	%	64.13	21
5	人均社会保障财政支出	3900.61	元/人	77.30	6
6	人均政府卫生支出	890.03	元/人	45.00	30
7	甲、乙类法定报告传染病总发病率	164.27	1/10万	83.29	13
8	每千人口拥有卫生技术人员数	7.9	人	53.79	18
9	贫困发生率	0	%	95.00	1
10	城乡居民可支配收入比	2.24		79.94	13

| 辽宁 | | | | | 20th/30 |

序号	指标	分值	分值单位	分数	排名
	资源环境			68.13	18
1	森林覆盖率	40.65	%	71.49	16
2	耕地覆盖率	35.01	%	83.71	7
3	湿地覆盖率	1.94	%	53.29	10
4	草原覆盖率	3.29	%	47.83	12
5	人均水资源量	1206.3	米^3/人	48.83	19
6	全国河流流域一二三类水质断面占比	83.3	%	81.06	19
7	地级及以上城市空气质量达标天数比例	87.9	%	75.38	18
	消耗排放			68.73	24
1	单位建设用地面积二三产业增加值	8.97	亿元/公里^2	48.45	28
2	单位工业增加值水耗	17.67	米^3/万元	84.10	12
3	单位地区生产总值能耗	0.85	吨标准煤/万元	75.66	24
4	单位地区生产总值主要污染物排放（单位化学需氧量排放）	4.34531E-07	吨/万元	61.66	25
5	单位地区生产总值氨氮排放量	5.80527E-09	吨/万元	82.46	8
6	单位地区生产总值二氧化硫排放量	5.92161E-08	吨/万元	72.87	21
7	单位地区生产总值氮氧化物排放量	2.92295E-07	吨/万元	45.00	30
8	单位地区生产总值危险废物产生量	0.0077	吨/万元	91.55	17
9	非化石能源占一次能源消费比例	8.6	%	47.11	27
	治理保护			75.99	18
1	财政性节能环保支出占地区生产总值比重	0.29	%	45.39	27
2	环境污染治理投资与固定资产投资比	1.60	%	72.34	2
3	城市污水处理率	98.5	%	80.90	7
4	一般工业固体废物综合利用率	53.4	%	60.03	17
5	危险废物处置率	95.7	%	91.67	27
6	生活垃圾无害化处理率	99.8	%	92.06	27
7	能源强度年下降率	5.2	%	84.88	6

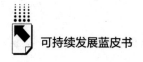

（二十一）贵州

贵州省在可持续发展综合排名中位列第21。资源环境表现突出，排名第2。消耗排放和治理保护处于中游水平，分别排名第19和第14。经济发展和社会民生方面排名较低，分别排名第30和第26。

贵州省2021年经济增长势头良好，"地区生产总值增长率"为8.1%。贵州省社会民生教育与卫生方面表现突出，"国家财政教育经费占地区生产总值比重"排名第4，"基本社会保障覆盖率"排名第6，"人均政府卫生支出"1426元/人，排名第8。

贵州省拥有得天独厚的资源环境，"森林覆盖率"排名全国第3，"全国河流流域一二三类水质断面占比"和"地级及以上城市空气质量达标天数比例"均位列第4。"人均水资源量"有所下降，排名第10。

贵州省2021年"R&D经费投入占地区生产总值比重"、"万人口有效发明专利拥有量"、"电子商务额占地区生产总值比重"和"人均实际利用外资额"均排第25名以后，经济结构较为单一，引进来走出去方面仍有待加强。但贵州依靠自身资源、文化条件，已诞生多种新兴经济业态，如贵阳大数据中心、新文化现象"村超"，都值得进一步关注和培养。

表28　贵州省可持续发展指标分值与分数

贵州				21st/30	
序号	指标	分值	分值单位	分数	排名
	经济发展			48.55	30
1	R&D经费投入占地区生产总值比重	0.92	%	48.57	26
2	万人口有效发明专利拥有量	3.93	件	45.40	27
3	高技术产业主营业务收入与工业增加值比例	18.23	%	49.20	24
4	电子商务额占地区生产总值比重	13.48	%	47.85	26
5	地区生产总值增长率	8.1	%	61.54	13
6	全员劳动生产率	10.39	万元/人	49.85	27
7	劳动适龄人口占总人口比重	64.71	%	49.57	28

续表

贵州					21st/30
序号	指标	分值	分值单位	分数	排名
8	人均实际利用外资额	6.17	美元/人	45.31	28
9	人均进出口总额	265.12	美元/人	45.41	29
	社会民生			66.15	26
1	国家财政教育经费占地区生产总值比重	5.77	%	85.43	4
2	劳动人口平均受教育年限	8.809	年	45.00	30
3	万人公共文化机构数	0.504	个	66.00	11
4	基本社会保障覆盖率	89.55	%	83.42	6
5	人均社会保障财政支出	1787.74	元/人	49.84	27
6	人均政府卫生支出	1426.00	元/人	56.54	8
7	甲、乙类法定报告传染病总发病率	245.94	1/10万	69.56	23
8	每千人口拥有卫生技术人员数	8.03	人	54.80	16
9	贫困发生率	0	%	95.00	1
10	城乡居民可支配收入比	3.05		49.35	29
	资源环境			76.33	2
1	森林覆盖率	63.66	%	89.28	3
2	耕地覆盖率	19.72	%	66.42	14
3	湿地覆盖率	0.04	%	45.00	30
4	草原覆盖率	1.07	%	45.79	19
5	人均水资源量	2831.1	米^3/人	54.61	10
6	全国河流流域一二三类水质断面占比	97.7	%	93.53	4
7	地级及以上城市空气质量达标天数比例	98.4	%	93.29	4
	消耗排放			71.25	19
1	单位建设用地面积二三产业增加值	16.27	亿元/公里^2	59.47	16
2	单位工业增加值水耗	37.47	米^3/万元	66.93	22
3	单位地区生产总值能耗	0.58	吨标准煤/万元	83.37	21
4	单位地区生产总值主要污染物排放（单位化学需氧量排放）	6.04265E-07	吨/万元	48.27	29
5	单位地区生产总值氨氮排放量	1.30768E-08	吨/万元	65.12	26
6	单位地区生产总值二氧化硫排放量	7.3053E-08	吨/万元	67.66	24
7	单位地区生产总值氮氧化物排放量	1.14191E-07	吨/万元	77.75	19

续表

贵州					21st/30
序号	指标	分值	分值单位	分数	排名
8	单位地区生产总值危险废物产生量	0.0038	吨/万元	93.48	7
9	非化石能源占一次能源消费比例	18.5	%	59.56	11
	治理保护			76.73	14
1	财政性节能环保支出占地区生产总值比重	0.81	%	59.19	7
2	环境污染治理投资与固定资产投资比	0.75	%	54.09	21
3	城市污水处理率	98.5	%	80.90	7
4	一般工业固体废物综合利用率	71.7	%	73.92	12
5	危险废物处置率	100.0	%	95.00	1
6	生活垃圾无害化处理率	99	%	80.29	29
7	能源强度年下降率	1.9	%	74.10	24

（二十二）河北

河北省在可持续发展综合排名中位列第22。治理保护能力突出，排名第4。消耗排放和社会民生处在中游水平，均排名第17。经济发展与资源环境相对薄弱，分别位于第24、第26名。

河北省经济对外合作势头良好，"人均实际利用外资额"和"人均进出口总额"均较上一年有所增长，排名分别为第15和第13。"R&D经费投入占地区生产总值比重"排第16名。社会民生方面，"甲、乙类法定报告传染病总发病率"和"城乡居民可支配收入比"分别排名第5和第8。

河北省2021年治理保护依然很有成效，"城市污染水处理率"达到99.1%，"能源强度年下降率"达到6.7%，均排名全国第3，"财政性节能环保支出占地区生产总值比重"排名第5。

河北省高技术产业占比仍不高，劳动效率有待提升。"高技术产业主营业务收入与工业增加值比例""劳动适龄人口占总人口比重""地区生产总值增长率""全员劳动生产率"排名较为落后，分别为第28名、第25名、第 24 名、第 24 名。河北省空气质量有所改善，"地级及以上城市空气质量达标天数比例"有所提升，由上一年的 69.9% 提升至 73.8%。

表 29 河北省可持续发展指标分值与分数

河北					22nd/30
序号	指标	分值	分值单位	分数	排名
	经济发展			50.85	24
1	R&D 经费投入占地区生产总值比重	1.85	%	56.22	16
2	万人口有效发明专利拥有量	5.59	件	45.86	22
3	高技术产业主营业务收入与工业增加值比例	15.34	%	48.39	28
4	电子商务额占地区生产总值比重	14.99	%	48.53	23
5	地区生产总值增长率	6.5	%	50.67	24
6	全员劳动生产率	11.09	万元/人	51.15	24
7	劳动适龄人口占总人口比重	65.86	%	55.40	25
8	人均实际利用外资额	151.56	美元/人	53.34	15
9	人均进出口总额	1834.39	美元/人	48.65	13
	社会民生			67.85	17
1	国家财政教育经费占地区生产总值比重	4.03	%	65.76	10
2	劳动人口平均受教育年限	10.319	年	59.65	17
3	万人公共文化机构数	0.394	个	58.78	17
4	基本社会保障覆盖率	83.58	%	68.20	17
5	人均社会保障财政支出	1886.45	元/人	51.13	24
6	人均政府卫生支出	966.81	元/人	46.65	28
7	甲、乙类法定报告传染病总发病率	134.23	1/10 万	88.33	5
8	每千人口拥有卫生技术人员数	7.51	人	50.75	26
9	贫困发生率	0	%	95.00	1
10	城乡居民可支配收入比	2.19		81.89	8
	资源环境			57.04	26
1	森林覆盖率	34.03	%	66.38	18
2	耕地覆盖率	31.96	%	80.26	8
3	湿地覆盖率	0.76	%	48.13	18
4	草原覆盖率	10.31	%	54.28	9
5	人均水资源量	505.1	米³/人	46.34	26

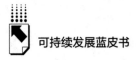
河北   22nd/30

序号	指标	分值	分值单位	分数	排名
6	全国河流流域一二三类水质断面占比	69.1	%	68.76	27
7	地级及以上城市空气质量达标天数比例	73.8	%	51.31	26
	消耗排放			72.28	17
1	单位建设用地面积二三产业增加值	16.31	亿元/公里^2	59.52	15
2	单位工业增加值水耗	12.56	米^3/万元	88.53	6
3	单位地区生产总值能耗	0.72	吨标准煤/万元	79.42	22
4	单位地区生产总值主要污染物排放（单位化学需氧量排放）	3.80114E-07	吨/万元	65.96	22
5	单位地区生产总值氨氮排放量	9.17878E-09	吨/万元	74.42	18
6	单位地区生产总值二氧化硫排放量	4.22501E-08	吨/万元	79.25	19
7	单位地区生产总值氮氧化物排放量	2.03616E-07	吨/万元	61.31	27
8	单位地区生产总值危险废物产生量	0.0119	吨/万元	89.49	22
9	非化石能源占一次能源消费比例	8.1	%	46.49	28
	治理保护			79.24	4
1	财政性节能环保支出占地区生产总值比重	0.87	%	60.79	5
2	环境污染治理投资与固定资产投资比	0.94	%	58.15	14
3	城市污水处理率	99.1	%	88.59	3
4	一般工业固体废物综合利用率	54.6	%	60.93	16
5	危险废物处置率	99.7	%	94.80	18
6	生活垃圾无害化处理率	100	%	95.00	1
7	能源强度年下降率	6.7	%	89.77	3

（二十三）山西

山西省在可持续发展综合排名中位列第23。经济发展、社会民生和治理保护处于中游水平，分别排第17、第16和第16名。资源环境和消耗排放相对落后，排名第28和第21。

山西省近些年在"双碳"目标统筹下，加强了资源环境的治理保护，其中"财政性节能环保支出占地区生产总值比重"为0.95%，"环境污染治理投资与固定资产投资比"为1.55%，均连续两年排名第3，"能源强度年下降率"为5.4%，排名第5，"城市污水处理率"有所下降，排名第9。

2021年山西省经济增长迅速，"地区生产总值增长率"为9.1%，排名第3，电子商务发展较好，"电子商务额占地区生产总值比重"排名第14。对外贸易发展水平有所提升，"人均实际利用外资额"排第19名，"人均进出口总额"排第22名。

山西人口老龄化挑战相对较小，"劳动适龄人口占总人口比重"排第10名，在教育文化方面投入相对靠前，"劳动人口平均受教育年限""万人公共文化机构数"分别排名第6和第5。

但山西省还需提升创新发展动力，2021年，"R&D经费投入占地区生产总值比重"排名第23，"高技术产业主营业务收入与工业增加值比例"排第25名。生态保护任务依然艰巨，"全国河流流域一二三类水质断面占比""地级及以上城市空气质量达标天数比例"均排名靠后。污染物排放控制还需加大力度，"单位地区生产总值能耗""单位地区生产总值危险废物产生量""单位地区生产总值氮氧化物排放量"等指标排名靠后。

表30 山西省可持续发展指标分值与分数

山西					23rd/30
序号	指标	分值	分值单位	分数	排名
	经济发展			53.21	17
1	R&D经费投入占地区生产总值比重	1.12	%	50.18	23
2	万人口有效发明专利拥有量	5.60	件	45.86	21
3	高技术产业主营业务收入与工业增加值比例	17.67	%	49.04	25
4	电子商务额占地区生产总值比重	22.31	%	51.78	14
5	地区生产总值增长率	9.1	%	69.04	3
6	全员劳动生产率	13.17	万元/人	55.01	16
7	劳动适龄人口占总人口比重	70.42	%	78.54	10
8	人均实际利用外资额	48.89	美元/人	47.67	19

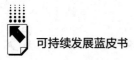
山西   23rd/30

序号	指标	分值	分值单位	分数	排名
9	人均进出口总额	1051.72	美元/人	47.03	22
	社会民生			68.37	16
1	国家财政教育经费占地区生产总值比重	3.44	%	59.08	13
2	劳动人口平均受教育年限	10.811	年	64.43	6
3	万人公共文化机构数	0.567	个	70.18	5
4	基本社会保障覆盖率	84.57	%	70.74	15
5	人均社会保障财政支出	2547.40	元/人	59.71	15
6	人均政府卫生支出	1104.75	元/人	49.62	24
7	甲、乙类法定报告传染病总发病率	211.66	1/10万	75.32	21
8	每千人口拥有卫生技术人员数	8.09	人	55.26	13
9	贫困发生率	0	%	95.00	1
10	城乡居民可支配收入比	2.45		72.20	21
	资源环境			55.35	28
1	森林覆盖率	38.90	%	70.14	17
2	耕地覆盖率	24.69	%	72.04	12
3	湿地覆盖率	0.35	%	46.34	21
4	草原覆盖率	19.82	%	63.01	7
5	人均水资源量	596.6	米³/人	46.66	23
6	全国河流流域一二三类水质断面占比	62.3	%	62.87	29
7	地级及以上城市空气质量达标天数比例	72.1	%	48.41	28
	消耗排放			70.34	21
1	单位建设用地面积二三产业增加值	16.08	亿元/公里²	59.17	17
2	单位工业增加值水耗	12.11	米³/万元	88.92	5
3	单位地区生产总值能耗	1.21	吨标准煤/万元	65.23	26
4	单位地区生产总值主要污染物排放（单位化学需氧量排放）	2.72747E-07	吨/万元	74.43	16
5	单位地区生产总值氨氮排放量	6.20913E-09	吨/万元	81.50	11
6	单位地区生产总值二氧化硫排放量	6.50543E-08	吨/万元	70.67	23
7	单位地区生产总值氮氧化物排放量	1.8564E-07	吨/万元	64.61	24
8	单位地区生产总值危险废物产生量	0.0167	吨/万元	87.14	24

续表

山西   23rd/30

序号	指标	分值	分值单位	分数	排名
9	非化石能源占一次能源消费比例	10.0	%	48.81	25
	治理保护			76.39	16
1	财政性节能环保支出占地区生产总值比重	0.95	%	62.93	3
2	环境污染治理投资与固定资产投资比	1.55	%	71.32	3
3	城市污水处理率	98.4	%	79.62	9
4	一般工业固体废物综合利用率	40.5	%	50.27	29
5	危险废物处置率	99.6	%	94.70	20
6	生活垃圾无害化处理率	100	%	95.00	1
7	能源强度年下降率	5.4	%	85.53	5

（二十四）广西

广西壮族自治区在可持续发展综合排名中位列第24。资源环境优势明显，排第7名，治理保护排第19名，经济发展、社会民生和消耗排放相对落后，分别排第29、第23和第25名。

广西壮族自治区2021年"GDP增长率"为7.5%，排名第17，"高技术产业主营业务收入与工业增加值比例"排第19名，"人均进出口总额"为1986.64美元/人，排第11名，广西资源环境保护成效良好，排名第7，"森林覆盖率""人均水资源量""全国河流流域一二三类水质断面占比""地级及以上城市空气质量达标天数比例"均排名全国前10，其中"森林覆盖率"达到67.74%，全国排名第2，"全国河流流域一二三类水质断面占比"排名第5。

在消耗排放方面，广西壮族自治区积极推进绿色能源的使用，2021年"非化石能源占一次能源消费比例"为24.3%，排名第6。在治理保护方面，"城市污水处理率"达到99.1%，排名第3，"能源强度年下降率"为3.6%，排名第10。

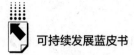

社会民生方面,"国家财政教育经费占地区生产总值比重""基本社会保障覆盖率""城乡居民可支配收入比"分别排名第7、第10和第16。但"万人公共文化机构数"、"人均社会保障财政支出"和"甲、乙类法定报告传染病总发病率"等还需进一步提升。

广西劳动效率方面相对薄弱,"全员劳动生产率"和"劳动适龄人口占总人口比重",较上一年均有所增长,但全国范围仍均排名第29,"劳动人口平均受教育年限"为9.949年,排名第23,广西创新发展动力不足,"R&D经费投入占地区生产总值比重"为0.81%,排第27名。

表31 广西壮族自治区可持续发展指标分值与分数

广西					24th/30
序号	指标	分值	分值单位	分数	排名
	经济发展			48.93	29
1	R&D经费投入占地区生产总值比重	0.81	%	47.62	27
2	万人口有效发明专利拥有量	5.61	件	45.86	20
3	高技术产业主营业务收入与工业增加值比例	26.37	%	51.49	19
4	电子商务额占地区生产总值比重	15.95	%	48.95	22
5	地区生产总值增长率	7.5	%	57.65	17
6	全员劳动生产率	9.73	万元/人	48.63	29
7	劳动适龄人口占总人口比重	64.49	%	48.45	29
8	人均实际利用外资额	32.80	美元/人	46.78	22
9	人均进出口总额	1986.64	美元/人	48.96	11
	社会民生			66.83	23
1	国家财政教育经费占地区生产总值比重	4.42	%	70.18	7
2	劳动人口平均受教育年限	9.949	年	56.06	23
3	万人公共文化机构数	0.321	个	53.97	24
4	基本社会保障覆盖率	88.41	%	80.52	10
5	人均社会保障财政支出	1832.55	元/人	50.42	25
6	人均政府卫生支出	1169.96	元/人	51.03	19
7	甲、乙类法定报告传染病总发病率	272.05	1/10万	65.17	25

广西   24th/30

序号	指标	分值	分值单位	分数	排名
8	每千人口拥有卫生技术人员数	7.82	人	53.16	21
9	贫困发生率	0	%	95.00	1
10	城乡居民可支配收入比	2.35		75.62	16
	资源环境			74.83	7
1	森林覆盖率	67.74	%	92.44	2
2	耕地覆盖率	13.92	%	59.86	19
3	湿地覆盖率	0.54	%	47.17	19
4	草原覆盖率	1.16	%	45.88	18
5	人均水资源量	3065.2	米³/人	55.44	9
6	全国河流流域一二三类水质断面占比	97.3	%	93.18	5
7	地级及以上城市空气质量达标天数比例	95.8	%	88.86	6
	消耗排放			68.20	25
1	单位建设用地面积二三产业增加值	12.69	亿元/公里²	54.06	24
2	单位工业增加值水耗	60.09	米³/万元	47.32	28
3	单位地区生产总值能耗	0.53	吨标准煤/万元	84.93	19
4	单位地区生产总值主要污染物排放（单位化学需氧量排放）	3.873E-07	吨/万元	65.39	23
5	单位地区生产总值氨氮排放量	2.15182E-08	吨/万元	45.00	30
6	单位地区生产总值二氧化硫排放量	3.00377E-08	吨/万元	83.84	18
7	单位地区生产总值氮氧化物排放量	1.07033E-07	吨/万元	79.07	17
8	单位地区生产总值危险废物产生量	0.0153	吨/万元	87.83	23
9	非化石能源占一次能源消费比例	24.3	%	66.74	6
	治理保护			74.78	19
1	财政性节能环保支出占地区生产总值比重	0.34	%	46.61	23
2	环境污染治理投资与固定资产投资比	0.59	%	50.71	25
3	城市污水处理率	99.1	%	88.59	3
4	一般工业固体废物综合利用率	45.8	%	54.27	24
5	危险废物处置率	100.0	%	95.00	1
6	生活垃圾无害化处理率	100	%	95.00	1
7	能源强度年下降率	3.6	%	79.77	10

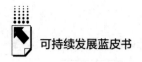

（二十五）甘肃

甘肃省在可持续发展综合排名中位列第25，较上一年下降4名。社会民生和资源环境排名靠前，分别位于第7和第15位。经济发展、消耗排放和治理保护分别排名第28、第20和第25。

社会民生方面，甘肃省2021年"国家财政教育经费占地区生产总值比重""万人公共文化机构数""基本社会保障覆盖率"分别排名第2、第2、第4。在卫生健康投入和防控方面表现较好，2021年，甘肃省"人均政府卫生支出"、"甲、乙类法定报告传染病总发病率"和"每千人口拥有卫生技术人员数"分别排名第11、第12和第14。

甘肃省资源环境保护成效良好，其中，"湿地覆盖率"、"草原覆盖率"和"全国河流流域一二三类水质断面占比"分别排名全国第7、第3和第8。"地级及以上城市空气质量达标天数比例"排名第14。治理保护投入力度较大，"环境污染治理投资与固定资产投资比"和"财政性节能环保支出占地区生产总值比重"分别排名第6和第8。

甘肃省整体还缺乏创新动力，2021年"R&D经费投入占地区生产总值比重"排名第22，"万人口有效发明专利拥有量"和"高技术产业主营业务收入与工业增加值比例"分别位于第25和第27名。全员劳动生产率7.77万元/人，较上一年有所提升，但排名仍为最后。对外贸易发展仍需探索开拓新的模式，"人均实际利用外资额"和"人均进出口总额"分别排第29和第28名。

表32 甘肃省可持续发展指标分值与分数

甘肃				25th/30	
序号	指标	分值	分值单位	分数	排名
	经济发展			49.29	28
1	R&D经费投入占地区生产总值比重	1.26	%	51.41	22
2	万人口有效发明专利拥有量	4.08	件	45.44	25

续表

甘肃   25th/30

序号	指标	分值	分值单位	分数	排名
3	高技术产业主营业务收入与工业增加值比例	15.86	%	48.54	27
4	电子商务额占地区生产总值比重	16.08	%	49.01	21
5	地区生产总值增长率	6.9	%	53.77	20
6	全员劳动生产率	7.77	万元/人	45.00	30
7	劳动适龄人口占总人口比重	67.80	%	65.24	20
8	人均实际利用外资额	4.36	美元/人	45.21	29
9	人均进出口总额	308.56	美元/人	45.50	28
	社会民生			70.19	7
1	国家财政教育经费占地区生产总值比重	6.46	%	93.32	2
2	劳动人口平均受教育年限	9.289	年	49.66	28
3	万人公共文化机构数	0.739	个	81.54	2
4	基本社会保障覆盖率	89.91	%	84.35	4
5	人均社会保障财政支出	2369.91	元/人	57.41	17
6	人均政府卫生支出	1369.72	元/人	55.33	11
7	甲、乙类法定报告传染病总发病率	155.81	1/10万	84.71	12
8	每千人口拥有卫生技术人员数	8.07	人	55.11	14
9	贫困发生率	0	%	95.00	1
10	城乡居民可支配收入比	3.17		45.00	30
	资源环境			70.28	15
1	森林覆盖率	18.70	%	54.53	23
2	耕地覆盖率	12.23	%	57.95	23
3	湿地覆盖率	2.78	%	57.00	7
4	草原覆盖率	33.59	%	75.66	3
5	人均水资源量	1118.0	米^3/人	48.52	20
6	全国河流流域一二三类水质断面占比	95.9	%	91.97	8
7	地级及以上城市空气质量达标天数比例	90.2	%	79.30	14
	消耗排放			70.73	20
1	单位建设用地面积二三产业增加值	9.43	亿元/公里^2	49.13	25
2	单位工业增加值水耗	22.81	米^3/万元	79.64	15

续表

甘肃 25th/30

序号	指标	分值	分值单位	分数	排名
3	单位地区生产总值能耗	0.89	吨标准煤/万元	74.57	25
4	单位地区生产总值主要污染物排放（单位化学需氧量排放）	6.4564E-07	吨/万元	45.00	30
5	单位地区生产总值氨氮排放量	5.87962E-09	吨/万元	82.28	9
6	单位地区生产总值二氧化硫排放量	8.26613E-08	吨/万元	64.05	26
7	单位地区生产总值氮氧化物排放量	1.80166E-07	吨/万元	65.62	23
8	单位地区生产总值危险废物产生量	0.0192	吨/万元	85.90	26
9	非化石能源占一次能源消费比例	27.6	%	70.91	4
	治理保护			71.38	25
1	财政性节能环保支出占地区生产总值比重	0.80	%	58.95	8
2	环境污染治理投资与固定资产投资比	1.29	%	65.60	6
3	城市污水处理率	97.3	%	65.51	20
4	一般工业固体废物综合利用率	47.7	%	55.76	23
5	危险废物处置率	90.4	%	87.65	28
6	生活垃圾无害化处理率	100	%	95.00	1
7	能源强度年下降率	2.6	%	76.38	20

（二十六）内蒙古

内蒙古自治区在可持续发展综合排名中位列第26。社会民生排第13名，经济发展和资源环境分别排名第18和第19。消耗排放和治理保护相对落后，分别排在第26和第22名。

内蒙古自治区近些年积极发展电子商务，2021年"电子商务额占地区生产总值比重"表现突出，排名第7，占比已达到29.20%。内蒙古自治区劳动力生产效率优势突出，2021年"劳动适龄人口占总人口比重"和"全员劳动生产率"分别排第5和第8，达到72.43%和16.84万元/人。

社会民生许多指标排名靠前，"万人公共文化机构数"排第3名，"人均社会保障财政支出"排第7名，"人均政府卫生支出"排第9名，"劳动人口平均受教育年限"排第 11 名。

治理保护部分指标表现突出，其中"能源强度年下降率"达到 8.3%，排名全国第 1，"环境污染治理投资与固定资产投资比"排第 7 名，"财政性节能环保支出占地区生产总值比重"排第 11 名。

内蒙古自治区创新发展能力相对不足，创新对经济贡献偏小。2021 年内蒙古自治区"高技术产业主营业务收入与工业增加值比例"排第 29 名，"R&D 经费投入占地区生产总值比重"为 0.93%，排第 25 名，"万人口有效发明专利拥有量"为 3.42 件，排第 29 名。

在消耗排放和治理保护方面，内蒙古自治区生态建设和污染防治任务十分艰巨，仍需加大控制力度，"单位地区生产总值危险废物产生量"、"单位地区生产总值能耗"和"单位地区生产总值二氧化硫排放量"均排名靠后。"一般工业固体废物综合利用率"排第 30 名。

表 33 内蒙古自治区可持续发展指标分值与分数

内蒙古				26th/30	
序号	指标	分值	分值单位	分数	排名
	经济发展			52.42	18
1	R&D 经费投入占地区生产总值比重	0.93	%	48.61	25
2	万人口有效发明专利拥有量	3.42	件	45.26	29
3	高技术产业主营业务收入与工业增加值比例	6.43	%	45.89	29
4	电子商务额占地区生产总值比重	29.20	%	54.85	7
5	地区生产总值增长率	6.3	%	49.01	27
6	全员劳动生产率	16.84	万元/人	61.80	8
7	劳动适龄人口占总人口比重	72.43	%	88.77	5
8	人均实际利用外资额	13.16	美元/人	45.70	25
9	人均进出口总额	1197.80	美元/人	47.33	21
	社会民生			68.79	13
1	国家财政教育经费占地区生产总值比重	3.13	%	55.47	16
2	劳动人口平均受教育年限	10.561	年	62.00	11
3	万人公共文化机构数	0.634	个	74.62	3

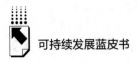
续表

内蒙古 26th/30

序号	指标	分值	分值单位	分数	排名
4	基本社会保障覆盖率	79.31	%	57.33	23
5	人均社会保障财政支出	3644.89	元/人	73.98	7
6	人均政府卫生支出	1425.96	元/人	56.54	9
7	甲、乙类法定报告传染病总病率	262.64	1/10 万	66.75	24
8	每千人口拥有卫生技术人员数	8.82	人	60.94	7
9	贫困发生率	0	%	95.00	1
10	城乡居民可支配收入比	2.42		73.15	20
	资源环境			67.87	19
1	森林覆盖率	20.59	%	55.99	22
2	耕地覆盖率	9.72	%	55.11	26
3	湿地覆盖率	3.22	%	58.91	6
4	草原覆盖率	45.79	%	86.87	2
5	人均水资源量	3926.3	米³/人	58.50	2
6	全国河流流域一二三类水质断面占比	63.3	%	63.73	28
7	地级及以上城市空气质量达标天数比例	89.6	%	78.28	15
	消耗排放			66.46	26
1	单位建设用地面积二三产业增加值	15.78	亿元/公里²	58.73	18
2	单位工业增加值水耗	16.94	米³/万元	84.73	10
3	单位地区生产总值能耗	1.40	吨标准煤/万元	59.62	27
4	单位地区生产总值主要污染物排放（单位化学需氧量排放）	3.7396E-07	吨/万元	66.44	21
5	单位地区生产总值氨氮排放量	7.70452E-09	吨/万元	77.93	14
6	单位地区生产总值二氧化硫排放量	1.09573E-07	吨/万元	53.93	28
7	单位地区生产总值氮氧化物排放量	2.11308E-07	吨/万元	59.89	28
8	单位地区生产总值危险废物产生量	0.0297	吨/万元	80.77	29
9	非化石能源占一次能源消费比例	11.2	%	50.37	24
	治理保护			73.57	22
1	财政性节能环保支出占地区生产总值比重	0.70	%	56.29	11
2	环境污染治理投资与固定资产投资比	1.25	%	64.93	7
3	城市污水处理率	97.9	%	73.21	16

内蒙古					26th/30

序号	指标	分值	分值单位	分数	排名
4	一般工业固体废物综合利用率	33.5	%	45.00	30
5	危险废物处置率	99.7	%	94.77	19
6	生活垃圾无害化处理率	99.9	%	93.53	26
7	能源强度年下降率	8.3	%	95.00	1

（二十七）黑龙江

黑龙江省在可持续发展综合排名中位列第27。社会民生与资源环境分别排在第4和第8名，经济发展、消耗排放和治理保护分别排在第20、第29和第27名。

社会民生方面，黑龙江省在"基本社会保障覆盖率""人均政府卫生支出""每千人口拥有卫生技术人员数"三个指标排名分别为第7、第4、第4，特别是"城乡居民可支配收入比"，排名全国第1，城乡收入差距较小。

黑龙江省人口老龄化挑战相对较小，但劳动力生产率较低。2021年，黑龙江"劳动适龄人口占总人口比重"达73.45%，排第2名，"劳动人口平均受教育年限"排名第11，但"全员劳动生产率"为10.48万元/人，仅排第26名。

资源环境方面，黑龙江"湿地覆盖率"和"人均水资源量"分别排名第2和第3。空气质量表现不错，"地级及以上城市空气质量达标天数比例"为94.8%，排第8名。

黑龙江创新效率较高，2021年，"R&D经费投入占地区生产总值比重"为1.31%，排名第21，但"万人口有效发明专利拥有量"为10.48件，排名第15，"高技术产业主营业务收入与工业增加值比例"排第26名，还有待提升。电子商务发展和对外贸易方面需要提高，"电子商务额占地区生产总值比重"排第29名，"人均实际利用外资额"和"人均进出口总额"名

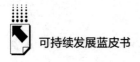

第 26 和第 24。

黑龙江用地用能方面仍需提高效率，如"单位建设用地面积二三产业增加值"排第 30 名，"单位工业增加值水耗"排名第 25。污染物排放需进一步加大力度，"单位地区生产总值主要污染物排放"排名第 27，"单位地区生产总值氮氧化物排放量"排名第 25，"非化石能源占一次能源消费比例"排名第 30，"城市污水处理率"排第 27 名。

表 34　黑龙江省可持续发展指标分值与分数

黑龙江					27th/30
序号	指标	分值	分值单位	分数	排名
	经济发展			51.84	20
1	R&D 经费投入占地区生产总值比重	1.31	%	51.77	21
2	万人口有效发明专利拥有量	10.48	件	47.19	15
3	高技术产业主营业务收入与工业增加值比例	16.67	%	48.76	26
4	电子商务额占地区生产总值比重	9.49	%	46.08	29
5	地区生产总值增长率	6.1	%	47.59	28
6	全员劳动生产率	10.48	万元/人	50.02	26
7	劳动适龄人口占总人口比重	73.45	%	93.91	2
8	人均实际利用外资额	12.48	美元/人	45.66	26
9	人均进出口总额	920.39	美元/人	46.76	24
	社会民生			74.07	4
1	国家财政教育经费占地区生产总值比重	3.84	%	63.54	13
2	劳动人口平均受教育年限	10.442	年	60.85	11
3	万人公共文化机构数	0.556	个	69.45	13
4	基本社会保障覆盖率	82.52	%	65.51	7
5	人均社会保障财政支出	4255.66	元/人	81.91	18
6	人均政府卫生支出	1039.32	元/人	48.21	4
7	甲、乙类法定报告传染病总发病率	132.22	1/10 万	88.67	26
8	每千人口拥有卫生技术人员数	7.95	人	54.18	4
9	贫困发生率	0	%	95.00	17
10	城乡居民可支配收入比	1.88		93.53	1

续表

黑龙江 27th/30

序号	指标	分值	分值单位	分数	排名
	资源环境			74.12	8
1	森林覆盖率	45.72	%	75.41	15
2	耕地覆盖率	36.35	%	85.23	6
3	湿地覆盖率	7.40	%	77.21	2
4	草原覆盖率	2.51	%	47.11	13
5	人均水资源量	3800.2	米³/人	58.06	3
6	全国河流流域一二三类水质断面占比	70.4	%	69.88	26
7	地级及以上城市空气质量达标天数比例	94.8	%	87.15	8
	消耗排放			63.59	29
1	单位建设用地面积二三产业增加值	6.69	亿元/公里²	45.00	30
2	单位工业增加值水耗	48.65	米³/万元	57.23	25
3	单位地区生产总值能耗	0.73	吨标准煤/万元	79.07	23
4	单位地区生产总值主要污染物排放（单位化学需氧量排放）	5.72181E-07	吨/万元	50.80	27
5	单位地区生产总值氨氮排放量	9.86517E-09	吨/万元	72.78	20
6	单位地区生产总值二氧化硫排放量	7.41433E-08	吨/万元	67.25	25
7	单位地区生产总值氮氧化物排放量	1.87143E-07	吨/万元	64.34	25
8	单位地区生产总值危险废物产生量	0.0079	吨/万元	91.43	18
9	非化石能源占一次能源消费比例	6.9	%	45.00	30
	治理保护			69.52	27
1	财政性节能环保支出占地区生产总值比重	0.94	%	62.76	4
2	环境污染治理投资与固定资产投资比	0.97	%	58.90	12
3	城市污水处理率	96.8	%	59.10	27
4	一般工业固体废物综合利用率	43.4	%	52.48	26
5	危险废物处置率	97.7	%	93.27	26
6	生活垃圾无害化处理率	100	%	95.00	1
7	能源强度年下降率	0.3	%	68.87	28

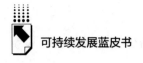

（二十八）宁夏

宁夏回族自治区在可持续发展综合排名中位列第28，较上一年提升2名。社会民生和治理保护比较靠前，分别排名第12和第15，消耗排放排在第30名，经济发展和资源环境分别排在第22和第23名。

宁夏回族自治区经济在社会民生方面表现良好，"国家财政教育经费占地区生产总值比重""万人公共文化机构数""人均社会保障财政支出""人均政府卫生支出""每千人口拥有卫生技术人员数"均排名全国前10。

宁夏回族自治区在治理保护方面投入力度较大，"财政性节能环保支出占地区生产总值比重"和"环境污染治理投资与固定资产投资比"分别排名第2和第4。

宁夏回族自治区创新能力中游靠后，2021年"R&D经费投入占地区生产总值比重"和"万人口有效发明专利拥有量"分别排名第19和第18，"高技术产业主营业务收入与工业增加值比例"有显著提升，从2020年的17.54%，提升至23.84%，排名第21，"电子商务额占地区生产总值比重"也有所增长，排名第27。

宁夏回族自治区在水资源保护方面任务艰巨，"全国河流流域一二三类水质断面占比"排名第21，"人均水资源量"排名第30，急需降低"单位工业增加值水耗"，提升"城市污水处理率"。宁夏回族自治区在消耗排放方面有明显短板，"单位地区生产总值能耗"和"单位地区生产总值二氧化硫排放量"均排名第30，"单位建设用地面积二三产业增加值"排名第27。

表35　宁夏回族自治区可持续发展指标分值与分数

宁夏				28th/30	
序号	指标	分值	分值单位	分数	排名
	经济发展			51.68	22
1	R&D经费投入占地区生产总值比重	1.56	%	53.84	19
2	万人口有效发明专利拥有量	5.94	件	45.95	18

序号	指标	分值	分值单位	分数	排名
宁夏				28th/30	
3	高技术产业主营业务收入与工业增加值比例	23.84	%	50.78	21
4	电子商务额占地区生产总值比重	12.23	%	47.30	27
5	地区生产总值增长率	6.7	%	51.76	21
6	全员劳动生产率	13.11	万元/人	54.89	17
7	劳动适龄人口占总人口比重	69.93	%	76.05	12
8	人均实际利用外资额	40.40	美元/人	47.20	20
9	人均进出口总额	643.83	美元/人	46.19	27
	社会民生			68.80	12
1	国家财政教育经费占地区生产总值比重	4.42	%	70.19	6
2	劳动人口平均受教育年限	9.96	年	56.17	22
3	万人公共文化机构数	0.509	个	66.35	9
4	基本社会保障覆盖率	79.05	%	56.67	24
5	人均社会保障财政支出	3163.21	元/人	67.72	10
6	人均政府卫生支出	1561.03	元/人	59.45	6
7	甲、乙类法定报告传染病总发病率	174.59	1/10万	81.55	14
8	每千人口拥有卫生技术人员数	8.36	人	57.36	10
9	贫困发生率	0	%	95.00	1
10	城乡居民可支配收入比	2.50		70.26	25
	资源环境			62.91	23
1	森林覆盖率	14.36	%	51.18	25
2	耕地覆盖率	18.00	%	64.48	15
3	湿地覆盖率	0.37	%	46.46	20
4	草原覆盖率	30.59	%	72.90	5
5	人均水资源量	128.6	米³/人	45.00	30
6	全国河流流域一二三类水质断面占比	80.0	%	78.20	21
7	地级及以上城市空气质量达标天数比例	83.8	%	68.38	21
	消耗排放			60.95	30
1	单位建设用地面积二三产业增加值	9.16	亿元/公里²	48.73	27
2	单位工业增加值水耗	25.03	米³/万元	77.71	20

续表

宁夏 28th/30

序号	指标	分值	分值单位	分数	排名
3	单位地区生产总值能耗	1.91	吨标准煤/万元	45.00	30
4	单位地区生产总值主要污染物排放（单位化学需氧量排放）	5.41798E-07	吨/万元	53.20	26
5	单位地区生产总值氨氮排放量	5.60163E-09	吨/万元	82.94	7
6	单位地区生产总值二氧化硫排放量	1.33322E-07	吨/万元	45.00	30
7	单位地区生产总值氮氧化物排放量	2.71797E-07	吨/万元	48.77	29
8	单位地区生产总值危险废物产生量	0.0248	吨/万元	83.17	28
9	非化石能源占一次能源消费比例	13.8	%	53.60	15
	治理保护			76.63	15
1	财政性节能环保支出占地区生产总值比重	1.05	%	65.70	2
2	环境污染治理投资与固定资产投资比	1.47	%	69.50	4
3	城市污水处理率	98.2	%	77.05	13
4	一般工业固体废物综合利用率	45.2	%	53.87	25
5	危险废物处置率	100.0	%	95.00	1
6	生活垃圾无害化处理率	100.0	%	95.00	1
7	能源强度年下降率	5.0	%	84.22	8

（二十九）青海

青海省在可持续发展综合排名中位列第29，排名下降4位。资源环境与社会民生分别排第1、第2名，经济发展、消耗排放、治理保护指标整体排名靠后，分别位于第26、第28、第30名。

青海省资源环境与社会民生表现突出，"国家财政教育经费占地区生产总值比重"、"万人公共文化机构数"和"人均社会保障财政支出"均排名第1，"人均政府卫生支出"排名第2，"每千人口拥有卫生技术人员数"8.7人，排名第8。在资源环境方面，"草原覆盖率""人均水资源量"均排名第1，"全国河流流域一二三类水质断面占比"排名第2，"地级及以上城市空气质量达标天数比例"排名第7，"非化石能源占一次能源消费比例"

排名第1。

青海省经济发展较缓，创新动力不足。其中"R&D 经费投入占地区生产总值比重"和"万人口有效发明专利拥有量"排第 28 名，"人均实际利用外资额"和"人均进出口总额"均排第 30 名，"高技术产业主营业务收入与工业增加值比例"表现尚佳，排第 18 名。医疗健康与城乡收入差距问题较为突出，"甲、乙类法定报告传染病总发病率"排第 30 名，"城乡居民可支配收入比"排第 27 名。治理保护方面，"能源强度年下降率"为-7%，排名第 30。

消耗排放总体还需加大控制力度，"单位地区生产总值氨氮排放量""单位地区生产总值二氧化硫排放量""单位地区生产总值氮氧化物排放量""单位地区生产总值危险废物产生量"排在第 26~30 名。

表 36　青海省可持续发展指标分值与分数

青海					29th/30
序号	指标	分值	分值单位	分数	排名
	经济发展			50.10	26
1	R&D 经费投入占地区生产总值比重	0.80	%	47.57	28
2	万人口有效发明专利拥有量	3.75	件	45.35	28
3	高技术产业主营业务收入与工业增加值比例	27.18	%	51.72	18
4	电子商务额占地区生产总值比重	28.12	%	54.36	8
5	地区生产总值增长率	5.7	%	45.00	30
6	全员劳动生产率	12.08	万元/人	52.99	20
7	劳动适龄人口占总人口比重	69.45	%	73.65	16
8	人均实际利用外资额	0.54	美元/人	45.00	30
9	人均进出口总额	67.55	美元/人	45.00	30
	社会民生			75.78	2
1	国家财政教育经费占地区生产总值比重	6.61	%	95.00	1
2	劳动人口平均受教育年限	9.563	年	52.32	26
3	万人公共文化机构数	0.943	个	95.00	1
4	基本社会保障覆盖率	84.05	%	69.41	16

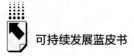

青海   29th/30

序号	指标	分值	分值单位	分数	排名
5	人均社会保障财政支出	5262.64	元/人	95.00	1
6	人均政府卫生支出	2665.38	元/人	83.22	2
7	甲、乙类法定报告传染病总发病率	392.09	1/10万	45.00	30
8	每千人口拥有卫生技术人员数	8.7	人	60.01	8
9	贫困发生率	0	%	95.00	1
10	城乡居民可支配收入比	2.77		59.76	27
	资源环境			82.84	1
1	森林覆盖率	6.37	%	45.00	30
2	耕地覆盖率	0.78	%	45.00	30
3	湿地覆盖率	7.06	%	75.72	3
4	草原覆盖率	54.65	%	95.00	1
5	人均水资源量	14190.4	米³/人	95.00	1
6	全国河流流域一二三类水质断面占比	99.0	%	94.65	2
7	地级及以上城市空气质量达标天数比例	95.6	%	88.52	7
	消耗排放			64.19	28
1	单位建设用地面积二三产业增加值	13.19	亿元/公里²	54.81	22
2	单位工业增加值水耗	26.23	米³/万元	76.67	21
3	单位地区生产总值能耗	1.66	吨标准煤/万元	52.27	29
4	单位地区生产总值主要污染物排放（单位化学需氧量排放）	2.37349E-07	吨/万元	77.22	11
5	单位地区生产总值氨氮排放量	1.66991E-08	吨/万元	56.49	29
6	单位地区生产总值二氧化硫排放量	1.21929E-07	吨/万元	49.28	29
7	单位地区生产总值氮氧化物排放量	1.9639E-07	吨/万元	62.63	26
8	单位地区生产总值危险废物产生量	0.1028	吨/万元	45.00	30
9	非化石能源占一次能源消费比例	46.8	%	95.00	1
	治理保护			57.32	30
1	财政性节能环保支出占地区生产总值比重	2.16	%	95.00	1
2	环境污染治理投资与固定资产投资比	0.43	%	47.29	29
3	城市污水处理率	95.7	%	45.00	30
4	一般工业固体废物综合利用率	53.2	%	59.89	18

| 青海 | | | | | 29th/30 |

序号	指标	分值	分值单位	分数	排名
5	危险废物处置率	34.9	%	45.00	30
6	生活垃圾无害化处理率	99.4	%	86.18	28
7	能源强度年下降率	-7.0	%	45.00	30

（三十）新疆

新疆维吾尔自治区在可持续发展综合排名中位列第30。经济发展、社会民生、资源环境、消耗排放和治理保护排名均靠后，分别为第27、第27、第24、第27和第28名。

新疆维吾尔自治区经济增速保持相对较好，"地区生产总值增长率"为7.0%，排名第19，"劳动适龄人口占总人口比重"相对较为合理，排名第11，社会民生部分指标排名靠前，"国家财政教育经费占地区生产总值比重"、"万人公共文化机构数"和"人均政府卫生支出"均进入全国前10名。水资源保护方面表现不错，"全国河流流域一二三类水质断面占比"为98.2%，排第3名，"人均水资源量"排名第8，"非化石能源占一次能源消费比例"为13.7%，表现突出，排名全国第16。

新疆维吾尔自治区创新能力不足，产业结构与电子商务发展薄弱，"R&D经费投入占地区生产总值比重"、"万人口有效发明专利拥有量"和"高技术产业主营业务收入与工业增加值比例"均排第30名，"电子商务额占地区生产总值比重"有所增长，但仍排名第28。在消耗排放方面，"单位地区生产总值能耗""单位地区生产总值氨氮排放量""单位地区生产总值二氧化硫排放量"排名较为靠后，治理保护方面，还需要注意提升"一般工业固体废物综合利用率"和"危险废物处置率"。

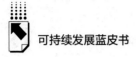

表37 新疆维吾尔自治区可持续发展指标分值与分数

新疆					30th/30

新疆 30th/30

序号	指标	分值	分值单位	分数	排名
	经济发展			49.66	27
1	R&D经费投入占地区生产总值比重	0.49	%	45.00	30
2	万人口有效发明专利拥有量	2.47	件	45.00	30
3	高技术产业主营业务收入与工业增加值比例	3.28	%	45.00	30
4	电子商务额占地区生产总值比重	11.19	%	46.83	28
5	地区生产总值增长率	7.0	%	53.88	19
6	全员劳动生产率	11.75	万元/人	52.38	22
7	劳动适龄人口占总人口比重	70.26	%	77.75	11
8	人均实际利用外资额	9.15	美元/人	45.48	27
9	人均进出口总额	1338.20	美元/人	47.62	20
	社会民生			66.08	27
1	国家财政教育经费占地区生产总值比重	5.81	%	85.88	3
2	劳动人口平均受教育年限	10.406	年	60.50	15
3	万人公共文化机构数	0.563	个	69.91	6
4	基本社会保障覆盖率	74.79	%	45.81	29
5	人均社会保障财政支出	2620.63	元/人	60.67	11
6	人均政府卫生支出	1440.15	元/人	56.84	7
7	甲、乙类法定报告传染病总发病率	331.86	1/10万	55.12	28
8	每千人口拥有卫生技术人员数	7.74	人	52.54	22
9	贫困发生率	0	%	95.00	1
10	城乡居民可支配收入比	2.42		73.28	19
	资源环境			60.59	24
1	森林覆盖率	7.36	%	45.76	28
2	耕地覆盖率	4.24	%	48.91	29
3	湿地覆盖率	0.92	%	48.84	17
4	草原覆盖率	31.32	%	73.57	4
5	人均水资源量	3124.2	米³/人	55.65	8
6	全国河流流域一二三类水质断面占比	98.2	%	93.96	3
7	地级及以上城市空气质量达标天数比例	74.6	%	52.68	25

新疆 30th/30

序号	指标	分值	分值单位	分数	排名
	消耗排放			64.40	27
1	单位建设用地面积二三产业增加值	9.30	亿元/公里²	48.94	26
2	单位工业增加值水耗	23.87	米³/万元	78.72	16
3	单位地区生产总值能耗	1.47	吨标准煤/万元	57.80	28
4	单位地区生产总值主要污染物排放（单位化学需氧量排放）	4.1906E-07	吨/万元	62.88	24
5	单位地区生产总值氨氮排放量	1.45408E-08	吨/万元	61.63	27
6	单位地区生产总值二氧化硫排放量	8.33874E-08	吨/万元	63.78	27
7	单位地区生产总值氮氧化物排放量	1.76761E-07	吨/万元	66.24	22
8	单位地区生产总值危险废物产生量	0.0235	吨/万元	83.79	27
9	非化石能源占一次能源消费比例	13.7	%	53.51	16
	治理保护			69.00	28
1	财政性节能环保支出占地区生产总值比重	0.58	%	53.19	15
2	环境污染治理投资与固定资产投资比	1.04	%	60.38	10
3	城市污水处理率	97.3	%	65.51	20
4	一般工业固体废物综合利用率	41.9	%	51.31	28
5	危险废物处置率	88.9	%	86.51	29
6	生活垃圾无害化处理率	100	%	95.00	1
7	能源强度年下降率	2.1	%	74.78	23

参考文献

2014、2015、2016、2017、2018、2019、2020、2021 年度《中国统计年鉴》。

2014、2015、2016、2017、2018、2019、2020、2021 年度《中国科技统计年鉴》。

2014、2015、2016、2017、2018、2019、2020、2021 年度《中国环境统计年鉴》。

2020 年度《中国城市建设统计年鉴》。

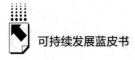
2014、2015、2016、2017、2018、2019、2020、2021 年度《中国能源统计年鉴》。2014、2015、2016、2017、2018、2019、2020、2021 年度 30 个省、直辖市、自治区统计年鉴。

2015、2016、2017、2018、2019、2020、2021 年度 30 个省、直辖市、自治区分省（区、市）万元地区生产总值能耗降低率等指标公报。

Apergis, Nicholas and Ilhan Ozturk. "Testing Environmental Kuznets Curve Hypothesis in Asian Countries." *Ecological Indicators* 52 (2015): 16-22. Arcadis. (2015). Sustainable Cities Index 2015. Retrieved fromhttps: //s3. amazonaws. com/arcadis - whitepaper/arcadis - sustainable-cities-indexreport. pdf.

Chen, H. , Jia, B. and Lau, S. S. Y. (2008). " Sustainable Urban Form for Chinese Compact Cities: Challenges of a Rapid Urbanized Economy". *Habitat international*, 32 (1), 28-40.

Duan, H. et al. (2008). "Hazardous Waste Generation and Management in China: A Review." *Journal of Hazardous Materials*, 158 (2), 221-227.

Gregg, Jay S. , Robert J. Andres and Gregg Marland (2008). "China: Emissions Pattern of the World Leader in CO2 Emissions from Fossil Fuel Consumption and Cement Production." Geophysical Research Letters 35. 8.

He, W. et al. (2006). "WEEE Recovery Strategies and the WEEE Treatment Status in China." *Journal of Hazardous Materials*, 136 (3), 502-512.

International Labour Office (ILO). 2015. "Universal Pension Coverage: People's Republic of China." Retrieved fromhttp: //www. social - protection. org/gimi/gess/RessourcePDF. action? ressource. ressourceId = 51765.

Jiang, X. (Ed). (2004). "Service Industry in China: Growth and Structure." Beijing: Social Sciences Documentation Publishing House.

Lee, V. , Mikkelsen, L. , Srikantharajah, J. and Cohen, L. (2012). "Strategies for Enhancing the Built Environment to Support Healthy Eating and Active Living". Prevention Institute. Retrieved 29 April 2012.

Liu, Tingting et al. "Urban Household Solid Waste Generation and Collection in Beijing, China." Resources, Conservation and Recycling, 104 (2015): 31-37.

Steemers, Koen. "Energy and the City: Density, Buildings and Transport." *Energy and buildings* 35. 1 (2003): 3-14.

Tamazian, A. , Chousa, J. P. and Vadlamannati, K. C. (2009). "Does Higher Economic and Financial Development Lead to Environmental Degradation: Evidence from BRIC Countries." *Energy Policy*, 37 (1), 246-253.

United Nations. (2007). " Indicators of Sustainable Development: Guidelines and Methodologies." *Third Edition*.

United Nations. （2017）. "Sustainable Development Knowledge Platform. " Retrieved from UN Website https：//sustainabledevelopment. un. org/sdgs.

Zhang, D. , K. Aunan, H. Martin Seip, S. Larssen, J. Liu and D. Zhang（2010）. "The assessment of health damage caused by air pollution and its implication for policy making in Taiyuan, Shanxi, China. " *Energy Policy* 38 （1）：491-502.

B.4
中国110座大中城市可持续发展指标体系数据验证分析

郭栋　王佳　王安逸　柴森　郭艳茹*

摘　要： 本报告详细评价了本年度中国110座大、中型城市的可持续发展情况。在去年对101座城市评价基础上，本年度扩充城市市区常住人口超过500万人以上的所有城市，同时将国家可持续发展议程创新示范区的城市基本纳入，新增到110座城市，对其进行可持续发展排名和详细分析。2023年度可持续发展情况综合排名前10位的城市分别是杭州、珠海、无锡、青岛、南京、北京、上海、广州、济南、苏州。杭州市可持续发展综合排名连续三年居于首位。长三角、珠三角、首都都市圈以及东部沿海地区经济最发达的城市仍然具有较高的可持续发展水平。本报告基于经济发展、社会民生、资源环境、消耗排放和环境治理五大类指标进行分析，揭示了中国大、中城市可持续发展水平的整体排名及均衡情况。整体来看，中国城市可持续发展水平持续提高，但城市内部各维度可持续发展依旧存在显著不均衡性，在追求经济发展的同时，城市应该关注社会民生和环境治理等多个领域的发展，提高城市的可持续发展均衡程度，更好地实现城市的可持续发展。

* 郭栋，美国哥伦比亚大学可持续发展政策与管理研究中心副主任，教授，博士；王佳，国家开放大学助理研究员，硕士；王安逸，美国哥伦比亚大学可持续发展政策与管理研究中心副研究员；柴森，河南大学经济学院博士生；郭艳茹，河南大学新型城镇化与中原经济区建设河南省协同创新中心硕士生。感谢哥伦比亚大学石天杰教授的指导及河南大学硕士生王超、刘洋、李孜袆对项目开展做出的贡献。

关键词： 城市可持续发展　评价指标体系　城市可持续发展排名　城市可持续发展均衡度

可持续发展是指在满足当代人类需求的基础上，不损害未来发展需求的能力，坚持可持续发展是推动人类社会长远繁荣和发展的重要途径，关系经济、社会和环境方面的问题，涉及全球范围的命运共同体。面对气候变化、资源枯竭、环境污染等全球性问题，可持续发展已经成为国际社会的共识，在1992年的联合国环境与发展会议上，国际社会首次明确提出了可持续发展的概念，在实现可持续发展的过程中，人们需要坚持环境保护和资源管理、促进经济和社会的协调发展、倡导创新和科技发展、加强国际合作，共同推动人类社会的可持续发展。

中国自签署《2030年可持续发展议程》以来，将可持续发展目标作为自己的发展目标，积极推动落实可持续发展，为全球提供经验借鉴。中国高度认同可持续发展对国家和全球的重要性，作为全球最大的发展中国家，对可持续发展的重视和努力备受瞩目。近年来，习近平主席多次在重要会议和重要讲话中深刻阐释可持续发展的必要性，强调"可持续发展是破解全球性问题的金钥匙，是各方最大利益契合点和最佳合作切入点"；党的二十大报告指出"我们坚持可持续发展，坚持节约优先、保护优先、自然恢复为主的方针，像保护眼睛一样保护自然和生态环境，坚定不移走生产发展、生活富裕、生态良好的文明发展道路，实现中华民族永续发展"。在致"全球发展：共同使命与行动价值"智库媒体高端论坛的贺信中提到"中国提出了全球发展倡议，中国愿同世界各国一道，坚持以人民为中心，坚持普惠包容、创新驱动、人与自然和谐共生，推动将发展置于国际优先议程，加快落实联合国2030年可持续发展议程，推动实现更加强劲、绿色、健康的全球发展"。习近平主席的一系列重要讲话，有助于提高中国公民的社会责任感，促进建立和完善可持续发展的法规体系，探索中国的可持续发展之路，为世界各国的可持续发展贡献中国智慧。中国的努力不仅是对自身的承诺，更是为构建人类命运共同体、维护生态环境做出的积极贡献。

城市可持续发展已成为可持续发展的重要组成部分，其重要性和地位越发突出，特别是对中国这样的庞大经济体来说，城市的可持续发展可以应对人口持续增长的压力，提高城市人口的生活质量，吸引更多的人来到城市发展和生活，提升城市的竞争力和影响力，从人口增长层面来说，城市作为人口聚集的中心，必须实现可持续发展，如果不实现可持续发展，将对城市环境、资源和社会产生极大压力。从经济社会发展层面来说，随着城市人口的不断增加，城市生活中的问题也变得越来越突出，而城市可持续发展是化解城市发展中的各种问题、解决人民生活问题的必经之路。从环境保护层面来说，城市是环境污染的主要来源之一，城市的可持续发展可以从根本上解决城市环境污染问题，可以提高城市资源的利用效率，进而改善城市的生态功能。因此，研究城市可持续发展对于中国实现可持续发展目标具有重要的现实意义。

城市可持续发展对于解决当今社会面临的诸多挑战至关重要，近几年，中国在促进城市可持续发展方面采取了一系列的做法：大力推广绿色建筑和低碳城市理念，推动清洁能源利用，降低碳排放、提高资源利用效率，并且在一些城市成功打造了示范低碳城市；积极推进新能源交通发展，大力推广电动汽车和混合动力车辆，并且在城市中建设了充电桩基础设施，有效改善了城市空气质量，提高了城市的可持续交通水平；加强了城市的生态环境保护，实施了大规模的生态修复和城市绿化工程，同时加强水环境治理等。为更好地推动落实联合国2030年可持续发展议程，国务院自2016年印发《中国落实2030年可持续发展议程创新示范区建设方案》以来，分三批批准了太原、桂林、深圳、郴州、临沧、承德、鄂尔多斯、徐州、湖州、枣庄、海南藏族自治州共计11个城市建设国家可持续发展议程创新示范区，通过科技创新和体制机制相结合的方式，从多个方面解决了可持续发展的典型问题。示范区建设成功的经验和成就不仅为中国城市的可持续发展提供了宝贵的参考，也为全球可持续发展的实践提供了有益的借鉴。

中国是世界上人口最多的国家之一，随着中国经济的快速发展，各大城市也呈现不同的发展面貌。总的来说，近几年通过各种措施促进中国的可持续发展已经取得了重要的成就，无论是在能源方面，还是在环境保护方面，中国都取得了显著进展，有效减少了空气污染。然而中国仍面临着能源结构问题，环境污染仍然存在，因此加快推进能源转型、加强环境保护和改善民生仍然是中国可持续发展的重要任务。中国各个城市之间的发展基础和面临的挑战不同，即使《2030 年可持续发展议程》中明确提出全球可持续发展的 17 个目标，但是每个国家的侧重点和难点都不一样，应该研究一套适合中国国情的城市可持续发展指标评价体系，以便城市根据具体情况制定可持续发展路径。为此，我们在已有研究的基础上，结合多种方法，从城市的经济发展、社会民生、资源环境、消耗排放、环境治理等五个方面入手，构建了 24 个衡量指标，在往年研究的基础上，本年度新增了研究城市的样本，扩充城市市区常住人口超过 500 万人以上的所有城市，同时将国家可持续发展议程创新示范区的城市基本纳入，新增对中国 110 座城市的可持续发展进行排名和详细分析，为城市可持续发展提供数据支撑和科学指导。

一 中国城市可持续发展指标体系数据分析方法

本报告依据中国 110 个大、中型城市的可持续发展表现基于经济发展、社会民生、资源环境、消耗排放、环境治理五大领域，采用中国可持续发展指标体系（CSDIS），通过 24 个分项指标对城市可持续发展情况进行测度，最后将依据权重计算综合排名。通过连续性的城市可持续发展评价数据，可以全面反映城市在经济、社会、环境、治理等方面可持续发展状态的变化趋势，为优化城市可持续发展路径提供科学依据。

该指标体系（CSDIS）设计过程已经经过多轮分析验证，严格遵循以下原则。

第一，坚持数据的公开性与透明性。所有入选城市的指标数据均来自统计年鉴、研究机构、政府报告等官方发布渠道，通过科学、严谨的数学方法对指标进行设定、计算，能够真实客观的反映城市可持续发展情况。

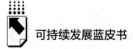

第二，坚持数据的可靠性与完整性。基于对城市长时间序列指标数据进行纵向趋势分析，检验所有数据是否存在异常波动值，对存在异常的数据及小部分指标缺失数据使用多重补差给予修正和替代，以确保数据的整体性和完整性。

第三，基于指标稳定性的权重分配。城市可持续发展不仅是目标也是一个过程，在一定时期保持着相对的稳定性。因此，各指标相应权重取决于其五年内的纵向稳定情况。不同年份之间城市排名相对稳定的指标赋予较高权重，城市排名上下浮动较大甚至是相对随机的指标分配较低权重。利用这样的权重分配方式可以在一定程度上减少因数据本身统计口径、方法改变或者数据错误引起的城市排名大幅波动问题，确保指标体系的动态稳定性。

第四，用排名衡量综合可持续发展表现。各城市的可持续发展情况最终以城市相对排名进行衡量。避免了在使用综合得分进行衡量时，因数据差异引起的对城市可持续发展程度缺乏科学依据的推断。

第五，非参数法。基于对考量的指标体系数据情况，在缺乏系统的理论依据的情况下，对指标联合分布放宽假定，使用非参数法进行统计检验。

（一）框架建立

中国可持续发展指标体系（CSDIS）的设计是建立在国内外现有可持续发展指标体系的基础上，通过借鉴吸收其成功的经验，框架设计更加全面、真实、有效、可比，基本减少了其他框架体系在应用中反映出来的弊端，尽量降低因统计偏差、短期政策变化等带来的影响。

具体来看，目前关于可持续发展指标框架的研究主要集中在两个方面，一方面是在联合国《2030年可持续发展议程》的基础上进行本土化指标体系构建，另一方面对可持续发展进程通过定性或定量方式进行评价和测度。联合国《2030年可持续发展议程》提出实现可持续发展的17个目标、169个具体目标和243个指标，为各国制定本土化可持续发展指标体系提供了参考标准。对于目前构建的可持续发展指标框架，一部分仅仅是披露了覆盖种类及其组成指标，并未通过测算权重衡量可持续发展进程，也有一部分指标框架将各指标进行均衡权重，尽管一定程度上避免了人为主观因素的干扰，但是这种方法是否符合各指标类别对可持续发展的贡献度并没有科学依据。

许多机构基于自己对可持续发展的看法上，构建相呼应的指标体系，这也就造成了可持续发展指标体系构建的不一致性，对于可持续发展进程的讨论并没有形成广泛共识。每个国家和地区的发展都存在不平衡不充分的问题，但是所面临的主要问题又有所不同，现有的可持续发展指标框架差异较大，对可持续发展的侧重点及指标权重分配缺乏可靠依据。一方面，目前有利用描述性指标体系对可持续发展的实际状况进行解释，另一方面也有利用评价性指标体系对涉及的各类指标之间的联系及协调程度进行评分衡量可持续发展程度，但是这种评分通常会暗含对城市间可持续发展差异的衡量。例如其中一个城市综合得分为 1500 分，另一座城市综合得分为 1000 分，没有充分理由说明前者的可持续发展表现比后者高出 50%。可持续发展是一个过程，包含着经济、社会、文化、资源环境等各方面的协调发展，呈螺旋式上升、波浪式前进的态势，这是简单的线性得分所无法得以体现的。与此同时，可持续发展的差距并不能用得分的差值简单衡量，上面提到的可持续发展综合得分分别为 1500 分和 1000 分的两座城市可能在发展的某些方面存在壁垒，而突破这个壁垒所需要的条件和努力是无法用 50% 分差来衡量的。

在建立本报告可持续发展框架时，综合考量了国内外现有的框架，不仅考虑了现有成熟体系中被广泛使用的经济、社会与环境三大分类，同时，基于中国发展的实际情况，即中国迅速从高速增长向高质量发展转变，资源消耗及严峻环境问题在发展转型中变得格外突出，故将消耗排放和环境治理两个方面纳入本文的框架，更加综合考量中国的可持续发展。综上所述，本报告构建的中国可持续发展指标体系（CSDIS）主要涉及 5 个主要领域：经济发展、社会民生、资源环境、消耗排放、环境治理。

（二）数据收集

城市可持续发展指标体系从 2016 年开始收集数据进行验证分析，延续至今。进行数据收集的时间节点如下。2016 年，采纳 87 个城市的可持续发展候选指标。2017 年，收集了 70 座城市人口规模为 75 万到 3000 万人不等的大中型城市，基于国家统计局、相关统计年鉴以及政府工作报告中的 2012~2015 年的数据进行统计分析。2018 年，将分析的城市数量扩充至 100 座，同时填补百城各指标的 2016 年数据。2019 年沿用往年指标体系更新 100 座大中型城市数据。2020 年，引入来自高德地图大数据获取的 100 座城市的高峰拥堵延时指数，对衡量城市交通状况的指标进行补充。2021 年，针对 100 座城市进一步完善指标体系新增或调整四个指标：新增"每千人医疗卫生机构床位数"和"0~14 岁常住人口占比"两个指标，用"中小学师生人数比"替换"财政性教育支出占 GDP 比重"指标，用"年均 AQI 指数"替换"空气质量优良天数"指标。2022 年，新增内蒙古自治区城市鄂尔多斯，扩充城市覆盖面。2023 年，将临沧市、承德市、湖州市、枣庄市 4 座国家可持续发展议程创新示范区城市纳入全国城市可持续发展排名中（由于海南藏族自治州数据严重缺失目前尚未纳入），其余获批的城市均已纳入测度中；依据城市人口规模大小，新增佛山市、东莞市、菏泽市、阜阳市、周口市 5 座城市扩大本报告的城市覆盖面，更加全面衡量中国可持续发展的整体情况，至此城市样本扩充至 110 座城市。①

城市可持续发展指标体系数据收集以政府官方公布为主，主要来源于各类统计年鉴、统计公报、财政决算报告、环境状况公报、水资源公报等，此外城市指标中房价数据来自中国指数研究院，高峰拥堵延时指数来自高德地图，资料来源权威可靠，为验证分析奠定了基础。

2023 年，基于原有指标体系，同时广泛征求专家意见，对 CSDIS 框架的最新数据公布口径及往年数据误差进行修正，关于"每万人城市绿地面积"和"人均城市道路面积"两个指标的计算，继续沿用"市辖区常住人口"的统计口径。指标体系与其余资料来源与上年保持一致，同时继续与阿里研究院及高德地图合作，延续以往引入通过高德地图大数据获取的 110

---

① 每年度的最终排名均是以最新公布的数据为基础，数据发布通常有一年半到两年的滞后。（例如，2023 年度报告的排名是基于 2022 年统计年鉴中提供的数据。而 2022 年统计年鉴中的数据通常是 2021 年的数据，反映了 2021 年各地实际情况）。

座城市高峰拥堵延时指数数据，对衡量城市交通状况的指标"人均道路面积"进行修正与补充。

（三）数据合成

城市可持续发展指标体系数据连续完整，指标构建具有全面性和可比性，同时兼具内在一致性。2016 年完成了第一轮的数据收集后，初步筛选出 87 个候选指标。近年来根据影响可持续发展的自然灾害和公共突发事件等外部因素，对指标体系进行相应调整和补充，在广泛征求专家意见的同时，增加了关于环境恶化程度、交通拥堵状况、公共医疗资源等一系列反映城市发展过程中常见问题的指标，使得可持续发展指标体系不断完善。最终，该框架基于包含 24 个分项指标的五大类别来测度城市可持续发展，包括经济发展、社会民生、资源环境、消耗排放、环境治理，如表 1 所示。附录三包含各大类别和各项分指标的具体定义及测算方式、资料来源和政策相关性。

2023 年，针对 110 座大中型城市更新收录 2022 年统计年鉴中 24 项指标数据，建立起长时间序列的城市可持续发展综合数据库。为了确保各分项指标的纵向可比性和动态稳定性，本报告进一步检验数据的可靠性以及异常波动情况。我们对数值差异超出上年 50% 以上的数据，在第二轮数据收集过程中进行了再次验证；由于资料来源及统计口径不同而产生的差异，适当进行修正及调整。

表 1 CSDIS 最终指标集

类别	指标	
经济发展	· 人均 GDP	· 第三产业增加值占 GDP 比重
	· 城镇登记失业率	· 财政性科学技术支出占 GDP 比重
	· GDP 增长率	
社会民生	· 房价-人均 GDP 比	· 每千人拥有卫生技术人员数
	· 每千人医疗卫生机构床位数	· 人均社会保障和就业财政支出
	· 中小学生人数比	· 人均城市道路面积+高峰拥堵延时指数
	· 0～14 岁常住人口占比	

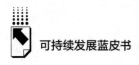

续表

类别	指标	
资源环境	·人均水资源量	·每万人城市绿地面积
	·年均 AQI 指数	
消耗排放	·单位 GDP 水耗	·单位 GDP 能耗
	·单位二三产业增加值所占建成区面积	·单位工业总产值二氧化硫排放量
	·单位工业总产值废水排放量	
环境治理	·污水处理厂集中处理率	·财政性节能环保支出占 GDP 比重
	·一般工业固体废物综合利用率	·生活垃圾无害化处理率

（四）加权策略

2023 年城市各指标的权重分配继续沿用《中国可持续发展评价报告（2021）》，以确保各市排名的纵向可比性。五年之内，城市之间排名标准差越小的指标，它的权重越高。按照这套权重计算方法可以最大限度地确保指标的稳定性及可靠性，减少因统计误差、突发事件及城市本身在经济、社会、资源环境等方面的优劣势对最终排名的影响，因此权重分配基于 100 座城市的指标数据。同时，选取各指标的城市排名而非数据原始值或通过其他方式标准化后的数值来计算其标准差，可以降低客观因素对数据本身的干扰。可持续发展不仅是一个目标，也是持续进行的过程。此权重赋予方式一方面保证了城市排名能够在时间序列上进行比较，另一方面反映了城市长期可持续发展进程的情况。

该指标权重计算方式如下。根据收集整理处理过的数据，对 100 座城市五年内（2015~2019 年）24 个指标中的每个单项指标 X_i（其中，$i=1$，2，3，…，24）进行排名，根据下列公式计算得出每项指标排名的标准差：

$$\sigma_{ci} = \sqrt{\frac{\sum_{j=1}^{5}\left(R_{cij} - \mu_{ci}\right)^2}{5}}$$

其中，σ_{ci} 表示城市 c 在指标 i 上的五年排名标准差（$c=1$，2，…，100），R_{cij} 表示城市 c 的指标 i 在年度 j 上的排名（$j=1$，2，…，5）；μ_{ci} 表示五年内城市 c 指标 i 的平均排名。

然后按照如下公式计算得出该指标在 100 座城市中的平均五年标准差 σ_i：

$$\sigma_i = \frac{\sum_{c=1}^{100} \sigma_{ci}}{100}$$

σ_i 衡量单项指标 i 在五年内的排名波动情况，其数值越大，则表示此指标排名在这些年份内数据波动越大。

最后，对所有指标的平均标准差取倒数，按下列公式得出每个指标的权重（其中，W_i 表示指标 i 的权重）：

$$W_i = \frac{1/\sigma_i}{\sum_{i=1}^{24} 1/\sigma_i}$$

表2全面罗列了 2023 年依据指标体系计算出的各大类和各分项指标的总权重，做到有据可依，公开透明。

表 2　城市可持续发展指标体系与权重

类别	序号	指标	权重（%）
经济发展 （21.66%）	1	人均 GDP	7.21
	2	第三产业增加值占 GDP 比重	4.85
	3	城镇登记失业率	3.64
	4	财政性科学技术支出占 GDP 比重	3.92
	5	GDP 增长率	2.04
社会民生 （31.45%）	6	房价-人均 GDP 比	4.91
	7	每千人拥有卫生技术人员数	5.74
	8	每千人医疗卫生机构床位数	4.99
	9	人均社会保障和就业财政支出	3.92
	10	中小学师生人数比	4.13
	11	人均城市道路面积+高峰拥堵延时指数	3.27
	12	0~14 岁常住人口占比	4.49

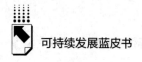
续表

类别	序号	指标	权重(%)
资源环境 (15.05%)	13	人均水资源量	4.54
	14	每万人城市绿地面积	6.24
	15	年均 AQI 指数	4.27
消耗排放 (23.78%)	16	单位 GDP 水耗	7.22
	17	单位 GDP 能耗	4.88
	18	单位二三产业增加值占建成区面积	5.78
	19	单位工业总产值二氧化硫排放量	3.61
	20	单位工业总产值废水排放量	2.29
环境治理 (8.06%)	21	污水处理厂集中处理率	2.34
	22	财政性节能环保支出占 GDP 比重	2.61
	23	一般工业固体废物综合利用率	2.16
	24	生活垃圾无害化处理率	0.95

（五）评分方法

在确定指标权重后，还需要进一步将不同单位的指标标准化，通过统一尺度计算得分。数据的标准化就是对原始数据通过数学变换方式进行一定的转换，将原始数据转换为无量纲化指标测评值，也就是说将各指标值都处于同一个数量级别上，方便综合分析和比较。标准化数据可以消除不同指标单位所造成的数值大小的影响，同时在数据处理之前和之后，数字的相对意义保持不变。

数据标准化的方法有很多种，常用的有"z-score 标准化""最小—最大标准化"等。"z-score 标准化"是对原始数据的均值和标准差进行标准化处理，将各个数值转化为 Z-分数（z-score）。这种标准化方法适用于指标数据最大值和最小值未知的情况，或存在异常波动的离群数据情况，经过处理的数据不改变原始数据的分布，各个指标对目标函数的影响权重不变。但此方法也存在一定的缺陷，例如原始数值与转化后的 z-score 之间可能存在非线性关系。转化成 z-score 后会放大原始数值在平均值附近相对较小的差异；相应的，远离平均值的较大变化，反映在 z-score 上的变化却相对微小，这种分布不均会对城市的可持续发展排名产生影响。另外一种常用的方法"最小—最大标准化（min-max 标准化）"也称极差标准化，这种标准化方法是对原始数据进行线性变换，通过用原始数据减去最小值，再用该差值除以最大值与最小值之差，对原始数据进行转化，优点在于可以把指标按比例缩放成 0 和 1 之间的数，但对异常值和极端值非常敏感。然而在本套指标体系中存在一些指标的分布不均现象，例如生活垃圾无害化处理率等。

基于以上分析，本研究采用各指标原始值的排名进行标准化。具体计算方法如下列公式，用 R_{ci} 表示 c 城市第 i 个指标在 110 座城市中的排名。W_i 为指标 i 所对应的权重。总分 S_c 即为 c 城市 24 个指标排名的加权算术平均值。此处，使用指标原始数据的排名进行加权平均，能够进一步降低指标极值或离群值对最终排名的影响。

$$S_c = \sum_{i=1}^{24} (W_i \times R_{ci})$$

最终，依据 110 座城市的各指标排名的加权平均值来决定这些城市的最终排名。通过计算得出的 110 座城市的 S_c 值进行排序即得到各城市的最终可持续发展排名，采用排名的方式衡量可持续发展水平，避免解读结果时对不同城市之间可持续发展差距进行量化的弊端。因此，所有指标加权平均排名越高的城市，最终排名越靠前，其可持续发展水平就越高；反之，则代表其可持续发展水平越低。

二 城市排名

（一）110座城市排名

在往年研究的基础上，本报告新增了研究城市的样本，扩充城市市区常住人口超过 500 万人以上的所有城市，同时将国家可持续发展议程创新示范区的城市基本纳入，城市样本扩充到对中国 110 座城市的可持续发展进行排名和详细分析。

2023 年城市可持续发展综合排名中，位列前 10 名的城市分别是杭州、珠海、无锡、青岛、南京、北京、上海、广州、济南、苏州。经济最发达的长三角、珠三角、首都都市圈以及东部沿海地区的城市可持续发展综合水平依然较高。综合来说，中国城市可持续发展比上年相对整体可持续发展水平均得到提升，各指标间的城市排位波动变小，各城市都在平稳地推进可持续发展进程。

表 3 为 2022 年和 2023 年中国 110 座城市的可持续发展综合排名结果，杭州连续三年排名第 1，是中国城市可持续发展的引领者；珠海的可持续发展水平仅次于杭州，列第 2 位，较上年度排名上升 1 位；无锡由上年的第 4 位上升至第 3 位；青岛和苏州排名均上升 2 位，分别位于第 4 位和 10 位。与上年相比，南京的可持续发展综合排名从第 2 位下降到第 5 位。2023 年城市可持续发展综合排名前 10 位城市排名变化波动不大，长沙跌出了前 10，同时苏州又重新回归到可持续发展综合排名前 10 的行列。

表 3　2022 年和 2023 年中国城市可持续发展综合排名①

城市	2022 年排名	2023 年排名
杭州	1	1
珠海	3	2
无锡	4	3
青岛	6	4
南京	2	5
北京	5	6
上海	7	7

① 当年度排名依据的是上一年度统计年鉴中公布的数据（数据发布通常有一年半到两年的滞后。例如，2023 年度报告的排名是基于 2022 年底至 2023 年初发布的 2022 年统计年鉴中提供的数据。而 2022 年统计年鉴中是 2021 年的数据，反映了 2021 年各地实际情况）。2022 年排名"—"为新增城市，未纳入去年排名。

续表

城市	2022 年排名	2023 年排名
广州	8	8
济南	10	9
苏州	12	10
长沙	9	11
宁波	13	12
深圳	16	13
合肥	11	14
芜湖	18	15
郑州	14	16
武汉	15	17
南昌	19	18
烟台	20	19
太原	29	20
徐州	23	21
南通	17	22
大连	25	23
湖州	—	24
重庆	35	25
宜昌	34	26
潍坊	31	27
拉萨	21	28
天津	28	29
成都	30	30
贵阳	32	31
福州	27	32
克拉玛依	26	33
三亚	47	34
厦门	33	35
海口	36	36
榆林	42	37
西安	38	38
温州	40	39
金华	49	40
昆明	37	41

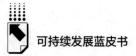

城市	2022 年排名	2023 年排名
岳阳	39	42
鄂尔多斯	50	43
常德	22	44
洛阳	41	45
九江	56	46
乌鲁木齐	24	47
沈阳	46	48
绵阳	53	49
长春	43	50
安庆	51	51
泉州	45	52
西宁	54	53
蚌埠	48	54
郴州	62	55
襄阳	63	56
扬州	44	57
包头	55	58
铜仁	52	59
济宁	67	60
佛山	—	61
赣州	69	62
唐山	65	63
北海	61	64
东莞	—	65
南宁	57	66
韶关	59	67
黄石	73	68
惠州	66	69
遵义	72	70
许昌	71	71
承德	—	72
怀化	60	73
南阳	86	74
兰州	68	75

续表

城市	2022 年排名	2023 年排名
宜宾	64	76
呼和浩特	74	77
泸州	70	78
临沂	78	79
桂林	84	80
秦皇岛	76	81
牡丹江	75	82
固原	58	83
石家庄	81	84
枣庄	—	85
乐山	85	86
哈尔滨	77	87
南充	80	88
菏泽	—	89
大同	79	90
开封	91	91
吉林	82	92
平顶山	93	93
银川	83	94
湛江	92	95
曲靖	88	96
海东	95	97
汕头	90	98
天水	89	99
大理	87	100
阜阳	—	101
齐齐哈尔	96	102
临沧	—	103
周口	—	104
丹东	94	105
保定	99	106
渭南	98	107
邯郸	97	108
运城	101	109
锦州	100	110

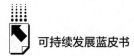
从 2023 年与 2022 年的城市可持续发展综合排名对比来看，一些城市排名上升较多，可持续发展表现突出。在可持续发展综合排名前 20 的城市中，太原市与上年相比可持续发展综合排名上升了 9 位，在排名前 20 的城市中进步最为明显，也是"GDP 增长率"该单项指标排名上升较快的城市之一。深圳市的可持续发展综合排名均上升了 3 位，"人均社会保障和就业财政支出"单项指标中位次上升了 65 位，深圳市整体可持续发展水平有所提高。从整体来看，三亚市是可持续发展综合排名上升最多的城市，排名上升了 13 位，排名上升的主要原因是环境治理方面的进步，该方面的排名上升了 27 位，同时经济发展方面的"GDP 增长率"单项指标由上年度的 3.1%提高至 12.1%，单项指标排名上升了 54 位；南阳市是可持续发展综合排名上升第二多的城市，排名上升了 12 位，主要是经济发展方面的指标提升较多，其中单项指标"GDP 增长率"上升了 57 位；重庆市和九江市的可持续发展综合排名均上升了 10 位，且都不存在单项指标排位明显下降的情况，不同的是重庆市综合排名的上升主要受经济发展的影响，其"城镇登记失业率"由上年度的 4.5%下降至 2.9%，单项指标排名上升 41 位，而九江市主要是受社会民生的影响，其"人均城市道路面积+高峰拥堵延时指数"单项指标排名上升了 26 位。此外宜昌市、金华市、鄂尔多斯市、郴州市、襄阳市、济宁市和赣州市这 7 座城市的可持续发展综合排名也都有较大幅度的上升。

与 2020 年相比，部分城市排名下降较多，一方面是因为数据统计过程中的客观因素，另一方面也会因为城市的自身发展水平受到影响。在可持续发展综合排名前 20 的城市中，长沙市是唯一一个从上年度前 10 名跌出的城市，其可持续发展综合排名下降了 2 位，社会民生、资源环境、消耗排放、环境治理四个一级指标的排名均有所下降。固原市是可持续发展综合排名下降最多的城市，排名下降了 25 位，从一级指标来看，五大类一级指标的排名均有不同程度的下降，其中经济发展方面排名下降了 29 位、资源环境方面下降了 27 位、社会民生方面的排名下降了 11 位，其单项指标中，"GDP 增长率"、"城镇登记失业率"和"年均

AQI 指数"排名分别下降了 91、45 和 23 位。乌鲁木齐市可持续发展综合排名与上年比较下降了 23 位，从一级指标排名来看，下降较多的是环境治理和社会民生两方面，分别下降了 44 和 20 位，其单项指标中，"人均城市道路面积+高峰拥堵延时指数"、"一般工业固体废物综合利用率"和"单位工业总产值废水排放量"下降较多，分别下降了 53、37 和 35位。常德市可持续发展综合排名与上年相比下降了 22 位，从一级指标来看，主要是受社会民生、经济发展和环境治理三方面的影响，这三类指标分别下降了 13、12、10 位，其单项指标中，"每千人拥有卫生技术人员数"、"GDP 增长率"和"一般工业固体废物利用率"排名分别下降了39、31、31 位。

（二）城市可持续发展水平均衡程度

可持续发展水平在各个城市之间同样存在明显的不均衡性，根据经济发展、社会民生、资源环境、消耗排放和环境治理五大类指标评估城市的可持续发展水平，类似于省级可持续发展水平的均衡程度，如图 1 所示，用各城市五大类一级指标排名的极差来衡量可持续发展均衡程度，极差越大意味着可持续发展越不均衡，可见大部分城市的可持续发展均衡程度还需进一步提升。

珠海市是可持续发展综合排名为第 2 位的城市，同时是排名前 10 的城市中发展最为均衡的城市，从一级指标看，资源环境、经济发展、环境治理和消耗排放的排名都比较靠前，分别位于第 7、9、9 和 10 位，同时珠海也存在自身短板，其社会民生方面排位较为靠后。深圳市和太原市是可持续发展排名靠前的城市中可持续发展最为不均衡的城市，深圳在消耗排放方面表现居于首位，但在社会民生方面表现相对不足（排第 108 位），太原在社会民生方面表现居于首位，但在资源环境方面表现靠后（排第 110 位）。南京市在均衡度方面仍然与往年表现一致，是在综合排名位于前十的城市中最不均衡的城市，环境治理方面依然相对不足（排第 94 位）。青岛市在消耗排放方面表现较好（排在第 3 位），但是在环境治理方面表现得不是很理想（排

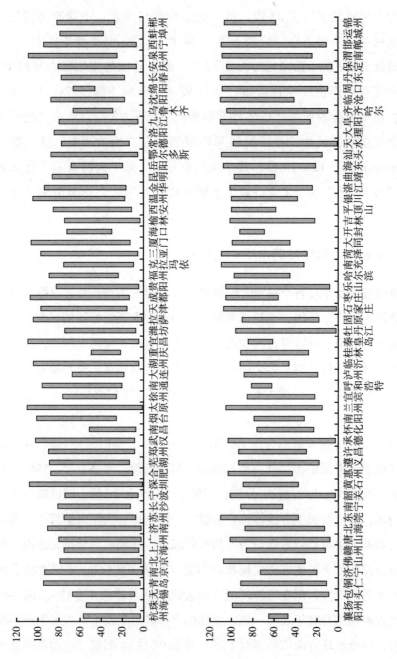

图 1　中国各城市可持续发展均衡程度

在第 95 位）。北京市虽然在消耗排放方面表现较好（排在第 2 位），但是在资源环境和环境治理方面表现相对不足（均位于第 79 位）。根据图 1 可以发现，大部分的城市五大类指标的发展都呈现不均衡、不协调的特征，进而影响了城市的可持续发展综合表现，可持续发展水平有待进一步提高。

以各个城市一级指标中排名最大值与最小值之差的绝对值衡量其不均衡程度：其中不均衡程度最大的是深圳、太原、宜昌、石家庄（综合排名分别为第 13、20、26、84 位），差值分别为 107、109、105、105。不均衡程度最小的是绵阳市、襄阳市、呼和浩特（综合排名分别为第 49、56、77 位），差值分别为 21、18、19。襄阳市的五大类一级指标排名都比较居中，各维度发展较为均衡，其可持续发展均衡程度最高。

（三）各城市五大类中一级指标现状

从各城市五大类一级指标来看，城市的经济发展程度与社会民生的发展并不同步。经济发展表现排名靠前的城市在社会民生方面表现欠佳；经济发展方面与消耗排放相关度比较高，较好的经济发展一般都伴随着较大的环境治理压力，因此提高了消耗排放的效率。从近两年城市排名变化来看，经济发展与消耗排放方面的城市排名波动较小，其中消耗排放的排名变化方差小于各城市可持续发展综合排名的波动，而环境治理的城市排名波动变化最大，经济发展其次。城市的可持续发展的过程中应该重视经济发展与环境治理的综合效果，这样能够更大程度地提高城市的可持续发展水平。

1. 经济发展

2023 年经济发展质量领先的城市与上年度大致相同，但是排名稍有变化，上海市和武汉市为新跃进经济发展质量领先城市。从各城市的经济发展方面的排名来看，中国东部地区城市经济发展总体上表现依旧最佳，经济发展排名比较靠前的城市大部分是长江流域和珠三角地区的城市。南京市连续两年在经济发展方面排名位居首位，2023 年仍保持在第一位，各单项指标排名靠前的较多，比如"人均 GDP"和"城镇登记失业率"排名分别位于第 6 和 8 位。广州市的经济发展表现仅次于南京市，在"第三产业增加值占

GDP 比重"和"人均 GDP"两单项指标中表现比较突出,分别位于第 5、11 位。杭州市已经连续三年位于经济发展方面排名的前 5 位,在"第三产业增加值占 GDP 比重"和"财政性科学技术支出占 GDP 比重"两单项指标中表现突出,排名在第 7、9 位。上海市和武汉市是自 2021 年度以来首次出现在经济发展方面排名的前 10 位(见表 4),与上年度相比上升了 8 位和 9 位,主要是由于"GDP 增长率"和"城镇登记失业率"两单项指标排名提升较多。深圳市、北京市、苏州市、珠海市在"人均 GDP""财政性科学技术支出占 GDP 比重"两单项指标中表现较好,均在排名前 10 中。整体而言,在经济发展方面进步较多的城市有黄石市(排名上升了 32 位)、宜昌市(排名上升了 27 位)、襄阳市(排名上升了 24 位)。

表 4　2023 年排名中经济发展质量领先城市

排名	城市	排名	城市
1	南京	6	北京
2	广州	7	苏州
3	杭州	8	武汉
4	上海	9	珠海
5	深圳	10	合肥

2. 社会民生

2023 年排名中社会民生保障方面领先的城市分布比较广泛,除了南京以外,其他在社会民生领域表现较好的城市均位于经济发展排名的前十之后,表明经济发展与社会民生发展并不同步,存在不平衡、不协调。与上年度社会民生排名前十的城市名单对比,如今的前十名城市整体变动不大。潍坊市、唐山市是近三年首次进入社会民生方面的领先城市(见表 5)。太原市社会民生方面排名连续三年保持在首位,"每千人拥有卫生技术人员数"单项指标表现较好,居第 2 位。济南市、榆林市、宜昌市和西宁市在社会民生方面的排名都略有波动,但是连续三年保持在前 10 名,济南市"每千人拥有卫生技术人员数"单项指标表现较好,排名居第 5 位;宜昌市和榆林市均是"房价-人均 GDP 比"单项指标表现比较靠前，排名分别居第 3、4 位；西宁市"每千人医疗卫生机构床位数"和"每千人拥有卫生技术人员数"两单项指标表现较好，排名为第 2、3 位。鄂尔多斯市"人均城市道路面积+高峰拥堵延时指数"和"人均社会保障和就业财政支出"两单项指标表现较好，分别居第 2、8 位。包头市在"房价-人均 GDP"单项指标表现较好，排名第 1；潍坊市社会民生方面的指标整体排名都比较靠前。唐山市过去一年中在社会民生领域发展成效显著，排名上升了 28 位，直接成为社会民生保障领先城市。南京市在 2023 年跻身社会民生方面的前 10，与 2022 年相比，该项排名上升了 11 位，主要是在"每千人拥有卫生技术人员数"方面表现比较好，排名第 7 位。整体来看，在社会民生保障方面，进步比较大的城市有唐山市（排名上升了 28 位）、遵义市（排名上升了 23 位）、南昌市（排名上升了 21 位）。

表5   2023 年排名中社会民生保障领先城市

排名	城市	排名	城市
1	太原	6	西宁
2	济南	7	潍坊
3	榆林	8	唐山
4	宜昌	9	包头
5	鄂尔多斯	10	南京

3. 资源环境

2023 年资源环境发展较好的城市主要集中在南部省份，这些城市自然资源丰富，生态环境良好，每万人城市绿地面积和城市空气质量相对较好。拉萨市连续四年位居生态环境宜居领先城市榜首（见表6），资源环境相关方面的各指标排名比较靠前，比如"人均水资源量"和"年均 AQI 指数"排名分别为第 1、9 位。牡丹江市在资源环境方面的排名连续两年居第 2 位，"人均水资源量"单项指标表现较好。贵阳市从 2022 年跌出了生态环境宜居领先城市之后，2023 年排名上升了 7 位，重新进入了前 10 名，"每万人城市绿地面积"单项指标表现比较好，排名第 2 位。九江市、安庆市、克拉玛依市连续两年进入资源环境方面排名前 10 位，九江市"人均水资源量"单项指标表现较好，排名第 9 位；克拉玛依市和安庆市"每万人城市绿地面积"单项指标表现较好，分别排名第 4、7 位。珠海市、乐山市连续三年进入资源环境方面排名前 10 行列，珠海市"每万人城市绿地面积"单项指标表现较好，排名第 3 位，乐山市"人均水资源量"单项指标表现较好，排名居第 10 位。另外，齐齐哈尔市在资源环境方面排名与 2022 年相比上升了 21 位，是生态环境方面改善提升较多的城市之一，并且进入了生态宜居领先城市行列。整体来看，在资源环境方面进步较多的城市有海东市（排名上升了 46 位）、齐齐哈尔市（排名上升了 21 位）、锦州市（排名上升了 17 位）、宁波市（排名上升了 15 位）。总的来看，经济发展较快的城市，资源环境状况不甚理想，在加快经济发展的同时，也要注重资源环境的保护，做到既要金山银山，也要绿水青山，坚定不移地走可持续发展道路。

表 6　2023 年排名中生态环境宜居领先城市

排名	城市	排名	城市
1	拉萨	6	安庆
2	牡丹江	7	珠海
3	韶关	8	乐山
4	贵阳	9	克拉玛依
5	九江	10	齐齐哈尔

4. 消耗排放

2023 年节能减排效率领先城市的排名和上年相比大致相同，排名先后稍有变化，单位 GDP 水耗、单位 GDP 能耗、单位工业总产值二氧化硫排放量及废水排放量等单项指标表现突出的城市多集中在大城市，这些城市更加重视资源的高效利用和降低消耗排放，因此排名靠前。深圳市、北京市在消耗排放方面的排名连续三年位于前 2 名，2023 年度分别位于领先城市的第 1、2 位（见表 7），在消耗排放方面的所有单项指标排名都在前 10 中，深圳市"单位 GDP 水耗"和"单位工业总产值二氧化硫排放量"两单项指标表现较好，排名均为第 1 位；北京市"单位 GDP 能耗"和"单位工业总产值二氧化硫排放量"两单项指标表现较好，排名分别居第 1、2 位。杭州市在消耗排放方面连续三年排名第 4，"单位二三产业增加值占建成区面积"、"单位 GDP 水耗"和"单位工业总产值二氧化硫排放量"三单项指标排名比较靠前。上海市、广州市"单位工业总产值二氧化硫排放量"和"单位二三产业增加值占建成区面积"两单项指标表现较好；宁波市、珠海市"单位 GDP 水耗"和"单位二三产业增加值占建成区面积"两单项指标表现较好；苏州市"单位 GDP 能耗"和"单位二三产业增加值占建成区面积"两单项指标表现较好，排名居第 5、7 位；青岛市和无锡市在消耗排放方面分别上升 8、9 位，重新进入了消耗排放方面的领先城市行列。整体来说，在消耗排放方面进步较多的城市有惠州市（排名上升了 14 位）、湛江市（排名上升了 12 位）、怀化市（上升了 10 位）。在国家各项政策和措施得以有效实施的背景下，要缓解日益严峻的资源与环境形势，实现城市可持续发展最直接和可能的选择是开源节流，需要不断推动城市绿色低碳转型，促进经济社会发展全面绿色转型，才能高质量完成"双碳"目标。

表 7　2023 年排名中节能减排效率领先城市

排名	城市	排名	城市
1	深圳	6	上海
2	北京	7	广州
3	青岛	8	无锡
4	杭州	9	苏州
5	宁波	10	珠海

5. 环境治理

2023 年排名中环境治理领先城市与上年度相比排名波动比较大，承德市、湖州市、三亚市、保定市、郑州市、珠海市、周口市七座城市为新跃进环境治理领先城市（见表 8）。天水市、石家庄市连续两年保持着环境治理领先城市前两位，天水市各单项指标的排名都比较靠前，"污水处理厂集中处理率"单项指标表现较好，石家庄"财政性节能环保支出占 GDP 比重"和"污水集中处理厂集中处理率"两单项指标比较靠前。三亚市、保定市"污水处理厂集中处理率"和"财政性节能环保支出占 GDP 比重"两单项指标表现较好；承德市"财政性节能环保支出占 GDP 比重"单项指标表现较好；湖州市"一般工业固体废物综合利用率"单项指标表现最好，排名第 1 位；郑州市、周口市、南昌市在环境治理方面的各单项指标相对比较均衡，没有明显短板。珠海市与 2022 年相比环境治理方面的排名上升了 46 位，成功跻身环境治理领先城市，也是环境治理方面改善提升较多的城市之一。整体上来看，与 2022 年相比在环境治理方面进步较多的城市有遵义市（排名上升了 49 位）、珠海市（排名上升了 46 位)、克拉玛依市（排名上升了 41 位)、厦门市（排名上升了 29 位)。近年来环境治理领先城市大多都是自然环境较好的地区和中部治理投入较多的城市，环境治理对实现城市的可持续发展、实现人类社会的全面和谐有着重大意义，随着碳达峰、碳中和、城市更新等政策的实施，势必推动城市转型升级，建设资源节约型和环境友好型城市。

表8　2023 年排名中环境治理领先城市

排名	城市	排名	城市
1	天水	6	保定
2	石家庄	7	南昌
3	承德	8	郑州
4	湖州	9	珠海
5	三亚	10	周口

三　推进中国城市可持续发展、实现全球可持续目标的政策建议

倡导公众积极参与城市的可持续发展，树立可持续发展是解决全球问题

的"金钥匙"理念。鼓励社会公众、私营部门、非营利性组织等利益攸关方发挥更大作用，调动更多社会资本参与到可持续发展中来。综合运用传统媒体和多种新媒体，提高公众对于可持续发展的认可与参与，营造全社会积极参与城市可持续发展的浓厚氛围。

强化城市顶层设计，因地制宜部署可持续发展规划，并纳入地方政府、企业绩效考核系统。中国的城市化进程不平衡、不充分，各地区由于地理位置、经济发展和历史环境的不同而表现出各种发展特征。城市的可持续发展需要考虑当前发展需求，也要符合未来愿景。随着城市化水平的提高，各城市应根据自身特点，充分利用资源，制定适合自身发展的可持续规划，并将可持续发展目标纳入政绩考核体系。这样才能保证城市长期可持续发展，实现功能完善和结构优化，走出一条具有中国特色的城市可持续发展之路。

提升创新能力和水平，推动城市经济可持续发展。经济是城市可持续发展的重要支撑，也是推动可持续发展的重要手段。推动经济结构转型，促进产业结构调整，加快推进绿色低碳经济和数字经济的发展，提升企业绿色创新能力，推动技术创新，减少对传统能源的依赖。政府部门应该加大扶持力度，发挥科技创新引领和支撑作用，为产业发展提供市场和政策支持。

加强社会基本服务保障，促进社会公正和谐发展。城市作为人口流动的主要聚集地，要完善公共服务网络，提高城市服务水平，促进人才培养和流动，促进城市地区的教育、文化、科技、卫生、社会治理等方面的多元化发展，保障社会公共权益和民生福祉，提供与人口集聚、经济发展相匹配的社会基本服务。

重视生态环境保护，建设城市绿色生态系统。可持续发展理念与绿色城市建设息息相关，城市可持续发展应切实加强环保工作，在城市中营造绿色生态环境。推广绿色、可持续的生产方式，促进生态建设、生态修复和生态保护，加强城市湿地保护、绿化更新、污水处理等环境保护措施，注重城市生态景观和空气质量的改善，为人们提供良好的生态休闲环境。

鼓励更多的城市加入国家级和省级可持续发展创新示范区，促进国内城市之间的交流合作平台。可持续发展是全球共同追求的目标，城市在推动可持续发展中扮演着关键角色。面对国际竞争加剧和信任合作的挑战，我们应以可持续发展为契机，通过城市级别的交流合作，加强与国际社会的合作。除了现有的国家级可持续发展创新示范区，我们应该将更多城市纳入该平台，并鼓励各省级政府在本地建立可持续发展议程创新的城市。

四　各城市可持续发展表现

本部分详述 CSDIS 指标体系中 110 座城市在不同可持续发展领域中的具体表现，做以下详述。

（一）杭州

杭州市在 2023 年中国城市可持续发展综合排名中继续蝉联第 1，各单项指标排名在前 10 位的指标数多达 8 项，继续成为城市可持续发展的引领者；从五大类排名来看，杭州市是可持续发展综合排名靠前城市中发展水平较为均衡的城市，在经济发展和消耗排放两方面排名较高，分别列第 3 与 4 位；在单项指标中，"每千人拥有卫生技术人员数""第三产业增加值占 GDP 比重""单位二三产业增加值占建成区面积""财政性科学技术支出占 GDP 比重""一般工业固体废物综合利用率"五单项指标排名较高，分别列第 4、7、8、9 与 9 位；但在"房价-人均 GDP 比""财政性节能环保支出占 GDP 比重""0~14 岁常住人口占比"三单项指标排名中相对较低，分别列第 79、86 与 90 位。和上年度相比，杭州市可持续发展综合排名保持不变，仍位居首位；五大类一级指标方面，社会民生排名上升 2 位；单项指标中，"人均城市道路面积+高峰拥堵延时指数""财政性科学技术支出占 GDP 比重""单位工业总产值废水排放量""人均社会保障和就业财政支出"均有提升，分别上升 2、2、5 与 7 位；但"财政性节能环保支出占 GDP 比重""污水处理厂集中处理率"两单项指标排名分别下降 14 与 20 位，进而主要影响杭州在环境治理方面的排名下降 31 位。

（二）珠海

珠海市在 2023 年中国城市可持续发展综合排名中列第 2 位，各单项指标排名在前 10 位的指标数多达 7 项，是排名前 10 的城市中发展最为均衡的城市；从五大类排名来看，珠海市五大类发展水平整体较为均衡，在资源环境、经济发展和环境治理三方面排名较高，分别列第 7、9 与 9 位；在单项指标中，"每万人城市绿地面积""财政性科学技术支出占 GDP 比重""单位二三产业增加值占建成区面积""人均社会保障和就业财政支出"四单项指标排名较高，分别列第 3、4、4 与 5 位；但在"GDP 增长率""中小学师生人数比""每千人医疗卫生机构床位数"三单项指标排名中相对较低，分别列第 77、94 与 101 位。和上年度相比，珠海市可持续发展综合排名上升 1 位；五大类一级指标方面，社会民生、环境治理两方面排名分别上升 20 与 46 位；单项指标中，"一般工业固体废物综合利用率""污水处理厂集中处理率""人均城市道路面积+高峰拥堵延时指数"是该三单项指标排名上升较多的城市之一，分别上升 22、36 与 38 位；但"单位工业总产值二氧化硫排放量""单位 GDP 能耗"两单项指标排名分别下降 6 与 10 位，进而主要影响珠海在消耗排放方面的排名下降 4 位。

（三）无锡

无锡市在 2023 年中国城市可持续发展综合排名中列第 3 位，各单项指标排名在前 20 位的指标数多达 9 项；从五大类排名来看，无锡市在消耗排放、社会民生和经济发展三方面排名较高，分别列第 8、12 与 13 位；在单项指标中，"人均 GDP""房价-人均 GDP 比""单位二三产业增加值占建成区面积""单位 GDP 能耗"四单项指标排名较高，分别列第 3、8、10 与 12 位；但在"年均 AQI 指数""人均水资源量""0~14 岁常住人口占比"三单项指标排名中相对较低，分别列第 69、81 与 89 位。和上年度相比，无锡市可持续发展综合排名上升 1 位；五大类一级指标方面，环境治理、消耗排放两方面排名分别上升 5 与 9 位；单项指标中，"人均社会保障和就业财政支出""单位 GDP 能

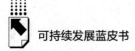

耗""GDP 增长率"排名提升相对较多，分别上升 10、23 与 24 位；但"年均 AQI 指数""每万人城市绿地面积""人均水资源量"三单项指标排名分别下降 3、8 与 16 位，进而主要影响无锡在资源环境方面的排名下降 15 位。

（四）青岛

青岛市在 2023 年中国城市可持续发展综合排名中列第 4 位，各单项指标排名在前 50 位的指标数多达 17 项。青岛市是可持续发展排名靠前的城市中可持续发展较为不均衡的城市之一；从五大类排名来看，青岛市在消耗排放、经济发展和社会民生三方面排名较高，分别列第 3、15 与 16 位；在单项指标中，"单位 GDP 水耗""单位 GDP 能耗""单位工业总产值二氧化硫排放量""人均 GDP"四单项指标排名较高，分别列第 2、3、12 与 16 位；但在"人均城市道路面积+高峰拥堵延时指数""人均水资源量""财政性节能环保支出占 GDP 比重"三单项指标排名中相对较低，分别列第 84、103 与 109 位。和上年度相比，青岛市可持续发展综合排名上升 2 位；五大类一级指标方面，经济发展、社会民生和消耗排放三方面排名分别上升 5、6 与 8 位；单项指标中，"人均社会保障和就业财政支出""单位 GDP 能耗"提升相对较多，分别上升 6 与 34 位；但"一般工业固体废物综合利用率""财政性节能环保支出占 GDP 比重""污水处理厂集中处理率"三单项指标排名分别下降 9、10 与 17 位，进而主要影响青岛在环境治理方面的排名下降 24 位。

（五）南京

南京市在 2023 年中国城市可持续发展综合排名中列第 5 位，各单项指标排名在前 50 位的指标数多达 15 项。南京市是在可持续发展综合排名位于前十的城市中最不均衡的城市；从五大类排名来看，南京市在经济发展方面排名最高，列第 1 位；在单项指标中，"每万人城市绿地面积""人均 GDP""每千人拥有卫生技术人员数""城镇登记失业率"四单项指标排名较高，分别列第 5、6、7 与 8 位；但在"0~14 岁常住人口占比""人均水资源量""污水处理厂集中处理率"三单项指标排名相对较低，分别列第 91、91 与

109 位。和上年度相比，南京市可持续发展综合排名下降 3 位；五大类一级指标方面，社会民生方面排名上升 11 位；单项指标中，"每千人医疗卫生机构床位数""人均社会保障和就业财政支出""人均城市道路面积+高峰拥堵延时指数"提升相对较多，分别上升 5、6 与 14 位；但"每万人城市绿地面积""年均 AQI 指数""人均水资源量"三单项指标排名分别下降 2、3 与 24 位，进而主要影响南京在资源环境方面的排名下降 11 位。

（六）北京

北京市在 2023 年中国城市可持续发展综合排名中列第 6 位，各单项指标排名在前 10 位的指标数多达 12 项。北京市是可持续发展排名靠前的城市中可持续发展较为不均衡的城市之一；从五大类排名来看，北京市在消耗排放方面排名较高，列第 2 位；在单项指标中，"第三产业增加值占 GDP 比重""每千人拥有卫生技术人员数""人均社会保障和就业财政支出""单位 GDP 能耗"四单项指标排名最高，均列第 1 位；但在"人均水资源量""房价-人均 GDP 比""人均城市道路面积+高峰拥堵延时指数"三单项指标排名中相对较低，分别列第 96、101 与 110 位。和上年度相比，北京市可持续发展综合排名略有下降；五大类一级指标方面，环境治理方面排名上升 3位；单项指标中，"财政性节能环保支出占 GDP 比重""GDP 增长率"提升相对较多，分别上升 10 与 49 位；但"0~14 岁常住人口占比""每千人医疗卫生机构床位数""人均城市道路面积+高峰拥堵延时指数""房价-人均GDP 比"四单项指标排名分别下降 6、8、10 与 10 位，进而主要影响北京在社会民生方面的排名下降 11 位。

（七）上海

上海市在 2023 年中国城市可持续发展综合排名中列第 7 位，各单项指标排名在前 20 位的指标数多达 10 项；从五大类排名来看，上海市在经济发展和消耗排放两方面排名较高，分别列第 4 与 6 位；在单项指标中，"单位二三产业增加值占建成区面积""人均社会保障和就业财政支出""第三产业增加值占 GDP 比重""单位工业总产值二氧化硫排放量""人均 GDP"五单项指标排名较高，分别列第 2、3、4、7 与 8 位；但在"人均水资源量""房价–人均 GDP 比""0～14 岁常住人口占比"三单项指标排名中相对较低，分别列第 102、106 与 107 位。和上年度相比，上海市可持续发展综合排名保持不变；五大类一级指标方面，经济发展方面排名上升 8 位；单项指标中，"年均 AQI 指数""GDP 增长率""城镇登记失业率"排名提升相对较多，分别上升 8、30 与 41 位；但"中小学师生人数比""0～14 岁常住人口占比""房价–人均 GDP 比""每千人医疗卫生机构床位数""人均城市道路面积＋高峰拥堵延时指数"五单项指标排名分别下降 2、8、9、13 与 14位，进而主要影响上海在社会民生方面的排名下降 16 位。

（八）广州

广州市在 2023 年中国城市可持续发展综合排名中列第 8 位，各单项指标排名在前 20 位的指标数多达 9 项；从五大类排名来看，广州市在经济发展和消耗排放两方面排名较高，分别列第 2 与 7 位；在单项指标中，"单位工业总产值二氧化硫排放量""第三产业增加值占 GDP 比重""每万人城市绿地面积""单位二三产业增加值占建成区面积"四单项指标排名较高，分别列第 4、5、8 与 9 位；但在"人均城市道路面积＋高峰拥堵延时指数""每千人医疗卫生机构床位数""人均水资源量"三单项指标排名中相对较低，分别列第 88、93 与 98 位。和上年度相比，广州市可持续发展综合排名保持不变；五大类一级指标方面，经济发展方面排名上升 3 位；单项指标中，"GDP 增长率""单位工业总产值废水排放量""财政性节能环保支出占 GDP 比重"排名提升相对较多，分别上升 17、17 与 20 位；但"每万人城市绿地面积""年均 AQI 指数""人均水资源量"三单项指标排名分别下降 3、6 与 30 位，进而主要影响广州在资源环境方面的排名下降 14 位。

（九）济南

济南市在 2023 年中国城市可持续发展综合排名中列第 9 位，各单项指标排名在前 50 位的指标数多达 16 项；从五大类排名来看，济南市在社会民生方面排名较高，列第 2 位；在单项指标中，"每千人拥有卫生技术人员数""单位 GDP 水耗""城镇登记失业率""房价-人均 GDP 比"四单项指标排名较高，分别列第 5、9、16 与 18 位；但在"人均水资源量""人均城市道路面积+高峰拥堵延时指数""年均 AQI 指数"三单项指标排名相对较低，分别列第 80、99 与 102 位。和上年度相比，济南市可持续发展综合排名略有上升；五大类一级指标方面，社会民生和消耗排放两方面排名有小幅上升；单项指标中，"每千人医疗卫生机构床位数""单位 GDP 水耗""财政性节能环保支出占 GDP 比重""人均社会保障和就业财政支出"排名提升较多，分别上升 5、5、8 与 11 位；但"人均 GDP""城镇登记失业率""财政性科学技术支出占 GDP 比重""GDP 增长率"四单项指标排名分别下降 2、2、4 与 59 位，进而主要影响济南在经济发展方面的排名下降 10 位。

（十）苏州

苏州市在 2023 年中国城市可持续发展综合排名中列第 10 位，各单项指标排名在前 50 位的指标数多达 15 项；从五大类排名来看，苏州市在经济发展和消耗排放两方面排名较高，分别列第 7 与 9 位；在单项指标中，"人均 GDP""单位 GDP 能耗""单位二三产业增加值占建成区面积""财政性科学技术支出占 GDP 比重"四单项指标排名较高，分别列第 5、5、7 与 8 位；但在"每千人医疗卫生机构床位数""人均水资源量""污水处理厂集中处理率"三单项指标排名中相对较低，分别列第 86、88 与 94 位。和上年度相比，苏州市可持续发展综合排名略有上升；五大类一级指标方面，社会民生和环境治理两方面排名分别上升 5 与 7 位；单项指标中，"人均社会保障和就业财政支出""财政性节能环保支出占 GDP 比重""GDP 增长率"排名提升相对较多，分别上升 9、13 与 25 位；但"每万人城市绿地面积""人均水资源量"两单项指标排名分别下降 3 与 22 位，进而主要影响苏州在资源环境方面的排名下降 4 位。

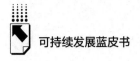
（十一）长沙

长沙市在 2023 年中国城市可持续发展综合排名中列第 11 位，各单项指标排名在前 20 位的指标数多达 9 项；从五大类排名来看，长沙市在经济发展和消耗排放两方面排名较高，分别列第 12 与 14 位；在单项指标中，"房价-人均 GDP 比""单位工业总产值二氧化硫排放量""城镇登记失业率""每千人医疗卫生机构床位数"四单项指标排名较高，分别列第 6、6、10 与 10 位；但在"中小学师生人数比""人均社会保障和就业财政支出""每万人城市绿地面积""人均城市道路面积+高峰拥堵延时指数"四单项指标排名相对较低，分别列第 74、78、84 与 90 位。和上年度相比，长沙市可持续发展综合排名略有下降；五大类一级指标方面，经济发展方面排名上升 9 位；单项指标中，"每万人城市绿地面积""污水处理厂集中处理率""城镇登记失业率"排名提升相对较多，分别上升 8、9 与 51 位；但"一般工业固体废物综合利用率""财政性节能环保支出占 GDP 比重"两单项指标排名分别下降 8 与 13 位，进而主要影响长沙在环境治理方面的排名下降 7 位。

（十二）宁波

宁波市在 2023 年中国城市可持续发展综合排名中列第 12 位，各单项指标排名在前 50 位的指标数多达 17 项；从五大类排名来看，宁波市在消耗排放方面排名较高，列第 5 位；在单项指标中，"一般工业固体废物综合利用率""单位 GDP 水耗""单位二三产业增加值占建成区面积""人均 GDP"四单项指标排名较高，分别列第 3、6、6 与 10 位；但在"0~14 岁常住人口占比""污水处理厂集中处理率""每千人医疗卫生机构床位数"三单项指标排名相对较低，分别列第 94、99 与 102 位。和上年度相比，宁波市可持续发展综合排名略有上升；五大类一级指标方面，消耗排放和资源环境两方面排名分别上升 2 与 15 位；单项指标中，"人均社会保障和就业财政支出""GDP 增长率""人均水资源量"排名提升相对较多，分别上升 6、9 与 16

位；但"污水处理厂集中处理率"单项指标排名下降 9 位，进而主要影响宁波在环境治理方面的排名下降 5 位。

（十三）深圳

深圳市在 2023 年中国城市可持续发展综合排名中列第 13 位，各单项指标排名在前 10 位的指标数多达 8 项。深圳市是可持续发展排名靠前的城市中可持续发展最为不均衡的城市之一；从五大类排名来看，深圳市在消耗排放和经济发展两方面排名较高，分别列第 1 与 5 位；在单项指标中，"单位GDP 水耗""单位工业总产值二氧化硫排放量"分别位于该指标排名的第一名，"单位工业总产值废水排放量""单位 GDP 能耗""单位二三产业增加值占建成区面积"三单项指标排名相对较高，分别列第 2、2 与 3 位；但在"每千人拥有卫生技术人员数""房价-人均 GDP 比""人均水资源量""每千人医疗卫生机构床位数"四单项指标排名相对较低，分别列第 102、109、109 与 110 位。和上年度相比，深圳市可持续发展综合排名上升 3 位；五大类一级指标方面，消耗排放方面排名有所上升；单项指标中，"第三产业增加值占 GDP 比重""单位 GDP 能耗""人均社会保障和就业财政支出"排名提升相对较多，分别上升 7、12 与 65 位；但"污水处理厂集中处理率""一般工业固体废物综合利用率"两单项指标排名分别下降 13 与 29 位，进而主要影响深圳在环境治理方面的排名下降 10 位。

（十四）合肥

合肥市在 2023 年中国城市可持续发展综合排名中列第 14 位，各单项指标排名在前 50 位的指标数多达 16 项；从五大类排名来看，合肥市在经济发展方面排名较高，列第 10 位；在单项指标中，"财政性科学技术支出占GDP 比重""单位 GDP 能耗"两单项指标排名较高，分别列第 3 与 4 位；但在"单位工业总产值废水排放量""污水处理厂集中处理率""人均社会保障和就业财政支出"三单项指标排名相对较低，分别列第 74、92 与 103位。和上年度相比，合肥市可持续发展综合排名下降 3 位；五大类一级指标方面，社会民生方面排名略有上升；单项指标中，"城镇登记失业率""0~14岁常住人口占比""GDP增长率""财政性节能环保支出占GDP比重"排名提升相对较多，分别上升3、3、7与14位；但"人均水资源量"单项指标排名下降31位，进而主要影响合肥在资源环境方面的排名下降18位。

（十五）芜湖

芜湖市在2023年中国城市可持续发展综合排名中列第15位，各单项指标排名在前50位的指标数多达16项；从五大类排名来看，芜湖市在社会民生和经济发展两方面排名较高，分别列第13与16位；在单项指标中，"财政性科学技术支出占GDP比重""GDP增长率""房价-人均GDP比""人均城市道路面积+高峰拥堵延时指数"四单项指标排名较高，分别列第2、7、7与7位；但在"0~14岁常住人口占比""每千人拥有卫生技术人员数""一般工业固体废物综合利用率""单位GDP水耗""污水处理厂集中处理率"五单项指标排名相对较低，分别列第72、76、78、87与89位。和上年度相比，芜湖市可持续发展综合排名上升3位；五大类一级指标方面，社会民生、经济发展两方面排名分别上升3与6位；单项指标中，"城镇登记失业率""财政性节能环保支出占GDP比重""GDP增长率"三单项指标排名提升相对较多，分别上升11、15与32位；但"污水处理厂集中处理率""一般工业固体废物综合利用率"两单项指标排名分别下降9与16位，进而主要影响芜湖在环境治理方面的排名下降10位。

（十六）郑州

郑州市在2023年中国城市可持续发展综合排名中列第16位，各单项指标排名在前50位的指标数多达16项；从五大类排名来看，郑州市在环境治理和消耗排放两方面排名较高，分别列第8与16位；在单项指标中，"污水处理厂集中处理率""单位工业总产值废水排放量""每千人医疗卫生机构床位数""每千人拥有卫生技术人员数"四单项指标排名较高，分别列第2、5、6与8位；但在"人均水资源量""年均AQI指数""GDP增长率"三单项指标排名相对较低，分别列第 100、101 与 107 位。和上年度相比，郑州市可持续发展综合排名下降 2 位；五大类一级指标方面，环境治理方面排名上升了 17 位，社会民生、资源环境排名略有上升；单项指标中，"每万人城市绿地面积""污水处理厂集中处理率""财政性节能环保支出占 GDP 比重"排名提升较多，分别上升 14、21 与 27 位；但"人均 GDP""城镇登记失业率""GDP 增长率"三单项指标排名分别下降 7、38 与 44 位，进而主要影响郑州在经济发展方面的排名下降 12 位。

（十七）武汉

武汉市在 2023 年中国城市可持续发展综合排名中列第 17 位，各单项指标排名在前 20 位的指标数多达 9 项；从五大类排名来看，武汉市在经济发展和消耗排放两方面排名较高，分别列第 8 与 18 位；在单项指标中，"GDP 增长率""财政性科学技术支出占 GDP 比重""一般工业固体废物综合利用率""单位二三产业增加值占建成区面积"四单项指标排名较高，分别列第 4、7、10 与 12 位；但在"0～14 岁常住人口占比""污水处理厂集中处理率""财政性节能环保支出占 GDP 比重"三单项指标排名相对较低，分别列第 93、108 与 108 位。和上年度相比，武汉市可持续发展综合排名下降 2 位；五大类一级指标方面，消耗排放和经济发展两方面排名均有上升；单项指标中，"第三产业增加值占 GDP 比重""GDP 增长率"排名提升相对较多，分别上升 6 与 95 位；但"中小学师生人数比""0～14 岁常住人口占比""每千人医疗卫生机构床位数""人均社会保障和就业财政支出""人均城市道路面积+高峰拥堵延时指数"五单项指标排名分别下降 8、11、18、21 与 21 位，进而主要影响武汉在社会民生方面的排名下降 21 位。

（十八）南昌

南昌市在 2023 年中国城市可持续发展综合排名中列第 18 位，各单项指标排名在前 50 位的指标数多达 17 项；从五大类排名来看，南昌市在环境治理方面排名较高，列第 7 位；在单项指标中，"单位 GDP 能耗""单位工业总产值废水排放量""财政性科学技术支出占 GDP 比重"三单项指标排名较高，分别列第 8、14 与 18 位；但在"第三产业增加值占 GDP 比重""中小学师生人数比""人均社会保障和就业财政支出"三单项指标排名相对较低，分别列第 72、72 与 94 位。和上年度相比，南昌市可持续发展综合排名略有上升；五大类一级指标方面，社会民生方面排名上升 21 位；单项指标中，"房价-人均 GDP 比""财政性节能环保支出占 GDP 比重""GDP 增长率""人均城市道路面积+高峰拥堵延时指数"排名提升相对较多，分别上升 6、7、17 与 20 位；但"人均水资源量""年均 AQI 指数""每万人城市绿地面积"三单项指标排名分别下降 3、3 与 8 位，进而主要影响南昌在资源环境方面的排名下降 6 位。

（十九）烟台

烟台市在 2023 年中国城市可持续发展综合排名中列第 19 位，各单项指标排名在前 10 位的指标数有 4 项；从五大类排名来看，烟台市在经济发展、社会民生和消耗排放三方面排名较高，分别列第 25、28 与 28 位；在单项指标中，"单位 GDP 水耗""房价-人均 GDP 比""中小学师生人数比"三单项指标排名较高，分别列第 5、9 与 10 位；但在"每千人医疗卫生机构床位数""0~14 岁常住人口占比""财政性节能环保支出占 GDP 比重"三单项指标排名相对较低，分别列第 81、97 与 100 位。和上年度相比，烟台市可持续发展综合排名略有上升；五大类一级指标方面，资源环境方面排名上升14 位；单项指标中，"第三产业增加值占 GDP 比重""人均社会保障和就业财政支出""人均水资源量"排名提升相对较多，分别上升 4、5 与 12 位；但"一般工业固体废物综合利用率""财政性节能环保支出占 GDP 比重""污水处理厂集中处理率"三单项指标排名分别下降 8、12 与 14 位，进而主要影响烟台在环境治理方面的排名下降 12 位。

（二十）太原

太原市在 2023 年中国城市可持续发展综合排名中列第 20 位，各单项指标排名在前50位的指标数多达15项。太原市是可持续发展排名靠前的城市中可持续发展最为不均衡的城市之一；从五大类排名来看，太原市在社会民生方面排名最高，列第1位；在单项指标中，"每千人拥有卫生技术人员数""污水处理厂集中处理率""单位GDP水耗""每千人医疗卫生机构床位数"四单项指标排名较高，分别列第2、2、7与11位；但在"单位工业总产值废水排放量""一般工业固体废物综合利用率""人均水资源量""年均AQI指数"四单项指标排名相对较低，分别列第96、103、104与110位。和上年度相比，太原市可持续发展综合排名上升9位；五大类一级指标方面，消耗排放和经济发展两方面排名分别上升5与8位；单项指标中，"人均社会保障和就业财政支出""单位二三产业增加值占建成区面积""GDP增长率"排名提升相对较多，分别上升9、13与57位；但"人均水资源量""年均AQI指数""每万人城市绿地面积"三单项指标排名分别下降11、13与16位，进而主要影响太原在资源环境方面的排名下降14位。

（二十一）徐州

徐州市在2023年中国城市可持续发展综合排名中列第21位，各单项指标排名在前50位的指标数有13项；从五大类排名来看，徐州市五大类发展水平整体较为均衡；在单项指标中，"一般工业固体废物综合利用率""0~14岁常住人口占比"两单项指标排名较高，分别列第8与14位；但在"中小学师生人数比""财政性节能环保支出占GDP比重""年均AQI指数""污水处理厂集中处理率"四单项指标排名相对较低，分别列第70、70、84与106位。和上年度相比，徐州市可持续发展综合排名略有上升；五大类一级指标方面，社会民生、资源环境和经济发展三方面排名略有上升；单项指标中，"人均水资源量""人均社会保障和就业财政支出""GDP增长率"排名提升相对较多，分别上升5、7与35位；但"污水处理厂集中处理率"排名下降8位，进而主要影响徐州在环境治理方面的排名下降3位。

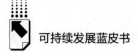

（二十二）南通

南通市在 2023 年中国城市可持续发展综合排名中列第 22 位，各单项指标排名在前 20 位的指标数有 8 项；从五大类排名来看，南通市在经济发展方面排名较高，列第 20 位；在单项指标中，"人均城市道路面积+高峰拥堵延时指数""单位 GDP 能耗"两单项指标排名较高，分别列第 9 与 14 位；但在"污水处理厂集中处理率""0~14 岁常住人口占比""财政性节能环保支出占 GDP 比重"三单项指标排名相对较低，分别列第 85、103 与 105 位。和上年度相比，南通市可持续发展综合排名下降 5 位；五大类一级指标方面，社会民生方面排名有所上升；单项指标中，"财政性科学技术支出占GDP 比重""一般工业固体废物综合利用率""人均社会保障和就业财政支出"三单项指标排名有所提升，分别上升 2、3 与 4 位；但"年均 AQI 指数""人均水资源量"两单项指标排名分别下降 6 与 20 位，进而主要影响南通在资源环境方面的排名下降 14 位。

（二十三）大连

大连市在 2023 年中国城市可持续发展综合排名中列第 23 位，各单项指标排名在前 50 位的指标数有 13 项；从五大类排名来看，大连市在资源环境方面排名较高，列第 18 位；在单项指标中，"人均社会保障和就业财政支出""每万人城市绿地面积""单位 GDP 水耗"三单项指标排名较高，分别列第 11、13 与 18 位；但在"城镇登记失业率""人均城市道路面积+高峰拥堵延时指数""0~14 岁常住人口占比"三单项指标排名相对较低，分别列第 77、89 与99 位。和上年度相比，大连市可持续发展综合排名上升 2 位；五大类一级指标方面，消耗排放和环境治理两方面排名分别上升 5 与 14 位；单项指标中，"财政性节能环保支出占 GDP 比重""GDP 增长率"排名提升相对较多，分别上升 19 与 39 位；但"每千人医疗卫生机构床位数""中小学师生人数比""0~14 岁常住人口占比""每千人拥有卫生技术人员数"四单项指标排名分别下降 5、6、8 与 9 位，进而主要影响大连在社会民生方面的排名下降 5 位。

（二十四）湖州

湖州市在2023年中国城市可持续发展综合排名中列第24位，各单项指标排名在前50位的指标数有17项；从五大类排名来看，湖州市在环境治理方面排名较高，列第4位；在单项指标中，"一般工业固体废物综合利用率"列该指标排名的第1位，"GDP增长率""城镇登记失业率"两单项指标排名相对较高，分别列第13和14位。但"第三产业增加值占GDP比重"、"每千人医疗卫生机构床位数"、"0~14岁常住人口占比"和"单位工业总产值废水排放量"四单项指标排名相对较低，分别位于第87、89、98与105位。

（二十五）重庆

重庆市在2023年中国城市可持续发展综合排名中列第25位，各单项指标排名在前50位的指标数多达15项；从五大类排名来看，重庆市在消耗排放方面排名较高，列第21位；在单项指标中，"人均社会保障和就业财政支出""财政性节能环保支出占GDP比重""人均水资源量"三单项指标排名较高，分别列第6、18与19位；但在"每万人城市绿地面积""人均城市道路面积+高峰拥堵延时指数"两单项指标排名相对较低，分别列第87与109位。和上年度相比，重庆市可持续发展综合排名上升10位；五大类一级指标方面，消耗排放、资源环境和经济发展三方面排名分别上升5、8与21位；单项指标中，"第三产业增加值占GDP比重""年度AQI指数""单位工业总产值废水排放量""城镇登记失业率"排名提升相对较多，分别上升7、7、13与41位；但"一般工业固体废物综合利用率"单项指标排名下降37位，进而主要影响重庆在环境治理方面的排名下降14位。

（二十六）宜昌

宜昌市在2023年中国城市可持续发展综合排名中位列第26位，各单项指标排名在前20位的指标数有5项。宜昌市是所有城市中可持续发展不均衡程度最大的城市之一；从五大类排名来看，宜昌市在社会民生和资源环境两方面排名较高，分别列第 4 与 16 位；在单项指标中，"GDP 增长率"位于该指标排名的第一名，"房价-人均 GDP 比""人均城市道路面积+高峰拥堵延时指数""人均水资源量"三单项指标排名相对较高，分别列第 3、12 与 12 位；但在"一般工业固体废物综合利用率""0~14 岁常住人口占比""污水处理厂集中处理率"三单项指标排名相对较低，分别列第 94、100 与 104 位。和上年度相比，宜昌市可持续发展综合排名上升 8 位；五大类一级指标方面，资源环境、消耗排放和经济发展三方面排名分别上升 6、8 与 27 位；单项指标中，"每万人城市绿地面积""城镇登记失业率""GDP 增长率"排名提升相对较多，分别上升 8、17 与 97 位；但"一般工业固体废物综合利用率""财政性节能环保支出占 GDP 比重""污水处理厂集中处理率"三单项指标排名分别下降 9、28 与 55 位，进而主要影响宜昌在环境治理方面的排名下降 28 位。

（二十七）潍坊

潍坊市在 2023 年中国城市可持续发展综合排名中列第 27 位，各单项指标排名在前 50 位的指标数多达 14 项；从五大类排名来看，潍坊市在社会民生方面排名较高，列第 7 位；在单项指标中，"GDP 增长率""中小学师生人数比""房价-人均 GDP 比"三单项指标排名较高，分别列第 12、15 与 16 位；但在"单位 GDP 能耗""年均 AQI 指数""单位工业总产值废水排放量""人均水资源量"四单项指标排名相对较低，分别列第 80、81、86 与 90 位。和上年度相比，潍坊市可持续发展综合排名上升 4 位；五大类一级指标方面，经济发展和社会民生两方面排名均分别上升 4 位；单项指标中，"人均社会保障和就业财政支出""单位工业总产值二氧化硫排放量""财政性节能环保支出占 GDP 比重""GDP 增长率"排名提升相对较多，分别上升 9、14、15 与 37 位；但"污水处理厂集中处理率""一般工业固体废物综合利用率"两单项指标排名分别下降 17 与 40 位，进而主要影响潍坊在环境治理方面的排名下降 27 位。

（二十八）拉萨

拉萨市在 2023 年中国城市可持续发展综合排名中列第 28 位，各单项指标排名在前 20 位的指标数有 7 项；从五大类排名来看，拉萨市在资源环境方面排名最高，列第 1 位；在单项指标中，"人均水资源量"位于该指标排名的第一名，"年均 AQI 指数""单位 GDP 水耗""人均社会保障和就业财政支出"三单项指标排名相对较高，分别列第 9、13 与 14 位；但在"单位二三产业增加值占建成区面积""污水处理厂集中处理率""一般工业固体废物综合利用率"三单项指标排名相对较低，分别列第 103、110 与 110 位。和上年度相比，拉萨市可持续发展综合排名下降 7 位；五大类一级指标方面，社会民生方面排名上升 16 位；单项指标中，"第三产业增加值占 GDP 比重""每千人拥有卫生技术人员数""单位工业总产值二氧化硫排放量"排名提升相对较多，分别上升 18、22 与 24 位；但"财政性节能环保支出占GDP 比重""一般工业固体废物综合利用率""污水处理厂集中处理率"三单项指标排名分别下降 5、9 与 66 位，进而主要影响拉萨在环境治理方面的排名下降 50 位。

（二十九）天津

天津市在 2023 年中国城市可持续发展综合排名中列第 29 位，各单项指标排名在前 20 位的指标数有 6 项；从五大类排名来看，天津市在消耗排放方面排名较高，列第 15 位；在单项指标中，"人均社会保障和就业财政支出""一般工业固体废物综合利用率""单位工业总产值废水排放量"三单项指标排名较高，分别列第 2、4 与 13 位；但在"年均 AQI 指数""城镇登记失业率""人均水资源量""每千人医疗卫生机构床位数"四单项指标排名相对较低，分别列第 90、92、93 与 99 位。和上年度相比，天津市可持续发展综合排名略有下降；五大类一级指标方面，社会民生方面排名有所上升；单项指标中，"单位工业总产值废水排放量""人均水资源量""每千人拥有卫生技术人员数"排名提升相对较多，分别上升 4、6 与

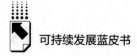

7 位；但"财政性节能环保支出占 GDP 比重""污水处理厂集中处理率"两单项指标排名分别下降 7 与 16 位，进而主要影响天津在环境治理方面的排名下降 8 位。

（三十）成都

成都市在 2023 年中国城市可持续发展综合排名中列第 30 位，各单项指标排名在前 50 位的指标数多达 14 项；从五大类排名来看，成都市在消耗排放和经济发展两方面排名较高，分别列第 13 与 17 位；在单项指标中，"第三产业增加值占 GDP 比重""财政性科学技术支出占 GDP 比重""单位工业总产值二氧化硫排放量""每千人拥有卫生技术人员数"四单项指标排名较高，分别列第 8、11、11 与 14 位；但在"每万人城市绿地面积""污水处理厂集中处理率""人均社会保障和就业财政支出"三单项指标排名相对较低，分别列第 96、101 与 105 位。和上年度相比，成都市可持续发展综合排名保持不变；五大类一级指标方面，消耗排放和社会民生两方面排名有所上升；单项指标中，"每千人医疗卫生机构床位数""每千人拥有卫生技术人员数""财政性科学技术支出占 GDP 比重"排名提升相对较多，分别上升 7、8 与 10 位；但"一般工业固体废物综合利用率""污水处理厂集中处理率"两单项指标排名分别下降 11 与 29 位，进而主要影响成都在环境治理方面的排名下降 14 位。

（三十一）贵阳

贵阳市在 2023 年中国城市可持续发展综合排名中列第 31 位，各单项指标排名在前 20 位的指标数有 5 项；从五大类排名来看，贵阳市在资源环境方面排名较高，列第 4 位；在单项指标中，"每万人城市绿地面积""年均 AQI 指数""每千人拥有卫生技术人员数""房价-人均 GDP 比"四单项指标排名较高，分别列第 2、7、11 与 13 位；但在"人均社会保障和就业财政支出""单位工业总产值废水排放量""城镇登记失业率"三单项指标排名相对较低，分别列第 93、97 与 108 位。和上年度相比，贵阳市可持续发展综合排名略有上升；五大类一级指标方面，资源环境和社会民生两方面排名分别上升 7 与 16 位；单项指标中，"每千人拥有卫生技术人员数""人均社会保障和就业财政支出""每千人医疗卫生机构床位数""每万人城市绿地面积"排名提升相对较多，分别上升 5、5、18 与 29 位；但"人均 GDP""城镇登记失业率""财政性科学技术支出占 GDP 比重""GDP 增长率"四单项指标排名分别下降 8、12、15 与 73 位，进而主要影响贵阳在经济发展方面的排名下降 22 位。

（三十二）福州

福州市在 2023 年中国城市可持续发展综合排名中列第 32 位，各单项指标排名在前 50 位的指标数有 15 项；从五大类排名来看，福州市在经济发展方面排名较高，列第 23 位；在单项指标中，"年均 AQI 指数""一般工业固体废物综合利用率""单位二三产业增加值占建成区面积""人均 GDP"四单项指标排名较高，分别列第 5、12、14 与 17 位；但在"中小学师生人数比""财政性节能环保支出占 GDP 比重""每千人医疗卫生机构床位数"三单项指标排名相对较低，分别列第 92、96 与 97 位。和上年度相比，福州市可持续发展综合排名下降 5 位；五大类一级指标方面，环境治理和资源环境两方面排名分别上升 3 与 14 位；单项指标中，"污水处理厂集中处理率""年均 AQI 指数""一般工业固体废物综合利用率"排名提升相对较多，分别上升 5、12 与 12 位；但"财政性科学技术支出占 GDP 比重""城镇登记失业率""GDP 增长率"三单项指标排名分别下降 11、28 与 33 位，进而主要影响福州在经济发展方面的排名下降 7 位。

（三十三）克拉玛依

克拉玛依市在 2023 年中国城市可持续发展综合排名中列第 33 位，各单项指标排名在前 10 位的指标数多达 7 项；从五大类排名来看，克拉玛依市在资源环境和社会民生两方面排名较高，分别列第 9 与 14 位；在单项指标中，"人均 GDP""城镇登记失业率""房价−人均 GDP 比""人均城市道路面积+高峰拥堵延时指数""每万人城市绿地面积"五单项指标排名较高,分别列第2、2、2、3与4位;但在"GDP增长率""每千人医疗卫生机构床位数""第三产业增加值占GDP比重"三单项指标排名相对较低,分别列第105、105与109位。和上年度相比,克拉玛依市可持续发展综合排名下降7位;五大类一级指标方面,环境治理方面排名上升41位,其余方面存在不同程度的下降;单项指标中,"单位二三产业增加值占建成区面积""财政性节能环保支出占GDP比重""污水处理厂集中处理率"排名提升相对较多,分别上升6、10与52位;但"财政性科学技术支出占GDP比重""第三产业增加值占GDP比重""GDP增长率"三单项指标排名分别下降7、8与32位,进而主要影响克拉玛依在经济发展方面的排名下降10位。

(三十四)三亚

三亚市在2023年中国城市可持续发展综合排名中列第34位,各单项指标排名在前10位的指标数多达8项;从五大类排名来看,三亚市在环境治理和经济发展两方面排名较高,分别列第5与11位;在单项指标中,"财政性科学技术支出占GDP比重""年均AQI指数"分别位于指标排名的第一名,"污水处理厂集中处理率""第三产业增加值占GDP比重""GDP增长率""财政性节能环保支出占GDP比重"四单项指标排名相对较高,分别列第2、3、5与5位;但在"每千人医疗卫生机构床位数""每万人城市绿地面积""房价-人均GDP比""单位工业总产值废水排放量"四单项指标排名相对较低,分别列第103、104、108与110位。和上年度相比,三亚市可持续发展综合排名上升13位;五大类一级指标方面,环境治理方面排名上升27位;单项指标中,"中小学师生人数比""GDP增长率""污水处理厂集中处理率"排名提升相对较多,分别上升41、54与58位;但"单位工业总产值废水排放量""单位工业总产值二氧化硫排放量"两单项指标排名分别下降10与22位,进而主要影响三亚在消耗排放方面的排名下降4位。

（三十五）厦门

厦门市在 2023 年中国城市可持续发展综合排名中列第 35 位，各单项指标排名在前 20 位的指标数有 8 项；从五大类排名来看，厦门市在消耗排放和经济发展两方面排名较高，分别列第 12 与 21 位；在单项指标中，"单位工业总产值二氧化硫排放量""单位 GDP 水耗""年均 AQI 指数""财政性节能环保支出占 GDP 比重"四单项指标排名较高，分别列第 3、4、14 与 14 位；但在"中小学师生人数比""单位工业总产值废水排放量""人均水资源量""每千人医疗卫生机构床位数"四单项指标排名相对较低，分别列第 105、106、107 与 108 位。和上年度相比，厦门市可持续发展综合排名略有下降；五大类一级指标方面，环境治理方面排名上升 29 位；单项指标中，"财政性节能环保支出占 GDP 比重""人均社会保障和就业财政支出""一般工业固体废物综合利用率"排名提升相对较多，分别上升 14、16 与 18 位；但"人均水资源量""每万人城市绿地面积"两单项指标排名分别下降 10 与 11 位，进而主要影响厦门在资源环境方面的排名下降 11 位。

（三十六）海口

海口市在 2023 年中国城市可持续发展综合排名中列第 36 位，各单项指标排名在前 10 位的指标数有 7 项；从五大类排名来看，海口市在消耗排放方面排名较高，列第 29 位；在单项指标中，"第三产业增加值占 GDP 比重""年均 AQI 指数""污水处理厂集中处理率""GDP 增长率"四单项指标排名较高，分别列第 2、2、2 与 8 位；但在"每万人城市绿地面积""财政性科学技术支出占 GDP 比重""财政性节能环保支出占 GDP 比重""人均社会保障和就业财政支出"四单项指标排名相对较低，分别列第 93、94、97 与 106 位。和上年度相比，海口市可持续发展综合排名保持不变；五大类一级指标方面，消耗排放和资源环境两方面排名分别上升 6 与 8 位；单项指标中，"单位 GDP 能耗""人均水资源量""人均城市道路面积+高峰拥堵延时指数""单位工业总产值二氧化硫排

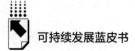

放量""单位 GDP 水耗"排名提升相对较多,分别上升 6、7、8、8 与 9 位;但"一般工业固体废物综合利用率""财政性节能环保支出占 GDP 比重"两单项指标排名分别下降 16 与 28 位,进而主要影响海口在环境治理方面的排名下降 25 位。

(三十七)榆林

榆林市在 2023 年中国城市可持续发展综合排名中列第 37 位,各单项指标排名在前 50 位的指标数有 13 项;从五大类排名来看,榆林市在社会民生方面排名较高,列第 3 位;在单项指标中,"房价-人均 GDP 比""人均 GDP""人均社会保障和就业财政支出"三单项指标排名较高,分别列第 4、12 与 13 位;但在"单位 GDP 能耗""财政性科学技术支出占 GDP 比重""一般工业固体废物综合利用率""第三产业增加值占 GDP 比重"四单项指标排名相对较低,分别列第 96、98、99 与 110 位。和上年度相比,榆林市可持续发展综合排名上升 5 位;五大类一级指标方面,社会民生、消耗排放和环境治理三方面排名分别上升 5、9 与 10 位;单项指标中,"人均 GDP""单位二三产业增加值占建成区面积""单位 GDP 水耗""人均社会保障和就业财政支出""污水处理厂集中处理率"排名提升相对较多,分别上升 9、9、10、17 与 25 位;但"人均水资源量""每万人城市绿地面积""年均 AQI 指数"三单项指标排名分别下降 6、7 与 15 位,进而主要影响榆林在资源环境方面的排名下降 15 位。

(三十八)西安

西安市在 2023 年中国城市可持续发展综合排名中列第 38 位,各单项指标排名在前 20 位的指标数有 6 项;从五大类排名来看,西安市在消耗排放方面排名较高,列第 11 位;在单项指标中,"单位工业总产值二氧化硫排放量""单位 GDP 水耗""第三产业增加值占 GDP 比重"三单项指标排名较高,分别列第 8、11 与 13 位;但在"年均 AQI 指数""人均城市道路面积+高峰拥堵延时指数""GDP 增长率"三单项指标排名相对较低,分别列第 96、100 与 108 位。和上年度相比，西安市可持续发展综合排名保持不变；五大类一级指标方面，资源环境和环境治理两方面排名分别上升 10 与 16 位；单项指标中，"人均水资源量""每万人城市绿地面积""财政性科学技术支出占 GDP 比重"排名提升相对较多，分别上升 16、23 与 41 位；但"中小学师生人数比""房价-人均 GDP 比""人均社会保障和就业财政支出"三单项指标排名分别下降 9、14 与 31 位，进而主要影响西安在社会民生方面的排名下降 9 位。

（三十九）温州

温州市在 2023 年中国城市可持续发展综合排名中列第 39 位，各单项指标排名在前 50 位的指标数有 13 项；从五大类排名来看，温州市在消耗排放和经济发展两方面排名较高，分别列第 17 与 26 位；在单项指标中，"一般工业固体废物综合利用率""城镇登记失业率""单位 GDP 能耗""单位 GDP 水耗"四单项指标排名较高，分别列第 5、12、15 与 20 位；但在"财政性节能环保支出占 GDP 比重""每千人医疗卫生机构床位数""房价-人均 GDP 比"三单项指标排名相对较低，分别列第 99、100 与 104 位。和上年度相比，温州市可持续发展综合排名略有提升；五大类一级指标方面，消耗排放和资源环境两方面排名分别上升 3 与 9 位；单项指标中，"人均社会保障和就业财政支出""人均水资源量"排名提升相对较多，分别上升 4 与 20 位；但"每千人医疗卫生机构床位数""中小学师生人数比""人均城市道路面积+高峰拥堵延时指数""房价-人均 GDP 比""0～14 岁常住人口占比"五单项指标排名分别下降 4、5、6、10 与 10 位，进而主要影响温州在社会民生方面的排名下降 6 位。

（四十）金华

金华市在 2023 年中国城市可持续发展综合排名中列第 40 位，各单项指标排名在前 50 位的指标数有 13 项；从五大类排名来看，金华市在环境治理和经济发展两方面排名较高，分别列第 16 与 22 位；在单项指标中，"城镇登记失

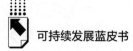

业率""一般工业固体废物综合利用率""人均城市道路面积+高峰拥堵延时指数""GDP 增长率"四单项指标排名较高,分别列第 7、7、8 与 11 位;但在"单位工业总产值废水排放量""0~14 岁常住人口占比""每千人医疗卫生机构床位数"三单项指标排名相对较低,分别列第 77、79 与 96 位。和上年度相比,金华市可持续发展综合排名上升 9 位;五大类一级指标方面,资源环境、经济发展和环境治理三方面排名分别上升 6、8 与 12 位;单项指标中,"财政性节能环保支出占 GDP 比重""GDP 增长率"排名提升较多,分别上升 39 与 57 位;但"房价-人均 GDP 比""每千人医疗卫生机构床位数""0~14 岁常住人口占比""中小学师生人数比"四单项指标排名分别下降 4、5、7 与 8 位,进而主要影响金华在社会民生方面的排名下降 6 位。

(四十一)昆明

昆明市在 2023 年中国城市可持续发展综合排名中列第 41 位,各单项指标排名在前 50 位的指标数有 12 项;从五大类排名来看,昆明市在消耗排放和社会民生两方面排名较高,分别列第 33 与 34 位;在单项指标中,"每千人拥有卫生技术人员数""单位工业总产值废水排放量""第三产业增加值占 GDP 比重""年均 AQI 指数"四单项指标排名较高,分别列第 6、7、11 与 12 位;但在"人均城市道路面积+高峰拥堵延时指数""城镇登记失业率""一般工业固体废物综合利用率""GDP 增长率"四单项指标排名相对较低,分别列第 94、96、105 与 109 位。和上年度相比,昆明市可持续发展综合排名下降 4 位;五大类一级指标方面,环境治理方面排名有所上升;单项指标中,"人均社会保障和就业财政支出""财政性节能环保支出占 GDP 比重"排名提升相对较多,分别上升 6 与 33 位;但"人均 GDP""GDP 增长率""人均水资源量""每万人城市绿地面积"四单项指标排名分别下降 7、36、6 与 11 位,进而主要影响昆明在经济发展、资源环境两方面的排名分别下降 8 与 8 位。

(四十二)岳阳

岳阳市在 2023 年中国城市可持续发展综合排名中列第 42 位,各单项指标排名在前50位的指标数有13项；从五大类排名来看，岳阳市在资源环境和经济发展两方面排名较高，分别列第19与32位；在单项指标中，"城镇登记失业率""人均水资源量""单位二三产业增加值占建成区面积"三单项指标排名较高，分别列第3、18与20位；但在"污水处理厂集中处理率""每千人拥有卫生技术人员数""单位GDP水耗"三单项指标排名相对较低，分别列第79、94与96位。和上年度相比，岳阳市可持续发展综合排名略有下降；五大类一级指标方面，环境治理方面排名上升24位；单项指标中，"财政性科学技术支出占GDP比重""城镇登记失业率""财政性节能环保支出占GDP比重""人均城市道路面积+高峰拥堵延时指数""污水处理厂集中处理率"排名提升相对较多，分别上升7、8、10、13与20位；但"0~14岁常住人口占比""每千人医疗卫生机构床位数""每千人拥有卫生技术人员数""人均社会保障和就业财政支出"四单项指标排名分别下降6、11、12与12位，进而主要影响岳阳在社会民生方面的排名下降12位。

（四十三）鄂尔多斯

鄂尔多斯市在2023年中国城市可持续发展综合排名中列第43位，各单项指标排名在前10位的指标数有6项；从五大类排名来看，鄂尔多斯市在社会民生方面排名较高，列第5位；在单项指标中，"人均GDP""每万人城市绿地面积"分别列该指标排名的第1位，"人均城市道路面积+高峰拥堵延时指数""人均社会保障和就业财政支出""房价-人均GDP比"三单项指标排名相对较高，分别列第2、8与10位；但在"财政性节能环保支出占GDP比重""第三产业增加值占GDP比重""单位GDP能耗"三单项指标排名相对较低，分别列第93、108与109位。和上年度相比，鄂尔多斯市可持续发展综合排名上升7位；五大类一级指标方面，社会民生和消耗排放两方面排名分别上升5与6位；单项指标中，"一般工业固体废物综合利用率""每万人城市绿地面积""GDP增长率""人均城市道路面积+高峰拥堵延时指数"排名提升相对较多，分别上升12、17、25与47位；但"财政性科学技术支出占GDP比重""第三产业增加值占GDP比重""城镇登记失

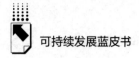

业率"三单项指标排名分别下降9、10与24位，进而主要影响鄂尔多斯在经济发展方面的排名下降7位。

（四十四）常德

常德市在2023年中国城市可持续发展综合排名中列第44位，各单项指标排名在前20位的指标数有7项；从五大类排名来看，常德市在环境治理、社会民生和消耗排放三方面排名较高，分别列第13、33与39位；在单项指标中，"单位工业总产值废水排放量"位于该指标排名的第一名，"污水处理厂集中处理率""人均水资源量""每千人医疗卫生机构床位数""人均城市道路面积+高峰拥堵延时指数"四单项指标排名相对较高，分别列第10、17、18与18位；但在"第三产业增加值占GDP比重""每万人城市绿地面积""每千人拥有卫生技术人员数""单位GDP水耗"四单项指标排名相对较低，分别列第81、82、88与100位。和上年度相比，常德市可持续发展综合排名下降22位；五大类一级指标方面，五大类一级指标均有所下降，资源环境和消耗排放两方面排名下降相对较少，分别下降7、7位；单项指标中，"人均城市道路面积+高峰拥堵延时指数"排名上升20位；但"城镇登记失业率""GDP增长率""每千人拥有卫生技术人员数"三单项指标排名分别下降16、31与39位，进而主要影响常德在经济发展和社会民生两方面的排名下降12与13位。

（四十五）洛阳

洛阳市在2023年中国城市可持续发展综合排名中列第45位，各单项指标排名在前50位的指标数有12项；从五大类排名来看，洛阳市在社会民生、环境治理和消耗排放三方面排名较高，分别列第26、31与32位；在单项指标中，"污水处理厂集中处理率""每千人医疗卫生机构床位数""财政性科学技术支出占GDP比重"三单项指标排名较高，分别列第2、22与25位；但在"年均AQI指数""城镇登记失业率""GDP增长率""人均社会保障和就业财政支出"四单项指标排名相对较低，分别列第99、100、106

与108位。和上年度相比，洛阳市可持续发展综合排名下降4位；五大类一级指标方面，消耗排放和环境治理两方面排名分别上升5、8位；单项指标中，"第三产业增加值占GDP比重""人均水资源量""一般工业固体废物综合利用率"排名提升相对较多，分别上升15、27与27位；但"城镇登记失业率""GDP增长率""人均城市道路面积+高峰拥堵延时指数""人均社会保障和就业财政支出"四单项指标排名分别下降17、43、15与24位，进而主要影响洛阳在经济发展和社会民生两方面的排名分别下降10与13位。

（四十六）九江

九江市在2023年中国城市可持续发展综合排名中列第46位，各单项指标排名在前50位的指标数有14项；从五大类排名来看，九江市在资源环境和环境治理两方面排名较高，分别列第5与14位；在单项指标中，"人均水资源量""人均城市道路面积+高峰拥堵延时指数""每万人城市绿地面积""财政性节能环保支出占GDP比重"四单项指标排名较高，分别列第9、13、15与16位；但在"第三产业增加值占GDP比重""单位工业总产值废水排放量""每千人拥有卫生技术人员数""中小学师生人数比"四单项指标排名相对较低，分别列第84、89、95与106位。和上年度相比，九江市可持续发展综合排名上升10位；五大类一级指标方面，资源环境、社会民生和经济发展三方面排名分别上升3、4与11位；单项指标中，"城镇登记失业率""GDP增长率""人均城市道路面积+高峰拥堵延时指数"排名提升相对较多，分别上升13、15与26位；但"污水处理厂集中处理率""一般工业固体废物综合利用率"两单项指标排名分别下降7与17位，进而主要影响九江在环境治理方面的排名下降4位。

（四十七）乌鲁木齐

乌鲁木齐市在2023年中国城市可持续发展综合排名中列第47位，各单

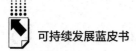
项指标排名在前 20 位的指标数有 6 项；从五大类排名来看，乌鲁木齐市在经济发展和社会民生两方面排名较高，分别列第 28 与 32 位；在单项指标中，"第三产业增加值占 GDP 比重""每万人城市绿地面积数""每千人拥有卫生技术人员数"三单项指标排名较高，分别列第 6、6 与 10 位；但在"GDP 增长率""人均城市道路面积+高峰拥堵延时指数""人均水资源量""中小学师生人数比"四单项指标排名相对较低，分别列第 95、96、97 与 100 位。和上年度相比，乌鲁木齐市可持续发展综合排名下降 23 位；五大类一级指标方面，五大类一级指标均有下降；单项指标中，"房价－人均 GDP 比"排名有所上升；但"人均城市道路面积+高峰拥堵延时指数""一般工业固体废物综合利用率"两单项指标排名分别下降 53 与 37 位，进而主要影响乌鲁木齐在社会民生和环境治理两方面的排名分别下降 20 与 44 位。

（四十八）沈阳

沈阳市在 2023 年中国城市可持续发展综合排名中列第 48 位，各单项指标排名在前 50 位的指标数有 12 项；从五大类排名来看，沈阳市在社会民生方面排名较高，列第 17 位；在单项指标中，"每千人医疗卫生机构床位数""每千人拥有卫生技术人员数""第三产业增加值占 GDP 比重""人均社会保障和就业财政支出"四单项指标排名较高，分别列第 12、16、25 与 28 位；但在"人均城市道路面积+高峰拥堵延时指数""财政性节能环保支出占 GDP 比重""0~14 岁常住人口占比"三单项指标排名相对较低，分别列第 91、94 与 101 位。和上年度相比，沈阳市可持续发展综合排名略有下降；五大类一级指标方面，仅社会民生方面排名保持不变，另外四方面排名均有所下降；单项指标中，"中小学师生人数比""GDP 增长率""一般工业固体废物综合利用率"排名提升相对较多，分别上升 8、12 与 12 位；但"财政性节能环保支出占 GDP 比重""污水处理厂集中处理率"和"人均 GDP""第三产业增加值占 GDP 比重""城镇登记失业率"五单项指标排名分别下降 8、16、6、6 与 13 位，进而主要影响沈阳在环境治理和经济发展两方面的排名分别下降 5 与 6 位。

（四十九）绵阳

绵阳市在 2023 年中国城市可持续发展综合排名中列第 49 位。各单项指标排名在前 50 位的指标数有 11 项。绵阳市是所有城市中可持续发展均衡程度较好的城市之一；从五大类排名来看，绵阳市五大类发展水平整体较为均衡，在消耗排放和资源环境两方面排名较高，分别列第 45 与 45 位；在单项指标中，"一般工业固体废物综合利用率""每千人医疗卫生机构床位数"和"人均水资源量"三单项指标排名较高，分别列第 6、8 与 14 位；但在"0~14 岁常住人口占比""人均社会保障和就业财政支出""财政性节能环保支出占 GDP 比重"三单项指标排名相对较低，分别列第 83、96 与 102 位。和上年度相比，绵阳市可持续发展综合排名上升 4 位；五大类一级指标方面，经济发展方面排名上升 10 位；单项指标中，"一般工业固体废物综合利用率""财政性科学技术支出占 GDP 比重"排名提升相对较多，分别上升 26 与 38 位；但"年均 AQI 指数""0~14 岁常住人口占比"和"人均社会保障和就业财政支出""人均城市道路面积+高峰拥堵延时指数"四单项指标排名分别下降 7、9 与 9、17 位，进而主要影响绵阳市在社会民生和资源环境两方面的排名分别下降 3 与 4 位。

（五十）长春

长春市在 2023 年中国城市可持续发展综合排名中列第 50 位。各单项指标排名在前 10 位的指标数有 3 项；从五大类排名来看，长春市在资源环境方面表现相对较好，列第 17 位；在单项指标中，"单位工业总产值废水排放量"、"每万人城市绿地面积"和"中小学师生人数比"三单项指标排名较高，分别列第 4、9 与 11 位；但"GDP 增长率""0~14 岁常住人口占比""人均城市道路面积+高峰拥堵延时指数"三单项指标排名相对较低，分别列第 93、96 与 108 位。和上年度相比，长春市可持续发展综合排名下降 7 位；五大类一级指标方面，资源环境方面排名上升 12 位；单项指标中，"财政性节能环保支出占 GDP 比重"和"年均 AQI 指数"排名提升相对较

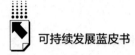

多，分别上升 10 与 28 位；但"人均社会保障和就业财政支出""GDP 增长率""一般工业固体废物综合利用率"三单项指标排名分别下降 27、48 与 21 位，进而主要影响长春市在社会民生、经济发展和环境治理三方面的排名分别下降 12、13 与 17 位。

（五十一）安庆

安庆市在 2023 年中国城市可持续发展综合排名中列第 51 位，各单项指标排名在前 20 位的指标数有 6 项；从五大类排名来看，安庆市在资源环境和环境治理两方面排名较高，分别列第 6 与 12 位；在单项指标中，"城镇登记失业率"位于该指标排名的第 1 名，"人均城市道路面积+高峰拥堵延时指数""每万人城市绿地面积""人均水资源量"三单项指标排名相对较高，分别列第 4、7 与 16 位；但在"每千人拥有卫生技术人员数""单位 GDP 水耗""单位二三产业增加值占建成区面积"三单项指标排名相对较低，分别列第 98、99 与 99 位。和上年度相比，安庆市可持续发展综合排名保持不变；五大类一级指标方面，环境治理方面排名上升 18 位；单项指标中，"污水处理厂集中处理率""一般工业固体废物综合利用率""城镇登记失业率"排名提升相对较多，分别上升 10、19 与 33 位；但"人均社会保障和就业财政支出""每千人医疗卫生机构床位数""每千人拥有卫生技术人员数""0~14 岁常住人口占比"四单项指标排名分别下降 6、9、10 与 14 位，进而主要影响安庆在社会民生方面的排名下降 13 位。

（五十二）泉州

泉州市在 2023 年中国城市可持续发展综合排名中列第 52 位，各单项指标排名在前 50 位的指标数有 13 项；从五大类排名来看，泉州市在资源环境和消耗排放两方面排名较高，分别列第 24 与 26 位；在单项指标中，"房价-人均 GDP 比""人均城市道路面积+高峰拥堵延时指数""单位工业总产值废水排放量"三单项指标排名相对较高，分别列第 5、6 与 15 位；但在"人均社会保障和就业财政支出""每千人拥有卫生技术人员数""污水处理厂集中处理率""财政性节能环保支出占 GDP 比重"四单项指标排名相对较低,分别列第 107、107、107 与 110 位。和上年度相比,泉州市可持续发展综合排名下降 7 位;五大类一级指标方面,五大类一级指标均有所下降,消耗排放和社会民生两方面排名下降相对较少,分别下降 2、4 位;单项指标中,"中小学师生人数比""GDP 增长率"排名提升相对较多,分别上升 4 与 15 位;但"第三产业增加值占 GDP 比重"、"财政性科学技术支出占 GDP 比重"和"城镇登记失业率"、"污水处理厂集中处理率"、"一般工业固体废物综合利用率"五单项指标排名分别下降 9、9、12、11 与 19 位,进而主要影响泉州在经济发展和环境治理两方面的排名均下降 10 位。

(五十三)西宁

西宁市在 2023 年中国城市可持续发展综合排名中列第 53 位,各单项指标排名在前 20 位的指标数有 7 项;从五大类排名来看,西宁市在社会民生方面排名较高,列第 6 位;在单项指标中,"每千人医疗卫生机构床位数""每千人拥有卫生技术人员数""城镇登记失业率"三单项指标排名相对较高,分别列第 2、3 与 5 位;但在"每万人城市绿地面积""单位工业总产值二氧化硫排放量""单位 GDP 能耗"三单项指标排名相对较低,分别列第 102、108 与 110 位。和上年度相比,西宁市可持续发展综合排名略有上升;五大类一级指标方面,经济发展、消耗排放和环境治理三方面排名分别上升 4、4 与 7 位;单项指标中,"一般工业固体废物综合利用率""GDP 增长率""单位工业总产值废水排放量"排名提升相对较多,分别上升 20、29 与 34 位;但"每万人城市绿地面积""人均水资源量""年均 AQI 指数"三单项指标排名分别下降 5、14 与 23 位,进而主要影响西宁在资源环境方面的排名下降 12 位。

(五十四)蚌埠

蚌埠市在 2023 年中国城市可持续发展综合排名中列第 54 位,各单项指标排名在前 20 位的指标数有 6 项;从五大类排名来看,蚌埠市在经济发展

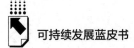
和社会民生两方面排名较高，分别列第 37 与 41 位；在单项指标中，"城镇登记失业率""财政性科学技术支出占 GDP 比重""单位 GDP 能耗""一般工业固体废物综合利用率"四单项指标排名相对较高，分别列第 4、13、13 与 16 位；但在"污水处理厂集中处理率""中小学师生人数比""GDP 增长率"三单项指标排名相对较低，分别列第 96、101 与 110 位。和上年度相比，蚌埠市可持续发展综合排名下降 6 位；五大类一级指标方面，经济发展方面排名上升 10 位；单项指标中，"财政性节能环保支出占 GDP 比重""第三产业增加值占 GDP 比重""城镇登记失业率"排名提升相对较多，分别上升 22、30 与 31 位；但"单位 GDP 水耗""单位二三产业增加值占建成区面积""单位工业总产值二氧化硫排放量""单位工业总产值废水排放量"四单项指标排名分别下降 13、13、17 与 39 位，进而主要影响蚌埠在消耗排放方面的排名下降 17 位。

（五十五）郴州

郴州市在 2023 年中国城市可持续发展综合排名中列第 55 位，各单项指标排名在前 20 位的指标数有 6 项；从五大类排名来看，郴州市在资源环境、社会民生和经济发展三方面排名较高，分别列第 26、40 与 42 位；在单项指标中，"人均水资源量""0～14 岁常住人口占比""每千人医疗卫生机构床位数"三单项指标排名相对较高，分别列第 11、12 与 17 位；但在"中小学师生人数比""单位 GDP 水耗""一般工业固体废物综合利用率"三单项指标排名相对较低，分别列第 83、90 与 93 位。和上年度相比，郴州市可持续发展综合排名上升 7 位；五大类一级指标方面，经济发展、社会民生和环境治理三方面排名分别上升 9、14 与 23 位；单项指标中，"城镇登记失业率""污水处理厂集中处理率""人均城市道路面积+高峰拥堵延时指数""GDP 增长率"排名提升相对较多，分别上升 14、14、16 与 21 位；但"单位 GDP 能耗""单位 GDP 水耗""单位工业总产值二氧化硫排放量""单位工业总产值废水排放量"四单项指标排名分别下降 4、11、13 与 14 位，进而主要影响郴州在消耗排放方面的排名下降 4 位。

（五十六）襄阳

襄阳市在2023年中国城市可持续发展综合排名中列第56位，各单项指标排名在前50位的指标数有12项。襄阳市是所有城市中可持续发展均衡程度最好的城市；从五大类排名来看，襄阳市在消耗排放和经济发展两方面排名较高，分别列第47与49位；在单项指标中，"GDP增长率""单位工业总产值废水排放量""房价-人均GDP比"三单项指标排名相对较高，分别列第2、10与17位；但在"每千人拥有卫生技术人员数""每千人拥有卫生技术人员数""一般工业固体废物综合利用率"三单项指标排名相对较低，分别列第89、89与95位。和上年度相比，襄阳市可持续发展综合排名上升7位；五大类一级指标方面，环境治理、消耗排放和经济发展三方面排名分别上升5、6与24位；单项指标中，"财政性节能环保支出占GDP比重""城镇登记失业率""GDP增长率"排名提升相对较多，分别上升22、30与98位；但"每万人城市绿地面积"和"每千人拥有卫生技术人员数"、"人均社会保障和就业财政支出"三单项指标排名分别下降11、12与26位，进而主要影响襄阳在资源环境和社会民生两方面的排名分别下降6与7位。

（五十七）扬州

扬州市在2023年中国城市可持续发展综合排名中列第57位，各单项指标排名在前50位的指标数有10项；从五大类排名来看，扬州市在消耗排放和经济发展两方面排名较高，分别列第34与50位；在单项指标中，"单位二三产业增加值占建成区面积""人均GDP""房价-人均GDP比""中小学师生人数比"四单项指标排名相对较高，分别列第11、14、14与21位；但在"每千人拥有卫生技术人员数""0~14岁常住人口占比""污水处理厂集中处理率"三单项指标排名相对较低，分别列第91、102与103位。和上年度相比，扬州市可持续发展综合排名下降13位；五大类一级指标方面，社会民生方面排名有所上升；单项指标中，"人均社会保障和就业财政支出""人均城市道路面积+高峰拥堵延时指数""财政性节能环保支出占

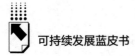

GDP 比重"排名有所上升，分别上升 3、4 与 11 位；但"第三产业增加值占 GDP 比重""GDP 增长率""城镇登记失业率"三单项指标排名分别下降 8、21 与 58 位，进而主要影响扬州在经济发展方面的排名下降 22 位。

（五十八）包头

包头市在 2023 年中国城市可持续发展综合排名中列第 58 位，各单项指标排名在前 50 位的指标数有 12 项；从五大类排名来看，包头市在社会民生和消耗排放两方面排名较高，分别列第 9 与 54 位；在单项指标中，"房价-人均 GDP 比"位于该指标排名的第 1 名，"每千人拥有卫生技术人员数""人均社会保障和就业财政支出""人均 GDP""单位二三产业增加值占建成区面积"四单项指标排名相对较高，分别列第 15、24、26 与 26 位；但在"人均水资源量""单位工业总产值二氧化硫排放量""一般工业固体废物综合利用率""人均城市道路面积+高峰拥堵延时指数"四单项指标排名相对较低，分别列第 101、101、101 与 103 位。和上年度相比，包头市可持续发展综合排名有所下降；五大类一级指标方面，消耗排放方面排名上升 8 位；单项指标中，"单位二三产业增加值占建成区面积""财政性节能环保支出占 GDP 比重""GDP 增长率"排名提升相对较多，分别上升 11、18 与 27 位；但"年均 AQI 指数""每万人城市绿地面积""人均水资源量"三单项指标排名分别下降 7、9 与 20 位，进而主要影响包头在资源环境方面的排名下降 12 位。

（五十九）铜仁

铜仁市在 2023 年中国城市可持续发展综合排名中列第 59 位，各单项指标排名在前 10 位的指标数有 6 项；从五大类排名来看，铜仁市在社会民生、资源环境和环境治理三方面排名较高，分别列第 11、11 与 34 位；在单项指标中，"年均 AQI 指数""人均水资源量""每千人医疗卫生机构床位数""财政性节能环保支出占 GDP 比重""0~14 岁常住人口占比"五单项指标排名相对较高，分别列第 6、6、9、9 与 10 位；但在"一般工业固体废物综合利用率""单位工业总产值二氧化硫排放量""城镇登记失业率"三单项指标排名相对较低，分别列第102、103与104位。和上年度相比，铜仁市可持续发展综合排名下降7位；五大类一级指标方面，社会民生和环境治理两方面排名分别上升7与7位；单项指标中，"每千人拥有卫生技术人员数""第三产业增加值占GDP比重""每千人医疗卫生机构床位数""财政性节能环保支出占GDP比重"排名提升相对较多，分别上升6、7、7与13位；但"人均GDP""财政性科学技术支出占GDP比重""GDP增长率""城镇登记失业率"四单项指标排名分别下降7、14、14与28位，进而主要影响铜仁在经济发展方面的排名下降11位。

（六十）济宁

济宁市在2023年中国城市可持续发展综合排名中列第60位，各单项指标排名在前50位的指标数有12项；从五大类排名来看，济宁市在社会民生和环境治理两方面排名较高，分别列第20与21位；在单项指标中，"人均城市道路面积+高峰拥堵延时指数""城镇登记失业率""0～14岁常住人口占比"三单项指标排名相对较高，分别列第5、12与28位；但在"财政性科学技术支出占GDP比重""年均AQI指数""单位工业总产值废水排放量"三单项指标排名相对较低，分别列第88、102与102位。和上年度相比，济宁市可持续发展综合排名上升7位；五大类一级指标方面，消耗排放、经济发展和社会民生三方面排名分别上升4、8与15位；单项指标中，"每千人拥有卫生技术人员数""人均社会保障和就业财政支出""财政性节能环保支出占GDP比重""GDP增长率"排名提升相对较多，分别上升7、7、9与13位；但"一般工业固体废物综合利用率""污水处理厂集中处理率"两单项指标排名分别下降12与14位，进而主要影响济宁在环境治理方面的排名下降4位。

（六十一）佛山

佛山市在2023年中国城市可持续发展综合排名中列第61位，各单项指

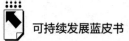

标排名在前 10 位的指标数有 5 项；从五大类排名来看，佛山市在经济发展方面排名较高，列第 31 位；在单项指标中，"单位二三产业增加值占建成区面积""污水处理厂集中处理率"均位于该指标排名的第 1 名，"单位工业总产值二氧化硫排放量""单位 GDP 能耗率""单位工业总产值废水排放量"三单项指标排名相对较高，分别列第 5、7 与 11 位；但在"每千人医疗卫生机构床位数""财政性节能环保支出占 GDP 比重""人均社会保障和就业财政支出""每万人城市绿地面积"四单项指标排名相对较低，分别列第 104、107、110 与 110 位。

（六十二）赣州

赣州市在 2023 年中国城市可持续发展综合排名中列第 62 位，各单项指标排名在前 20 位的指标数有 8 项；从五大类排名来看，赣州市在资源环境方面排名较高，列第 12 位；在单项指标中，"财政性节能环保支出占 GDP 比重""人均城市道路面积+高峰拥堵延时指数""单位 GDP 能耗"三单项指标排名相对较高，分别列第 6、10 与 10 位；但在"单位 GDP 水耗""污水处理厂集中处理率""每千人拥有卫生技术人员数"三单项指标排名相对较低，分别列第 94、102 与 103 位。和上年度相比，赣州市可持续发展综合排名上升 7 位；五大类一级指标方面，社会民生方面排名上升 5 位；单项指标中，"GDP 增长率""年均 AQI 指数""每千人医疗卫生机构床位数"排名提升相对较多，分别上升 8、10 与 12 位；但"污水处理厂集中处理率""一般工业固体废物综合利用率"两单项指标排名分别下降 8 与 15 位，进而主要影响赣州在环境治理方面的排名略有下降。

（六十三）唐山

唐山市在 2023 年中国城市可持续发展综合排名中列第 63 位，各单项指标排名在前 50 位的指标数有 10 项；从五大类排名来看，唐山市在社会民生方面排名较高，列第 8 位；在单项指标中，"房价-人均 GDP 比""单位二三产业增加值占建成区面积""污水处理厂集中处理率"三单项指标排名相对较高,分别列第 11、17 与 27 位;但在"每万人城市绿地面积""第三产业增加值占 GDP 比重""单位 GDP 能耗"三单项指标排名相对较低,分别列第 99、107 与 107 位。和上年度相比,唐山市可持续发展综合排名略有上升;五大类一级指标方面,社会民生方面排名上升 28 位;单项指标中,"每千人医疗卫生机构床位数""人均水资源量""每千人拥有卫生技术人员数"排名提升相对较多,分别上升 19、25 与 32 位;但"GDP 增长率"和"一般工业固体废物综合利用率"、"污水处理厂集中处理率"、"财政性节能环保支出占 GDP 比重"四单项指标排名分别下降 62、6、15、30 位,进而主要影响唐山在经济发展和环境治理两方面的排名下降 14 与 27 位。

(六十四)北海

北海市在 2023 年中国城市可持续发展综合排名中列第 64 位,各单项指标排名在前 20 位的指标数有 5 项;从五大类排名来看,北海市在资源环境和环境治理两方面排名较高,分别列第 13 与 38 位;在单项指标中,"人均城市道路面积+高峰拥堵延时指数""污水处理厂集中处理率""年均 AQI 指数"三单项指标排名相对较高,分别列第 11、11 与 16 位;但在"人均社会保障和就业财政支出""中小学师生人数比""财政性节能环保支出占 GDP 比重""财政性科学技术支出占 GDP 比重"四单项指标排名相对较低,分别列第 98、103、103 与 108 位。和上年度相比,北海市可持续发展综合排名下降 3 位;五大类一级指标方面,经济发展方面排名上升 16 位;单项指标中,"城镇登记失业率""GDP 增长率"排名提升相对较多,分别上升21 与 72 位;但"0~14 岁常住人口占比""每千人医疗卫生机构床位数""每千人拥有卫生技术人员数""中小学师生人数比"四单项指标排名分别下降 5、9、11 与 22 位,进而主要影响北海在社会民生方面的排名下降 12 位。

(六十五)东莞

东莞市在 2023 年中国城市可持续发展综合排名中列第 65 位,各单项指

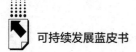

标排名在前 20 位的指标数有 6 项；从五大类排名来看，东莞市在环境治理、资源环境和经济发展三方面排名较高，分别列第 37、42 与 43 位；在单项指标中，"城镇登记失业率""单位工业总产值二氧化硫排放量""每万人城市绿地面积""单位 GDP 水耗""单位 GDP 能耗"五单项指标排名相对较高，分别列第 6、9、10、15 与 17 位；但在"人均水资源量""中小学师生人数比""每千人拥有卫生技术人员数""每千人医疗卫生机构床位数""人均社会保障和就业财政支出"五单项指标排名相对较低，分别列第 106、107、108、109 与 109 位。

（六十六）南宁

南宁市在 2023 年中国城市可持续发展综合排名中列第 66 位，各单项指标排名在前 50 位的指标数有 10 项；从五大类排名来看，南宁市在消耗排放和社会民生两方面排名较高，分别列第 52 与 55 位；在单项指标中，"第三产业增加值占 GDP 比重""单位 GDP 能耗""每千人拥有卫生技术人员数"三单项指标排名相对较高，分别列第 10、18 与 19 位；但在"污水处理厂集中处理率""单位 GDP 水耗""GDP 增长率""每万人城市绿地面积"四单项指标排名相对较低，分别列第 93、95、95 与 107 位。和上年度相比，南宁市可持续发展综合排名下降 9 位；五大类一级指标方面，社会民生方面排名上升 13 位；单项指标中，"单位工业总产值二氧化硫排放量""人均城市道路面积+高峰拥堵延时指数"排名提升相对较多，分别上升 20 与 21 位；但"GDP 增长率"和"财政性节能环保支出占 GDP 比重""一般工业固体废物综合利用率"三单项指标排名分别下降 53、12 与 39 位，进而主要影响南宁在经济发展和环境治理两方面的排名分别下降 16 和 41 位。

（六十七）韶关

韶关市在 2023 年中国城市可持续发展综合排名中列第 67 位，各单项指标排名在前 50 位的指标数有 12 项；从五大类排名来看，韶关市在资源环境、环境治理和社会民生三方面排名较高，分别列第 3、20 与 31 位；在单项指标中,"人均水资源量""人均社会保障和就业财政支出""污水处理厂集中处理率"三单项指标排名相对较高,分别列第5、20与21位;但在"单位GDP能耗""单位GDP水耗""单位工业总产值废水排放量"三单项指标排名相对较低,分别列第100、106与109位。和上年度相比,韶关市可持续发展综合排名下降8位;五大类一级指标方面,社会民生方面排名上升11位;单项指标中,"每千人医疗卫生机构床位数""人均社会保障和就业财政支出""GDP增长率"排名提升相对较多,分别上升14、16与29位;但"污水处理厂集中处理率"、"财政性节能环保支出占GDP比重"和"城镇登记失业率"、"财政性科学技术支出占GDP比重"四单项指标排名分别下降16、17、17、39位,进而主要影响韶关在环境治理和经济发展两方面的排名分别下降11与13位。

(六十八)黄石

黄石市在2023年中国城市可持续发展综合排名中列第68位,各单项指标排名在前50位的指标数有11项;从五大类排名来看,黄石市在社会民生和资源环境两方面排名较高,分别列第37与37位;在单项指标中,"GDP增长率""人均城市道路面积+高峰拥堵延时指数""0~14岁常住人口占比"三单项指标排名相对较高,分别列第3、14与17位;但在"单位GDP能耗""人均社会保障和就业财政支出""中小学师生人数比"三单项指标排名相对较低,分别列第102、104与108位。和上年度相比,黄石市可持续发展综合排名上升5位;五大类一级指标方面,经济发展方面排名上升32位;单项指标中,"每千人医疗卫生机构床位数""第三产业增加值占GDP比重""城镇登记失业率""GDP增长率"排名提升相对较多,分别上升12、15、30与98位;但"人均社会保障和就业财政支出"和"财政性节能环保支出占GDP比重"、"一般工业固体废物综合利用率"、"污水处理厂集中处理率"四单项指标排名分别下降76、11、11与12位,进而主要影响黄石在资源环境和环境治理两方面的排名分别下降11与23位。

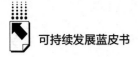

（六十九）惠州

惠州市在 2023 年中国城市可持续发展综合排名中列第 69 位，各单项指标排名在前 20 位的指标数有 4 项；从五大类排名来看，惠州市在消耗排放、经济发展和资源环境三方面排名较高，分别列第 43、45 与 48 位；在单项指标中，"一般工业固体废物综合利用率"位于该项指标排名的第一名，"GDP 增长率""单位工业总产值废水排放量""0～14 岁常住人口占比""年均 AQI 指数"四单项指标排名也相对较高，分别列第 10、12、26 与 26 位；但在"第三产业增加值占 GDP 比重""中小学师生人数比""每千人医疗卫生机构床位数"三单项指标排名相对较低，分别列第 100、104 与 106 位。和上年度相比，惠州市可持续发展综合排名下降 3 位；五大类一级指标方面，经济发展和消耗排放两方面排名分别上升 4 与 14 位；单项指标中，"单位工业总产值废水排放量""一般工业固体废物综合利用率""GDP 增长率"排名提升相对较多，分别上升 31、51 与 73 位；但"每万人城市绿地面积"、"人均水资源量"和"财政性节能环保支出占 GDP 比重"、"污水处理厂集中处理率"四单项指标排名分别下降 13、21、13 与 76 位，进而主要影响惠州在资源环境和环境治理两方面的排名分别下降 25 与 34 位。

（七十）遵义

遵义市在 2023 年中国城市可持续发展综合排名中列第 70 位，各单项指标排名在前 20 位的指标数有 7 项；从五大类排名来看，遵义市在社会民生和资源环境两方面排名较高，分别列第 18 与 34 位；在单项指标中，"每千人医疗卫生机构床位数""年均 AQI 指数""财政性节能环保支出占 GDP 比重""GDP 增长率"四单项指标排名相对较高，分别列第 7、8、8 与 9 位；但在"第三产业增加值占 GDP 比重""单位工业总产值二氧化硫排放量""城镇登记失业率"三单项指标排名相对较低，分别列第 103、107 与 109 位。和上年度相比，遵义市可持续发展综合排名略有上升；五大类一级指标方面，社会民生和环境治理两方面排名分别上升 23 与 49 位；单项指标中，

"财政性节能环保支出占 GDP 比重""污水处理厂集中处理率""人均城市道路面积+高峰拥堵延时指数"排名提升相对较多,分别上升 18、40 与 53 位;但"单位工业总产值二氧化硫排放量"、"单位工业总产值废水排放量"和"第三产业增加值占 GDP 比重"、"财政性科学技术支出占 GDP 比重"、"城镇登记失业率"五单项指标排名分别下降 19、55、12、19 与 40 位,进而主要影响遵义在消耗排放和经济发展两方面的排名分别下降 10 与 16 位。

(七十一)许昌

许昌市在 2023 年中国城市可持续发展综合排名中列第 71 位,各单项指标排名在前 50 位的指标数多达 11 项;从五大类排名来看,许昌市在消耗排放和环境治理两方面排名较高,分别列第 30 与 33 位;在单项指标中,"污水处理厂集中处理率"、"0～14 岁常住人口占比"、"单位 GDP 水耗"和"单位工业总产值废水排放量"四单项指标排名相对较高,分别位于第 15、18、21 与 29 位;但在"第三产业增加值占 GDP 比重"、"每千人拥有卫生技术人员数"、"人均社会保障和就业财政支出"和"GDP 增长率"四单项指标排名相对较低,分别列第 97、99、102 与 103 位。和上年度相比,许昌市可持续发展综合排名保持不变;五大类一级指标方面,所有指标均有所下降;单项指标中,"每千人医疗卫生机构床位数""城镇登记失业率""污水处理厂集中处理率"指标排名提升相对较多,分别上升 5、13 与 20 位;但"财政性节能环保支出占 GDP 比重""一般工业固体废物综合利用率"两单项指标排名分别下降 16 与 26 位,进而主要影响许昌在环境治理方面的排名下降 14 位。

(七十二)承德

承德市在 2023 年中国城市可持续发展综合排名中列第 72 位,各单项指标排名在前 50 位的指标数多达 12 项;从五大类排名来看,承德市在环境治理和资源环境两方面排名比较高,分别列第 3 与 14 位;在单项指标中,"财政性节能环保支出占 GDP 比重"、"人均水资源量"、"每万人城市绿地面

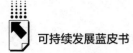

积"和"中小学师生人数比"四单项指标排名比较靠前,分别列第3、20、24与31位;但在"第三产业增加值占GDP比重"、"单位工业总产值二氧化硫排放量"、"单位二三产业增加值占建成区面积"和"GDP增长率"四单项指标排名相对较低,分别列第91、98、100与102位。

(七十三)怀化

怀化市在2023年中国城市可持续发展综合排名中列第73位,各单项指标排名在前50位的指标数多达11项;从五大类排名来看,怀化市在资源环境方面排名较高,列第23位;在单项指标中,"每千人医疗卫生机构床位数"位于该指标排名的第1名,"单位工业总产值废水排放量"、"人均水资源量"和"年度AQI指数"三单项指标排名相对较高,分别列第2、3与19位;但在"单位GDP水耗"、"房价-人均GDP比"、"人均GDP"和"人均城市道路面积+高峰拥堵延时指数"四单项指标排名相对较低,分别列第101、102、102与105位。和上年度相比,怀化市可持续发展综合排名下降13位;五大类一级指标方面,消耗排放方面排名上升10位;单项指标中,"单位工业总产值二氧化硫排放量""单位工业总产值废水排放量"指标排名提升相对较多,分别上升28与52位;但"财政性节能环保支出占GDP比重"、"污水处理厂集中处理率"和"人均GDP"、"财政性科学技术支出占GDP比重"、"城镇登记失业率"五单项指标排名分别下降10、18、10、11与71位,进而主要影响怀化在环境治理和经济发展两方面的排名分别下降20与35位。

(七十四)南阳

南阳市在2023年中国城市可持续发展综合排名中列第74位,各单项指标排名在前50位的指标数多达12项;从五大类排名来看,南阳市在环境治理方面排名比较靠前,列第32位;在单项指标中,"0~14岁常住人口占比"位于该指标排名的第1名,"GDP增长率""污水处理厂集中处理率""单位GDP能耗"三单项指标排名相对较高,分别列第18、19与25位;但在"年均 AQI 指数"、"城镇登记失业率"、"房价-人均 GDP 比"和"单位二三产业增加值占建成区面积"四单项指标排名相对较低，分别列第 94、95、95 与 95 位。和上年度相比，南阳市可持续发展综合排名上升 12 位；五大类一级指标方面，资源环境、消耗排放和社会民生三方面排名分别上升 9、9 与 14 位；单项指标中，"每千人医疗卫生机构床位数""单位工业总产值废水排放量""GDP 增长率"排名提升相对较多，分别上升 19、26 与 57 位；但"一般工业固体废物综合利用率""污水处理厂集中处理率"两单项指标排名分别下降 8 与 11 位，进而主要影响南阳在环境治理方面的排名下降 10 位。

（七十五）兰州

兰州市在 2023 年中国城市可持续发展综合排名中列第 75 位，各单项指标排名在前 20 位的指标数有 5 项；从五大类排名来看，兰州市在社会民生方面排名较高，列第 15 位；在单项指标中，"第三产业增加值占 GDP 比重""每千人拥有卫生技术人员数""一般工业固体废物综合利用率"三单项指标排名相对较高，分别列第 12、12 与 14 位；但在"年均 AQI 指数"、"单位工业总产值二氧化硫排放量"、"GDP 增长率"和"人均水资源量"四单项指标排名相对较低，分别列第 91、91、95 与 108 位。和上年度相比，兰州市可持续发展综合排名下降 7 位；五大类一级指标方面，环境治理和社会民生两方面排名分别上升 7 与 15 位；单项指标中，"中小学师生人数比""财政性节能环保支出占 GDP 比重""人均城市道路面积+高峰拥堵延时指数"排名提升相对较多，分别上升 9、22 与 40 位；但"人均 GDP""财政性科学技术支出占 GDP 比重""GDP 增长率""城镇登记失业率"四单项指标排名分别下降 5、13、23 与 28 位，进而主要影响兰州在经济发展方面的排名下降 22 位。

（七十六）宜宾

宜宾市在 2023 年中国城市可持续发展综合排名中列第 76 位，各单项指

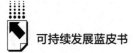

标排名在前 50 位的指标数有 7 项；从五大类排名来看，宜宾市在环境治理和消耗排放两方面排名较高，列第 22 与 55 位；在单项指标中，"每千人医疗卫生机构床位数"、"人均水资源量"、"GDP 增长率"和"一般工业固体废物综合利用率"四单项指标排名相对较高，分别列第 19、23、24 与 27位；但在"城镇登记失业率""人均社会保障和就业财政支出""第三产业增加值占 GDP 比重"三单项指标排名相对较低，分别列第 82、90 与 106位。和上年度相比，宜宾市可持续发展综合排名下降 12 位；五大类一级指标方面，消耗排放方面排名与上年度变化不大；单项指标中，"财政性科学技术支出占 GDP 比重""每千人拥有卫生技术人员数""单位工业总产值废水排放量"三个单项指标排名均有所上升；但"一般工业固体废物综合利用率""污水处理厂集中处理率""财政性节能环保支出占 GDP 比重"三单项指标排名分别下降 14、21 与 21 位，进而主要影响宜宾在环境治理方面的排名下降 18 位。

（七十七）呼和浩特

呼和浩特市在 2023 年中国城市可持续发展综合排名中列第 77 位，各单项指标排名在前 20 位的指标数有 4 项。呼和浩特是可持续发展均衡程度较高的城市之一；从五大类排名来看，呼和浩特市在经济发展、资源环境和社会民生三方面排名较高，分别列第 62、63 与 64 位；在单项指标中，"每万人城市绿地面积""第三产业增加值占 GDP 比重""房价-人均 GDP 比"三单项指标排名比较靠前，分别列第 14、18 与 19 位；但在"人均水资源量""财政性科学技术占 GDP 比重"、"城镇登记失业率"和"一般工业固体废物综合利用率"四单项指标排名相对较低，分别列第 94、97、98 与 106 位。和上年度相比，呼和浩特市可持续发展综合排名下降 3 位；五大类一级指标方面，社会民生、资源环境和消耗排放方面排名分别上升 2、2 与 4 位；单项指标中，"单位工业总产值废水排放量"、"GDP 增长率"和"每万人城市绿地面积"三个单项指标排名均有上升，分别上升 2、4 与 12 位；但"财政性节能环保支出占 GDP 比重""一般工业固体废物综合利用率""污水处理厂集中处理率"三单项指标排名分别下降4、7与28位，进而主要影响呼和浩特在环境治理方面的排名下降28位。

（七十八）泸州

泸州市在2023年中国城市可持续发展综合排名中列第78位，各单项指标排名在前50位的指标数有9项；从五大类排名来看，泸州市在环境治理和资源环境两方面排名较高，分别列第19与27位；在单项指标中，"财政性节能环保支出占GDP比重""每千人医疗卫生机构床位数""人均水资源量""GDP增长率"四单项指标排名相对较高，分别列第13、15、33与36位；但在"单位工业总产值废水排放量"、"中小学师生人数比"和"第三产业增加值占GDP比重"三单项指标排名相对较低，分别列第83、88与105位。和上年度相比，泸州市可持续发展综合排名下降8位；五大类一级指标方面，消耗排放方面排名上升3位；单项指标中，"财政性节能环保支出占GDP比重""污水处理厂集中处理率""中小学师生人数比"排名提升相对较多，分别上升6、10与13位；但"人均城市道路面积+高峰拥堵延时指数"和"人均水资源量"、"每万人城市绿地面积"、"年均AQI指数"四单项指标排名分别下降35、9、15与15位，进而主要影响泸州在社会民生和资源环境两方面的排名分别下降12和14位。

（七十九）临沂

临沂市在2023年中国城市可持续发展综合排名中列第79位，各单项指标排名在前50位的指标数有7项；从五大类排名来看，临沂市在环境治理和消耗排放两方面排名较高，分别列第46与49位；在单项指标中，"0~14岁常住人口占比""城镇登记失业率""GDP增长率"三单项指标排名相对较高，分别列第8、22与28位；但在"人均GDP"、"中小学师生人数比"和"年均AQI指数"三单项指标排名比较靠后，分别列第87、93与98位。和上年度相比，临沂市可持续发展综合排名变化不大；五大类一级指标方面，经济发展、消耗排放和环境治理三方面排名分别上升3、3与5位；单

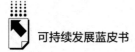
项指标中，"GDP增长率""人均社会保障和就业财政支出""污水处理厂集中处理率"排名提升相对较多，分别上升5、6与14位；但"每万人城市绿地面积""年均AQI指数""人均水资源量"三单项指标排名分别下降5、8与13位，进而主要影响临沂在资源环境方面的排名下降9位。

（八十）桂林

桂林市在2023年中国城市可持续发展综合排名中列第80位，各单项指标排名在前50位的指标数有11项；从五大类排名来看，桂林市在资源环境和环境治理两方面排名比较靠前，分别列第28与40位；在单项指标中，"人均水资源量""年均AQI指数""污水处理厂集中处理率"三单项指标排名相对较高，分别列第2、21与22位；但在"每千人医疗卫生机构床位数"、"财政性科学技术支出占GDP比重"和"单位GDP水耗"三单项指标排名相对较低，分别列第91、96与109位。和上年度相比，桂林市可持续发展综合排名上升4位；五大类一级指标方面，环境治理、社会民生和消耗排放三方面排名分别上升5、7与7位；单项指标中，"污水处理厂集中处理率""人均社会保障和就业财政支出""单位工业总产值废水排放量"排名提升相对较多，分别上升5、11与48位；但"年均AQI指数""每万人城市绿地面积"两单项指标排名分别下降3与9位，进而主要影响桂林在资源环境方面的排名下降4位。

（八十一）秦皇岛

秦皇岛市在2023年中国城市可持续发展综合排名中列第81位，各单项指标排名在前50位的指标数有6项；从五大类排名来看，秦皇岛市在社会民生和消耗排放两方面排名较高，分别列第61与65位；在单项指标中，"中小学师生人数比"、"财政性节能环保支出占GDP比重"和"人均城市道路面积+高峰拥堵延时指数"三单项指标排名相对较高，分别列第13、28与42位；但在"单位GDP能耗"、"GDP增长率"、"财政性科学技术支出占GDP比重"和"一般工业固体废物综合利用率"四单项指标排名相对较低，分别列第77、79、87与91位。和上年度相比，秦皇岛市可持续发展综合排名下降5位；五大类一级指标方面，社会民生和资源环境两方面排名分别上升6与8位；单项指标中，"人均水资源量"排名上升较多，上升了28位；但"城镇登记失业率"、"GDP增长率"和"财政性节能环保支出占GDP比重"、"污水处理厂集中处理率"四单项指标排名分别下降20、52、13与19位，进而主要影响秦皇岛在经济发展和环境治理两方面的排名分别下降13与22位。

（八十二）牡丹江

牡丹江市在2023年中国城市可持续发展综合排名中列第82位，各单项指标排名在前20位的指标数有5项；从五大类排名来看，牡丹江市在资源环境和社会民生两方面排名较高，分别列第2与42位；在单项指标中，"中小学师生人数比"、"人均社会保障和就业财政支出"、"人均水资源量"和"每万人城市绿地面积"四单项指标排名相对较高，分别列第6、7、8与18位；但在"人均GDP"、"单位GDP水耗"、"单位二三产业增加值占建成区面积"和"0~14岁常住人口占比"四单项指标排名比较靠后，分别列第105、107、108与109位。和上年度相比，牡丹江市可持续发展综合排名下降7位；五大类一级指标方面，经济发展、资源环境和环境治理三方面排名均保持不变；单项指标中，"财政性科学技术支出占GDP比重""污水处理厂集中处理率"排名提升相对较多，分别上升14与62位；但"房价-人均GDP比""0~14岁常住人口占比""人均城市道路面积+高峰拥堵延时指数""每千人拥有卫生技术人员数""每千人医疗卫生机构床位数"五单项指标排名分别下降8、11、15、17与17位，进而主要影响牡丹江在社会民生方面的排名下降18位。

（八十三）固原

固原市在2023年中国城市可持续发展综合排名中列第83位，各单项指标排名在前20位的指标数有6项；从五大类排名来看，固原市在环

境治理和社会民生两方面排名较高,列第 18 与 50 位;在单项指标中,"财政性节能环保支出占 GDP 比重"位于该指标排名的第 1 名,"人均社会保障和就业财政支出"、"0~14 岁常住人口占比"、"第三产业增加值占 GDP 比重"和"人均城市道路面积+高峰拥堵延时指数"四单项指标排名相对较高,分别列第 9、11、20 与 20 位;但在"人均 GDP"、"单位工业总产值二氧化硫排放量"和"单位二三产业增加值占建成区面积"三单项指标排名比较靠后,分别列第 108、109 与 110 位。和上年度相比,固原市可持续发展综合排名下降 25 位;五大类一级指标方面,五大类一级指标均有所下降;单项指标中,"第三产业增加值占 GDP 比重""一般工业固体废物综合利用率""人均社会保障和就业财政支出"排名有提升,分别上升 7、7 与 8 位;但"人均水资源量"、"年均 AQI 指数"和"城镇登记失业率"、"GDP 增长率"四单项指标排名分别下降 16、23、45 与 91 位,进而主要影响固原在资源环境和经济发展两方面的排名分别下降 27 与 29 位。

（八十四）石家庄

石家庄市在 2023 年中国城市可持续发展综合排名中列第 84 位,各单项指标排名在前 50 位的指标数有 9 项。石家庄是可持续发展不均衡程度最大的城市之一;从五大类排名来看,石家庄市在环境治理和消耗排放两方面排名较高,列第 2 与 50 位;在单项指标中,"财政性节能环保支出占 GDP 比重"、"污水处理厂集中处理率"和"第三产业增加值占 GDP 比重"三单项指标排名相对较高,分别列第 11、13 与 26 位;但在"每千人医疗卫生机构床位数"、"每万人城市绿地面积"、"人均社会保障和就业财政支出"和"年均 AQI 指数"四单项指标排名相对较低,分别列第 90、92、95 与 107位。和上年度相比,石家庄市可持续发展综合排名下降 3 位;五大类一级指标方面均略有下降;单项指标中,"人均水资源量"和"单位工业总产值废水排放量"排名提升相对较多,分别上升 7 与 24 位;但"房价-人均 GDP比"、"每千人医疗卫生机构床位数"、"中小学师生人数比"和"人均城市道路面积+高峰拥堵延时指数"四单项指标排名分别下降7、8、8与8位，进而主要影响石家庄在社会民生方面的排名下降10位。

（八十五）枣庄

枣庄市在2023年中国城市可持续发展综合排名中列第85位，各单项指标排名在前50位的指标数有8项；从五大类排名来看，枣庄市在社会民生和环境治理两方面排名较高，列第56与60位；在单项指标中，"一般工业固体废物综合利用率""0~14岁常住人口占比""城镇登记失业率"三单项指标排名相对较高，分别列第13、13与17位；但在"单位二三产业增加值占建成区面积""年均AQI指数""财政性节能环保支出占GDP比重""单位工业总产值废水排放量"四单项指标排名相对较低，分别位于第93、100、106与108位。

（八十六）乐山

乐山市在2023年中国城市可持续发展综合排名中列第86位，各单项指标排名在前50位的指标数有7项；从五大类排名来看，乐山市在资源环境方面表现较好，列第8位；在单项指标中，"人均水资源量"、"每千人医疗卫生机构床位数"、"每万人城市绿地面积"和"中小学师生人数比"四单项指标排名较高，分别列第10、14、17与32位；但在"单位工业总产值二氧化硫排放量""人均城市道路面积+高峰拥堵延时指数""财政性科学技术支出占GDP比重"三单项指标排名相对较低，分别列第100、104与110位。和上年度相比，乐山市可持续发展综合排名变化不大；五大类一级指标方面，仅社会民生方面略有上升，其余方面均存在小幅度下降；单项指标中，"单位二三产业增加值占建成区面积""污水处理厂集中处理率""中小学师生人数比"排名提升相对较多，分别上升5、7与15位；但"财政性科学技术支出占GDP比重""城镇登记失业率""GDP增长率"三单项指标排名分别下降9、10与19位，进而主要影响乐山在经济发展方面的排名下降8位。

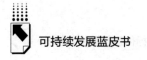

（八十七）哈尔滨

哈尔滨市在 2023 年中国城市可持续发展综合排名中列第 87 位，各单项指标排名在前 50 位的指标数有 9 项；从五大类排名来看，哈尔滨市在社会民生和经济发展方面表现较好，分别列第 45 与 78 位；在单项指标中，"每千人医疗卫生机构床位数"、"第三产业增加值占 GDP 比重"、"人均社会保障和就业财政支出"和"中小学师生人数比"四单项指标排名较高，分别列第 3、9、12 与 20 位；但在"GDP 增长率"、"每万人城市绿地面积"、"0~14 岁常住人口占比"和"单位 GDP 水耗"四单项指标排名相对较低，分别列第 103、103、105 与 105 位。和上年度相比，哈尔滨市可持续发展综合排名位置下降 10 位；五大类一级指标方面，社会民生方面排名有所上升；单项指标中，"一般工业固体废物综合利用率""年均 AQI 指数"排名提升相对相多，分别上升 17 与 20 位；但"污水处理厂集中处理率"、"财政性节能环保支出占 GDP 比重"和"人均 GDP"、"GDP 增长率"和"城镇登记失业率"五单项指标排名分别下降 12、27、13、14 与 17 位，进而主要影响哈尔滨在环境治理和经济增长两方面的排名分别下降 14 与 15 位。

（八十八）南充

南充市在 2023 年中国城市可持续发展综合排名中列第 88 位，各单项指标排名在前 50 位的指标数多达 9 项；从五大类排名来看，南充市在资源环境和消耗排放方面表现较好，分别列第 32 与 57 位；在单项指标中，"每千人医疗卫生机构床位数"、"单位工业总产值二氧化硫排放量"、"中小学师生人数比"和"单位工业总产值废水排放量"四单项指标排名较好，分别列第 13、13、25 与 31 位；但"第三产业增加值占 GDP 比重"、"单位二三产业增加值占建成区面积"和"财政性科学技术支出占 GDP 比重"三单项指标排名相对较低，分别列第 98、102 与 103 位。和上年度相比，南充市可持续发展综合排名位置下降 8 位；五大类一级指标方面，资源环境方面排名上升 8 位；单项指标中，"中小学师生人数比""人均水资源量"有所提升，上升 6 与 20 位；但"GDP 增长率"和"人均社会保障和就业财政支出"、"0～14 岁常住人口占比"三单项指标排名分别下降 23、17 与 28 位，进而主要影响南充市在经济发展与社会民生两方面的排名分别下降 9 与 28 位。

（八十九）菏泽

菏泽市在 2023 年中国城市可持续发展综合排名中列第 89 位，各单项指标排名在前 50 位的指标数有 7 项；从五大类排名来看，菏泽市在环境治理方面表现较好，列第 29 位；在单项指标中，"0～14 岁常住人口占比"、"一般工业固体废物综合利用率"、"单位 GDP 能耗"和"GDP 增长率"四单项指标排名较高，分别列第 4、17、23 与 24 位；但在"中小学师生人数比"、"财政性科学技术支出占 GDP 比重"和"年均 AQI 指数"三单项指标排名相对较低，分别列第 99、104 与 109 位。

（九十）大同

大同市在 2023 年中国城市可持续发展综合排名中列第 90 位。各单项指标排名在前 10 位的指标数有 3 项；从五大类排名来看，大同市在环境治理和社会民生两个方面表现较好，分别列第 45 与 48 位；在单项指标中，"中小学师生人数比"、"财政性节能环保支出占 GDP 比重"和"人均社会保障和就业财政支出"三单项指标排名较高，分别列第 4、10 与 23 位；但在"财政性科学技术支出占 GDP 比重"、"单位 GDP 能耗"和"一般工业固体废物综合利用率"三单项指标排名相对较低，分别列第 102、105 与 109 位。和上年度相比，大同市可持续发展综合排名下降 11 位；五大类一级指标方面，资源消耗方面排名上升 5 位；单项指标中，"房价-人均 GDP 比""单位工业总产值二氧化硫排放量""城镇登记失业率"排名提升相对较多，分别上升 8、13 与 13 位；但"污水处理厂集中处理率""一般工业固体废物综合利用率"两单项指标排名分别下降 32 与 36 位，进而主要影响大同市在环境治理方面的排名下降 32 位。

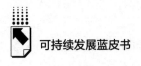

（九十一）开封

开封市在 2023 年中国城市可持续发展综合排名中列第 91 位。各单项指标排名在前 50 位的指标数有 6 项；从五大类排名来看，开封市在消耗排放和经济发展两个方面表现相对较好，分别列第 69 与 73 位；在单项指标中，"0~14 岁常住人口占比"、"财政性科学技术支出占 GDP 比重"和"单位工业总产值二氧化硫排放量"三单项指标排名较高，分别列第 9、29 与 40 位；但在"单位二三产业增加值占建成区面积"、"中小学师生人数比"和"年均 AQI 指数"三单项指标排名相对较低，分别列第 92、97 与 105 位。和上年度相比，开封市可持续发展综合排名保持不变；五大类一级指标方面，经济发展方面排名上升 2 位；单项指标中，"每千人医疗卫生机构床位数"、"GDP 增长率"和"财政性科学技术支出占 GDP 比重"三个单项指标排名均有上升，分别上升 5、8 与 15 位；但"污水处理厂集中处理率""一般工业固体废物综合利用率""财政性节能环保支出占 GDP 比重"三单项指标排名分别下降 10、15 与 26 位，进而主要影响开封市在环境治理方面的排名下降 42 位。

（九十二）吉林

吉林市在 2023 年中国城市可持续发展综合排名中列第 92 位。各单项指标排名在前 10 位的指标数有 3 项；从五大类排名来看，吉林市在资源环境、社会民生和环境治理三个方面表现较好，分别列第 22、29 与 54 位；在单项指标中，"中小学师生人数比""每千人医疗卫生机构床位数""每千人拥有卫生技术人员数"三单项指标排名较高，分别列第 2、5 与 18 位；但在"0~14 岁常住人口占比""单位二三产业增加值占建成区面积""单位工业总产值废水排放量""单位 GDP 水耗"四单项指标排名相对较低，分别列第 104、104、107 与 108 位。和上年度相比，吉林市可持续发展综合排名下降 10 位；五大类一级指标方面，资源环境排名上升 8 位；单项指标中，"GDP 增长率""年均 AQI 指数"排名提升较多，分别上升 13 与 26 位；但

"一般工业固体废物综合利用率"、"财政性节能环保支出占GDP比重"、"污水处理厂集中处理率"和"人均社会保障和就业财政支出"、"人均社会保障和就业财政支出"、"房价-人均GDP比"六单项指标排名分别下降8、9、15、29、31与34位，进而主要影响吉林市在环境治理和社会民生两方面的排名分别下降23与27位。

（九十三）平顶山

平顶山市在2023年中国城市可持续发展综合排名中列第93位，各单项指标排名在前50位的指标数有6项；从五大类排名来看，平顶山市在消耗排放和经济发展方面表现较好，分别列58与69位；在单项指标中，"0~14岁常住人口占比"、"城镇登记失业率"、"污水处理厂集中处理率"和"单位二三产业增加值占建成区面积"四单项指标排名较高，分别列第6、15、25与36位；但在"每万人城市绿地面积"、"人均社会保障和就业财政支出"和"财政性节能环保支出占GDP比重"三单项指标排名相对较低，分别列第98、101与104位。和上年度相比，平顶山市可持续发展综合排名位置不变；五大类一级指标方面，经济发展方面排名上升17位；单项指标中，"每千人医疗卫生机构床位数""人均水资源量""城镇登记失业率"排名提升较多，分别上升8、13与68位；但"一般工业固体废物综合利用率"和"财政性节能环保支出占GDP比重"两单项指标排名分别下降2与19位，进而主要影响平顶山市在环境治理方面的排名下降19位。

（九十四）银川

银川市在2023年中国城市可持续发展综合排名中列第94位，各单项指标排名在前50位的指标数有6项；从五大类排名来看，银川市在社会民生、经济发展和资源环境三方面表现较好，分别列第38、70与76位；在单项指标中，"房价-人均GDP比"、"每千人拥有卫生技术人员数"和"每万人城市绿地面积"三单项指标排名较高，分别列第12、13与20位；但在"城镇登记失业率"、"中小学师生人数比"和"人均水资源量"三单项指标排名相对较低，分别列第 107、109 与 110 位。和上年度相比，银川市可持续发展综合排名位置下降 11 位；单项指标中，"财政性科学技术支出占 GDP 比重""人均社会保障和就业财政支出""污水处理厂集中处理率"三单项指标排名有所提升，分别上升 5、10 与 11 位；但"一般工业固体废物综合利用率""财政性节能环保支出占 GDP 比重"两方面排名分别下降 5 与 43 位，进而主要影响银川市在环境治理方面的排名下降 25 位。

（九十五）湛江

湛江市在 2023 年中国城市可持续发展综合排名中列第 95 位。各单项指标排名在前 50 位的指标数有 9 项；从五大类排名来看，湛江市在环境治理、资源环境和消耗排放三方面表现较好，分别列第 24、62 与 67 位；在单项指标中，"污水处理厂集中处理率"、"0~14 岁常住人口占比"、"年均 AQI 指数"、"单位二三产业增加值占建成区面积"和"一般工业固体废物综合利用率"五单项指标排名比较靠前，分别列第 2、3、10、23 与 24 位；但在"每万人城市绿地面积"、"中小学师生人数比"、"每千人拥有卫生技术人员数"和"财政性科学技术支出占 GDP 比重"四单项指标排名相对较低，分别列第 100、102、104 与 107 位。和上年度相比，湛江市可持续发展综合排名下降 3 位；五大类一级指标方面，消耗排放、环境治理两方面排名分别上升 12 与 16 位；单项指标中，"一般工业固体废物综合利用率""单位工业总产值废水排放量""GDP 增长率"排名提升相对较多，分别上升 22、25 与 45 位；但"人均城市道路面积+高峰拥堵延时指数""中小学师生人数比"两单项指标排名分别下降 16 与 22 位，进而主要影响湛江市在社会民生方面的排名下降 7 位。

（九十六）曲靖

曲靖市在 2023 年中国城市可持续发展综合排名中列第 96 位。各单项指标排名在前 50 位的指标数有 7 项；从五大类排名来看，曲靖市在消耗排放和资源环境两个方面表现较好，分别列第 59 与 68 位；在单项指标中，

"GDP 增长率"、"年均 AQI 指数"、"0~14 岁常住人口占比"和"污水处理厂集中处理率"四单项指标排名较高，分别列第 6、18、21 与 28 位；但在"财政性科学技术支出占 GDP 比重"、"每千人拥有卫生技术人员数"、"每万人城市绿地面积"和"单位工业总产值二氧化硫排放量"四单项指标排名相对较低，排名均列第 105 位。和上年度相比，曲靖市可持续发展综合排名下降 8 位。五大类一级指标方面，除消耗排放排名没有变化，其他指标方面有不同程度的下降；单项指标中，"房价-人均 GDP 比""单位二三产业增加值占建成区面积"排名有提升，分别上升 2 与 6 位；但"人均城市道路面积+高峰拥堵延时指数"、"中小学师生人数比"、"人均社会保障和就业财政支出"和"污水处理厂集中处理率"、"财政性节能环保支出占 GDP 比重"五单项指标排名分别下降 14、15、21、13 与 15 位，进而主要影响曲靖市在资源环境和环境治理两方面的排名分别下降 17 与 31 位。

（九十七）海东

海东市在 2023 年中国城市可持续发展综合排名中列第 97 位。各单项指标排名在前 50 位的指标数有 9 项；从五大类排名来看，海东市在资源环境和社会民生两个方面表现较好，分别列第 21 与 53 位；在单项指标中，"人均城市道路面积+高峰拥堵延时指数"列该项指标排名的第 1 位，"人均社会保障和就业财政支出"、"每万人城市绿地面积"、"0~14 岁常住人口占比"和"单位工业总产值废水排放量"四单项指标排名较高，分别列第 10、11、16 与 19 位；但在"财政性科学技术支出占 GDP 比重"、"单位 GDP 能耗"、"单位二三产业增加值占建成区面积"和"单位工业总产值二氧化硫排放量"四单项指标排名比较靠后，分别列第 106、106、106 与 110 位。和上年度相比，海东市可持续发展综合排名变化不大。五大类一级指标方面，消耗排放和资源环境两方面排名分别上升 2、46 位；单项指标中，"城镇登记失业率""每万人城市绿地面积""单位工业总产值废水排放量"排名提升较多，分别上升 9、69 与 80 位；但"GDP 增长率"、"财政性节能环保支出占 GDP 比重"、"一般工业固体废物综合利用率"和"污水处理厂集中处

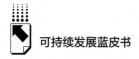

理率"四单项指标排名分别下降 83、13、13 与 14 位，进而主要影响海东市在经济发展和环境治理两方面的排名分别下降 14 与 32 位。

（九十八）汕头

汕头市在 2023 年中国城市可持续发展综合排名中列第 98 位。各单项指标排名在前 50 位的指标数有 11 项；从五大类排名来看，汕头市在环境治理和消耗排放两个方面表现较好，分别列第 15 与 36 位；在单项指标中，"0~14 岁常住人口占比"、"年均 AQI 指数"和"一般工业固体废物综合利用率"三单项指标排名较高，分别列第 23、25 与 26 位；但在"每千人医疗卫生机构床位数""每万人城市绿地面积""每千人拥有卫生技术人员数"三单项指标排名相对比较靠后，分别列第 107、109 与 110 位。和上年度相比，汕头市可持续发展综合排名下降 8 位；五大类一级指标方面，各个指标排名均有不同程度的下降；单项指标中，"人均社会保障和就业财政支出""单位二三产业增加值占建成区面积"排名提升相对较多，分别上升 5 与 9位；但"财政性节能环保支出占 GDP 比重"和"每万人城市绿地面积"、"人均水资源量"三单项指标排名分别下降 28、10 与 23 位，进而主要影响汕头市在环境治理和资源环境两方面的排名方面分别下降 10 与 15 位。

（九十九）天水

天水市在 2023 年中国城市可持续发展综合排名中列第 99 位。各单项指标排名在前 50 位的指标数有 9 项；从五大类排名来看，天水市在环境治理方面排在第 1 位；在单项指标中，"污水处理厂集中处理率"、"一般工业固体废物综合利用率"和"中小学师生人数比"三单项指标排名较高，分别列第 2、11 与 14 位；但在"每万人城市绿地面积"、"人均 GDP"和"房价-人均 GDP 比"三单项指标排名相对较低，分别列第 108、110 与 110 位。和上年度相比，天水市可持续发展综合排名下降 10 位；五大类一级指标方面，环境治理方面排名有所上升；单项指标中，"中小学师生人数比""人均社会保障和就业财政支出""一般工业固体废物综合利用率"排名均有上升，分别上升 2、6 与 25 位；但"财政性科学技术支出占 GDP 比重""人均 GDP""GDP 增长率"三单项指标排名分别下降 9、9 与 62 位，进而主要影响天水市在经济发展方面的排名下降 16 位。

（一百）大理

大理市在 2023 年中国城市可持续发展综合排名中列第 100 位。各单项指标排名在前 50 位的指标数有 6 项；从五大类排名来看，大理市在资源环境、社会民生两方面排名较好，分别列第 38 与 66 位；在单项指标中，"年均 AQI 指数"、"人均水资源量"和"人均城市道路面积+高峰拥堵延时指数"三单项指标排名较高，分别列第 3、21 与 45 位；但"单位 GDP 能耗"、"单位工业总产值二氧化硫排放量"和"城镇登记失业率"三单项指标排名相对较低，分别列第 104、104 与 106 位。和上年度相比，大理市可持续发展综合排名下降 13 位；五大类一级指标方面，除资源环境排名没有变化，其他指标方面有不同程度的下降；单项指标中，"GDP 增长率""一般工业固体废物综合利用率"排名提升较多，分别上升 5 与 13 位；但"污水处理厂集中处理率""财政性节能环保支出占 GDP 比重"两单项指标排名分别下降 18 与 50 位，进而主要影响大理市在环境治理方面的排名下降 57 位。

（一百零一）阜阳

阜阳市在 2023 年中国城市可持续发展综合排名中列第 101 位。各单项指标排名在前 50 位的指标数有 7 项；从五大类排名来看，阜阳市在环境治理、经济发展、资源环境三方面排名较好，列第 26、80 与 86 位；在单项指标中，"0~14 岁常住人口占比""GDP 增长率""城镇登记失业率"三单项指标排名较高，分别列第 7、18 与 25 位；但"每千人拥有卫生技术人员数"、"人均 GDP"和"中小学师生人数比"三单项指标排名相对较低，分别列第 101、107 与 110 位。

（一百零二）齐齐哈尔

齐齐哈尔市在 2023 年中国城市可持续发展综合排名中列 102 位。各单

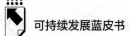

项指标排名在前 50 位的指标数有 8 项；从五大类排名来看，齐齐哈尔市在资源环境和社会民生两方面排名相对靠前，分别列第 10 与 65 位；在单项指标中，"每千人医疗卫生机构床位数"、"人均社会保障和就业财政支出"和"中小学师生人数比"三单项指标排名较高，分别列第 4、4、9 位；但在"人均 GDP"、"单位二三产业增加值占建成区面积"和"单位 GDP 水耗"三单项指标排名相对较低，分别列第 109、109 与 110 位。和上年度相比，齐齐哈尔市可持续发展综合排名下降 6 位；五大类一级指标方面，资源环境方面排名上升 21 位；单项指标中，"年均 AQI 指数""每万人城市绿地面积""财政性科学技术支出占 GDP 比重"排名提升较多，分别上升 13、15 与 16 位；但"房价-人均 GDP 比""每千人拥有卫生技术人员数""0~14 岁常住人口占比""人均城市道路面积+高峰拥堵延时指数"四单项指标排名分别下降 7、7、10 与 17 位，进而主要影响齐齐哈尔市在社会民生方面的排名下降 9 位。

（一百零三）临沧

临沧市在 2023 年中国城市可持续发展综合排名中列第 103 位。各单项指标排名在前 50 位的指标数有 6 项；从五大类排名来看，临沧市在资源环境和环境治理两方面排名较好，分别列第 41 位和 59 位；在单项指标中，"年均 AQI 指数"、"人均水资源量"和"污水处理厂集中处理率"三单项指标排名较高，分别位列第 4、7 与 18 位；但"单位 GDP 水耗"、"单位工业总产值废水排放量"和"每万人城市绿地面积"三单项指标排名相对较低，分别列第 102、103 与 106 位。

（一百零四）周口

周口市在 2023 年中国城市可持续发展综合排名中列第 104 位。各单项指标排名在前 50 位的指标数有 8 项；从五大类排名来看，周口市在环境治理方面排名较好，列第 10 位；在单项指标中，"0~14 岁常住人口占比"、"单位工业总产值废水排放量"、"污水处理厂集中处理率"和"一般工业固体废物综合利用率"四单项指标排名较高，分别列第5、6、14与15位；但在"第三产业增加值占GDP比重"、"人均GDP"、"单位二三产业增加值占建成区面积"和"每千人拥有卫生技术人员数"四单项指标排名相对较低，分别列第101、104、105与106位。

（一百零五）丹东

丹东市在2023年中国城市可持续发展综合排名中列第105位。各单项指标排名在前50位的指标数有8项；从五大类排名来看，丹东市在资源环境、社会民生两方面排名较好，分别列第15与78位；在单项指标中，"中小学师生人数比"、"人均水资源量"、"每千人医疗卫生机构床位数"和"年均AQI指数"四单项指标排名较高，分别列第1、4、16与29位；但在"一般工业固体废物综合利用率"、"财政性科学技术支出占GDP比重"和"0～14岁常住人口占比"三单项指标排名比较靠后，分别列第108、109与110位。和上年度相比，丹东市可持续发展综合排名下降11位；五大类一级指标方面，各指标排名均有不同程度的下降；单项指标中，"人均水资源量""单位工业总产值二氧化硫排放量""城镇登记失业率"排名均有提升，分别上升2、2与3位；但"0～14岁常住人口占比"、"每千人医疗卫生机构床位数"和"人均社会保障和就业财政支出"三单项指标排名分别下降10、11与16位，进而主要影响丹东市在社会民生方面的排名下降18位。

（一百零六）保定

保定市在2023年中国城市可持续发展综合排名中列第106位。各单项指标排名在前50位的指标数有6项；从五大类排名来看，保定市在环境治理、消耗排放两方面排名较好，分别列第6与79位；在单项指标中，"财政性节能环保支出占GDP比重"、"污水处理厂集中处理率"和"0～14岁常住人口占比"三单项指标排名较高，分别列第2、9与38位；但在"房价-人均GDP比"、"单位工业总产值废水排放量"和"人均GDP"三单项指标排名相对较低，分别列第98、101与106位。和上年度相比，保定可持续发

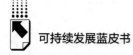

展综合排名下降 7 位；五大类一级指标方面，环境治理方面排名上升 8 位；单项指标中，"单位工业总产值二氧化硫排放量"、"财政性科学技术支出占GDP 比重"和"污水处理厂集中处理率"排名提升相对较多，分别上升11、20 与 47 位；但"年均 AQI 指数"和"每万人城市绿地面积"两单项指标排名分别下降 4 与 8 位，进而主要影响保定市在资源环境方面的排名下降 7 位。

（一百零七）渭南

渭南市在 2023 年中国城市可持续发展综合排名中列第 107 位。各单项指标排名在前 50 位的指标数有 8 项；从五大类排名来看，渭南市在社会民生、环境治理两方面排名较好，分别列第 24 与 73 位；在单项指标中，"财政性节能环保支出占 GDP 比重"、"中小学师生人数比"和"每千人拥有卫生技术人员数"三单项指标排名较高，分别列第 15、19 与 31 位；但在"单位 GDP 能耗"、"一般工业固体废物综合利用率"和"年均 AQI 指数"三单项指标排名相对较低，分别列第 98、104 与 104 位。和上年度相比，渭南市可持续发展综合排名下降 9 位；五大类一级指标方面，社会民生方面排名上升 4 位；单项指标中，"年均 AQI 指数""GDP 增长率"排名提升相对较多，分别上升 12 与 46 位；但"污水处理厂集中处理率""财政性节能环保支出占 GDP 比重""一般工业固体废物综合利用率"三单项指标排名分别下降 5、5 与 10 位，进而主要影响渭南市在环境治理方面的排名下降14 位。

（一百零八）邯郸

邯郸市在 2023 年中国城市可持续发展综合排名中列第 108 位。各单项指标排名在前 20 位的指标数有 5 项；从五大类排名来看，邯郸市在环境治理、消耗排放两方面排名较好，分别列第 11 与 73 位；在单项指标中，"0~14 岁常住人口占比"、"财政性节能环保支出占 GDP 比重"和"单位工业总产值废水排放量"三单项指标排名较高，分别列第 2、7 与 9 位；但在"人均社会保障和就业财政支出"、"每万人城市绿地面积"和"年均 AQI 指数"三单项指标排名相对较低，分别列第 100、101 与 106 位。和上年度相比，邯郸市可持续发展综合排名下降 11 位；五大类一级指标方面，各指标排名均有不同程度的下降；单项指标中，"人均水资源量""污水处理厂集中处理率"排名提升相对较多，分别上升 12 与 12 位；但"财政性科学技术支出占 GDP 比重"、"第三产业增加值占 GDP 比重"和"GDP 增长率"三单项指标排名分别下降 7、11 与 54 位，进而主要影响邯郸市在经济发展方面的排名下降 10 位。

（一百零九）运城

运城市在 2023 年中国城市可持续发展综合排名中列 109 位。各单项指标排名在前 10 位的指标数有 4 项；从五大类排名来看，运城市在环境治理方面排名相对较好，列第 72 位；在单项指标中，"财政性节能环保支出占 GDP 比重""中小学师生人数比""城镇登记失业率"三单项指标排名较高，分别列第 4、7 与 9 位；但在"一般工业固体废物综合利用率"、"年均 AQI 指数"和"单位 GDP 能耗"三单项指标排名相对较低，分别列第 107、108 与 108 位。和上年度相比，运城市可持续发展综合排名下降 8 位；五大类一级指标方面，环境治理方面下降较多，其余方面排名基本保持不变；单项指标中，"人均城市道路面积+高峰拥堵延时指数""人均水资源量""城镇登记失业率"排名提升相对较多，分别上升 16、18 与 47 位；但"污水处理厂集中处理率""一般工业固体废物综合利用率"两单项指标排名分别下降 20 与 42 位，进而主要影响运城市在环境治理方面的排名下降 37 位。

（一百一十）锦州

锦州市在 2023 年中国城市可持续发展综合排名中列第 110 位。各单项指标排名在前 50 位的指标数有 5 项；从五大类排名来看，锦州市五人类发展在资源环境方面表现较好，列第 58 位；在单项指标中，"中小学师生人数比"、"人均社会保障和就业财政支出"和"第三产业增加值占 GDP 比

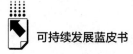

重"三单项指标排名较高，分别列第 3、35 与 36 位；但在"0~14 岁常住人口占比"、"每千人拥有卫生技术人员数"和"城镇登记失业率"三单项指标排名相对较低，分别列第 108、109、110 位。和上年度相比，锦州市可持续发展综合排名下降 10 位；五大类一级指标方面，各指标排名均有不同程度的下降；单项指标中，"年均 AQI 指数""人均水资源量"排名提升相对较多，分别上升 11 与 26 位；但"污水处理厂集中处理率"、"一般工业固体废物综合利用率"和"财政性节能环保支出占 GDP 比重"三单项指标排名分别下降 8、11 与 47 位，进而主要影响锦州市在环境治理方面的排名下降 40 位。

参考文献

习近平：《坚持可持续发展 共建亚太命运共同体》，《人民日报》2021 年 11 月 12 日。

习近平：《促进中国社会保障事业高质量发展、可持续发展》，《中国人力资源社会保障》2022 年第 5 期，第 5~7 页。

2013、2014、2015、2016、2017、2018、2019、2020、2021、2022 年度《中国统计年鉴》。

2013、2014、2015、2016、2017、2018、2019、2020、2021、2022 年度《中国城市统计年鉴》。

2013、2014、2015、2016、2017、2018、2019、2020、2021、2022 年 30 个省、直辖市、自治区的统计年鉴以及部分城市的统计年鉴。

2012、2013、2014、2015、2016、2017、2018、2019、2020、2021 年《中国城市建设统计年鉴》。

2012、2013、2014、2015、2016、2017、2018、2019、2020、2021 年 30 个省、直辖市以及部分城市的统计公报。

2012、2013、2014、2015、2016、2017、2018、2019、2020 年 110 座城市的国民经济和社会发展统计公报。

2019、2020、2021、2022 年 110 座城市的财政决算公报。

2012、2013、2014、2015、2016、2017、2018、2019、2020、2021 年 30 个省、直辖市、自治区的水资源公报以及部分城市的水资源公报。

2015、2016、2017、2018、2019、2020、2021年生态环境部每月公布的城市空气质量状况月报。

第六次、第七次全国人口普查。

《2019、2020、2021、2022年度中国主要城市交通分析报告》高德地图。

Chen, H. , Jia, B. , &Lau, S. S. Y. （2008）. Sustainable urban form for Chinese compact cities：Challenges of a rapid urbanized economy. Habitat international, 32 （1）, 28-40.

Duan, H. , et al. （2008）. Hazardous waste generation and management in China：A review. Journal of Hazardous Materials, 158 （2）, 221-227.

He, W. , et al. （2006）. WEEE recovery strategies and the WEEE treatment status in China. Journal of Hazardous Materials, 136 （3）, 502-512.

Huang, Jikun, et al. Biotechnology boosts to crop productivity in China：trade and welfare implications. Journal of Development Economics 75. 1 （2004）：27-54.

International Labour Office （ILO）. 2015. Universal Pension Coverage：People's Republic of China.

Li, X. & Pan, J. （Eds. ）（2012）. China Green Development Index Report 2012. Springer Current Chinese Economic Report Series.

Tamazian, A. , Chousa, J. P. , & Vadlamannati, K. C. （2009）. Does higher economic and financial development lead to environmental degradation：evidence from BRIC countries. Energy Policy, 37 （1）, 246-253.

United Nations. （2007）. Indicators of Sustainable Development：Guidelines and Methodologies. Third Edition.

United Nations. （2017）. Sustainable Development Knowledge Platform. Retrieved from UN Website：https：//sustainabledevelopment. un. org/sdgs.

专题篇

Special Topic

B.5
实施"双碳"战略，推进可持续发展

宁吉喆*

摘　要： 改革开放 40 多年来，中国坚持实行环境保护节约资源的基本国策，实施可持续发展战略取得了显著成效。但还应当清醒地看到，全球经济持续放缓，绿色低碳技术和产业竞争日趋激烈以及地缘冲突加剧为全球可持续发展带来巨大挑战。因此，我们必须积极稳妥实施"双碳"战略，着力扩大国内需求；大力推动绿色低碳发展；依靠体制创新加快绿色转型；深化国际合作增强全球可持续发展能力，促进高水平的全球经济社会可持续发展，推动构建人与自然生命共同体。

关键词： "双碳"战略　风险与挑战　绿色转型　国际合作

---

* 宁吉喆，第十四届全国政协常委、经济委员会副主任、中国国际经济交流中心副理事长。

习近平总书记在党的二十大报告中指出，中国式现代化是人与自然和谐共生的现代化，要推进美丽中国建设，坚持山水林田湖草沙一体化保护和系统治理，统筹产业结构调整、污染治理、生态保护、应对气候变化，协同推进降碳、减污增长，推进生态优先、节约集约、绿色低碳发展。加快发展方式绿色转型，深入推进环境污染防治提升生态系统多样性、稳定性、持续性，积极稳妥推进碳达峰碳中和。这些重要论述为我们推进可持续发展实施"双碳"战略指明了前进的方向。

改革开放40多年来，中国坚持实行环境保护节约资源的基本国策，实施可持续发展战略取得了显著成效。1979～2021年，中国以年均5.3%的能源消费增长支撑了年均9.2%的GDP增长，能源消费强度下降了70%。特别是新时代10年来，中国经济占全球经济的比重由2012年的11.4%上升到2022年的18%左右，2022年人均GDP达到1.27万美元，接近高收入国家门槛，为可持续发展打下了坚实的物质基础。同时，中国的生态环境保护发生了历史性、转折性、全局性变化。污染防治攻坚向纵深推进，绿色循环低碳发展迈出坚实步伐，风电、光伏发电装机容量和新能源汽车产销量均居世界第一。2013～2021年，中国以年均3%的能源消费增长支撑了年均6.6%的GDP增速，能源消费强度下降26%左右，二氧化碳排放强度下降34%左右。2022年，中国风电、光伏发电新增装机突破1.2亿千瓦，风电、光伏发电量达到1.2万亿千瓦时，可再生能源发电量相当于减少国内二氧化碳排放约22.6亿吨，出口的风电、光伏发电产品为其他国家减排二氧化碳约5.7亿吨，为全球节能减碳做出重要贡献。

同时应当清醒地看到，全球可持续发展面临的环境不容乐观，中国可持续发展面临的风险和挑战不容忽视。一是全球经济持续放缓，一些国家通胀高企，对中国出口和外需形成制约，境外投资合作也面临考验。二是国际上围绕绿色低碳技术和产业的竞争日趋激烈，对中国科技进步、产业转型、经济和技术安全形成压力。三是地缘冲突加剧，大国关系紧张，全球信任赤字和治理赤字突出，影响了应对气候变化等全球性问题的化解。

面对这些风险挑战，必须积极稳妥实施"双碳"战略，加快推进可持续发展。建议做好以下几方面工作。

一是着力扩大国内需求。扩内需、稳增长，促进经济运行持续好转，是推进可持续发展的重要基础。要千方百计扩大就业，多渠道增加居民收入，促进劳动经营和创业创新增收，稳步增加社会保障收入，探索增加中低收入群体要素收入，不断增强居民消费能力。同时，要改善消费条件，创新消费场景，培育和扩大线上线下结合，互联网+、绿色低碳、数字智能等新型消费。释放汽车特别是新能源汽车等需求消费潜力，支持居民刚性和改善性住房消费，积极发展文化旅游、医疗健康、养老育幼、教育培训、体育健康、家政服务等服务消费。此外，要继续拓展外需。

二是大力推动绿色低碳发展。推动经济社会发展绿色化、低碳化是实现高质量发展的关键环节，也是当前和今后可持续发展的重点任务。要立足我国能源资源禀赋，坚持先立后破，积极稳妥推进碳达峰碳中和，加快节能降碳先进技术研发和推广应用，深入推进能源革命，确保能源供应安全，持续培育壮大绿色低碳、节能环保、清洁能源等产业，推动数字经济与绿色经济、实体经济深度融合，加快规划建设新型能源体系，推动能源清洁低碳高效利用，推进工业建筑交通等领域清洁低碳转型，推动形成绿色低碳的生产方式和生活方式。

三是依靠体制创新加快绿色转型。40多年来，中国生态环境保护不断加强离不开改革开放，今后推进可持续发展还要靠改革开放。要建立健全有利于发展方式绿色转型的体制机制，全面实行排放许可制，健全现代环境治理体系，建立生态产品价值实现机制，完善生态保护补偿制度，加快构建废弃物循环利用体系，健全资源环境要素市场化配置体系，加强能源产供销储体系的建设，健全碳排放市场交易制度，完善支持绿色发展的财政、税收、金融、投资、价格政策和标准体系，积极发展 ESG 投资、绿色贷款、绿色股权、绿色债券、绿色基金和碳排放支持贷款等绿色金融工具和货币政策工具，完善碳排放统计核算制度。

四是深化国际合作增强全球可持续发展能力。人类只有一个地球，中国始终是世界可持续发展的建设者、贡献者、维护者。要积极发展绿色贸易、服务贸易、数字贸易，大力吸引国外资金投入我国绿色低碳产业发展和生态环境保护建设，着力推进绿色丝绸之路建设；推进我国与世界各国特别是发展中国家农业、粮食、能源、资源、产业、社会民生、扶贫开发等领域合作；发挥双边、多边和区域环境与发展合作的积极作用，推动构建公平合理、合作共赢的全球气候治理体系；努力实现世界绿色复苏发展，倡导加快各国绿色低碳转型，促进高水平的全球经济社会可持续发展，推动构建人类命运共同体。

B.6
绿色建筑发展的三个趋势

仇保兴 *

摘　要： 绿色建筑是一种以减少对环境的负面影响、提高资源利用效率、保护人类健康和提供舒适宜居环境为目标的新型建筑模式。随着我国"双碳"目标任务的深化落实和光伏等可再生能源的快速发展，绿色建筑将在节能技术、可再生能源应用和提升居住舒适性和增进住户健康方面迎来重要发展趋势。这些趋势将推动绿色建筑的可持续发展，提高能源效率，减少碳排放，并改善人们的生活质量和健康。

关键词： 绿色建筑　可再生能源　建筑节能

引　言

我国绿色建筑在未来势必面临三个发展趋势，第一是更加节能，即在建筑全生命周期更加节能低碳；第二是更多可再生能源，即建筑自身利用的可再生能源品种和数量会更多，甚至会超过自身消费量；第三是更加健康舒适，即建筑对居住者身心健康更有助益。

一　第一个趋势：实现更高效的节能

首先，在集中供热地区尽快实现供热计量。在我国北方推行了大面积的

---

* 仇保兴，国际欧亚科学院院士，住房和城乡建设部原副部长。

集中供热，消耗了大量的能源，因此需要实行供热计量改革。根据江亿院士提供的资料，2021 年北方供暖面积达 162 亿平方米，产生碳排放 4.9 亿吨 CO_2，每平方米北方建筑在一个供热季产生近 30 公斤的碳排放，显然这个碳排放是非常高的。如果采取供热计量的节能措施，即达到波兰的标准，可节约 1/3 的能耗和碳排放。根据最新的遥感资料，辽宁省共有 22 亿平方米的城镇建筑，按照一个供热季每个平方米 30 公斤碳排放量计算，每年将产生 6700 多万吨的碳排放。如果全部采用供热计量的办法就可以减少 1/3 的碳排放，即每年减少 2250 吨 CO_2 和相应 PM2.5 的雾霾排放。值得指出的是，如果按照去年欧盟碳市场平均 80 欧元每吨的碳价计算，减少的碳排放价值将达到 144 亿人民币收入。由此可以看出，在北方地区实行供热计量改革的投入产出效益其实是非常高的。

其次，推行公共建筑节能竞赛活动。当前我国公共建筑总面积已达 162 亿平方米，并且我国每平方米人均能耗和水耗在各类建筑中都是最高的，目前每平方米碳排放达到接近 50 公斤。美国落基山研究所创始人艾默里·洛文斯（Amory Lovins）曾做过一个试验：1997 年 1000 多名代表在毛伊岛威雷亚大酒店参加会议，通过每日向住客反馈各自房间的用能和用水量并进行排名比较，有效使酒店在 6 天会议期间能耗下降了 22%。这个案例也反映了，"行为节能"的重要性和实用性，只需通过简单的信息技术引发居民节能节水的关注度，就能实现高达 20% 的能耗和水耗的节约量。

在"更节能"的趋势下，热泵仍要大量利用。在不同的供热方式中，热泵的能耗利用比率往往是最高的，因为热泵消耗每一度电就可以从环境中获取 3~4 倍的能量，这使得它的能效比大大提高，这对于单位面积能耗很高的公共建筑来说尤为重要。

再次，绿色建材是建筑全生命周期减碳的潜力之一。目前绿色建材是建筑减碳方面的一个薄弱环节，根据《2022 中国建筑能耗与碳排放研究报告》，我国每年在建材生产阶段，水泥产生了 12 亿吨的碳排放，而钢铁达到 14 亿吨碳排放，这些材料在应用中除去采取长寿命、可循环或者其他的科学手段，这个领域能耗的减少量可不亚于现有的建筑能耗总量（见图 1）。

绿色建材是一个新的节能领域，也是一个减碳潜力最大的领域之一，建材从能耗的角度来看，主要为铝、钢筋混凝土、钢材、水泥、玻璃和木材等，其中木材是碳中性材料，但铝、钢筋混凝土、钢铁等占据了大量的碳排放额度，但是如果把这些建筑材料做成耐腐蚀、长寿命、500年都不生锈的不锈钢或可循环的绿色建材，把其生产过程的碳排放分摊到每一年，其排放量几乎趋近于零。因此，唯有把长寿命、可循环作为绿色建材的发展方向，就有可能产生具有突破性的减碳进展。

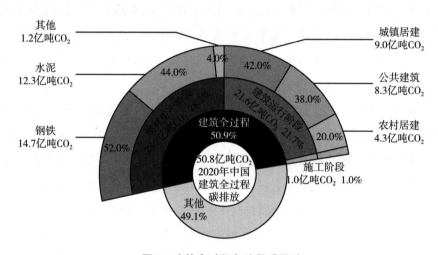

图1 建筑全过程各阶段碳排放

资料来源：2022中国建筑能耗与碳排放研究报告。

最后，注重建筑节能的边际成本测算。针对建筑围护结构热工性能的改善，往往长期着眼于维护结构保温性能的改良，但这其中有没有成本天花板却很少考虑。最典型的德国的被动房五件套，改善过程中保温层不断加厚，被动式的门窗不断加层数，同时兼带热回收的通风系统，这类系统非常昂贵，被动房设计思路基本上都是绝热、绝热、再绝热，成本则不断提升。但在提升过程中还应该重点关注其"边际成本"的约束。

如图2所示，如果我们不断提高建筑围护结构节能效率，在0-A点的横坐标范围内是合算的，但如果过于强调其节能效率，就会进入如A-B区间，在该区间成本增加了 1 倍，但所提升的节能效率却仅为 0-A 区间的 1/5。因此图 2 即反映了围护结构在改善过程中存在边际成本的约束：当保温层层数或厚度已经达到一定数量时，即使再把保温层数量提高一倍、两倍，其获得的能效是非常低的。

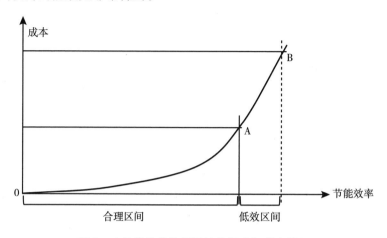

图 2　建筑维护结构保温性能提升与成本关系

资料来源：作者自绘。

如此看来一味强调保温性其实是存在明显"天花板"的，如何突破这个"天花板"？即需要借助可再生能源与建筑一体化。

二　第二个趋势：利用更多可再生能源

太阳能光伏板的成本在过去十多年间，发电成本直线下降，根据国际可再生能源署（IRENA）统计，2010 年光伏度电成本平均为 0.37 美元/kWh，至 2020 年已经下降至 0.05 美元/kWh，降幅超过 80%。近年来，光伏度电成本已低于风电、天然气发电，在部分国家和地区已经低于煤电，成为最具竞争力的新型电力产品。值得指出的是，光伏发电成本的持续下降趋势在未来仍有望继续保持，未来十年的光伏发电成本还可以下降 2~5 倍。在这一趋势背景下，使得光伏器件与建筑材料进一步融合和普及成为必然趋势。

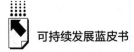

首先，光伏与建筑一体化的浪潮已经到来。钙钛矿太阳能光伏效率已经有了明显的提升，成本也有明显的下降。而且这类光伏器件具有多种多样的色彩与质感，使得光伏建筑表面像现在的装饰材料一样丰富多彩。即使是利用现在的多晶硅和单晶硅光伏器件，同样可以创造出多种多样的适应建筑的发电材料。如此看来，太阳能与建筑的一体化和多样化显然是一个巨大的趋势和机遇。

其次，太阳能光伏、光热与地源热泵结合，可成为建筑可再生能源利用新模式。该模式在北欧地区已经推行了多年，在不同的国家此种组合对建筑成本影响不同，德国如果采取这个模式能耗相差 3 倍，西班牙相差 5 倍，意大利相差 6 倍，这种模式能够使能耗大量下降，开支大量下降，非常受市民欢迎。多种可再生能源在建筑中进行组合的技术虽然较为复杂，但是完全值得的，运行也是可靠的，而且这些组件与建筑的寿命基本相同。此外，荷兰正在研究和使用太阳能和风能与建筑相结合。众所周知，从物理学的基本原理来看光伏板会将 70% 转化为热能，如果能够把风能发电机与太阳能建筑进一步的组合，就能利用风热场使建筑屋顶的风机发出更强劲的电能，这两者的组合可以比单独使用风机增加 30% 的电量，而且成本非常低廉。

最后，太阳能还可以与电动车的充电结合，形成社区微电网。目前一辆电动车可以储存 70 度电，在不远的未来甚至每辆可以储存 100 度电，预计我国到 2035 年将有一亿辆电动车，每辆一次性可以储存 100 度电，也就是把电网上的储能能力提高 5 倍，这样就为大量间歇性可再生能源的使用提供了配套储能。通过把屋顶的太阳能、风能和电梯的下降势能以及生物质能发电组合成一个微电网，当外部停电的时候，这些存储在电动汽车内的能源可以满足社区一周的电能自我供应，从而提高小区的电力韧性。

同时还可以利用"微电网"系统在峰谷的时候为电动车充电，在峰顶时又返回给电网，这个时候"反哺"到电网的每度电价格可以到 2 块钱，而在峰谷时充电只有两毛钱，相差 10 倍，这其中产生的巨大电力管理利润差，即是一个巨大的市场。只要不发生世界大战，这个系统能永远产生足够的利润。这也是宜居城市的标杆装置，从中长期来看将是重要的趋势。

三 第三个趋势：迈向更舒适健康的建筑

从节能走向建筑的终极目标"舒适健康"，这就需讲到 1993 年伟大的科学家钱学森给中国城市科学研究会的一封信，他写道："我想中国城市科学研究会不但要研究今天中国的城市，而且要考虑到 21 世纪的中国城市该是什么样的城市。所谓 21 世纪，那是信息革命的时代了，由于信息技术、机器人技术，以及多媒体技术、灵境技术和遥作（belescience）的发展，人可以坐在居室通过信息电子网络工作。这样住地也是工作地，因此，城市的组织结构将大变：一家人可以生活、工作、购物，让孩子上学等都在一座摩天大厦，不用坐车跑了。在一座座容有上万人的大楼之间，则建成大片园林，供人们散步游息。这不也是'山水城市'吗？"这封信前瞻性地预示了我们的未来，归结到一个问题，人类从 60% 在户外活动时间转变到 80% 在户内用了 100 多年的时间，而中国只用了 50 年的时间，这意味着建筑对居住者的身心健康将有着决定性的影响。丘吉尔讲过："我们塑造了建筑，但是建筑也塑造了我们。"

首先，一个重要的塑造结果就是儿童神经系统健康。如果有了绿植，成年后的抑郁症发病率将大减。《美国国家科学院院刊》（PNAS）上的一项研究指出，儿童时期小区绿化越少，成年后的精神健康状况越不好，如抑郁症倾向增加。为了下一代，我们应该在城市建筑中构建更多的绿色。不仅如此，老年人在绿色环境中生活能明显降低痴呆症发病率。根据一项发表在《美国医学会杂志-网络公开》（*JAMA Network Open*）上的研究发现，生活在公园、河流分布比例较高的地区似乎能减缓神经系统疾病，如阿尔茨海默病、帕金森的进展风险。这项研究基于近 6170 万受试者超 15 年的随访数据，证实自然环境因素在预防神经系统疾病方面具有显著的保护性作用。对于年龄较大的人群而言，周围环境越"绿"，他们因神经系统疾病住院的风险就越低。

其次，园艺活动能有效降低癌症和慢性疾病风险。2022 年 1 月 4 日，

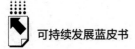

美国科罗拉多大学博尔德分校 Jill S Litt 教授等人在 The Lancet Planetary Health 期刊的研究论文指出：花费时间进行园艺的人，癌症和慢性疾病风险更低。2022 年 11 月，复旦大学公共卫生学院高翔教授团队在《营养与饮食学会杂志》（*Journal of Academy of Nutrition and Dietetics*）上发表论文，该研究也显示，种菜养花这些园艺活动有利于心血管健康。这些结论也为我国的科学家所验证，只要给居民们提供一个种花种草的机会，就可以大规模的下降心血管疾病的发生。这些预示着建筑的终极目标是使人生活更健康。

最后，绿植在南方是非常容易存活的，但是在北方严寒地带如何解决气候问题呢？现在已经有一种活动式的阳台封闭结构，夏天能打开，冬天可封闭，使花草在北方地区冬季也能茁壮成长，而且使我们的建筑再加了一层保温层。除此之外，还可以进一步利用中水进行灌溉，把自己家里洗衣、洗脸、洗澡的水进行汇集，简单处理后就可以用于浇花浇草，就地回用，这种模式已经在部分地区推行，节水效率可达 35% 以上。同时还可以利用厨余垃圾处理器，既能解决厨余垃圾，又能使这些厨余垃圾变废为宝转化为花草蔬菜的肥料，这类处理器在日本、韩国已经非常普遍。

如果在旧城改造中植入这些"立体园林建筑"，食品链可大大缩短，也将使得城市更具韧性。下一步把太阳能 BIPV 结合在一起，创造出更多的新建筑形式，使建筑从健康舒适走向可持续。科学技术的发展证明了通过建筑可以大范围的进行改良人居环境，和减少对地球温室气体的排放，这是双赢的战略，也是高效低成本的战略。

四 小结

总之，在绿色建筑发展的三个趋势中，首先是节能技术的发展。一是可计量和定量化供能的方式正在推动行为节能和碳积分，这意味着建筑能够通过监测和测量能源消耗来促进有效的节能措施，并根据其节能成绩获得碳积分，进一步鼓励节能行为；二是绿色建筑材料可循环利用和无废利用越来越重要，这意味着建筑材料应该具有可再生性，并且能够在使用寿命结束后进行回收和再利用，以减少资源浪费和环境污染；三是更安全、更高性能的保温材料也是绿色建筑的一个重要趋势，其中，气凝胶作为一种创新的保温材料，具有优异的保温性能，它具有低导热系数和优良的隔热性能，可以有效地减少能源消耗，并提高建筑的能源效率；四是建筑利用可再生能源将是摆脱加厚围护结构"低效区"的一项关键措施，通过安装太阳能电池板、地源热泵、风力发电设备等可再生能源系统，建筑可以自主地产生和利用清洁能源，减少对传统能源的依赖，并降低温室气体排放。

其次，绿色建筑领域可再生能源应用正呈现一些明显的趋势。一是太阳能光伏技术正在向建筑材料化和与建筑一体化方向发展，这意味着太阳能电池板可以作为建筑的一部分，例如作为屋顶瓦片或幕墙材料，从而将可再生能源的利用融入建筑的整体设计中；二是太阳能和风能与建筑之间的相互强化应用，通过在建筑物上安装风力发电机和太阳能电池板，建筑可以同时利用太阳能和风能来产生电力，这种综合利用不仅提供了更多的可再生能源供应，还可以提高建筑的能源自给自足能力；三是太阳能与地源热泵的组合应用，地源热泵利用地下的恒定温度进行制冷和供暖，而太阳能可以提供所需的电力，通过将这两种技术结合起来，建筑可以实现更高效的能源利用和更低的碳排放；四是利用微电网协同多种可再生能源与电动车储能，微电网是一个小型的电力系统，可以将太阳能、风能等可再生能源与电动车的储能系统连接起来，实现能源的共享和优化利用，这种协同应用可以进一步提高建筑的能源效率。

最后，建筑的终极发展方向是更舒适、更健康。立体园林建筑通过成倍增加绿化面积来减少热岛效应，使周围的绿化空间得到极大的提升，不仅美化了环境，还有效降低了周围地区的气温，创造了更舒适的室外环境。同时利用在建筑内部和周围创造绿色环境，如庭院、花园和公共绿地，儿童和老年人都可以在接近自然的环境中生活，享受户外活动的乐趣，参与种植和照料植物，享受园艺的乐趣，这不仅为他们提供了一个放松身心的活动，还让他们远离农药的使用，同时获得更加新鲜和营养的食材，更有助于他们的身心健康发展。

参考文献

《钱学森致鲍世行的信》，《城市》1994 年第 1 期，第 1 页。

B.7
多元赋能助推可持续发展

赵白鸽　杨林林　夏尧因*

摘　要： 自联合国通过《2030 可持续发展议程》以来，可持续发展成为
国际共识，目标和计划不断明确，取得了诸多实施进展。可持续
发展对于解决世界发展困局、推动中国高质量发展，及促进企业
创新与产业升级等均具有重要意义。当前，可持续发展在模式上
推陈出新，挑战与机遇并存。从中国视角出发，可持续发展的破
局之路在于多主体参与、多政策联动和多方位创新。

关键词： 《2030 可持续发展议程》　可持续发展　双碳

一　可持续发展凝聚全球共识，重要性与紧迫性凸显

从全球发展视角看，可持续发展既是人类在地球上生存与发展的必由之
路，又代表了人类对于世界构建和社会发展的美好愿景。可持续发展所关注
的贫困、粮食安全、能源危机、气候变暖等 17 个大方向是全球性问题，人
类正在切身感受着这些危机所带来的巨大伤害和蝴蝶效应。2023 年，全球
多地出现了史无前例的高温天气，厄尔尼诺现象直接或间接地影响着全球粮
食供给、生物多样性、经济增长和社会生产等诸多领域。全球平均气温已经
比工业化前上升了 1.1℃左右，如更有力的碳减排措施不能到位，则到 2035
年可能超过 1.5℃的临界点。可持续发展迫在眉睫。

---

* 赵白鸽，十二届全国人大外事委员会副主任委员、蓝迪国际智库专家委员会主席；杨林林，
蓝迪国际智库（北京）执行主任；夏尧因，蓝迪国际智库项目主管。

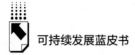

从中国国内视角看，可持续发展是中国式现代化的题中之义，也是负责任大国的必然担当。习近平总书记指出，可持续发展是"社会生产力发展和科技进步的必然产物"，是"破解当前全球性问题的'金钥匙'"。一方面，中国采取务实行动，以实际成果积极响应联合国千年发展目标和《2030年可持续发展议程》。如中国宣布"3060"双碳目标，出台"1+N"政策体系；中国脱贫攻坚取得全面胜利，历史性解决了绝对贫困问题，得到国际社会积极评价，为《2030可持续发展议程》的首要目标做出重要贡献；中国过去十年，以年均3%的能源消费增速支撑了年均6.5%的经济增长。另一方面，可持续发展与中华优秀传统文化所蕴含深刻内涵高度契合，中国可持续发展的动能源自于文化延续的深厚力量和理论创新与实践创新的良性互动。基于"和合共生"的自然生态观和"天下大同"的天下观，中国提出"人类命运共同体"理念、"一带一路"倡议和全球发展倡议、全球安全倡议、全球文明倡议，在可持续发展所奠定和明确的合作主旋律中贡献中国智慧与中国方案，助力全球可持续发展脚步。

从企业创新视角看，可持续发展是企业在智能时代背景下生存与发展的必然选择。一是投资市场，绿色金融、数字经济和新能源成为全球焦点，催生新兴行业，为企业带来新的机遇；二是竞争优势，第四次工业革命下低碳化和数字化进程加速，可持续发展有助于企业效率提升，以创新驱动企业管理模式和风险应对能力提升，提高企业综合竞争力；三是社会责任，落实可持续发展彰显企业的社会责任意识，其正在成为企业打造自身品牌不可或缺的要素。对于企业而言，实现可持续发展有助于环境效益、经济效益和社会效益的有机统一，是激活企业动能的重要举措。

二　可持续发展迎关键节点，挑战中寻找发展机遇

2023年是推动全球可持续发展和进一步落实中国"3060"计划的关键之年。首先，联合国《2030可持续发展议程》进行过半，尽管取得了一些进展，但实现可持续发展目标的进程有所落后。全球可持续发展亟须克服外

部不确定性重回正轨，按下加速键。其次，中国"3060"计划的"1+N"政策体系已初步建成，可持续发展框架不断完善，政策落地过程中的具体工作机制正逐渐形成，效果日益凸显。

（一）可持续发展模式推陈出新

在近几年可持续发展进程中，国内外均在不断探索发展模式和发展领域，产生了许多具有一定参考价值的范例。如在国际合作方面，中国与波兰，根据双方国情与市场特点，在节能减排和能源转型等领域展开合作交流，实现了技术领域的互助合作和社会政策的交流互鉴。在推动城市可持续发展方面，珠海通过加速提升基础设施联通水平，改善区域内部发展不平衡、发展空间受限的问题，实现"硬联通"与"软联通"的协同发展；合肥依托城市的环境资源带动经济发展，推进社会发展绿色转型，新能源汽车、光伏等绿色产业蓬勃发展。在企业积极参与可持续发展方面，高德积极推动绿色出行一体化服务，并与北京市交通委员会合作激励市民参与绿色出行；飞利浦则关注公共卫生和健康福祉方面，开展公众除颤计划，服务社会民众。

（二）可持续发展面对的挑战

可持续发展也受到来自外部风险及具体落实方面的困难与挑战。一是国际地缘政治紧张局势，单边主义、新型保护主义抬头，对可持续发展基调的消极影响，环境议题政治化、单边制裁等行为对具体多边合作开展产生阻碍；二是全球碳市场建立和发展不均衡，市场准入标准不统一，导致碳交易存在壁垒、全球供应链碳中和压力较为集中等问题，如欧盟碳边境调节机制将对全球碳市场产生一定影响，如何应对治理体系和政策差异需要进一步探索；三是在具体实施方面，如何真正践行"发展"与"绿色"二者相辅相成的理念，在经济发展中促进绿色转型，在绿色转型中实现更大发展是一大难点，企业减少能源依赖，尤其是石油石化行业的低碳化转型同样任重道远，需要探索新模式。

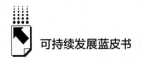

（三）可持续发展迎来的机遇

一是全球共识不断凝聚，重视程度进一步提高。可持续发展是联合国优先工作事项，已发布《2023全球可持续发展报告》，并将在2023年9月召开气候雄心峰会，听取政府、企业和社会各界的意见，加快气候行动。同时，南南合作、"一带一路"倡议、金砖国家机制等多边外交也在可持续发展领域发挥着关键作用，创造更大的价值。面对可持续发展任务的紧迫性、关键性和复杂性，全球将勠力同心，加速推动发展进程。

二是全球的市场机制正在不断完善。近几年，全球碳市场发展迅速，许多国家和地区开始建立区域内的碳交易体系。尽管建立统一的市场规则和标准非常困难，但全球碳交易市场机制和规则正在不断完善，尝试有效对接各个碳市场，形成联动，挖掘合作潜力，提升完整性。

三是新兴产业与市场发展迅速，展现巨大潜力。首先，新能源产业、风电、光伏行业发展迅速；新型电力系统、储能行业、碳汇产业也迎来新的发展机遇。其次，可持续发展的相关市场规模逐渐扩大，越来越多的发展中国家和新兴市场在绿色转型和能源合作领域做出贡献，为可持续发展注入了新的动能。

四是科技助力可持续发展。一方面，5G、人工智能、大数据、云计算等数字技术已经广泛应用于可持续发展实践，在提升综合能源效率、推动经济数字化转型、带动城市绿色发展等方面均有显著成效。另一方面，量子技术、生命科学、半导体技术将书写可持续发展的未来，帮助解决全球可持续发展中的难题。

三　中国视角下可持续发展的破局之路

（一）多主体参与

落实联合国《2030可持续发展议程》需要多方联动参与，发挥不同角色的独特作用。

一是加强国际间合作交流，在需求相同的领域开展合作，就双方各自取得显著成效的方面积极交流互鉴，以携手共进减少保护主义和地区安全问题所带来的负面影响。

二是国家内积极落实"1+N"政策体系，加强各层级间的沟通和协同效应，将政策落实到底。

三是城市应该结合自身特色优势，拒绝格式化、套路化，以更加合理化的方式打造具有城市特色的可持续发展模式，弥补自身短板，以绿色转型带动城市发展。

四是企业和社会组织应切实参与可持续发展，探索低碳化、绿色化转型之路；同时提升企业社会责任意识，关注公共服务领域，推动环境效益、经济效益和社会效益的有机统一。

（二）多政策联动

全球可持续发展的复苏之路还需要多政策联动。

中国提出的《全球发展倡议》、"一带一路"倡议和"人类命运共同体"理念中对可持续发展的认识与联合国《2030 可持续发展议程》的内涵是高度契合的。金砖国家、南南合作国家、上合组织和中国-东盟等多边合作组织高度聚焦可持续发展议程。

积极践行和推广上述倡议和理念，以可持续发展为窗口，形成政策上的联动与协同，与国际接轨，既有助于推动现有合作中可持续发展议题的交流，也能进一步挖掘全球范围内的合作，重振全球可持续发展。

（三）多方位创新

多方位创新赋能是可持续发展复苏的关键，是不断应对外部风险挑战的内生动力。

一是科技创新赋能。在第四次工业革命背景下，需要进一步加快新一代信息技术等战略性新兴产业，推动大数据、人工智能等技术与绿色低碳产业

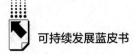
的深度融合。例如，通过数字化手段提升企业管理水平和工作效能，实现提效降耗；应用数字技术以提高碳计算能力；探索数字化解决方案，促进产业供应链完善与经济高质量发展。

二是模式创新。首先，国际合作模式需要不断探索和创新。国际碳市场规则不断发展变化，各国之间的合作需要克服政策体制差异、尽可能消解外部不确定性的影响，磨合达成共赢的合作模式。其次，不同层级主体间的协同模式需要创新，尤其是政企合作方面。随着企业逐渐深入介入社会治理，承担社会公共服务职能，政企合作成为必然趋势。但具体合作模式仍值得探索，一方面要能激活企业的灵活性和动能，另一方面又应做好宏观调控以确保公共利益与人民福祉。

三是发挥理论创新与实践创新良性互动的作用。科技创新和模式创新可以推动中国理念和技术实践"走出去"，而理论创新与实践创新的良性互动则能更好地让世界在实践中感受中国广阔市场、了解中国倡导的"人类命运共同体"的丰富内涵。减少刻板印象，让中国智慧与中国方案的影响力和认可度得到提升，使全球可持续发展的合作进展更加顺利。此外，只有理论创新与实践创新相互促进与转化，才能应对可持续发展不断产生的新问题。其中，新型国际平台智库应发挥自身能动性，促进产学研一体化和国际经验交流对话。

联合国《2030可持续发展议程》行程过半，可持续发展重回正轨刻不容缓，复苏之路迫切需要按下加速键。全球共识凝聚、政策体制引领、市场机制完善、科技创新赋能，全球可持续发展需要多元赋能推动其前行。在这一时间节点上，可持续发展在困境中既需要涅槃重生的勇气，又要有锐意创新与行稳致远的实践。

参考文献

政府间气候变化专门委员会（IPCC）：《第六次评估报告综合报告：气候变化

2023》，https：//www.ipcc.ch/report/ar6/syr/downloads/report/IPCC_ AR6_ SYR_ Longer Report.pdf。

中国国际发展知识中心：《开辟崭新的可持续发展之路的科学指引（深入学习贯彻习近平新时代中国特色社会主义思想）——深入学习贯彻习近平总书记关于可持续发展的重要论述》，http：//theory.people.com.cn/n1/2021/1116/c40531-32283179.html。

黄润秋：《加快推进 2030 年可持续发展议程共同构建地球生命共同体——黄润秋部长在 2022 年联合国经济及社会理事会可持续发展高级别政治论坛部长级会议开幕式致辞》，http：//un.china-mission.gov.cn/hyyfy/202207/t20220714_ 10719646.htm。

龙静：《波兰的可持续发展进程及与中国的合作》，《欧亚经济》2022 年第 6 期。

中国国际经济交流中心、美国哥伦比亚大学地球研究院、阿里研究院、飞利浦（中国）投资有限公司研创《中国可持续发展评价报告（2022）》，社会科学文献出版社，2023。

B.8
气候变化国际谈判与中国的双碳战略

苏 伟*

摘 要： 随着全球范围内极端天气事件和气候灾害频发，气候变化已成为
人类社会面临的共同挑战和时代课题。自20世纪80年代以来，
世界各国一直为应对气候变化做出努力。中国在应对气候变化国
际谈判中始终发挥着积极、建设性作用，是气候变化国际合作的
重要参与者、推动者和贡献者。随着对气候变化问题认识的不断
深化，中国气候政策经历了四个阶段的调整和强化。2020年9
月，习近平总书记郑重宣布，中国将力争2030年前实现碳达峰、
2060年前实现碳中和。"双碳"目标的提出开启了中国碳达峰碳
中和征程，有力推动了全球应对气候变化进程。为实现碳达峰碳
中和，我国对双碳目标和行动作出全面顶层设计和具体部署落
实，重点推动能源绿色低碳发展、强化节能降碳增效、加快产业
优化升级、推进低碳交通运输体系建设、提高城乡建设绿色低碳
发展质量、大力发展循环经济、加快绿色低碳科技革命、巩固提
升生态系统碳汇能力、完善绿色低碳政策体系、积极参与和引领
全球气候治理。

关键词： 气候变化 碳达峰碳中和 高质量发展

高温热浪、暴风骤雨、洪涝干旱，极端天气灾害更加频发，越来越成为

---

* 苏伟，国家发改委原副秘书长、中国气候谈判首席代表。

人类社会的生活日常。据国家气候中心报告，2023年7月29日至8月1日，受台风"杜苏芮"影响，京津冀地区出现一轮历史罕见极端暴雨过程，这也是北京地区有仪器测量记录140年以来排名第1的降雨量。6月下旬，京津冀鲁地区连续高温热浪，最高超过43℃，6月22日北京南郊观象台气温达到41.1℃，当天下午2点北京汤河口气温为41.8℃。① 端午节三天假期，北京的气温天天超过40℃。2022年夏天，南方地区高温天气持续一个多月，四川盆地至长江中下游地区200多个站点气温突破历史极值，重庆北碚连续2天最高气温达45℃。受高温干旱天气影响，鄱阳湖、洞庭湖一个月内面积缩小了近六成，洞庭湖城陵矶的水位跌破了24.50米，提前80多天进入枯水期。2022年7月，欧洲地区遭遇百年不遇热浪袭击，最高气温突破40℃。欧洲莱茵河见底，"饥饿石"重见天日，莱茵河中段水位线降到40厘米以下，而在德国与荷兰交界地带水位线更是低到零厘米。气候变化已是不争的事实，地球正在面临史无前例巨大危机。就像电影《流浪地球》中所说的，一开始没有人在意这场灾难，不过就是一场山火，一次旱灾，一个物种的灭绝，一座城市的消失，直到这场灾难与每一个人息息相关。气候变化就是这样一年又一年的高温热浪、一轮又一轮的洪涝干旱、一次又一次的极端天气，正在成为一场与所有人息息相关的劫难，引发人类生存危机。

一　气候变化已成为严峻现实挑战

工业革命以来，人类活动所产生的碳排放持续增加，大气温室气体浓度不断升高，自然的大气温室效应增强，导致全球发生以变暖为主要特征的气候变化。科学研究确认，人类活动导致气候系统发生了前所未有的变化。据IPCC第六次评估报告，2011～2020年全球地表温度比工业革命前上升了1.09℃，其中约1.07℃的增温是人类活动造成的。数据显示，2021年大气

---

① 《全国榜前十均超40℃：北京汤河口41.8℃居榜首，破当地纪录》，北京日报客户端，2023年6月23日。

二氧化碳浓度超过 410ppmv，比工业革命前的 280ppmv 升高近 50%，为近 200 年的最高值。1970 年以来的 50 年是工业革命以来最暖的 50 年。据世界气象组织公报，2022 年全球平均气温较工业化前水平高出约 1.15℃，过去 8 年是全球有记录以来最暖的 8 年，全球长期变暖仍在继续。[①] 气候变暖将导致全球许多区域出现并发极端天气气候事件和复合型事件的概率增加，高温热浪与干旱同时发生，海平面变化和强降水叠加造成复合型洪涝事件加剧，给人类社会带来一系列严重后果，如气温升高，冰雪融化，海平面上升，岛屿和沿海低洼地带被淹没，极端气候事件频发，干旱、洪涝灾害加剧，人类生命财产遭受严重损失，生计丧失、流离失所、难民增多，土地严重退化，生物多样性锐减，病虫害肆虐、疫病多发，农作物歉收减产，等等。气候变化严重影响人类健康，严重破坏生态安全，严重冲击能源安全，严重威胁粮食安全，人类文明进步、人们历经千辛万苦得来的发展成果也将毁于一旦。这些后果是全球性的，其影响遍及世界每个角落，覆巢之下安有完卵，任何国家都不可能置身事外，也没有哪个国家可以独善其身。

二 气候变化国际谈判进程

越来越频繁的极端天气事件和气候灾害，唤起了人们对气候变化挑战的警醒和重视，气候变化成为人类共同挑战的时代课题。20 世纪 80 年代，正值国际关系发生深刻变化，美苏争霸由对抗转向缓和，地区热点降温，两极格局演化为多极世界，国际社会有可能坐在一起讨论一些全球性问题，例如臭氧层、气候变化、危险废物跨境转移、化学品管理等等。1988 年 12 月，第 43 届联合国大会通过了关于"为今世后代保护地球气候"的第 43/53 号决议，关注人类活动可能改变全球气候模式造成严重的经济和社会后果，承认气候变化是人类共同关心的问题，断定必须及时采取行动解决气候变化问题，由此，气候变化被正式纳入联合国的议事日程。

---

① 世界气象组织：《过去八年确认是全球有记录以来八个最暖年份》，2023 年 1 月 12 日。

（一）对气候变化进行科学评估

1988 年，世界气象组织（WMO）和联合国环境规划署（UNEP）联合成立了政府间气候变化专门委员会（IPCC），同年联大第 43/53 号决议予以核准。IPCC 组织上千名科学家、专家就气候变化的科学认识、环境和社会经济影响及应对措施进行评估，并提出制订国际公约的要素内容。1990 年10 月，IPCC 发布关于气候变化问题的第一次科学评估报告，随后又陆续发布了五次科学评估报告，最新的报告于今年 3 月 20 日正式发布。IPCC 第六次评估报告指出，人类活动影响已造成大气、海洋和陆地变暖，整个气候系统都受到影响，这种影响是过去几个世纪甚至几千年来前所未有的。人为活动引起的气候变化正在广泛影响自然和人类社会，带来严峻、不可逆转的风险，如不能有效削减温室气体排放，地球的热度和湿度将挑战人类忍受极限。当前全球温室气体年均排放量已处于人类历史上的最高水平，为限制全球变暖，所有部门必须立即采取深度减排行动。各国需要在 2030 年前的十年内采取快速、大幅度并即时见效的减排措施，以使全球二氧化碳排放于21 世纪 50 年代和 70 年代实现净零排放。IPCC 评估报告反映了当前国际科学界关于气候变化问题的最新认识，确认了气候变化的科学性，认定人类活动排放的二氧化碳是引起全球气候变化的根本原因，提出各国应不断强化应对行动和措施，这些报告为国际社会共同应对气候变化挑战提供了重要的科学依据和决策参考。

（二）开展气候变化国际谈判

1990 年 12 月，第 45 届联合国大会通过第 45/212 号决议，决定设立政府间谈判委员会拟订气候变化框架公约，向 1992 年 6 月举行的联合国环境与发展大会提交所达成的公约文本供各国签署。气候变化国际谈判进程由此拉开序幕。

首先，《联合国气候变化框架公约》为全球气候治理奠定基础。政府间气候变化谈判委员会第一次会议于 1991 年 2 月在美国首都华盛顿近郊弗吉

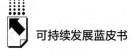

尼亚的 Chantilly 举行，各国在 IPCC 第一次评估报告的结论和建议基础上，就气候公约的要素内容和条款文本展开激烈交锋和艰苦谈判，重点围绕气候变化的责任、减排目标、发展中国家发展权和特殊情况与需要、国际合作机制和制度安排等问题，核心是谁减排、减多少、怎么减，谁出钱、出多少、怎么出。在一年半的时间里，公约谈判委员会举行了 5 轮 6 次谈判会议，于 1992 年 5 月 9 日凌晨达成了《联合国气候变化框架公约》。公约确立了应对气候变化的最终目标，就是要把大气温室气体浓度稳定在防止气候系统受到危险的人为干扰的水平上，并且这一浓度水平要在足以使生态系统能够自然地适应气候变化、确保粮食生产不受威胁、经济增长得以可持续进行的时间框架内实现。公约确立了国际合作应对气候变化的基本原则和行动举措。一是明确了国际气候制度的事实依据和基本出发点：气候变化及其不利影响为人类共同关心问题；人类活动大幅度增加大气温室气体浓度，增强了自然温室效应；全球温室气体排放中发达国家的历史和现时排放都占最大头，发展中国家人均排放低、全球排放中所占份额将增加；气候变化是全球性问题，需要所有国家按照共同但有区别责任和各自能力开展最广泛合作并有效参与国际应对行动；应对措施要考虑科学、技术和经济方面的有关因素，以实现最大环境、社会和经济效益，各种行动本身要具有经济合理性，对解决其他环境问题要有协同效益；要统筹协调气候行动与经济社会发展，要充分考虑发展中国家实现持续经济增长和消除贫困的正当优先需要，发展中国家为实现可持续的经济社会发展，其能源消费需要增长。二是确立了应对气候变化行动的基本原则：共同但有区别的责任和各自能力原则，说的是气候变化影响到所有国家，是共同的威胁挑战，各国要共同努力来解决这个问题，但是这个问题毕竟是发达国家在其两百年工业化过程中大量排放二氧化碳造成的，20% 的世界人口的碳排放占到世界总量的 70% 多，所以发达国家在解决气候变化问题上理应承担主要责任。而对于发展中国家来说，工业化刚刚起步或还没有进入到工业化阶段，他们更多的是气候变化的受害者，而且发展中国家要生存要发展，能源消费在增长，碳排放必然也会增加，所以在控制温室气体排放问题上的责任和行动也是不同的，发达国家要率先行动。各缔约方在制定应对气候变化行动政策和措施时，应考虑各自不同的国情和经济社会发展阶段和水平，就是要各尽所能、尽力而为，"有钱的出钱、有力的出力"；公平原则，全球应对气候变化行动应建立在公平的基础上，应充分考虑发展中国家，特别是易受气候变化不利影响的发展中国家的具体需要和特殊情况，也就是世界各国都有公平发展的权利和机会；可持续发展原则，各缔约方应对气候变化行动应在可持续发展的框架下进行，要促进经济社会环境的长期协调发展。这些基本原则充分考虑了各国的历史责任、发展阶段、经济实力、科技水平等因素，充分平衡了各方的利益和需求，是国际社会的共识，是全球应对气候变化的基础，是全球气候治理进程必须要坚持和遵循的基本原则。三是确定气候行动框架，对发达国家和发展中国家的行动作出了不同的规定：所有缔约方按照各自共同但有区别的责任和各自发展的优先事项、目标和情况，编制温室气体清单；制订实施减缓和适应气候变化措施的计划；促进能源、交通、工业、农业、林业、废弃物管理等领域的技术研发、应用及转让；促进陆地、森林、海洋、海岸带生态系统的可持续管理；做好适应气候变化准备，将气候变化考虑纳入经济、社会和环境政策行动当中；促进并合作开展科技研究、系统观测、教育培训、公众意识提高等方面的活动，通报履行公约的有关信息。发达国家还要进一步承担更多的义务，要拟订国家政策并采取相应的减排措施，要提交减排政策和措施的详细信息，要提供资金和技术转让支持。公约专门有一条规定，发展中国家在多大程度上有效履行公约下的承诺取决于发达国家对其在公约下所作有关资金和技术转让承诺的有效履行，并充分考虑经济和社会发展及消除贫困是发展中国家首要和压倒一切的优先事项。公约还建立了资金机制，为履行公约提供资金，包括为技术转让提供资金。

其次，公约缔约方大会是推进气候变化谈判进程重要机制。公约是框架性的，有关原则、义务、行动、机制都需要制订具体的操作性细则和安排，这些任务就由每年一次的公约缔约方大会来承担。公约缔约方大会是公约的最高机构，负责对公约及公约下法律文件的履行情况进行定期评估并就促进公约履行作出决定。1995 年 3 月，公约第 1 次缔约方大会在德国柏林举行，至今已举行 27 次，第 28 次缔约方大会将于 2023 年底在阿联酋迪拜举行。1995 年第一次缔约方大会通过了柏林授权，启动发达国家量化减排指标谈判。1997 年，在日本京都举行的第三次缔约方大会通过了《京都议定书》，明确发达国家的温室气体减排指标，发达国家要在 2008~2012 年为期 5 年的第一承诺期将其温室气体排放量从 1990 年水平上平均减少 5.2%，其中，欧盟排减 8%，美国减排 7%，日本减排 6%。发展中国家在议定书下没有量化减排指标，但要在可持续发展框架下开展应对气候变化的积极行动。2007 年，在印尼巴厘岛举行的第 15 次缔约方大会通过了"巴厘路线图"，提出各缔约方要在公约下开展长期合作行动，确认发达国家要在《京都议定书》下继续大幅度量化减排，要有第二承诺期的减排指标。2009 年，在丹麦哥本哈根举行的第 15 次缔约方大会达成《哥本哈根协议》，授权《联合国气候变化框架公约》和《京都议定书》的两个工作组继续进行谈判。2011 年，在南非德班举行的第 17 次缔约方大会决定设立德班平台工作组，启动 2020 年后强化行动的谈判。2015 年，在法国巴黎举行的第 21 次缔约方大会达成《巴黎协定》，这是继《联合国气候变化框架公约》和《京都议定书》之后，应对气候变化多边进程达成的第三份具有里程碑意义的国际法律文件，进一步明确要将全球平均气温上升幅度控制在相对于工业革命前的 2℃ 以内并努力实现控制在 1.5℃ 的长远目标，要求全球碳排放尽早达到峰值，并到 21 世纪下半叶实现碳中和。巴黎协定确立了以"国家自主贡献"为主要方式的减排机制，各国围绕落实所达成的长期目标，根据国情和自身能力，体现共同但有区别的责任，自主确定在协定框架下的目标和行动，通过制订实施长期低排放战略向绿色低碳可持续发展转型，这标志着全球应对气候变化进入新阶段。围绕落实《巴黎协定》确立的温控 2℃ 并争取 1.5℃ 的目标，各国又开始了新的一轮激烈的政治、经济、外交博弈，气候变化问题再次成为国际关系的热点。目前，全球已有超过 130 个国家和地区宣布了碳中和、净零排放等相关目标①，绿色低碳发展已成为世界发展大势，必将重塑全球

---

① 杨友桂：《科技使能"碳中和"之路》，《数字能源》2023 年第 2 期。

经济版图、国际竞争态势、地缘政治格局，对产业发展、能源结构、科技创新、经贸合作、大国关系等带来重大而深远的影响。

（三）中国在气候变化谈判中的作用

从《联合国气候变化框架公约》到《京都议定书》，再到《巴黎协定》，从文本谈判到后续落实，中国始终发挥着积极、建设性作用，是气候变化国际合作的重要参与者、推动者和贡献者。

一是提出气候公约完整案文草案。第一次谈判会议后，中国即向秘书处提交了公约条款草案，推动、引导公约谈判进程，这是中国首次在多边谈判中提出完整条约案文。这份案文成为77国集团核心国家（15国集团）协调谈判策略、形成共同立场的重要基础，对形成公约框架、原则、内容起到重要作用，特别是共同但有区别责任原则、发达国家率先减排并提供资金和技术转让、发展中国家行动与发达国家支持挂钩、建立资金机制等条款均能看到中国案文的影子。

二是推动京都议定书第二承诺期谈判。2005年在京都议定书第1次缔约方会议上，中国及时提出启动京都议定书第二承诺期谈判的决定案文，经77国集团磋商协调成为77国集团的共同提案，最终成为有关缔约方会议决定的蓝本。

三是推动巴厘路线图谈判。坚持公约和议定书双轨道谈判机制，在公约下谈判各国的长期合作行动，在议定书下谈判发达国家量化减排指标。在2009年哥本哈根气候大会上，中国提出了两份案文，一个是公约实施协定草案，另一个是关于京都议定书第二承诺期减排指标的修正案草案，经基础四国磋商协调后成为四国共同提案，为哥本哈根会议成果作出重要贡献。

四是为巴黎协定的达成和实施发挥关键作用。2011年德班会议决定成立关于强化2020年后气候行动的德班平台工作组，随着2012年多哈会议通过京都议定书第二承诺期修正案，公约和议定书双轨道谈判转变为公约下强化2020年后行动的单轨道谈判，于2015年巴黎会议上达成巴黎协定。在此期间，中美两国元首多次会晤，就气候变化问题深入交换意见，特别是2014年

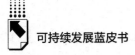

APEC 领导人会议期间，两国元首"瀛台夜话"，详细讨论各自的 2030 年气候行动目标，两国元首发表的联合声明中确认"国家自主贡献"减排模式，明确要体现共同但有区别的责任和不同国情，大大推动了利马会议的谈判进程，解锁困扰谈判进程最核心的问题，为巴黎协定的达成奠定了坚实基础。中美先后发表四份联合声明，中法、中欧也发表了联合声明，为巴黎协定谈判的重点、难点问题提供搭桥方案，如关于协定长期目标的表述、行动透明度安排、资金问题等，都是在中美中法联合声明中找到解决方案。2016 年 9 月，G20 杭州峰会期间，中美两国元首一起向联合国秘书长交存了各自的巴黎协定批准书，为巴黎协定的生效实施做出了重要贡献。特朗普当选总统后，美国退出巴黎协定。习近平主席在达沃斯峰会上坚定指出，要落实巴黎协定，促进绿色发展，为巴黎协定实施和气候变化多边进程注入强劲推动力，坚定了国际社会合作应对气候变化的信心，有力推动了构建人类命运共同体。

三　中国气候变化政策演变

中国对气候变化问题的认识经历了不断深化的过程，气候政策也在不断调整强化。

第一阶段，1988~1998 年。1988 年 IPCC 刚刚成立的时候，普遍认为这主要是一个气象问题、大气科学的问题，随着 IPCC 讨论的深入，逐步由科学问题向经济社会方面渗透，与经济社会发展关系更为密切，并上升为国际共同关心问题，涉及制订国际公约的问题、外交法律问题。1990 年 2 月国务院环境保护委员会设立国家气候变化协调小组，下设科学评价、影响评价、响应对策和国际公约四个小组，分别对应 IPCC 的三个工作组和国际法律措施专门小组，日常事务由气象局负责。这个时期主要是从科学、环境、外交的角度关注气候变化问题，对外主要强调发达国家的主要责任、发展中国家是受害者，发达国家一方面自己要减排，另一方面要向发展中国家提供资金和技术支持。

第二阶段，1998~2007 年。随着《联合国气候变化框架公约》和《京都议定书》的达成，气候谈判更多地触及国内经济增长、能源供给、产业发展，认识到气候变化是环境问题更是发展问题。1998 年，国家气候变化协调小组调整为国家气候变化对策协调小组，办公室设在国家发展计划委，便于与国内经济发展，特别是能源和产业发展更好地统筹协调。这个时期主要关注发展权、发展空间、发展环境，对外更多地表现为限制和反限制的斗争，强调的是顶住压力、争取尽可能多的排放空间和时间。

第三阶段，2007~2012 年。随着我国经济快速发展，能源消费也在持续增长，温室气体排放总量大、增速快，成为国际碳减排的主要施压对象。这个阶段的政策基调是外树负责任国家形象、内促经济社会可持续发展，气候变化更紧密地与经济社会发展相联系，对外展现出更为积极的国际合作姿态，提出为应对气候变化挑战将积极承担与责任、能力、发展阶段相称的义务，变国际压力为国内转方式、调结构的动力，并提出了到 2020 年的国内自主行动目标。

第四阶段，2012 年至今。党的十八大以来，对气候变化问题的认识上升到新的高度，积极应对气候变化成为推进生态文明建设、实现高质量发展的内在要求，强调应对气候变化是"无须扬鞭自奋蹄"，不是别人让我们做，而是我们自己必须要做的事情，是我国加快经济社会绿色低碳转型、实现高质量发展的重大机遇。这个阶段我国陆续提出了到 2030 年的国家自主贡献目标，作出了 2030 年前碳达峰、2060 年前碳中和的重大战略决策。主动应对气候变化、努力落实双碳目标，是贯彻新发展理念，加快构建新发展格局，着力推动高质量发展的重要举措，也是我国积极参与全球气候治理、构建人类命运共同体的务实行动。

四　中国碳达峰碳中和战略

（一）双碳战略的提出及重大意义

2020 年 9 月 22 日，习近平主席在第七十五届联合国大会上提出，"中国将提高国家自主贡献力度，采取更加有力的政策和措施，二氧化碳排放力争于 2030 年前达到峰值，努力争取 2060 年前实现碳中和"。这是为了应对全球气候变化、构建人类命运共同体作出的庄严承诺，是为了解决我们面临的资源环境约束突出问题、实现中华民族永续发展作出的战略选择，是以习近平同志为核心的党中央经过深思熟虑作出的重大战略决策。这一重大宣示，开启了我国碳达峰碳中和征程，有力推动了全球应对气候变化进程。

第一，碳达峰碳中和是内促高质量发展、外筑人类命运共同体的现实需要。一是有助于破解资源环境约束突出问题、实现可持续发展。传统的粗放发展方式加剧了生态退化和环境损害，资源环境瓶颈约束逐渐成为制约经济社会可持续发展的关键因素。推进"双碳"工作，可以加快建设绿色低碳循环发展经济体系，推动能源清洁低碳高效利用，形成绿色低碳的生产方式和生活方式，切实维护能源安全、产业链供应链稳定安全、粮食安全，为更高质量、更可持续发展提供坚实的资源环境保障。二是顺应技术进步趋势、推动经济结构转型升级。以推进碳达峰碳中和为重要机遇，大力促进传统产业与新兴产业协同创新、融合发展，加快节能降碳先进技术研发和推广应用，可以锻造新的产业竞争优势，进一步增强我国综合竞争实力。三是满足人民群众日益增长的优美生态环境需求、促进人与自然和谐共生。以推进碳达峰碳中和为重要抓手，实施节能减排，全面推进清洁生产，发展循环经济，推动减污降碳协同增效，实现生态环境质量改善，守护好绿水青山，建设美丽中国。四是主动担当大国责任、构建人类命运共同体。以推进碳达峰碳中和为重要契机，积极参与全球气候治理，展现负责任大国的担当作为，与世界各国共建清洁美丽世界。

第二，碳达峰碳中和是构建国内大循环为主体、国内国际双循环相互促进新发展格局的重要抓手。碳达峰碳中和将带来巨大的绿色低碳投资和消费需求，对于保持经济长期稳定增长具有重要支撑作用。从投资领域看，我国 2030 年前实现碳达峰的总资金需求规模将达到 60 万亿元，2060 年实现碳中和将拉动可再生能源、能效、零碳技术、储能技术等领域上百万亿的投资需求。如此大规模的投资进入能源、工业、建筑、交通等重点领域，将带来新的经济增长空间。从消费领域看，绿色建筑、电动汽车、清洁取暖、高效制冷、智能家电等已经成为居民消费的重要内容，随着绿色低碳理念深入人心，居民绿色消费升级趋势将越加凸显，消费需求将进一步扩大。从国际循环看，产业的低碳化改造、低碳产业对高碳产业的替代已成为时代潮流，以绿色低碳为标志的国际产业链创新链正在加快形成。"双碳"战略的实施有助于我们的绿色产业、低碳产品更好地融入国际市场，推动我国相关产业向价值链高端迈进，通过绿色"一带一路"建设促进全球经济社会绿色低碳可持续转型，构建起以国内大循环为主体，国内国际双循环相互促进的巨大生产、消费、贸易市场，促进我国实现高质量发展。

第三，碳达峰碳中和是保障能源安全的有效途径。能源是经济社会发展须臾不可缺少的资源，是国民经济的血液和命脉。2022 年，我国能源消费总量约 54.1 亿吨标准煤，能源消耗还将刚性增长。[1] 总量增加的同时，石油、天然气等战略能源资源的外采率不断攀升，叠加 2022 年国际能源危机，我国能源安全保障面临较大压力。抓好"双碳"工作，建立清洁低碳安全高效的能源体系，加快构建新型能源供给消纳体系，将大幅提高我国的能源自给率，有力保障国家能源安全。

第四，碳达峰碳中和有助于应对绿色贸易壁垒，维护产业链供应链稳定安全。欧盟已正式出台碳边境调节机制（CBAM）立法，钢铁、铝、水泥、化肥、电力等 5 种高碳产品被率先纳入征税范围，氢能源、特定条件下的间接排放和某些下游产品也将被纳入。美国、加拿大、墨西哥等国也表示将考虑采取碳关税措施，全球经贸活动将面临新的绿色贸易壁垒，我国国际贸易环境将面临严峻挑战。落实双碳目标可以加快产业结构、能源结构、交通运输结构调整，推动战略性新兴产业、高技术产业、现代服务业加快发展，有助于我国产业链、供应链、创新链向中高端迈进，在国际经贸大调整、大变革中抢得先机。

---

[1] 德邦证券：《暗夜终有破晓时，守得云开见月明》，证券研究报告丨行业季度策略，2023 年 5 月 17 日。

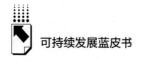

（二）落实双碳目标的主要措施

实现碳达峰碳中和是一场广泛而深刻的经济社会系统性变革，贯穿于经济社会发展全过程和各方面。落实双碳目标，要贯彻新发展理念，坚持系统观念，处理好发展和减排、整体和局部、长远目标和短期目标、政府和市场的关系，把碳达峰碳中和纳入经济社会发展全局，以经济社会发展全面绿色转型为引领，以能源绿色低碳发展为关键，加快形成节约资源和保护环境的产业结构、生产方式、生活方式、空间格局，坚定不移走生态优先、绿色低碳的高质量发展道路。目前，已完成构建落实双碳目标的"1+N"政策体系，对双碳进行了顶层设计和总体部署，提出了重点领域、重点行业实施方案及相关支撑保障方案，包括能源、工业、城乡建设、交通运输、农业农村等重点领域实施方案，钢铁、有色金属、石化化工、建材等重点行业实施方案，以及科技支撑、财政金融支持、统计核算、标准计量等支撑保障方案。具体来说，要重点落实好十个方面的工作。

一是有序推进能源绿色低碳发展。要立足以煤为主的基本国情，先立后破、通盘谋划，传统能源逐步退出要建立在新能源安全可靠的替代基础上。把促进新能源和清洁能源发展放在更加突出的位置，加大力度规划建设以大型风光电基地为基础、以其周边清洁高效先进节能的煤电为支撑、以稳定安全可靠的特高压输变电线路为载体的新型能源供给消纳体系。严格合理控制煤炭消费增长，持续推进煤炭清洁高效利用，加大油气资源勘探开发和增储上产力度，统筹水电开发和生态保护，积极安全有序发展核电，加强能源产供储销体系建设，确保能源安全。

二是加强节能降碳增效。落实节约优先方针，推动能源消费革命，建设能源节约型社会。完善能源消耗总量和强度调控，重点控制化石能源消费，切实保障经济社会发展合理用能需求。深化工业、城乡、交通、农业农村、公共机构等重点领域节能增效，实施节能降碳重点工程，聚焦城市、园区等开展节能降碳改造，有效提升能源资源利用效率。推进重点用能设备节能增效，全面提升能效标准，推广先进高效产品设备。强化数据中心等新型基础设施节能降碳。

三是推动产业优化升级。加快建设绿色低碳现代产业体系，推动经济增长低碳化。大力发展战略性新兴产业，推动互联网、大数据、人工智能、第五代移动通信等新兴技术与绿色低碳产业深度融合，建设绿色制造体系和服务体系，不断提高绿色低碳产业在经济总量中的比重。大力推动钢铁、有色、石化、化工、建材等传统产业节能降碳改造，加快推进工业领域低碳工艺革新和数字化转型。

四是加快推进低碳交通运输体系建设。大力推广新能源汽车，加快老旧船舶更新改造，深入推进船舶靠港使用岸电。发展智能交通，大力推进以铁路、水路为骨干的多式联运，加快城乡物流配送体系建设。开展交通基础设施绿色化提升改造，有序推进充电桩、配套电网等基础设施建设，打造高效衔接、快捷舒适的城市公共交通服务体系。

五是提高城乡建设绿色低碳发展质量。结合城市更新和乡村振兴，推进既有建筑节能改造，严格绿色建筑标准、推广节能低碳技术，加快提升建筑能效水平，加快推广供热计量收费。优化建筑用能结构，推广光伏发电等可再生能源与建筑一体化应用，提高建筑终端电气化水平。推进农村建设和用能低碳转型，加强农村电网建设。

六是大力发展循环经济。推进各类资源节约集约利用，全面提高资源利用效率。优化园区空间布局，开展园区循环化改造，持续提升资源产出率和循环利用率。加快大宗固废综合利用示范建设，提高矿产资源综合开发利用水平和效率。加快构建废弃物循环利用体系，推进生活垃圾减量化资源化。

七是加快绿色低碳科技革命。进一步强化创新能力建设，推进"双碳"领域应用基础研究，开展低碳零碳负碳关键核心技术攻关。聚焦化石能源绿色智能开发和清洁低碳利用、可再生能源大规模利用、储能、二氧化碳捕集利用和封存等重点，加快先进适用技术研发和推广应用，完善技术和产品检测、评估、认证体系。鼓励高等院校加快相关学科建设，加强创新能力建设和人才培养。

八是巩固提升生态系统碳汇能力。以国家重点生态功能区、生态保护红

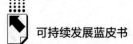
线、自然保护地等为重点，加快实施重要生态系统保护和修复重大工程。科学开展大规模国土绿化行动，强化森林、草原、河湖、湿地保护。加强生态系统调查监测，研究建立生态系统碳汇监测核算体系，建立健全能够体现碳汇价值的生态保护补偿机制。大力发展绿色低碳循环农业，推进农业农村减排固碳。

九是完善绿色低碳政策体系。强化制度创新和系统集成，破除制约绿色低碳发展的体制机制障碍。推动能耗双控逐步转向碳排放总量和强度双控。完善碳排放统计核算制度。完善支持绿色发展的财税、金融、投资、价格政策和标准体系，有效激发市场活力。充分发挥市场机制作用，健全资源环境要素市场化配置体系，健全碳排放权市场交易制度，完善碳定价机制。

十是积极参与和引领全球气候治理。面对错综复杂的国际形势和与日俱增的国际减排压力，要坚守发展中国家定位，统筹做好"双碳"内外工作。坚持共同但有区别的责任原则，推动构建公平合理、合作共赢的全球环境治理体系。积极推进联合国气候变化框架公约等重要多边进程，加强公约和巴黎协定的有效实施。开展绿色经贸、技术与金融合作，加快推动绿色"一带一路"建设，支持发展中国家能源绿色低碳发展。

参考文献

习近平：《论坚持人与自然和谐共生》，中央文献出版社，2022，第252~255页。

习近平：《习近平谈治国理政（第3卷）》，外文出版社，2020，第237~238页。

解振华：《积极应对气候变化加快经济发展方式转变》，《国家行政学院学报》2010年第1期，第8~14页。

苏伟：《双碳背景下的绿色发展机遇》，苏伟在首届"全球绿色发展大会系列——中国绿色低碳创新发展高峰会"上的讲话，2023年4月22日。

政府间气候变化专门委员会（IPCC）：《AR6综合报告：气候变化2023》，2023年3月20日。

刘毅：《中国气象局：全球气候变暖给我国带来显著影响》，《人民日报》，2021年8月20日，http://env.people.com.cn/n1/2021/0820/c1010-32201750.html。

杨泽伟：《碳排放权：一种新的发展权》，《浙江大学学报》（人文社会科学版）2011 年第 3 期，第 40~49 页。

张晓娣：《正确认识把握我国碳达峰碳中和的系统谋划和总体部署——新发展阶段党中央双碳相关精神及思路的阐释》，《上海经济研究》2022 年第 2 期，第 14~33 页。

庄国泰：《气候变化前所未有，灾害防御未雨绸缪》，绿色中国网，2021 年 8 月 20 日，http：//www. greenchina. tv。

B.9
当代中国生态文明国际
话语权及其影响力

刘宇宁　张健*

摘　要： 百年大变局下，国际力量对比悬殊，国际舆论交锋不断，意识形态领域话语权斗争更加尖锐。环境危机不再局限于一国之内，国与国之间在生态文明领域的交流也在向纵深方向发展。中国高度重视生态文明建设，将其上升为国家战略，成为国际生态环境治理的参与者和引领者。西方资本主义国家凭借强大的综合国力，在国际生态环境治理中占据主导地位，掌控生态文明国际话语权。面对全球生态治理依然"西强中弱"话语格局，如何提升中国生态文明国际话语权影响力成为中国必须面对和解决的难题。

关键词： 国际舆论　意识形态　话语权　西强中弱　生态文明　影响力

引　言

　　虽然全球新冠疫情的阴霾刚退却，但是世界各地再次深受洪水、地震和极端天气的冲击，深刻影响人们的身心健康、经济发展和美丽家园的建设，引发世人对"人与自然"关系的思考。习近平总书记在党的二十大提出，

---
　　* 刘宇宁，外交学院与埃克塞特大学联合培养博士生；张健，清华大学气候变化与可持续发展研究院副院长。

"尊重自然、顺应自然、保护自然，是全面建设社会主义现代化国家的内在要求。必须牢固树立和践行绿水青山就是金山银山的生态文明理念，站在人与自然和谐共生的高度谋划发展。"① 进入中国式现代化新时期，我国社会的主要矛盾为人民日益增长的美好生活需要和不平衡不充分的发展之间的矛盾。良好的生态环境是其重要考量，全党全国积极推动绿色发展，把建设"生态文明"提升到治国理政的战略高度并将其纳入"五位一体"的总体布局。"生态文明"作为中国主流政策引起西方国家的极大关注，同时中国学界与政界也注意到"生态文明"国际传播面临"西强中弱"的基本格局。但是，西方国家在应对新冠疫情和气候变化时的摇摆态度，尤其英国首相苏纳克宣布削减气候开支，造成其社会公信力急剧下降，这是提升中国生态文明国际话语权的重要战略机遇期。

一 生态文明国际话语权

话语（discourse），语言学最早对其展开研究。"语言学之父"索绪尔认为，话语是为了达到某种目标而对语言的实际应用。② 米歇尔·福柯《话语的秩序》中最早提出了"话语即权力"的观点，认为"话语是权力的一种手段和效果，传递并产生权力"。③ 《英汉辞海》对 discourse 的释义是，讲话、演说，思想表达，连贯讲话或文字。话语不仅表示所说的话，而且有着丰富的内涵。话语是思想的传达，是人类交际的媒介，是通过语言、符号、图像等形式表达利益诉求的意识形态。美国学者约瑟夫·奈提出"国家软实力"的概念，国际话语权是国家软实力的重要组成部分。生态文明国际话语权是国家话语权的重要方面，是国际行为主体享有对全球生态文明

① 相关表述来自 2022 年习近平总书记《高举中国特色社会主义伟大旗帜为全面建设社会主义现代化国家而团结奋斗——在中国共产党第二十次全国代表大会上的报告》。
② 〔瑞士〕费尔迪帝·德·索绪尔：《普通语言学教程：1910~1911 索绪尔第三度讲授》，张绍杰译，湖南教育出版社，2001，第 20 页。
③ 〔英〕萨拉·米尔斯：《导读福柯》，潘伟伟译，重庆大学出版社，2020，第 54~57 页。

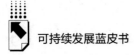

建设发表意见的权利，并通过话语平台将意见和见解在国际社会中传播，获取国际社会认同，影响其他国际行为主体，实现人与自然和谐共生和人类永续发展。

百年未有之大变局下，国际话语权是主权国家表达自身诉求、维护自身利益的重要途径，是国家软实力的重要体现。作为意识形态符号的话语，成为国家间竞争的关键要素。西方国家在工业文明积累的基础上，利用强权政治和军事霸权，建立了一套符合其国际地位的话语逻辑与话语风格，从而掌控国际舆论话语权，把控国际焦点走向，操控国际话语准则，对发展中国家"发号施令"。我国要打破"有话说不出，有理讲不通"的局面，势必要建立起符合中国国家利益的话语体系，提升中国话语权。作为最大的发展中国家，即使我国遭遇前所未有的自然灾害，依然坚持走"绿色发展"道路，走"人类命运共同体"道路，将生态文明建设纳入国家战略层面。生态文明国际话语权的建构是一个国家在经济发展、精神状态与自然环境高度协调融合状态的展现，是可持续发展的内在展现，是社会文明形态发展的高级阶段。

二　中国生态文明国际影响力现状

综观七十余载风雨历程，中国共产党始终将生态文明理念贯穿于治国理政之中，不仅将其上升为国家战略与执政理念，而且在国际舞台上积极引领环境友好型、绿色可持续的生态命运共同体的建设，并贡献"中国方案"的环境治理智慧。了解国内外生态文明建设的情况，把握我国生态文明国际影响力的现状，对于推进我国生态文明建设迈入新台阶有着重大意义。

（一）得到国际社会的认可

2017 年，美国特朗普政府退出《巴黎协定》，美国在气候治理上的摇摆态度引起国际社会强烈不满，认为世界不能指望美国解决气候变化造成的生存威胁。面对这种背弃有利于人类福祉的行为，中国做出了让国际社会放心的行动，国际社会对于中国的期望值始终没有降低。①

中国生态文明建设之路逐步得到国际社会的肯定。由于生态系统具有整体性、系统性、结构性的特征，任何国家与地区生态环境出现问题时都不可能"独善其身"。但是，由于历史发展遗留问题与责任分配问题，每个国家和地区都有自己的利益诉求，于是在生态环境治理中出现了"集体行动困境""囚徒困境"。为了更好地解决环境治理中的公平问题，中国结合自身生态文明建设经验与全球发展趋势，在生态文明建设过程中创造性提出构建"人类命运共同体"话语，强调责任共担、利益共享的原则，遵循以生态平等观为核心，追求人与自然和谐共生的生态文明话语体系，以打破西方国家的意识形态，让"中国理念""中国方案""中国路径"在国际舞台上大放异彩。

习近平总书记在《共同构建地球生命共同体》的演讲中，再次重申中国继续推进生态事业发展和生态产业建设，坚定不移贯彻五大新发展理念，并宣布中国将筹资 15 亿元来维护生物多样性，向世界传递出中国坚定不移走绿色发展之路的信心。② 中国大力推动绿色"一带一路"建设，推进绿色发展多边合作机制功能作用的发挥，用以帮助发展中国家加强环境保护和生物多样性保护。中国的生态文明逐渐获得国际化认同，发展中国家开始以中国生态文明建设的经验为样板进行本国生态建设，同时这也是中国生态文明建设国际影响力生成的必然逻辑。

（二）并未得到西方国家的完全认同

中国在生态文明建设领域取得的突出成绩，尤其是在新冠疫情控制方面所取得的突出成绩，逐渐被西方社会所关注。中国生态文明建设中的"可

---

① 西班牙《先锋报》报道称，中国在美国退出《巴黎协定》后仍将积极减少碳排放并发展新能源，或可弥补美国留下的责任空缺，2017 年 6 月 1 日。
② 陈笑：《为全球生态文明建设作出中国贡献》，《解放军报》2021 年 10 月 28 日。

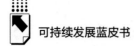
持续发展"、"绿色发展"、"美丽中国"和"生态文明"等词汇被纳入了
联合国文件。但是，西方国家对中国发展模式的意识形态偏见以及对中国崛
起的战略焦虑，使他们对中国生态文明建设中难以避免的瑕疵进行恶意夸张
放大。2023年6月，美国国务卿安东尼·布林肯访问中国，西方主流媒体
英国广播公司BBC和《华盛顿邮报》将当时北京太阳高照、蔚蓝的天空恶
意改为灰蒙蒙的雾霾天气，蓝蓝的天幕全然不见踪影。在现行的国际话语体
系中，"西强中弱"的舆论甚嚣尘上。西方国家依靠强大的话语舆论宣传能
力，歪曲中国在生态文明领域的成果，这在短时间内难以根治。西方主流媒
体基于意识形态偏见对中国生态文明战略进行误读，丑化中国生态文明建设
所取得的成果，将中国视为国际体系中的"异质者"，强烈冲击着中国在国
际社会中负责任的大国形象。

中国在生态文明建设上付出了巨大心血，中国政府在官方文件中明确
提出，在2035年实现生态环境明显好转的目标，并向着建设美丽中国的
目标迈进。中国政府积极提出"碳达峰"与"碳中和"的目标，在党的二
十大报告中对"积极稳妥推进碳达峰碳中和"作出了明确部署。中国对全
球生态文明事业做出的巨大努力，一些西方国家不仅视而不见，反而极力
诋毁。2019年，英国在《自然》这种极具权威性的国际期刊上恶意扭曲
中国在生态建设上的努力，是西方颠倒黑白的又一典型，将中国的大规模
植树与水资源短缺联系起来，把中国做出的突出生态贡献变成了蓄意攻击
的对象。① 这主要源于西方媒体几乎掌控了国际新闻市场，据悉全球资讯
的80%~90%来自西方媒体，只有少之又少的新闻信息是华语媒介。在新
媒体盛行、网络流量为王的时代，全球互联网流量也大多集中在欧美发达
国家（见图1）。② 话语传播平台资源的严重不对等是西方话语霸权赖以生
存的根基。

---

① China's Tree-planting Drive Could Falter in a Warming World. ［N］. Nature, 2019-09-23.
② 2021 Global Internet Map Tracks Global Capacity, Traffic, and Cloud Infrastructure, https://
blog. telegeography. com/2021-global-internet-map-tracks-global-capacity-traffic-and-cloud-
infrastructure.

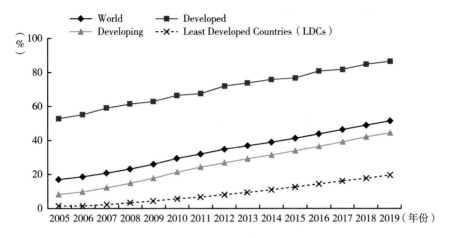

图1　2005～2019年全球互联网普及率

资料来源：2021 Global Internet Map。

三　中国生态文明国际话语权建构路径

中国生态文明国际话语权的提升与中华民族的伟大复兴同呼吸、共命运，中华民族的伟大复兴离不开话语权的提升，一个话语匮乏的民族，不可能在国际舞台上取胜。要讲好中国生态文明建设的故事，势必要建设具有中国特色的生态文明话语体系，以破解西方资本主义国家为中国设置的话语困境。

（一）全方位同时并进，夯实中国生态文明建设成果

进入社会主义现代化建设新时代，党和国家用最严格制度、最严密法治保护生态环境夯实生态文明建设成果。在以习近平同志为核心的党中央的坚强领导下，一系列根本性、开创性、长远性工作得到全面稳步开展，推进生态文明建设决心之大、力度之大、成效之大前所未有。其中，中央生态环境保护督察，是习近平总书记部署开展的一项重大制度安排和重大改革举措。再就是强化顶层设计的举措，国家出台《关于加快推进生态文明建设的意

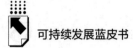

见》《生态文明体制改革总体方案》；实施"史上最严环保法"，制修订大气污染防治法、水污染防治法、长江保护法等多部相关法律；建立健全环境保护"党政同责"和"一岗双责"等制度，生态文明制度体系的"四梁八柱"逐渐建立起来，为绿水青山保驾护航。与此同时，我国也是在国际上率先实施生态保护红线制度的国家，编制完成"多规合一"的国家级国土空间规划、优化国土空间开发保护格局，建立各级各类自然保护地近万处，约占陆域国土面积的18%。通过这些强有力的措施来护山、保水、固土、造林、种草，以夯实高质量发展的生态基础。①

（二）融入中国优秀文化，构筑含有中国智慧的生态话语体系

百年大变局下提高中国生态文明国际话语影响力则需要提升其内生力量，既要融入中国文化，立足中国生态文明建设的实践，又要重视文化差异及受众心理。软实力是主权国家综合国力的重要组成部分，直接关系国际话语权的强弱。中华文化源远流长，学养深厚，蕴含生态文明思想的鲜活文化理念和"竭泽而渔""春不误农时"的历史典故，为提升我国国际话语权提供了取之不尽用之不竭的资源，极大地提高了中国生态文明思想对外话语感召力。

同时，针对西方国家宣传的"文明冲突论"所无限放大的中西方文化差异和影响，中国则可利用中华民族优秀传统文化中的"和而不同"的内涵进行调和，并在中国生态文明建设的实践中不断扩大其外延，赋予其新的意义，以使中华文明所体现出的互相尊重、包容、开放的核心理念超越地域、阶级、时代的界限，从而建构具有中国智慧的生态话语体系。

（三）加强中国话语传播学术研究，构建当代中国生态文明新型对外传播战略格局

我国在话语权方面的学术研究起步较晚，成果零散。然而，西方国家

---

① 《努力建设人与自然和谐共生的现代化——习近平总书记引领生态文明建设纪实》，《人民日报》2023年7月17日。

话语权研究起步较早，研究范围也较为广泛，涉及社会学、语言学、政治学、管理学、传播学等多个学科领域，带有较强的语言学色彩，研究成果颇丰。

就话语研究中的批评话语国内外研究现状对比发现（见图2），国外批评话语研究文献总数量远远超过国内文献量；就年度发文量而言，国内年度发文量低于国外，近年来国外发文量远超国内，差距越来越大。①

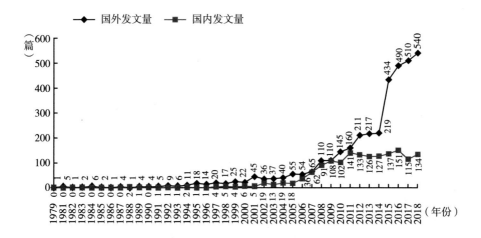

图 2　国内外批评话语研究（1979~2018 年）年度发文量趋势

资料来源：李恩耀、丁建新：《国内外批评话语研究 40 年——一项基于文献计量学的研究》，《天津外国语大学学报》2020 年第 3 期。

同时，从国际实践来讲，在危中有机的百年变局下探究中国生态文明国际话语权提升的困难，进而尝试抓住这一战略机遇期提出相应对策建议，这对中国扭转"西强中弱"的国际话语格局，走出西方"话语牢笼"，克服中国生态文明话语对外话语说服力、影响力、感召力不足的困境，并消除西方对中国话语的打压具有重大意义。

---

① 李恩耀、丁建新：《国内外批评话语研究 40 年——一项基于文献计量学的研究》，《天津外国语大学学报》2020 年第 3 期，第 43 页。

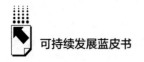

四　建构中国生态文明国际话语权的意义

党的十八大以来，以习近平同志为核心的党中央高度重视生态文明建设，始终把生态文明建设置于中国发展的国家全局战略来考量，确定"五位一体"的国家战略。在疫情防控常态化时代，建构具有中国特色的生态文明国际话语权对巩固生态文明建设成果，提升我国生态话语影响力，深度参与全球环境治理具有重大意义。

百年未有之大变局下，中国生态文明理念在国际推广的过程中，外部环境极其不稳定，充满了坎坷，不确定性因素增多。在国际政治发展史中，西方霸权国的更替与崛起无一不是一部血雨腥风史。葡萄牙、西班牙凭借新航路的开辟在全球进行海上掠夺，荷兰凭借其先进的军事实力优势开展全球运输贸易和进行海外殖民掠夺，完成了资本主义原始积累。英国通过在全球建立殖民地而成为"日不落帝国"，美国凭借一战和二战，大发"战争财"成为世界强国。由此可见，西方国家崛起的路径和方式是以暴力与军事力量作为战略工具而建立起世界秩序。在历史基因建立起来的西方国家，其文化基因中充斥着种族优越论和文化优越论。完全可以为了本国利益置国际公约而不顾，强行退圈；更有甚者，插手别国内政，让冲突战争不断扩大，企图建立强大的北约同盟，引发能源危机与粮食安全危机。

从历史的维度来看，中国一直以来特别注重加强中外文明交流，传播中华文化，始终坚持"和平共处五项原则"，不干涉别国内政。在全球化时代，提升当代中国生态文明建设的国际影响力，不仅可以为中国的绿色和平崛起奠定良好的外部环境，而且可以为全球生态环保事业的发展提供永续动力。中国的绿色、可持续发展与"人与自然命运共同体"建设势必会为全球治理注入新的动力，可以克服"集体行动困境"，抵御西方错误生态思维，提升中国生态文明国际话语权，改变"西强中弱"的话语体系格局，让中国的生态文明思想造福世界。

B.10
国际 ESG 投资的实践经验及启示

王军　孟则*

摘　要： 国外 ESG 投资发展较早，不仅在实操中积累了丰富的策略技巧，在配套细则及监管上也较为完善。但近两年，ESG 投资在经历了快速增长后，2022 年受市场环境影响增速有所减缓。本报告基于国际 ESG 投资现状，分析了 ESG 投资实现价值的途径和方法，并以美国、欧洲、日本为例，总结了其资管机构的投资实践经验：一是完善的信息披露制度是 ESG 投资的重要基础设施；二是国际 ESG 投资中使用的投资策略以整合法和筛选法为主；三是国际大型资管机构基本都会根据行业和资产特点制定相应的 ESG 投资指引；四是积极参与被投企业的公司治理，提升被投企业的 ESG 表现也是国际资管机构重视的策略。

关键词： ESG 投资　投资策略　投资实践

一　国际 ESG 投资发展现状

国外 ESG 投资发展较早，不仅在实操中积累了丰富的策略技巧，在配套细则及监管上也较为完善。近两年，ESG 投资也有一些新变化。首先，ESG 投资在经历了快速增长后，2022 年受市场环境影响增速有所减缓。以可持续发展基金为例，根据 Morningstar 的统计，2022 年全球可持续基金资金净流入

---

* 王军，华泰资产首席经济学家，中国首席经济学家论坛理事，研究员，博士，主要研究方向为宏观经济、可持续发展；孟则，华泰资产管理有限公司博士，主要研究方向为宏观经济、金融市场。

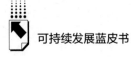
682 亿美元，同比减少 5.28%。其次，全球监管纷纷采取措施遏制滥用概念、阳奉阴违的"洗绿"行为，其中纽约梅隆、德意志等知名投资机构遭到调查和处罚。最后，配套细则逐渐完善。2023 年 6 月，国际可持续准则理事会（ISSB）发布了首套全球 ESG 披露准则，为各地区公司披露统一的气候和可持续性信息提供了标准，堪称 ESG 投资领域的里程碑事件。

（一）UNPRI 签署机构数量

联合国负责任投资原则（UNPRI）是由联合国环境规划署金融倡议和联合国全球契约合作的投资者倡议，是目前全球 ESG 领域最具影响力的机构投资者联盟，成员单位包括世界各地的养老金、保险、主权/发展基金、投资管理机构和服务商。根据 UNPRI 的数据，截至 2023 年 7 月 16 日，全球签署机构数量达到 5378 家，2023 年新签署 254 家，较 2022 年底增长 4.96%，增速有所放缓。2022 年同比增速 18.69%，2006～2023 年的年均复合增速为 31.66%（见图 1）。

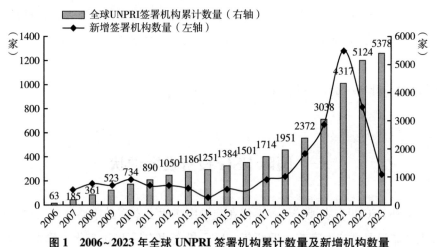

图 1　2006～2023 年全球 UNPRI 签署机构累计数量及新增机构数量

注：数据截至 2023 年 7 月 16 日。

资料来源：UNPRI 官网。

分国家来看，截至 2023 年 7 月 16 日，累计签署机构数量排名前 5 的为美国 1077 家、英国 & 爱尔兰 854 家、法国 407 家、德国 & 奥地利 333 家、澳大利亚 271 家。此外，亚洲方面，日本累计签署机构数量 123 家，中国 139 家，其他国家总计 2295 家（见图 2）。

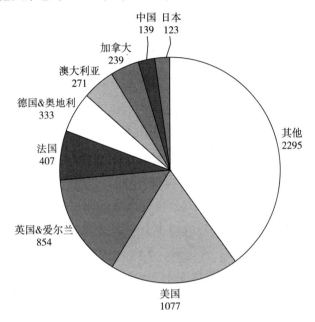

图 2　2023 年分国家 UNPRI 签署机构累计数量

注：数据截至 2023 年 7 月 16 日。

资料来源：UNPRI 官网。

（二）可持续投资规模

根据全球可持续投资联盟（GSIA）于 2021 年发布的《全球可持续投资回顾报告 2020》，2020 年初，全球 ESG 投资五大市场（美国、加拿大、日本、大洋洲、欧洲）的可持续投资规模达 35.30 万亿美元，占全球管理总资产规模的 35.87%（见图 3）。也就是说，在区域规模上，全球 ESG 投资主要集中在欧美，亚太地区以日本为主。ESG 投资已成为投资领域不可或缺的一部分，从长期来看，其仍是重要的增长点。根据彭博的预测，到 2025 年，全球 ESG 资产有望达到 53 万亿美元，约占全球资产管理规模（预计同期为 140.5 万亿美元）的 1/3。

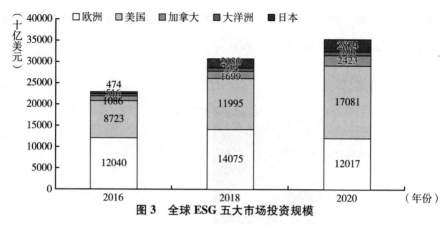

图 3 全球 ESG 五大市场投资规模

资料来源：GSIA：《全球可持续投资回顾报告 2020》。

从 ESG 投资的主要工具和产品来看，主要有可持续发展基金（包括 ESG 指数基金）、ESG 债券、可持续股权投资等。其中，可持续发展基金是二级市场 ESG 投资的主流。根据 Morningstar 的统计，截至 2022 年底，全球可持续发展基金的资产规模近 2.8 万亿美元，较 2021 年的峰值有所下降（见图 4）。ESG 指数投资方面，根据中证指数发布的《全球 ESG 指数及指数化投资发展年度报告（2022）》，截至 2022 年底，全球 ESG 指数超过 5 万条，境外 ESG ETF 产品数量共计 1112 只，规模合计约 4520.12 亿美元。此外，ESG 债券规模与可持续基金规模相当。根据气候债券倡议组织（CBI）的统计，截至 2022 年底，累计发行绿色债券、社会责任债券、可持续发展债券、可持续发展挂钩债券和转型债券 3.7 万亿美元，其中绝大多数为绿色债券，累计发行 2.2 万亿美元，占比 59.46%。

从 ESG 投资配置的资产来看，权益资产占比更大，相对而言，ESG 策略在固收资产中的渗透缓慢。以 ESG ETF 产品为例，根据中证指数的统计，截至 2022 年底，境外权益类 ESG ETF 规模占比为 80.53%，显著高于固定收益类的 19%。背后原因有二：一是和权益投资者不同，债券投资者不能通过股东大会投票来参与上市公司治理，因此无法利用股东权力参与公司治理策略；二是 ESG 精选个券策略可能导致组合集中度过高，无法使组合达到理想的分散程度。

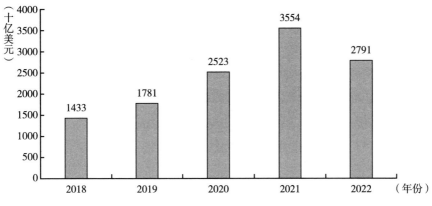

图 4 全球可持续基金规模

资料来源：Morningstar。

二 ESG 投资实现价值的途径和方法

（一）ESG 投资实现价值的途径——长期视角评估企业

虽然 ESG 投资已经成为全球投资领域万众瞩目的焦点，但在实践中仍然存在诸多问题与困惑，比如 ESG 投资如何平衡短期利益与长期利益，ESG 投资是否能够带来超额回报，ESG 投资如何衡量、实现价值。但是，转换到长期视野来看，气候、公众的态度等因素会影响到企业的长期生存能力，一家不重视全球可持续发展问题的企业，终究会在长期发展中慢慢被淘汰，因此也会影响投资的成功与否。从国际上一些主流金融机构的 ESG 投资理念可以看到，他们不仅强调财务回报的重要性、强调影响财务回报的中长期风险，还重视通过投资来影响社会和环境的努力（见表 1）。

表 1 部分国际主流金融机构的可持续投资理念

机构名称	可持续投资理念
先锋领航	先锋领航认为重大的 ESG 风险会有损基金所投资企业的长期价值创造能力,因此主动基金(还包括没有 ESG 投资策略的产品)在选择证券时会将重大 ESG 因素纳入考量

267

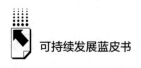
机构名称	可持续投资理念
摩根士丹利	摩根士丹利认为ESG因素会带来投资风险和机遇,了解和管理这些风险和机遇有助于降低风险和获得长期的投资回报,致力于为客户提供符合其财务回报目标和可持续偏好的可持续投资解决方案
富达国际	投资于具有高可持续标准的公司可以长期保护和提高投资回报,从而有助于为客户打造更好的金融投资目标
德意志银行	ESG投资并非感性情怀,而是兼顾潜在回报与社会责任
日本政府养老投资基金	ESG投资不仅有利于挖掘有益于社会的优秀企业,同时也能积极推动企业的长期成长,进而实现投资收益的长期可持续性,在控制风险的同时实现投资目标
挪威政府全球养老基金	不关心周围世界的公司不仅可能会失去客户,还会面临诉讼、损害自身的声誉

资料来源:各机构官网。

ESG投资不是"为了ESG而ESG",而是从转换到社会的长期发展与企业的中长期价值的角度来看待问题。从企业经营的角度来看,可持续的经营能力等于企业判断中长期市场的能力、应对中长期机遇和风险的能力,即在中长期中企业解决问题和营业变革能力,从而拓展企业的生存空间。此外,ESG理念并不只针对与环境有关的企业,还包括社会责任与公司治理,这与每家公司的发展都息息相关。从投资者的角度来看,一是可以通过企业的长期价值观来理解企业的发展方向和优先计划,审视发展过程中出现的机遇和实质风险;二是企业的盈利模式不是一成不变的,而是随着经济、行业发展以及企业的发展而不断变化的,在可持续发展的大背景下重新审视盈利模式将获得新视野;三是可以通过ESG标准影响企业经营和决策,帮助企业提升ESG治理能力。

(二)ESG投资的方法——七类投资策略

投资策略是践行投资理念、获得投资收益的方法和手段,是实现投资价值的抓手。目前,全球公认的投资策略分类标准是由全球可持续投资联盟(GSIA)进行定义的,也是目前主流的七类投资策略,分别为ESG整合、负面筛选、利用股东权力参与企业治理、标准筛选、可持续发展主题投资、正

面筛选与影响力投资。从这七类策略的内涵上，可将其分为三大类别：一是
筛选类，即基于一定标准对投资标的进行排除和选择，主要包括负面筛选、正
面筛选、标准筛选（指根据国际规范进行筛选）和可持续主题投资（不是对特
定企业或行业进行评价，而是更关注社会的长期发展趋势）；二是整合类，即将
重大 ESG 因素纳入传统的投资框架，对 ESG 投资的非财务因素和传统投资的财
务因素融合后进行全面投资评估；三是参与类，主要包括利用股东权力参与企
业治理和影响力投资，前者是指发挥股东的积极作用，促使被投企业拓展可持
续发展业务、提升风险管理能力，后者则关注的是投资本身所带来的社会和环
境影响，更多地将这种策略认为是回馈社会和慈善事业的延伸（见图 5）。

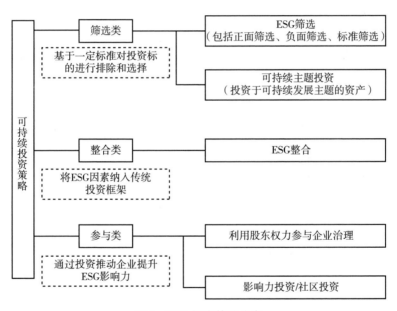

图 5　ESG 投资策略分类

（三）ESG 投资策略规模

从全球来看，资产规模占比前三的投资策略分别为 ESG 整合（25.2 万
亿美元，占比 43.03%）、负面筛选（15.03 万亿美元，占比 25.67%）和利
用股东权力参与企业治理（10.50 万亿美元，占比 17.94%）（见图 6）。

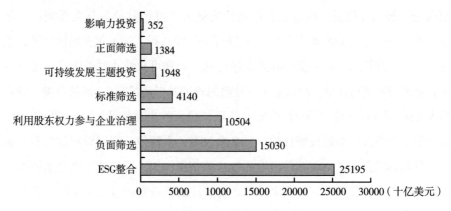

图6 全球 ESG 投资策略资产规模

资料来源：GSIA：《全球可持续投资回顾报告 2020》。

分国家或地区来看，欧洲以负面筛选（占比 41.97%）策略为主，美国以 ESG 整合（66.91%）策略为主，加拿大以 ESG 整合（36.77%）和利用股东权力参与企业治理（32.66%）为主，澳大利亚绝大多数策略是 ESG 整合（87.64%），日本以 ESG 整合（35.43%）和利用股东权力参与企业治理（32.36%）为主。

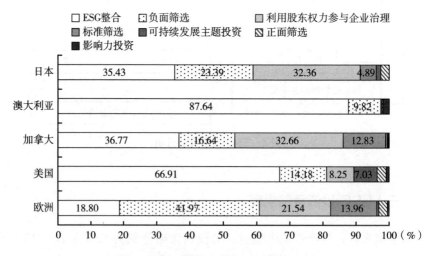

图7 分国家或地区的 ESG 投资策略占比

资料来源：GSIA：《全球可持续投资回顾报告 2020》。

三 国际 ESG 投资的实践经验与案例

（一）美国 ESG 投资实践经验与案例

美国无疑是全球 ESG 投资的重要市场之一，但宏观经济压力和政治阻力导致 ESG 投资短暂放缓。2023 年一季度，可持续发展基金资产规模 2990 亿美元，占比 11%[①]；2022 年底，存量 ESG 指数化产品数量 224 只，规模 952.13 亿美元，占比 21.15%。[②] 但近两年美国 ESG 投资有所放缓。根据 Morningstar 的统计，2023 年一季度美国可持续发展资金净流出 52 亿美元，已经是第三个季度资金净流出。另外，根据彭博的统计，2023 年一季度美国非金融类企业发行 ESG 债券 60 亿美元，同比下降 50% 以上。造成 ESG 投资放缓的原因主要有两个：一是 2022 年以来的市场波动和全球宏观经济压力，包括持续的能源危机、美联储加息以及对经济衰退的担忧等；二是日益强烈的政治阻力抑制了投资者对 ESG 产品的需求，来自美国至少 19 个州的共和党州长承诺要抵制 ESG 投资，因为其不仅不能为投资者带来所承诺的财务回报，还扭曲了自由市场的机制。这对一些大型的资产管理机构都造成了重大冲击。

美国多数知名的资管公司都结合自己公司的资产管理制定了相应的 ESG 投资准则和投资指引。在投资实践中，可持续发展基金为主流投资工具，采用最多的策略是 ESG 整合，其次为 ESG 筛选类策略。比如摩根大通基于专有的评分方法正面筛选具有 ESG 特征的公司；贝莱德从现有市场指数（如标准普尔 500 指数）中排除不具有可持续发展特征的证券。

2022 年，美国前十大可持续基金中，规模排名前三的分别为 Parnassus 公司、贝莱德、先锋领航（Vanguard）。其中，Parnassus 公司和 Calvert 公司

---

① Morningstar, "Global Sustainable Fund Flows: Q1 2023 in Review"。
② 中证指数：《全球 ESG 指数及指数化投资发展年度报告（2022）》。

是两家专门的 ESG 商店，对 ESG 的支持率为 100%；在被动基金方面，可持续基金较多且规模较大的资管机构主要是贝莱德（iShares 为其子公司）和先锋领航（见表 2）。

表 2　美国前十大可持续基金对关键 ESG 决议的支持率（数据截至 2022 年底）

基金名称	基金中文名称	基金类型	基金资产（百万美元）	支持率（%）
Parnassus Core Equity	Parnassus 核心股票基金	主动股票	23911	100
iShares ESG Aware MSCI USA ETF	iShares ESG 指数基金	被动股票	19587	45
Vanguard FTSE Social Index	先锋富时社会指数基金	被动股票	12774	20
Pioneer	先锋基金	主动股票	6540	77
Calvert Equity	Calvert 股票基金	主动股票	5989	100
TIAA-CREF Social Choice Equity	TIAA-CREF 社会选择股票基金	主动股票	5809	65
Vanguard ESG U. S. Stock ETF	先锋富时 ESG 美国股票指数基金	被动股票	5659	22
Brown Advisory Sustainable Growth	Brown Advisory 可持续增长基金	主动股票	5650	95
Putnam Sustainable Leaders	Putnam 可持续基金	主动股票	4890	50
DFA U. S. Sustainability Core 1 portfolio	DFA 可持续核心组合	主动股票	4785	43

资料来源：Morningstar，"The 2022 U. S. Sustainable Funds Landscape in 5 Charts"。

Parnassus 基金公司的 ESG 投资实践。

Parnassus Investments 基金公司自 1984 年成立之时就关注 ESG 投资，认为具有坚实基础的高质量公司能够提供引人注目的长期投资机会，其提供的每种策略都使用 ESG 标准进行管理。目前，Parnassus 已经成为美国最大的纯 ESG 共同基金，2023 年一季度末管理资产超过 420 亿美元，旗下共计有 6 只不同策略的基金，5 只股票型基金、1 只债券型基金。但是，自成立以来，6 只基金超越基准的超额回报并不是非常显著，超额回报最高的为 Parnassus 价值基金（见表 3）。

表3 Parnassus 旗下基金（数据截至 2023 年 6 月末）

基金名称	基金中文名称	成立日期	净资产（亿美元）	成立以来年化回报（%）	超额回报（%）
Parnassus Core Equity Fund	Parnassus 核心股票基金	1992/8/31	270	11.03	0.89
Parnassus Growth Equity Fund	Parnassus 大盘成长基金	2022/12/28	0.20	28.13	-3.39
Parnassus Value Equity Fund	Parnassus 价值基金	2005/4/29	46.93	12.01	4.34
Parnassus Mid Cap Fund	Parnassus 中盘基金	2005/4/29	58.26	8.31	-1.20
Parnassus Mid Cap Growth Fund	Parnassus 中盘成长基金	1984/12/31	7.41	8.89	-2.64
Parnassus Fixed Income Fund	Parnassus 固定收益基金	1992/8/31	2.70	4.12	-0.42

资料来源：Parnassus Investments 官网。

Parnassus 的投资方法。投前、投中和投后三个阶段设置不同的 ESG 投资指引，一是投前通过负面筛选形成限制名单，标准包括 10% 及以上收入来自酒精、烟草或武器制造、赌博或化石燃料开采的公司以及 Parnassus 认为存在争议的行业或企业；二是投中进行 ESG 整合，将 ESG 分析完全融入投资决策中，先从行业维度的重大 ESG 因素评估公司的机会和风险，找到高质量的公司，再分析其业绩和估值以确定证券的买点；三是投后持续监控每笔持股的财务和 ESG 表现。

Parnassus 基金实例分析。Parnassus 核心股票基金是 Parnassus 旗下最大的一只基金，也是美国最大的一只 ESG 股票基金。该基金主要投资于具有长期竞争优势和相关性、优质管理团队和 ESG 表现积极的美国大盘股公司，专注于在经济衰退期比市场表现更好的公司。回溯过去十年该基金的表现，整体来看接近基准标普 500 指数的收益，具有较为明显的超额收益为 2018 年（4.2%）和 2020 年（2.79%），也就是说，该基金在较大的宏观风险面前具有一定的保护特征（见图 8）。

从 Parnassus 核心股票基金的资产配置上来看，一是几乎全部集中于股票资产，截至 2023 年 6 月末，该基金持有股票占比 98%；二是在行业配置上，主要投资于信息技术和金融两个行业，占比分别为 31% 和 19%，而对房地产和非必需消费配置较少；相对于基准标普 500 来说，则相对超配金融（超配 7%）和材料（超配 6%）（见表 4）。

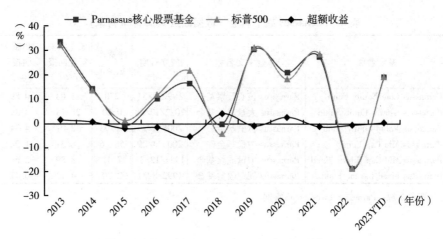

图8 2013年以来Parnassus核心股票基金的表现

资料来源：Parnassus Investments官网。

表4 Parnassus核心股票基金的行业配置（数据截至2023年6月末）

单位：%

行业	Parnassus核心股票基金	标普500	相对超低配比例
信息技术	31.00	28.00	3.00
金融	19.00	12.00	7.00
医疗保健	11.00	13.00	-2.00
必需消费	10.00	7.00	3.00
工业	9.00	8.00	1.00
材料	9.00	3.00	6.00
通信服务	5.00	8.00	-3.00
非必需消费	3.00	11.00	-8.00
房地产	1.00	3.00	-2.00
能源	0.00	4.00	-4.00
公用事业	0.00	3.00	-3.00

资料来源：Parnassus Investments官网。

从Parnassus核心股票基金的前十大重仓股上来看，持股较为分散，合计占比40.40%，主要集中在信息技术、通信和金融上。其中，第一大重仓股为微软公司，持股比例6.70%；第二大重仓股为苹果公司，持股比例为4.90%（见表5）。

表 5　**Parnassus 核心股票基金的前十大重仓股（数据截至 2023 年 6 月末）**

公司名称	持股比例(%)	所属行业
微软	6.70	信息技术
苹果	4.90	信息技术
Alphabet 公司	4.80	通信服务
甲骨文	4.10	信息技术
Salesforce 公司	3.80	信息技术
美国迪尔公司	3.60	工业
万事达	3.30	金融
Linde	3.30	材料
芝加哥商业交易所	3.00	金融
美国银行	2.90	金融
合计	40.40	

资料来源：Parnassus Investments 官网。

综上，从 Parnassus 公司旗下的基金产品来看，ESG 策略的优势可能更多集中在对于较大宏观风险的把控上，而在超额回报方面稍弱。

（二）欧洲 ESG 投资实践经验与案例

欧洲在 ESG 领域一直走在前列，ESG 资管规模位于世界首位，监管趋严，提升发展质量。欧洲是最早进行强制披露的地区，而美国推崇自由市场，一直对强制披露的推进较为谨慎。早在 2014 年欧盟就颁布了《非财务报告指令》，要求各成员国出台法律强制要求大型企业披露 ESG 的相关信息。此外，为避免伪 ESG、"漂绿"等问题，欧盟于 2019 年推出了《可持续金融信息披露条例》，要求从机构和产品两个层面披露 ESG 的相关信息，更清晰的标准和更高质量的数据将助力 ESG 投资的长期发展。截至 2023 年一季度，欧洲可持续发展基金资产规模 2.3 万亿美元，占比 84%，比 2022 年四季度增长 8.2%，几乎逼近 2021 年四季度的历史高点[①]；2022 年底，存

---

① 资料来源：Morningstar，"Global Sustainable Fund Flows：Q1 2023 in Review"。

量 ESG 指数化产品数量 632 只，规模 3058.5 亿美元，占比 67.95%。[①]

欧洲资管机构作为 ESG 投资领域的先行者，积累了丰富的 ESG 投资策略、ESG 风险评估与管理的经验。在投资实践中，欧洲采用最多的策略是负面筛选策略，比如瑞士百达资产管理公司（Pictet）设置了适合自身的负面筛选标准；其次为利用股东权力参与公司治理策略。从可持续发展基金的角度来看，一是以 ESG 指数产品为主的资管机构，如贝莱德（包含 iShare）、德意志资产与财富管理公司的 Xtrackers，如今被动型产品的发展势头突出。根据晨星的统计，2023 年一季度 ESG 基金资金净流入排名前三的机构为贝莱德、瑞士的 Swisscanto 资产管理公司以及德意志 DWS 公司，其中 Swisscanto 凭借两只被动 ESG 基金（欧洲瑞士负责任股票指数基金和瑞士可持续债券基金）位居第二（见表 6）。二是以 ESG 主动型产品为主的资管公司，比如东方汇理（Amundi）、瑞银（UBS）、法国巴黎资产管理公司（BNP Paribas）等。

表 6　欧洲净流入排名前五的可持续基金提供商（数据截至 2023 年 3 月末）

公司名称	中文名称	总部	净流入（百万＄）
BlackRock（inc. iShares）	贝莱德（包含 iShare）	美国	8738
Swisscanto	Swisscanto 资产管理公司	瑞士	7265
DWS（inc. Xtrackers）	德意志资产与财富管理公司	德国	1725
KBC	比利时联合银行	比利时	1706
JPMorgan	JP 摩根	美国	1617

资料来源：Morningstar，"The 2022 U. S. Sustainable Funds Landscape in 5 Charts"。

Swisscanto 资产管理公司的 ESG 投资实践。

Swisscanto 是瑞士苏黎世银行的资产管理公司，是瑞士的第三大资产管理公司。自 1998 年以来一直提供可持续投资基金，认为 ESG 得分低的政府或公司证券的投资通常会带来无法抵消的额外风险。截至 2022 年三季度末，管理资产总规模为 2003 亿瑞士法郎，其中可持续投资规模 124 亿瑞士法郎，

---

① 资料来源：中证指数《全球 ESG 指数及指数化投资发展年度报告（2022）》。

负责任投资 918 亿瑞士法郎，合计占比 52.02%。此外，主被动基金大致各占一半，主动基金 1059 亿瑞士法郎，被动基金 943 亿瑞士法郎（见表 7）。

表 7　Swisscanto 公司旗下基金类型、规模及数量（数据截至 2022 三季度末）

投资主题	规模 （十亿瑞士法郎）	数量（只）	产品类型	规模 （亿瑞士法郎）	数量（只）
可持续	12.4	135	主动	1059	585
负责任	91.8	493	被动	943	308
传统	96.1	265			
合计	200.3	893			

资料来源：Swisscanto 官网。

Swisscanto 的 ESG 投资策略主要是排除策略和整合策略相结合。排除在商业行为上有争议的地区或公司，并在做投资决策时考虑 ESG 因素。（1）排除标准。Swisscanto 在 MSCI、世界银行等 ESG 标准的基础上，从社会和健康风险、气候变化、物种多样性三个层面增加 ESG 的排除标准，并设置负向筛选名单。比如，煤炭开采收入占比超过 5%、违反联合国全球契约等。此外，在可持续基金中，主要关注具有可持续投资模式的公司，排除标准要比负责任基金更为全面。比如，还增加了核电占电力结构 50% 以上的国家计划扩大核能、军事预算高（占 GDP 的 4%）的国家等。（2）ESG 整合。Swisscanto 从商业活动的环境和社会后果、产品和服务的影响或有争议的方面来拓展传统的 ESG 分析，根据每类资产的特性制定量身定制的数据集。在债券中，ESG 分析有助于及时识别风险，防止违约；在股票中，ESG 分析可以在早期阶段确定受益于可持续发展趋势的公司。

Swisscanto 基金实例分析：Swisscanto 可持续气候股票基金（Swisscanto Equity Fund Sustainable Global Climate）。该基金为主动基金，通过公司设定的可持续目标和质量评价方法投资全球股票，这些公司的产品、服务或生产方法对脱碳做出了积极贡献。回溯 2018 年以来的基金表现，超越基准（MSCI 全球指数）的超额收益在 2019~2021 年为 18.79%（见图 9）。

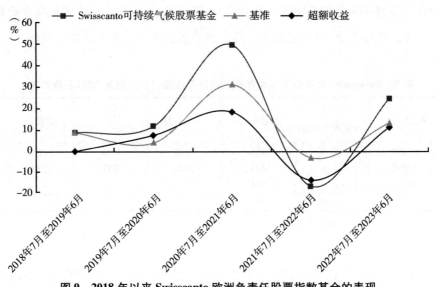

图9　2018年以来Swisscanto欧洲负责任股票指数基金的表现

资料来源：Swisscanto官网。

行业配置上，Swisscanto可持续气候股票基金较基准更高配工业（53.78%）和信息技术（2.19%），更低配金融（−14.62%）和医疗健康（−12.79%）（见表8）。

表8　Swisscanto欧洲负责任股票指数基金（数据截至2023年6月末）

单位：%

行业	Swisscanto可持续气候股票基金	基准	相对超低配比例
工业	64.86	11.08	53.78
信息技术	24.45	22.26	2.19
非必需消费	3.89	11.12	−7.23
商品	3.42	4.11	−0.69
必需消费	1.75	7.38	−5.63
公用事业	1.05	2.78	−1.73
金融	0.00	14.62	−14.62
医疗健康	0.00	12.79	−12.79
通信服务	0.00	6.96	−6.96
能源	0.00	4.55	−4.55
房地产	0.00	2.34	−2.34

资料来源：Swisscanto官网。

（三）日本 ESG 投资实践经验与案例

日本是亚洲主要的可持续投资市场，以鼓励公司自愿披露 ESG 信息工作为主，近期修订《综合监管准则》以防止"洗绿"。全球 ESG 投资主要在欧美，日本政府养老投资基金（GPIF）2015 年 9 月签署 PRI 后，开始高度关注 ESG 投资理念。日本的 ESG 信息披露以自愿为主，只是提供指引。2020 年 5 月，日本交易集团和东京证券交易所发布《ESG 披露实用手册》，鼓励上市公司自愿改善 ESG 信息披露工作。2022 年 12 月，日本金融厅修订了《金融工具业务经营者综合监管指引》，为基金披露和资产管理公司的 ESG 投资提出了具体要点。

根据 GSIA 的数据，2020 年日本可持续投资规模 2.87 万亿美元，规模上是全球的第三大市场，也是亚洲主要的可持续投资市场。PRI 的最新数据显示，日本签署机构的数量为 123 家，略低于中国的 139 家。2023 年一季度，可持续发展基金资产规模 260 亿美元，占比 1%，其中股票基金占日本本土可持续基金的 95%，大部分股票投资于全球股市[1]；2022 年底，存量 ESG 指数化产品数量 40 只，规模 241.05 亿美元，占比 5.36%。[2]

日本政府养老投资基金（GPIF）的 ESG 实践。

如今，资产管理机构都面临着通胀、地缘政治不稳定、气候变化等较大的系统性风险，而养老基金的投资时间跨度很长且投资全球资产，在这种外部环境中难以充分分散投资风险，因此养老基金会关注可持续投资策略。日本政府养老投资基金（GPIF）也将 ESG 因素纳入投资框架，认为在追求长期投资回报的过程中必须减少环境、社会问题带来的负面影响。

2022 年一季度，日本政府养老投资基金管理资产约 196.6 万亿日元，其中跟踪 ESG 指数的投资约 12.1 万亿日元，绿色、社会和可持续发展债券投资约 1.6 万亿日元，合计占比 6.97%。

---

① Morningstar，"Global Sustainable Fund Flows：Q1 2023 in Review"。
② 中证指数：《全球 ESG 指数及指数化投资发展年度报告（2022）》。

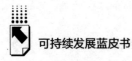

股票投资以跟踪 ESG 指数投资为主。GPIF 从 2017 年开始跟踪 ESG 指数,目前拥有 8 只 ESG 指数,包括 4 只综合 ESG 指数和 4 只主题 ESG 指数(见表 9)。

表 9　日本政府养老投资基金的跟踪 ESG 指数

综合 ESG 指数			
指数名称	FTSE Blossom Japan Index	FTSE Blossom Japan Sector Relative Index	MSCI Japan ESG Select Leaders Index	MSCI ACWI ESG Universal Index (ex Japan and ex China A-shares)
中文名称	富时日本指数	富时日本行业指数	MSCI 日本 ESG 精选领导者指数	MSCI ESG 全球指数(除日本和中国 A 股)
指数介绍	采用 FTSE4 日本指数 ESG 评价方法,选择 ESG 分数高的股票	采用 FTSE Blossom 日本指数 ESG 评价方法,考虑气候变化的风险和机遇	基于 MSCI 的 ESG 研究框架,将 ESG 风险综合反映进组合中	面向大规模投资者,目标是维持与母指数相同的投资机会与风险敞口
配置资产	日本国内股票	日本国内股票	日本国内股票	国外股票
跟踪指数	FTSE Japan All Cap Index(1395)	FTSE Japan All Cap Index(1395)	MSCI Japan IMI Top 700(699)	MSCI ACWI ex Japan ex China A ESG Universal with Special Taxes Index(2180)
指数成分	229	493	222	2111
资产管理规模(亿日元)	9830	8000	20990	16187
主题 ESG 指数			
指数名称	MSCI Japan Empowering Women Index	Morningstar® Developed Markets Ex-Japan Gender Diversity Index	S&P/JPX Carbon Efficient Index	S&P Global LargeMidCap Carbon Efficient Index
中文名称	MSCI 日本赋权女性指数	晨星发达市场(日本除外)性别多样性指数	标普/摩根大通碳效率指数	标普全球大型中型股碳效率指数

主题 ESG 指数			
指数介绍	根据女性活跃促进法披露的女性就业信息计算性别多样性分数,选取分数高的企业构成该指数	基于 Equileap 性别打分卡对企业在性别平等方面的努力进行评价,并以此确定投资权重	根据环境评价的先驱 Trucost 的碳排放量数据搭建。该指数提高碳效率高的企业的权重	
配置资产	日本国内股票	国外股票	日本国内股票	国外股票
跟踪指数	MSCI Japan IMI Top 700(699)	Morningstar® Developed Markets Ex-Japan Large-Mid(2177)	TOPIX(2175)	S&P Global Ex-Japan LargeMidCap(3080)
指数成分	352	2149	1855	2428
资产管理规模(亿日元)	12457	4195	15678	33906

资料来源:GPIF 官网。

债券投资以搭建对外平台方式提供 ESG 债券投资机会。考虑到绿色债券在一二级市场都往往供不应求,GPIF 于 2019 年通过一项新提案,与国际复兴开发银行、国际金融公司合作,为外部资产管理公司提供绿色、社会、可持续发展债券的机会。GPIF 的 ESG 债券投资规模从 2020 年 3 月的 0.4 万亿日元增加至 2022 年 3 月的 1.6 万亿日元。其中,65% 为绿色债券、19% 为可持续发展债券、16% 为社会债券。

ESG 指数投资表现为中长期收益率跑赢基准。从 2017 年 4 月到 2022 年 3 月,GPIF 跟踪的 8 只 ESG 指数的表现在大多数情况下能够基准和对应的市场指数,其中 5 只跟踪日本股市的指数基金相对市场指数(TOPIX)的超额收益明显要高于基准指数,多数时在 1% 以上。从 2021 年 4 月到 2022 年 3 月来看,这 8 只 ESG 指数基金的超额收益也较为明显(见表 10)。

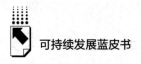

表 10　日本政府养老投资基金跟踪 ESG 指数的业绩表现

单位：%

| | 2017 年 4 月至 2022 年 3 月（过去 5 年的年化收益率） | | | | |
| | 收益率 | | | 超额收益率 | |
日本 ESG 指数	ESG 指数	基准指数	TOPIX 日本	基准指数	TOPIX 日本
MSCI ESG Select Leaders	9.00	8.03		0.97	1.38
MSCI WIN	8.03	8.03		−0.01	0.41
FTSE Blossom	8.86	8.03	7.62	0.83	1.24
FTSE BlossomSR	8.80	7.85		0.95	1.18
S&P/JPX Carbon	7.75	7.62		0.13	0.13
全球指数	ESG 指数	基准指数	MSCI ACWI ex Japan	基准指数	MSCI ACWI ex Japan
S&P Global Carbon	14.58	14.53		0.05	0.03
MSCI ESG Universal	15.04	14.45	14.55	0.59	0.49
Morningstar GenDi	15.51	15.40		0.11	0.96
	2021 年 4 月至 2022 年 3 月				
	收益率			超额收益率	
日本 ESG 指数	ESG 指数	基准指数	TOPIX 日本	基准指数	TOPIX 日本
MSCI ESG Select Leaders	3.64	2.32		1.32	1.65
MSCI WIN	0.87	2.32		−1.45	−1.12
FTSE Blossom	5.72	2.08	1.99	3.64	3.73
FTSE BlossomSR	4.53	2.08		2.45	2.54
S&P/JPX Carbon	2.02	1.99		0.03	0.03
全球指数	ESG 指数	基准指数	MSCI ACWI ex Japan	基准指数	MSCI ACWI ex Japan
S&P Global Carbon	20.13	19.12		1.01	0.75
MSCI ESG Universal	19.72	19.40	19.38	0.32	0.34
Morningstar GenDi	22.13	22.20		−0.07	2.75

　　资料来源：GPIF 官网；其中，基准指数为指数跟踪的母指数，TOPIX 为日本股市指数，MSCI ACWI ex Japan 为 MSCI 不包括日本的外国股票指数。

四　启示

　　第一，完善的信息披露制度是 ESG 投资的重要基础。目前，大多数国家都对 ESG 的信息披露提出了明确的要求和指引，以便为投资者提供考量的信息。其中，欧盟的 CSDR 要求强制披露，美国、英国、日本等还处于自愿披露阶段。有效统一的 ESG 信息披露可以保证这些信息的可读性和可比性，是 ESG 投资的一项最重要的基础。

第二，国际 ESG 投资中使用的投资策略以整合法和筛选法为主。以可持续发展基金为例，美国以整合法为主，欧洲以筛选法为主，有一定抵御长期风险的能力。但由于 2022 年市场冲击、伪 ESG 等问题频发以及美国反 ESG 的阻力等因素，欧美日的可持续发展基金增长均有所放缓。其中，2023 年日本仅新发行两只基金。ESG 基金的长期超额收益获取能力还有待验证。

第三，国际大型资管机构基本会根据行业和资产特点制定相应的 ESG 投资指引。在进行 ESG 评分时，并不是简单地运用统一的标准，而是要根据行业的特性、资产的特点去调整 ESG 的评分标准。因此，很多资管机构会根据这些特性制定相应的 ESG 评分标准和投资指引，以提升投资决策的可靠性。

第四，积极参与被投企业的公司治理，提升被投企业的 ESG 表现也是国际资管机构重视的策略。上述分析的 Parnassus 和 Swisscanto 等公司都会有参与被投企业公司治理的策略，这在主动型策略中应用更为广泛。

参考文献

全球可持续投资联盟（GSIA）：《全球可持续投资回顾报告 2020》，2021。
中证指数：《全球 ESG 指数及指数化投资发展年度报告（2022）》，2023。
Morningstar, "Global Sustainable Fund Flows: Q1 2023 in Review", 2023.
财新智库：《机构投资者如何促进高质量发展》，2022。
绿色金融与可持续发展研究院：《国际资管机构 ESG 投资实践及产品》，2023。
MSCI, "The Top 20 Largest ESG Funds", 2021.

B.11
中国 ESG 地方治理数据体系研究报告

宋光磊　林紫歆　李萍萍*

摘　要： 在双碳背景下，本报告从中观维度收集中国各省级及直辖市的相关 ESG 数据。在环境层面，华南、华东和西南地区更适合进行 ESG 投资，但在华东部分地区需要注意规避政策带来的气候转型风险。在社会层面，南方地区区域经济和产业优势明显，北方部分地区呈现产业集中度高但产业繁荣度低的问题，急需进行产业升级转型。在地方治理层面，南方地区的投资受限于物理空间，但是土地交易热度不减。投资城投债在近期内可避开天津市、海南省、辽宁省、河南省、北京市、吉林省和青海省七个风险省市，后续根据政府配套措施进行调整。同时，根据地方省委班子成员的更换频率，投资项目关键时期应控制在三年内为佳。领导异常变更风险的规避应该考量当地实际情况，以事先调查为最优方案，无普适性结论。整体衡量，中国 ESG 投资的最佳地域应在东南沿海一带和西南除高原外地区。落实到具体行业，可根据实际情况相应调整。

关键词： ESG　地方治理　数据体系

---

* 宋光磊，杭州中资管金融科技研究院高级经济师，研究方向为宏观经济、金融市场、可持续发展、金融科技；林紫歆，杭州中资管金融科技研究院，研究方向为可持续发展、金融科技、资产管理；李萍萍，杭州中资管金融科技研究院，研究方向为区域财政、国企研究、保险资管。

一 介绍

1992 年，联合国环境规划署在里约热内卢的地球峰会上成立金融倡议，希望金融机构能把环境、社会和治理因素纳入决策过程，发挥金融投资的力量促进可持续发展；1997 年，由美国非营利环境经济组织（CERES）和联合国环境规划署（UNEP）共同发起，成立了全球报告倡议组织（GRI），系统性地提出可持续发展报告框架，涵盖 ESG 提及的环境、社会和治理因素三部分；2006 年，联合国社会责任投资原则（UN‐PRI）成立。截至 2022 年 11 月，全球已有 5245 家机构签署 UN PRI 合作伙伴关系。由此，环境、社会和治理因素成为衡量可持续发展的重要指标，ESG 投资成为重要的投资策略。

中国的 ESG 投资起步略晚，但在 2060 年碳中和背景下发展迅速。在监管层面，2020 年 3 月，国务院印发《关于构建现代环境治理体系的指导意见》，明确建立完善上市公司和发债企业的强制环境治理信息披露制度。同年 9 月，中国提出碳达峰、碳中和的"3060"双碳目标。2021 年 5 月，证监会发布上市公司披露规则草案添加了关于环境和社会责任的新章节，进一步规范上市公司 ESG 信息披露。2021 年 9 月，中国国务院发布《中共中央国务院关于完整准确全面贯彻新发展理念做好碳达峰碳中和工作的意见》。与之相对，中国的 ESG 投资开始高速发展。2018 年 11 月，中国推出首个 ESG 股票指数——中证 180 ESG 指数。2021 年 6 月，中国 ESG 基金（"ESG 基金"包括 ESG、社会责任及环境友好基金）在管资产规模达到 199 亿美元，较 2020 年同期的管理规模提升近 1 倍。

在此背景下，为支持绿色低碳发展和 ESG 理念实践落地，杭州中资管金融科技研究院创新性地建立中国 ESG 地方治理数据体系，旨在打破常规 ESG 体系对于"G-Governance"的词汇限定，将原有的公司治理认知拓展到地区治理，补充中观地方维度评价，在双碳国家战略和微观公司主体之间构建桥梁，相互联结。

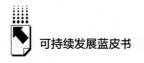

二　数据采集、加工

中国 ESG 数据体系研究以桌面研究为主，结合内部调研方法进行，数据采集方式以人工采集、半自动化采集两种方式进行，研究分为三个阶段。

第一阶段（2022 年 3 月至 2022 年 4 月）：构建数据框架，从环境、社会和地方治理三方面搜集指标名录。该阶段主要综合参考市面上已有的 MSCI、商道融绿、汤森路透等 ESG 评价体系，提取高价值、高适配指标，同时突出地方治理特色，增添个性指标。

第二阶段（2022 年 5 月至 2022 年 9 月）：搜集、清洗、加工数据，筛除可得性过低指标。其中，人工数据主要来源于统计局、生态环境局、财政局、经信委、发改委等政府部门公开披露数据，少量资料来源于 CEADs 等权威学术研究机构、权威数据库产品（万德等）。半自动化数据以 python 为开发语言，采用机器人流程自动化技术（RPA）来获取政府官方媒体数据，人工进行数据清洗、加工。在此基础上，比较不同省级及直辖市地区的数据可得性，删除地区差异过大的数据指标。

第三阶段（2022 年 10 月至 2022 年 11 月）：数据汇总、分析，明晰数据体系。在该阶段内部调研投研组专家，提高数据体系在金融机构的实用性。汇总各方意见，再次升级数据体系，最终得到地方治理数据主表和领导干部异常变更子表。地方治理数据表格囊括环境、社会、地方治理 3 个一级指标，12 个二级指标，141 个三级指标，时间跨度根据指标实际情况分别划分为一年、三年、五年，时间节点则根据数据可得性确定，取最新数据为准，目前 2021 年数据占据主体地位。领导干部异常变更子表囊括 2020 年 1 月至 2022 年 9 月期间所有省级以上干部异常变更情况，共计 1680 名领导干部。此外，根据数据情况，整理成相关文档。

三 发现

（一）环境

1. 水环境：优良水质断面呈现明显带状分布

在水环境层面，中国境内的优良水质断面呈现明显的带状分布。西起新疆的内陆河流域，包含长江流域、珠海流域的部分地区，结束于东南诸河流域。该区域内的优良（达到或优于Ⅲ类）水质断面占比稳定保持在 90% 以上。

2. 大气环境：南方地区优势明显，与高碳行业（以2019年行业的二氧化碳排放量界定）分布存在一定关联度

在大气环境层面，南方地区和青藏高原区域空气质量呈现明显优势，空气优良天数比率基本稳定在 85% 以上。相对而言，京津冀城市群和天山北坡城市群区域短板明显。

结合 2019 年各行业二氧化碳排放量分析，附表提及的 47 项行业的二氧化碳排放量呈现明显的梯度分布。电力、热力生产和供应业产生的二氧化碳排放量最高，为 5626.02 吨，占当年二氧化碳总排放量的 51.70%，单独处于第一梯度（2000 吨以上）。在第二梯度（1000~2000 吨），黑色金属冶炼和压延加工业产生的二氧化碳排放量也相对突出，为 1598.55 吨，占当年二氧化碳总排放量的 14.69%。在此之后，非金属矿物制品业、交通运输、仓储和邮政业产生的二氧化碳排放量依次降低，位于第三梯队（500~1000 吨）。第四梯队（100~500 吨），城市生活、原油加工和焦化业、煤炭开采和洗选业、农村生活、有色金属冶炼和压延加工业、其他行业、批发零售和餐饮服务业、化学原料和化学制品制造业、农林牧渔及水体保护产生的二氧化碳排放量依次降低，分别为 266.03 吨、221.31 吨、218.31 吨、176.22 吨、146.15 吨、141.30 吨、139.99 吨、126.99 吨、117.54 吨。其余行业二氧化碳排放量处于第五梯队（0~100 吨）。

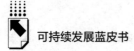

当地空气质量与高碳行业分布存在一定联系，但并不紧密。将第一至第四梯队行业中二氧化碳排放量明显高于行业平均值的地区与空气质量极差的地区（空气优良天数比率为70.01%~75.00%）比对，除天津市外，其他地区均呈现一定程度的重合，但集中度不高。

3. 气候风险：实体风险分布无明显规律，西北、西南、华中和华南交界地区持续向能源低碳转型发力

在实体风险层面，选取2018~2020年的农作物受灾面积占比、受灾人口占比以及极端气候事件造成直接经济损失三项指标作为参考。如表1所示，如果当年该省某指标超过平均值，则计为1分，各省得分归总，发现气候风险主要集中在内蒙古自治区、山西省、黑龙江省、江西省、湖北省和云南省六个省份。由于选取的指标情况与当地农业发展情况、经济情况和防灾情况密切相关，该数据存在一定局限性。后续如果可以将气象灾害情况直接量化，获取气象灾害发生次数和强度指标，可进一步优化实体风险分析结果。

表1　2018~2020年中国各省份和直辖市气候实体风险分析

地区	农作物受灾面积占比得分	受灾人口占比得分	极端气候事件造成直接经济损失得分	总得分
北京市	0	0	0	0
天津市	0	0	0	0
河北省	0	0	0	0
山西省	3	3	2	8
内蒙古自治区	3	2	1	6
辽宁省	2	2	1	5
吉林省	2	2	1	5
黑龙江省	3	3	3	9
上海市	0	0	0	0
江苏省	0	0	0	0
浙江省	1	1	2	4
安徽省	2	3	2	7
福建省	0	0	1	1
江西省	2	3	2	7

地区	农作物受灾面积占比得分	受灾人口占比得分	极端气候事件造成直接经济损失得分	总得分
山东省	1	1	2	4
河南省	0	2	0	2
湖北省	3	3	1	7
湖南省	1	3	2	6
广东省	1	0	1	2
广西壮族自治区	0	0	0	0
海南省	0	0	0	0
重庆市	0	1	1	2
四川省	0	2	3	5
贵州省	0	2	0	2
云南省	2	3	2	7
西藏自治区	0	0	0	0
陕西省	2	1	0	3
甘肃省	1	2	2	5
青海省	1	2	0	3
宁夏回族自治区	2	1	0	3
新疆维吾尔自治区	1	0	0	1

在转型风险层面，参考2020年数据，福建省、广东省、广西壮族自治区、重庆市、四川省、云南省、甘肃省和青海省在非化石能源利用角度表现优异，吉林省、福建省、湖北省、湖南省、广东省、广西壮族自治区、海南省、重庆市、四川省、贵州省、云南省、甘肃省和青海省非化石能源装机比重指标优势突出。华北、西北地区和浙江省正在向能源低碳转型持续发力。综合考量2021年上半年的能耗总量以及能耗强度，重庆市整体表现最佳。

（二）社会

1. 人口及区域经济：东南沿海地区经济条件优越，国家政策和疫情变动大幅度影响区域人口流动

中国人口具有东密西疏的特点，南北走向上则呈现按地势升高人口密度

逐渐降低的特性。根据2019～2021年的人口变化百分比平均值分析，呈现三个特点：东密西疏的人口聚集情况正在逐步缓解；东三省人口流失情况严重；浙江、海南和西藏人口上升较快，北京的虹吸效应正在减弱。

结合各省及直辖市人均GDP指标来看，东南沿海一带的区域经济情况遥遥领先，吸引人口聚集。但是考虑到国家政策（大城市控制人口数量、西部大开发等）和疫情影响，人口流动不完全趋向于经济发达地区（见图1）。

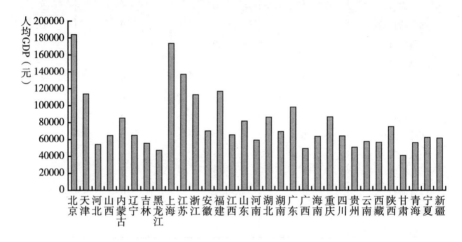

图1　2021年中国各省份及直辖市人均GDP分布

从各省及直辖市劳动力情况来看，东三省、内蒙古自治区、天津市、浙江省和广西壮族自治区的人口结构在短期内更具经济发展优势，15～65岁人口比重均超过70%。

2.产业：东南沿海综合优势明显，北方地区产业升级转型需求迫切

根据各省及直辖市的一产、二产和三产GDP指标，一产优势集中在华中、华南、华东和西南区域（不包括高原地区），二产、三产优势则聚集在东南沿海一带和川渝地区。

在主导产业分布层面，本报告选用行业区位商和行业增加值比重相互参照，最终根据区位商结果确定主导产业分布（见表2）。比较行业从业人数、行业产值和行业GDP三项数据的可得性，将区位商计算公式确定为：区位商＝（本地区本行业GDP/本地区GDP）÷（中国本行业GDP/中国GDP）。

表 2　2021 年中国各省份和直辖市主导产业分析

地区	主导产业								
	农林牧渔	工业	建筑业	批发和零售业	交通运输、仓储和邮政业	住宿和餐饮业	金融业	房地产业	其他行业
北京							√		√
天津		√			√		√	√	√
河北	√	√			√				
山西		√			√				
内蒙古	√	√	√		√	√			
辽宁	√	√			√				√
吉林	√		√		√				√
黑龙江	√								√
上海				√	√		√	√	√
江苏		√		√				√	
浙江		√		√		√	√	√	
安徽	√		√					√	
福建		√	√	√					
江西	√	√	√			√		√	
山东	√	√	√	√		√			
河南	√		√		√	√			
湖北	√				√	√		√	√
湖南	√		√			√			√
广东		√		√			√	√	√
广西	√		√		√			√	
海南	√		√	√	√	√		√	
重庆			√	√		√	√		
四川	√		√			√			√
贵州	√		√			√			√
云南	√		√	√	√	√			
西藏	√		√				√		√
陕西	√	√	√						
甘肃	√				√	√	√		√
青海	√		√				√		√
宁夏	√	√	√		√				√
新疆	√		√		√				√

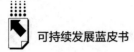
在一产领域,黑龙江省的区位商表现一骑绝尘,高达 3.15。海南省、广西壮族自治区和新疆维吾尔自治区呈现第二梯度优势。在工业领域,山西省表现具有相对优势,维持在 1.38。其他省份优势并不明显,第二梯度的区位商集中在 1.0~1.2。在建筑业领域,西藏自治区以 3.89 的数值遥遥领先,重庆、青海、云南、安徽和福建位于第二梯队,基本集中在 1.5~1.7。在批发和零售业领域,海南省、山东省和上海市占据前三位排名,但优势不突出。在交通运输、仓储和邮政业,河北省以 1.89 的数值占据第一梯队。在住宿和餐饮业领域,海南省作为度假胜地,当仁不让夺得魁首。从金融业来看,北京和上海几近并驾齐驱,天津紧随其后。在房地产领域,海南省、湖南省和上海市相对繁荣,位于 1.2~1.35。

(三)地方治理

1. 土地财政:南方地区在宏观调控下仍具投资可持续性,宁夏土地具有较高性价比

中国南方地区地方政府对于土地财政的依赖度相对较高,浙江省、江苏省表现尤其突出。在宏观调控下,南方地方政府目前正在有序降低土地交易面积,从而降低地方财政对于土地交易的依赖程度。以 2021 年为例,土地交易发展较快的地区几乎都集中在北方地区,北京市是当年土地交易旺盛的代表城市。从可持续角度来看,南方地区的土地交易尽管受限,但溢价率仍保持在较高水平,安徽、浙江、福建和重庆的 2021 年土地成交溢价率维持在 15% 以上,更具投资热度。此外,宁夏在上年度土地交易中或成黑马。2021 年度,宁夏土地成交均价同比下降 31.29%,土地成交面积同比增加31.07%,土地溢价率为 19.07%,拿地性价比较高。

2. 地方债务:部分地区城投债违约事件高发,地方配套举措不足

为保证地方债务状况平稳,地方政府均安排预算稳定调节基金进行资金调度,近 1/3 地方政府安排专项偿债基金,具体明细如表 3 所示。结合近五年的城投债违约情况分析,天津市、海南省城投违约风险极高,辽宁省、河南省和北京市相对风险较高,吉林省、青海省具有一定违约风险(见表 4)。

在七个风险城市中，仅天津市和河南省在偿债基金层面做出明确回应举措，缓解地方债务压力。

表3 中国各省份和直辖市地方偿债基金分析

地区	基金名称	成立时间	基金规模
北京市	北京市偿债专项资金	2004 年	无
天津市	国资高质量发展基金	2021 年 6 月	200 亿元
	国企债券投资基金	2021 年 11 月	50 亿元
河北省	河北省国企信用保障基金	2020 年 9 月	300 亿元
	债券风险缓释计划	2021 年 9 月	无
内蒙古自治区	政府债务平滑基金	2020 年 12 月	20 亿元
黑龙江省	政府隐形债务风险化解周转基金	2020 年 2 月	无
河南省	信用保障基金	2021 年 4 月	无
湖南省	湖南省债务风险化解基金	2019 年 4 月	100 亿元
广西壮族自治区	政府偿债准备金制度	2012 年	无
	广西区直企业信用保障有限公司	2021 年 6 月	无
重庆市	重庆国调企业管理有限公司	2021 年 11 月	30 亿元
贵州省	省级债务周转化解风险金	2019 年 1 月	无
云南省	国企混改基金	2020 年 12 月	不低于 300 亿元
甘肃省	甘肃省国企信用保障基金合伙企业（有限合伙）	2021 年	50 亿元

表4 2018~2021 年中国各省份和直辖市城投债违约情况分析

地区	展期违约事件数量	技术违约事件数量	实质违约事件数量	违约事件总数
天津市	1	0	8	9
海南省	0	1	6	7
辽宁省	0	0	6	6
河南省	5	0	0	5
北京市	0	0	4	4
吉林省	0	1	2	3
青海省	0	0	3	3
内蒙古自治区	0	0	1	1
上海市	0	0	1	1
江苏省	0	0	1	1

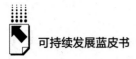

续表

地区	展期违约事件数量	技术违约事件数量	实质违约事件数量	违约事件总数
湖北省	0	0	1	1
湖南省	0	0	1	1
广西壮族自治区	0	0	1	1
重庆市	0	0	1	1
四川省	0	0	1	1
云南省	0	0	1	1
新疆维吾尔自治区	0	0	1	1
河北省	0	0	0	0
山西省	0	0	0	0
黑龙江省	0	0	0	0
浙江省	0	0	0	0
安徽省	0	0	0	0
福建省	0	0	0	0
江西省	0	0	0	0
山东省	0	0	0	0
广东省	0	0	0	0
贵州省	0	0	0	0
西藏自治区	0	0	0	0
陕西省	0	0	0	0
甘肃省	0	0	0	0
宁夏回族自治区	0	0	0	0

3. 地方领导干部：项目周期适当考虑三年任期规律，地域性降低腐败事件影响

在晋升机制层面，省委班子成员（不包括省委书记，下同）平均年龄在 56 岁，主要集中在 55~57 岁。现任省长平均在任时长为 15 个月，常规任期在 1~2 年。现任副省长平均在任时长为 33 个月，常规任期在 2~3 年。近半地方省委班子至少保留一位具有金融背景的干部成员。

在反腐败层面，2020 年至 2022 年 9 月，内蒙古、广东两地投资风险较大，上百名官员接连落马。结合腐败官员的金融背景分析，浙江、河北两地金融背景官员落马风险较高，占比达到 15%以上。

从 ESG 投资角度考虑，与政府合作的重要项目的关键时期时长应控制在 1.5 年内最佳，3 年内最好完成项目中与政府合作的内容，避免省委班子更替影响项目进程。在规避官员异常变更导致的金融风险角度，建议在内蒙古、广东等风险较高地区对官员背景进行尽调，降低风险。

四 讨论与总结

综上，在环境层面，本报告结合规避环境灾难和保证环境消费两方面考量，判断华南、华东和西南地区更适合进行 ESG 投资，但在华东部分地区需要注意规避政策带来的气候转型风险。在社会层面，南方地区区域经济和产业优势明显，北方部分地区呈现产业集中度高但产业繁荣度低的问题，急需进行产业升级转型。中国人口分布不均的问题正在政策和疫情的影响下逐步缓解。在地方治理层面，南方地区的投资受限于物理空间，但是土地交易热度不减。投资城投债在近期内可避开天津市、海南省、辽宁省、河南省、北京市、吉林省和青海省七个风险省市，后续根据政府配套措施进行调整。同时，根据地方省委班子成员的更换频率，投资项目关键时期应控制在三年内为佳。领导异常变更风险的规避应该考量当地实际情况，以事先调查为最优方案，无普适性结论。整体衡量，中国 ESG 投资的最佳地域应在东南沿海一带和西南除高原外地区。落实到具体行业，可根据实际情况相应调整。

此外，由于缺乏可用数据，本数据体系在完整度上有两项缺失。一是生态多样性数据缺乏披露。2021 年，七国集团（G7）世界领导人签署《2030 年大自然协定》（Nature Compact），首次将生物多样性与气候变化并重，承诺到 2030 年停止和扭转生物多样性丧失的全球使命。生态多样性丧失直接反馈到野生物种利用的供应链可持续性上，间接反映到人畜共患疾病暴发的加剧或新使用野生物种的风险增加。尽管部分金融机构已经关注到生物多样性和经济活动之间的影响和联系，目前仍缺乏可用数据或能力。二是当前数据体系无法下沉到区县级数据。由于区县级政府部门公开数据数量和种类不全面，很难配合当前数据框架，构建完善、有效的数据体系。

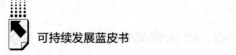
未来，根据可用数据的披露和 ESG 理念发展，继续深化和下沉，构建更详细的地方治理数据体系，推动区域性 ESG 研究的发展。

参考文献

Addoum Jawad M，Kumar Alok，Le Nhan，Niessen Ruenzi Alexandra. Review of Finance："Local Bankruptcy and Geographic Contagion in the Bank Loan Market"，2019.

Filipe Campante，David Yanagizawa-Drott. The Quarterly Journal of Economics： "Does Religion Affect Economic Growth and Happiness？Evidence from Ramadan"，2015.

胡海峰、宋肖肖、窦斌：《数字化在危机期间的价值：来自企业韧性的证据》，《财贸经济》2022 年第 7 期。

黄世忠：《支撑 ESG 的三大理论支柱》，《财会月刊》2021 年第 19 期。

李华林：《建立中国特色信披标准还有多远》，《经济日报》2022 年 8 月 16 日。

李颖超：《产品缺乏令投资者对 ESG 投资望而却步》，《证券时报》2021 年 4 月 20 日。

廉永辉、何晓月、张琳：《企业 ESG 表现与债务融资成本》，《财经论丛》2023 年第 1 期。

刘晓蕾、吕元稹、余凡：《地方政府隐性债务与城投债定价》，《金融研究》2021 年第 12 期。

牛霖琳、夏红玉、许秀：《中国地方债务的省级风险度量和网络外溢风险》，《经济学》2021 年第 3 期。

祁怀锦、魏禹嘉、刘艳霞：《企业数字化转型与商业信用供给》，《经济管理》2022 年第 12 期。

王凯、张志伟：《国内外 ESG 评级现状、比较及展望》，《财会月刊》2022 年第 2 期。

项文彪、陈雁云：《产业集群、城市群与经济增长——以中部地区城市群为例》，《当代财经》2017 年第 4 期。

张曾莲、邓文悦扬：《地方政府债务影响企业 ESG 的效应与路径研究》，《现代经济探讨》2022 年第 6 期。

赵蓉、赵立祥、苏映雪：《全球价值链嵌入、区域融合发展与制造业产业升级——基于双循环新发展格局的思考》，《南方经济》2020 年第 10 期。

赵文举、张曾莲：《创新驱动、数字普惠金融与经济双循环互动效应实证研究》，《软科学》2023 年第 1 期。

B.12
中国促进 ESG 投资的探索实践与发展建议

刘向东*

摘　要： 当前，ESG 理念已被世界上多国政府、机构和企业广泛认可接受，与中国倡导的新发展理念和高质量发展要求高度契合，与中国推行的碳达峰碳中和、共同富裕和中国式现代化目标相一致。近些年，中国政府、企业和社会组织高度重视 ESG 理念和投资实践，出台了一批 ESG 投资、评价、监管等框架体系和政策措施，ESG 投融资规模快速增长，已成为扩大有效投资的重点领域。然而，企业 ESG 投资实践中尚面临"漂绿"等道德风险、绿色溢价、反 ESG 事件等挑战。在中国，ESG 投资并完全不是由政府主导的，也不应淡化商业回报，而是鼓励企业追求较高的投资回报同时，兼顾投资行为外溢的社会和环境影响。支持企业扩大 ESG 投资，既能起到稳增长所需的长期投资效果，也能惠及广泛的利益相关者的社会福祉，还能成为与国际通行高标准规则接轨的重要窗口。建议进一步提升 ESG 信息披露质量、加快构建全国统一的 ESG 投资评估标准及强化投资者对 ESG 的理念认同和实践，营造促进 ESG 投资的良好生态环境。

关键词： ESG 投资　绿色溢价　可持续发展　信息披露标准　利益相关者

---

* 刘向东，中国国际经济交流中心宏观经济研究部副部长、研究员，研究方向为宏观经济、产业政策、可持续发展等。

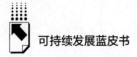

当今世界，全球可持续发展已成为社会普遍认同的重要理念。而环境、社会和治理（ESG）议题已成为践行可持续发展的社会准则，已得到世界各个国家和地区的政府、机构和企业的广泛认可。ESG 理念倡导在环境、社会和治理等多维度实现均衡发展。当前，ESG 投资已成为系统化考察投资标的非财务绩效的重要标志。在 ESG 理念指引下，企业和金融机构的投资经营不仅要关注财务绩效指标，还要关注环保、减碳、社会责任等非财务绩效指标，使可持续发展报告、社会责任报告和财务报告同等重要。在中国，ESG 理念与中国倡导的新发展理念和高质量发展要求高度契合；ESG 投资与中国推行的碳达峰碳中和、共同富裕、中国式现代化等目标相一致。在此背景下，ESG 投资越来越受中国各级政府、企业和金融机构的认同和青睐，并被上市公司和金融机构视为与其财务绩效指标等同等重要的非财务考核指标。

一 国际社会对 ESG 投资的认识日益深化

ESG 的理念脱胎于国际社会对履行环境责任、社会责任、影响力责任等多方面的价值追求。与追求股东利益最大化的财务绩效考核不同，ESG 投资更多地体现了社会价值观层面的责任义务。相比于以逐利驱动为主的业务型投资，ESG 责任型投资被视为负责任投资或产生积极影响力的投资，在一些国家已逐步具有官方或社会的强制性或半强制性信息披露等约束要求。在此情况下，履行环境、社会、治理层面的社会责任意味着具有一定的强制性或非自愿性。倘若不能如实履行，市场主体可能将面临社会公众的价值观审判。自 2004 年联合国环境规划署首次提出 ESG 投资概念后，ESG 投资理念在经济社会中逐级扩散传递并演变为更有约束力的共识准则。受此趋势影响，社会各界特别是投资者对 ESG 投资给予高度关注，并将其纳入投资经营决策的评估体系之中。在此种背景下，投资者愈发意识到可持续投资的重要性，ESG 投资成为企业投资经营中必须考虑的重点方向之一。在 ESG 理念指引下，企业投资经营行为已由财务驱动的股东利益最大化拓展到纳入 ESG 驱动的社会责任义务化，即在履行 ESG 相关社会责任方面不再完全是"我要做"的可选项，而是相关标准规则约束下"要我做"的必选项。随着社会对 ESG 投资理念的认识日益深化，ESG 相关投资产品和服务的规模在快速增长，并在推动全球可持续发展中发挥着积极的助推作用。

（一）"环境"（E）涉及的议题成为当前 ESG 投资的重点

在全球减碳、脱碳转型的趋势下，应对气候变化问题在推动 ESG 实践方面仍占据主导地位。随着《巴黎气候协定》、联合国 2030 年可持续发展目标以及各国碳中和目标加速落实，全球和国内的 ESG 投资呈现快速增长势头。许多国家提出自主减排承诺和碳达峰碳中和目标，并制定了各自相应的时间表和路线图。在全球强化碳减排约束下，欧盟和美国还推出碳边境调节机制（碳关税）、产品碳足迹认证、碳定价等政策举措，并在贸易投资领域引入产品减碳认证，引导企业根据绿色低碳导向进行投资，使企业投资经营行为更加多元化考量，不仅要从财务绩效上给股东创造财富，也要把对环境和气候的外部影响降到最低（见表 1）。2022 年全球新发行的绿色、社会、可持续发展和可持续发展相关债券的销售额约为 6350 亿美元。据 KPMG 的报告统计，欧洲、美洲和亚太地区的碳相关指标披露率分别为 80%、74% 和 62%。[1] 全球可持续投资联盟（GSIA）发布的《可持续投资报告》显示，2012~2020 年全球可持续投资管理资产规模年复合增长率超过 13%，2020 年已达到 35.3 万亿美元，其中欧美的资产占 85%。[2] 彭博社（Bloomberg Intelligence）预测，到 2025 年，全球 ESG 资产规模将达到 53 万亿美元，占到全球资产管理规模的 1/3。

---

[1]　KPMG International. Big shifts, small steps: Survey of Sustainability Reporting 2022, October 2022. https://assets. kpmg. com/content/dam/kpmg/xx/pdf/2023/04/big – shifts – small – steps. pdf.

[2]　Global Sustainable Investment Alliance （GSIA）. Global Sustainable Investment Review 2020, https://www. gsi – alliance. org/wp-content/uploads/2021/08/GSIR-20201. pdf.

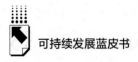

表 1　ESG 中"E"涉及的主题内容

序号	主题	涵盖内容
1	自然资源利用	水、土地资源利用和生物多样性等
2	能源使用效率	燃料、电力等能源节约安全利用等
3	减少排放与废弃及有害物管理	气体水体污染物/固体废物排放,气候变化及二氧化碳等温室气体排放,有害物质管理等
4	清洁/可再生能源发展	天然气、光伏、风能等
5	节能降碳技术创新	碳捕捉、碳封存、碳利用技术等
6	生态环境管理	森林覆盖率、生态治理、绿色金融等

资料来源:据国际可持续发展准则理事会等发布报告相关信息整理。

（二）"社会"（S）涵盖的范围从员工管理拓展到人权保障领域

社会责任（S）维度也是 ESG 的核心议题,在 ESG 投资中的重要性愈发凸显。ESG 纳入社会责任维度将主要围绕经济发展、可持续发展、法律规范、商业道德等多个方面的责任实践,意味着企业价值的关注点从单纯对股东利益转向更为广泛利益相关者。社会责任义务通常超越法定义务,而包含道德伦理层面的自主约束,即要求在员工权益、社区参与、安全生产、环境保护、人权保障、产品安全及公共利益等方面表现良好（见表 2）。履行 ESG 的社会责任首要内容是要重视员工工作与生活的平衡,扎实推进构建和谐的劳动关系,真正落实带薪休假制度,积极披露人均带薪年休假天数,有效保障员工权益和社会福利。举例来说,特斯拉曾因劳工歧视而遭受起诉。2021 年美国国家劳资关系委员会表示,特斯拉存在不公平的劳工行为,而且评级机构降低其 ESG 评分。近年来,中国政府高度重视脱贫攻坚、共同富裕、乡村振兴等发展目标,一些企业在社会责任报告中已披露在脱贫攻坚、乡村振兴等相关指标,越来越多产业基金采用 ESG+乡村振兴的投资管理模式,引入更多社会发展内容进入 ESG 的信息披露报告。

表 2　ESG 中"S"涉及的主题内容

序号	主题	涵盖内容
1	雇员待遇	工作环境、同工同酬、社会福利与员工健康安全、员工参与等
2	人权保障	强迫劳动、数据安全和隐私保护等
3	社区、地区社会关系	社区关系,社会争议问题,慈善、扶贫和公益事业等
4	产品与服务责任	客户权益、产品质量安全、销售实践和产品标示、缺陷或残次品召回等
5	多样性与发展机遇	可及性及可负担性,女性就业、残疾人就业等

资料来源：据国际可持续发展准则理事会等发布报告相关信息整理。

（三）"治理"（G）涵盖的内容已突破企业内控的边界

ESG 投资理念已渗入到公司治理层面，并成为投资经营中的重要治理准则和行动指南。公司治理绩效纳入 ESG 目标的考核，意味着企业和金融机构将由关注股东利益最大化转向强调相关者整体利益最大化，公司治理的范围不只局限于内部控制系统，还拓展到社区、地区、供应链等公司边界之外，即在重视股东利益的治理要求时，还要关注员工、社区、供应链上下游成员等利益相关方的利益诉求，即更加注重企业创造价值的行为对经济社会系统的外溢影响。在 ESG 框架下，公司治理内容已突破以往以董事会为核心的框架边界，延伸至从内到外涉及内部控制和风险管理的各个方面，涉及的议题涵盖反腐败和贿赂、国家安全、隐私安全、供应商合规等多个层面（见表 3）。值得注意的是，数据安全问题正被纳入 ESG 合规管理体系中，预计今后将有更多的企业和金融机构在推进 ESG 实践中纳入数据安全管理等议题。

表 3　ESG 中"G"涉及的主题内容

序号	主题	涵盖内容
1	合规与透明度	反腐败和贿赂、反欺诈,检举制度等
2	商业道德	商业伦理、职业道德、商业危机处置等
3	供应链治理	供应商管理、商业模式创新、材料采购与效率等

续表

序号	主题	涵盖内容
4	权益补偿政策	股东权益、高管薪酬、员工薪酬体系、税务策略等
5	治理结构和管理监督	董事会结构、审计委员会、内部控制、组织管理、合规风险防控、重大事故处置等

资料来源：据国际可持续发展准则理事会等发布报告相关信息整理。

（四）ESG 投资理念逐步形成有约束的国际共识

2006 年联合国组织全球的机构投资者推出了联合国责任投资原则组织（Principles for Responsible Investment，UN PRI），旨在帮助投资者理解环境、社会和公司治理等要素对投资价值的影响。国际标准化组织、全球报告倡议组织、经合组织等机构分别在 2010 年、2013 年、2015 年发布类似的 ESG 投资相关的文件。2018 年，可持续发展会计准则委员会推出了 ESG 相关的会计准则。以全球报告倡议组织（GRI）和国际可持续发展准则理事会（ISSB）为代表的国际主流机构正在持续完善 ESG 信息披露指引，助力 ESG 信息披露规范化发展，以期制定一套高质量、可理解、可执行且全球普遍认可的可持续披露准则。目前，国际社会制定的 ESG 相关规则已具有一定约束性，加入这些组织的机构和企业需要接受这些规则约束。2023 年 6 月 26 日，ISSB 发布首套全球 ESG 披露准则——《国际财务报告可持续披露准则第 1 号——可持续相关财务信息披露一般要求》和《国际财务报告可持续披露准则第 2 号——气候相关披露》，该规则接纳了中国财政部、证监会等有关部门的修订意见。据 UN PRI 数据显示，截至 2023 年 3 月末，全球已有 90 多个国家的 5380 家机构加入 UN PRI，数量是 10 年前的 5 倍之多。2022 年底，中国签署联合国支持的 PRI 原则的机构数累计超过 120 家，嘉实基金、工银瑞信、兴证全球基金、中国平安等金融机构先后加入该组织。在国际规则指引下，强化 ESG 投资实践及其信息披露，能让企业完整、公开和透明地展现其 ESG 领域的实践行为，使其改善品牌形象和社会声誉，更好获得投资者的信任。

（五）投资中 ESG 信息披露已与财务指标披露同等重要

当前，国际组织机构、主要经济体和证券交易所分别制定各自的 ESG 投资信息披露原则和指引，对机构和企业非财务信息披露内容主要涵盖节能减碳、环境保护、社会责任等方面，且对信息披露的要求逐步从自愿披露向半强制或强制过渡。各国政府及中央银行已开始要求金融机构和上市公司进一步披露与气候相关的风险及其他环境风险，并在项目融资上实施涵盖 ESG 相关信息的差异化政策举措。在据 ESG 规则制定的差异化政策作用下，符合 ESG 标准要求的项目融资较为容易，而高耗能、高排放等项目则面临着较为苛刻的投融资条件。随着 ESG 成为发展潮流，ESG 投资也成为企业实现可持续发展目标的重要路径之一。在 ESG 越来越受到投资者重视的背景下，国际投资机构纷纷推出 ESG 投资相关的产品和服务，并搭建与 ESG 相关的交易市场，以此引导更多企业参与 ESG 投资实践。在开展投资决策和经营中，企业和机构既要考虑对营利性业务项目的投资经营诉求，还要考虑加大项目节能减排、社会责任和治理现代化等方面的非财务绩效诉求。汤森路透 2022 年对 414 家企业调查显示，56%的企业认为 2022 年战略应首先重视 ESG 理念，其中能源资源、金融与制造业对 ESG 最为关注。在国际 ESG 规则的指引下，中国企业对 ESG 相关信息披露也日趋规范，着力加强了报告的实质性、可比性、平衡性。

二 促进 ESG 投资符合中国推动高质量
发展的内在要求

ESG 理念所倡导的经济繁荣、环境可持续、社会公平的价值内核与中国经济社会追求高质量发展、实现共同富裕和碳达峰碳中和目标的发展诉求高度契合，体现了中国式现代化的内在要求。近些年，中国高度重视 ESG 投资，环保部、证监会等相关部门机构从不同角度对 ESG 信息披露提出了具体要求，主要聚焦在环境与绿色投资领域，旨在发挥好 ESG 投资在推进碳达峰碳中和目标和实现共同富裕方面的积极作用。

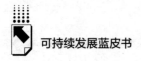

（一）制定出台了一批 ESG 投资相关政策规范措施

近年来，中国对 ESG 标准的制定和实施愈加重视，在 ESG 信息披露和数据标准、ESG 投资、绿色金融等方面出台了更多政策规范。证监会等有关部门已把披露 ESG 信息纳入金融监管。2022 年 1 月，沪深交易所修订《股票上市规则》，新增对上市公司社会责任报告披露范围的要求。2022 年 2 月，中国人民银行、市场监管总局、银保监会和证监会联合发布《金融标准化"十四五"发展规划》，提出要加快制定和推广上市公司、发债企业环境信息披露标准和金融机构碳排放核算标准，建立中国的 ESG 评价标准体系。2022 年 4 月，证监会发布《上市公司投资者关系管理工作指引》，提出将上市公司的 ESG 信息纳入与投资者的沟通内容中。2022 年 4 月和 9 月，证监会和中国保险资产管理业协会分别发布《关于加快推进公募基金行业高质量发展的意见》和《中国保险资产管理业 ESG 尽责管理倡议书》提出，公募基金和保险资产管理业要积极参与上市公司 ESG 治理。2022 年 10 月，国家发改委发布《关于进一步完善政策环境加大力度支持民间投资发展的意见》，提出要对投资项目探索开展 ESG 评价。2022 年 3 月，国资委成立社会责任局指导推动企业践行 ESG 理念；同年 5 月，国资委发布《提高央企控股上市公司质量工作方案》，提出央企要积极参与构建中国 ESG 信息披露规则、评价和投资指引，要求央企控股上市公司在 2023 年前争取实现 ESG 专项报告披露全覆盖。在 ESG 相关监管政策约束下，中国企业对国内外投资项目的 ESG 标准要求认识日益深化。中央企业、上市公司等企业已将 ESG 投资化作具体行动，融入产品生产、品牌营销、售后服务等各个链条中。2022 年 8 月，《财富》发布首份中国 ESG 影响力榜，40 家上榜企业中有 32 家是《财富》世界 500 强或《财富》中国 500 强企业，阿里巴巴、京东、联想集团、TCL、吉利控股集团、复星医药等在改善环境、保护员工、支持社区等方面创建了各具特色的最佳实践。①

---

① 《财富》杂志：《2022 年〈财富〉中国 ESG 影响力榜》，2022 年 8 月 23 日，http://www.fortunechina.com/esg/2022.htm。

（二）ESG 投融资规模呈现快速增长态势

相比于欧美国家，中国在 ESG 实践方面起步较晚，但中国 ESG 投融资规模增长较为迅速。在推动碳达峰碳中和背景下，中国 ESG 投资加速升温，相关的主题基金、银行理财等产品持续涌现。2022 年 6 月，中国银行间市场交易商协会发布《关于开展转型债券相关创新试点的通知》，提出将推出专项用于低碳转型领域的创新型转型债券。2022 年 7 月，中国绿色债券标准委员会发布《中国绿色债券原则》，在绿色债券四大核心要素即募集资金用途、项目评估与遴选、募集资金管理和信息披露方面实现与国际主流标准接轨。截至 2022 年末，中国 ESG 概念贷款的余额规模为 103.42 万亿元，其中绿色概念贷款、社会概念贷款（包括涉农贷款、普惠金融贷款）的余额规模分别为 22.03 万亿元、81.39 万亿元。从绿色贷款投向看，当前超过 66% 投向碳减排效益项目、超过 46% 投向交运及电热力供应行业。据德邦证券研报显示，截至 2023 年 7 月 2 日，国内已发行 ESG 债券达 3608 只，已披露债券存量规模约为 5.42 万亿元；市场上存续 ESG 银行理财产品共 369 只，其中纯 ESG 产品规模占比达 65.04%。[①] 2021 年以来，公募基金积极布局 ESG，ESG 基金数量明显增多，公募基金市场存续 ESG 产品 462 只，净值总规模 5760.39 亿元，其中环境保护产品规模占比最大，达 51.92%；近一年共发行 ESG 公募基金 107 只。全国社保基金理事会已探索试点 ESG 投资策略。2022 年 9 月发布的《全国社会保障基金理事会实业投资指引》提出探索开展可持续投资实践，将 ESG 因素纳入实业投资尽职调查及评估体系；同年 11 月，社保基金 ESG 投资组合向公募招标，此举的落地有望加速国内 ESG 投资发展，意味着中国 ESG 市场发展的影响力逐渐提升。在此趋势下，中国 ESG 投资已开始受到国际资本青睐。2022 年 9 月，彭博和明晟指数（MSCI）宣布推出彭博 MSCI 中国 ESG 指数系列，跟踪人民币债券和中资美元债券市场表现。2022 年 12 月，富时罗素与中国平安共同推出了富

---

① 德邦证券、《ESG 周报：ISSB 新标准发布，展望 ESG 信披新格局》，2023 年 7 月 4 日。

时平安中国 ESG 指数系列。据统计，有 1439 家 A 股上市公司披露了 2021 年的 ESG 报告、可持续发展报告或社会责任报告，约占 A 股上市公司的三成①；还有 4660 家上市公司在年报中披露了履行社会责任、加强环境保护、助力乡村振兴的相关信息。②

（三）ESG 投资成为扩大有效投资的重点领域

当前，稳投资的关键在于优化投资结构和扩大有效投资，其中 ESG 投资将成为提振经济的重要手段之一。据测算，为实现碳达峰、碳中和目标，未来 15~30 年中国将需要百万亿级别的新增投资。③ 实际上，ESG 投资与中国实施的绿色低碳转型、共同富裕等目标相契合，通过运用支持 ESG 投资的政策工具，如专项资金支出、政府补贴、政策性金融概念下的贴息贷款、产业引导基金，以及税收优惠政策等，可引导和支持企业顺应减碳减贫、医卫健康、乡村振兴等国家政策指引方向，扩大清洁能源（西气东输、光伏风能发电、智能电网、储能和氢能等）、绿色交通（电动汽车、充电基础设施、智能高铁、智慧公路、智慧港口、智能航运、智慧民航、智能邮政等）、农业改良（农业科技、节地增产等）、绿色建筑和智能设施（绿色建材、节能建筑等）等 ESG 领域的投资，激励企业更自觉地提高 ESG 投资的表现。从趋势上看，ESG 理念已被中国企业广为接受，将其融入企业发展战略，已采取具体行动响应 ESG 信息披露等相关要求。从政府引导和市场主导方向看，加大 ESG 投资的政策引导将能促使企业发展目标与国家经济社会发展目标相一致，既能切实发挥有效投资对稳增长和优化供给结构的关键作用，还能有效推动经济社会高质量发展。当前，头部上市公司对 ESG 的认知显著提升，一些中国 ESG 领先企业在应对气候变化方面的表现已达

---

① 王一鸣：《ESG 成企业"必答题"要加快 ESG 评价体系建设》，《中国经济时报》2022 年 4 月 26 日第 001 版。
② 波士顿咨询公司：《2022 中国 ESG 投资报告 2.0：笃行不息，展露锋芒》，2022 年 10 月。
③ 清华大学气候变化与可持续发展研究院：《中国长期低碳发展战略与转型路径研究》，2021。

国际领先水平。[1] 富达国际发布的《中国企业的 ESG 实践》对 262 名中国上市公司高管的调查显示，中国上市公司对 ESG 的接受程度和 ESG 意识很高，53% 的受访者声称公司已宣布 ESG、可持续性或企业社会责任战略，71% 的公司聘请专员负责实施 ESG 目标，驱动其采用 ESG 的动机分别有 47%、44% 和 37% 归因于客户、投资者和政府倡议的要求[2]，在履行 ESG 责任目标方面正在与全球同行趋于一致。

三 企业扩大 ESG 投资仍面临一些风险挑战

当前，ESG 投资合规性的重要性日益突出。越来越多企业把 ESG 规则要求纳入投资经营的决策实践中，但 ESG 本身的泛概念化和评价标准的不一致，使其在扩大 ESG 投资中面临一些不小的风险挑战，包括可能发生"漂绿""洗绿""染绿"等道德风险、绿色溢价以及由此引发的反 ESG 等问题。

（一）存在"漂绿""染绿"等道德风险问题

由于 ESG 信息披露标准还存在不足、差异化等问题，ESG 投资中"漂绿""染绿"等道德风险依旧突出。当 ESG 强调的非财务绩效与企业经济利益发生冲突时，一些企业或投资者出于追逐自身利益的动机，可能并不真心实意地扩大 ESG 投资，存在虚假披露 ESG 信息的行为，过分扩大自身在环境社会责任方面的表现，包括利用 ESG 的外壳做些表面文章，如将"两高"项目包装成为 ESG 项目，即所谓的"漂绿""染绿"现象。"漂绿"行为不仅针对信息披露不实或虚假披露，也包括误导性披露。值得注意的是，参与 ESG 投资的企业和金融机构面临被指控"漂绿"的法律合规风险也在增加。举例来说，美欧等国家已出现许多有关"漂绿"行为的索赔案件，如 2021

---

[1]　中国 ESG（企业社会责任）：《年度 ESG 行动报告》，2023 年 6 月 13 日。
[2]　富达国际（和 Economist Impact）：《中国企业的 ESG 实践》，2023。

年"客户地球"这一非政府组织就对壳牌公司的气候转型计划提起诉讼。①随着 ESG 产品信息披露标准逐步提高，通过制度安排、机制优化是能够解决信息披露真实性问题的，但实际操作中还有很多技术性的困难。在中国，企业有关 ESG 的信息披露还不是强制性的，且各行各业标准难以做到完全统一，国内绿证尚存在环境权益重复计算和缺失问题，使得 ESG 合规审计方面的难度加大。倘若"漂绿""染绿"等不良行为不被加以约束或惩戒，将可能会扰乱 ESG 投资市场，并引发"劣币驱逐良币"的风险行为；如果因 ESG 方面的尽职调查不够或者存在对 ESG 投资进行不当处罚，也会对企业 ESG 的投资形成一定负面激励。目前，对违背 ESG"道德准则"的惩戒是否公平恰当尚存有争议。

（二）加大 ESG 投资面临难以消除的绿色溢价问题

企业开展 ESG 投资时，将有可能增加资本支出，即为追求绿色发展而产生较高的溢价甚至通胀高企。例如，为加快能源结构转型，就要大幅减少对化石燃料能源的依赖，但可再生能源生产具有不稳定特征，在某些年景可能面临供应短缺，重启化石能源的成本将高涨，此举曾导致"拉闸限电"等非市场化问题。相比较而言，大型企业、上市公司等更注重 ESG 投资和相关信息披露，量大面广的中小企业参与度还不高，其中有 ESG 信息披露标准不一致，数据基础薄弱等因素的影响，但更多的是中小企业难以有更多资金参与 ESG 领域的资本投入，因而在生存发展面前，中小微企业只好侧重于短期的财务绩效行为。我们还注意到，ESG 相关的新能源、新能源汽车等领域在资本市场曾得到投资者的过度热捧，使其资产价格存在较为严重的高估，反而恶化了投资者未来中长期投资收益。

（三）反对"ESG"的事件持续发酵

俄乌冲突爆发以来，ESG 在欧美遭遇逆风，投资者对 ESG 理念的认同

---

① 汤森路透：《专题报告：ESG 陷入窘境》，2022。

有所动摇，追求赢利再度成为更优先的考虑。近年来，困扰 ESG 的老问题——对 ESG 投资有效性和评估价值，国际社会已出现一些怀疑和抵制的声音。2022 年 11 月，美国劳工部出台新规允许养老金管理机构在投资决策中考虑 ESG 因素，但共和党却牵头提出了"反 ESG 投资"法案，主张在养老金管理中"禁止"考虑 ESG 因素。随着美欧等国家对企业和相关机构 ESG 信息披露的审核趋严，一些企业或机构提出反对将 ESG 投资纳入价值观的考量，也反对强制执行 ESG 信息披露标准。举例来说，2022 年美国上市了多只与 ESG 理念相违背的主题基金，如专门投资于传统能源、赌博、酒精和制药类企业的交易型开放式指数基金（ETF）。又如，先锋领航集团选择退出了世界上最大的气候金融联盟"净零排放投资联盟"（NZAM）；而美国一些州政府对 ESG 基金采取了公开的抵制行动。再如，美国佛罗里达州通过了一项决议，禁止其养老基金在投资中考虑 ESG 相关因素；得克萨斯州甚至通过 ESG 相关抵制法案。2022 年 5 月，标普公司下调特斯拉 ESG 评分并将其从标普 500ESG 指数中剔除。特斯拉 CEO 马斯克就此频繁质疑 ESG 评价的有效性。这些"反 ESG 事件"反映出当前全球 ESG 投资市场面临 ESG 评价标准尚未统一、ESG 投资有效性存疑等难题，表明"E 家独大""单纯追求投资收益"等单向度取舍的理念均不可取。目前看，反 ESG 的事件虽尚未在中国真实发生，但有关践行 ESG 理念面临的潜在风险不可忽视，尤其是企业和机构在披露 ESG 报告时要确实做到合规，并确实得到投资者和社会公众等利益相关者认可，以免引发有损企业形象的公共事件或法律诉讼风险。

四 扩大 ESG 投资仍要讲求投资效率和效益

当越来越多企业推动 ESG 由理念转化为行动时，ESG 投资往往被视为价值观正确的投资，而相对淡化财务方面的投资回报。显然这是对 ESG 投资的误解。如前所述，扩大 ESG 投资可能带来道德风险和绿色溢价，这意味着把 ESG 投资与财务绩效有效融合的投资标的较为有限。加大 ESG 投资并不意味着不讲求投资效率和效益，反而利用 ESG 带来的融资便利进一步激励企业加大 ESG 投资，如增加绿色低碳技术等方面的研发投入，赢得投资者和社区客群等利益相关者的支持，进而助力公司业绩的持续提升。

（一）ESG 投资更侧重于中长期投资

与单纯的财务投资不同，开展 ESG 投资不只是追求短期的经济回报，往往追求中长期投资的价值创造，即从中长期发展中受益。ESG 投资回报周期可能要 5 年、10 年甚至更长。有研究表明，超过 90%的 ESG 投资中长期收益与企业财务绩效存在非负关系，其中大部分表现出正向关联性。对企业和机构来说，处理好 ESG 溢价问题，意味着开展 ESG 投资要量力而行，可选取能承担一定成本的 ESG 领域进行投资或融资，然后再拓展到其他领域。因此，开展 ESG 投资求专而不是求全，有重点地推进 ESG 实践落实，尽可能在多重目标中平衡目标之间冲突，如运用多种主动投资方式，设法弥补被动 ESG 投资可能造成损失的弊端，在把握好投资风险的基础上力争实现财务上的获利，切实提高投资的有效性和可持续性。

（二）ESG 投资注重体现投资的综合效益

扩大 ESG 的有效投资，对投资回报追求将更加多元化，即寻求符合经济、社会、环境等帕累托改进的综合效益。投资实践上，投资项目的选择不单单考虑经济产出，还要考虑社会生态效益以及国家战略安全的需要。引导企业加大 ESG 投资，则需要考虑通过可行的激励约束相容的机制设计，引导企业在追求经济回报的同时，寻找兼顾绿色低碳转型、共同富裕目标及高质量发展要求等多重目标的最优解或合意解。鉴于 ESG 投资涉及环境、社会和治理现代化方面的内在要求，扩大 ESG 投资将有助于中国解决经济结构转型中面临的应对人口老龄化、气候变化和收入分配等难题。[①] 促进 ESG

---

① 陈骁、张明：《通过 ESG 投资助推经济结构转型：国际经验与中国实践》，《学术研究》2022 年第 8 期，第 92~98 页。

投资能更好地体现中国特色的价值创造，通过完善符合中国国情的 ESG 评价标准、政策支持和第三方中介服务体系，将为企业扩大 ESG 有效投资营造更有利的环境，助力中国经济社会实现高质量发展的目标。

（三）ESG 更好地体现推动制度型开放的要求

ESG 理念很好地体现国际规则的一致性，如在环境保护、劳工权益、数据安全等领域是中国推动制度型开放的重要方向之一。支持扩大 ESG 投资，可以通过与国际高标准规则接轨，引导中国的企业和机构主动做好合规管理，将能助推其开拓海外市场和赢得更多投资机会。在 ESG 投资方面，主动对接国际高标准规则，能更好地体现推动规制、规则、管理、标准等制度型开放的内容，尤其在环境、劳工、竞争政策、信息透明度等规则规制方面尚需逐步与全面与进步跨太平洋伙伴关系协定（CPTPP）等高标准国际规则接轨。换句话说，加快推动制度型开放意味着要尽快深化国内体制机制改革，着力在规则规制管理标准方面消除制度性障碍，引导企业积极遵循国际贸易投资等诸多方面的规则标准。在制度型开放进程中，这意味着要督促中国企业重视开放条件下贸易投资自由化便利化的商业逻辑，在投资经营行为上既讲求 ESG 投资的合规性要求，也体现 ESG 投资的有效性原则，力争在符合国际 ESG 规则规制约束的前提下，确保企业的 ESG 投资活动更有效率和非强制的自愿效果。

五 促进中国 ESG 投资良性发展的建议

在中国，ESG 投资发展迅速，但存在缺乏统一的信息披露框架和标准，政府支持体系尚不完整，ESG 专门监管鉴证服务机构和推动 ESG 研究实施的非营利组织较少等问题。[①] 推动企业和金融机构扩大 ESG 投资和融资，要切实完善相关信息披露、评价标准和政策支持体系，引导投资者、企业和金

---

① 证券时报－中国资本市场研究院：《中国 ESG 发展白皮书（2021）》，2022 年 4 月 22 日。

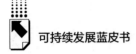

融机构在 ESG 投资和融资上规避绿色溢价的陷阱，把规则约束下的"要我做"转化为商业驱动下的"我要做"，以此提振社会投资的积极性，助推产业转型升级，助力培育经济新动能。

（一）进一步提升 ESG 信息披露的质量

要确保 ESG 投资的有效性，迫切要求提高 ESG 数据获取的便利性和信息披露的质量。一是要进一步完善 ESG 数据库体系和信息披露体系，既要完善 ESG 信息披露的制度规范，还要夯实 ESG 信息的数据基础，充分利用好信息技术手段，对高频海量数据进行处理和评估，使其客观评价市场主体的可持续发展能力，确实能够反映企业 ESG 投资的客观真实情况，从而为指导 ESG 的投资实践提供基础支撑。二是要出台相关激励政策对企业的 ESG 投资进行正向激励，提升企业主动扩大 ESG 投资的意愿和能力，引导市场主体加大 ESG 产品和服务的供给。可适时出台 ESG 实践行为相关信息披露监管政策措施，增强信息披露的透明度，以规避"漂绿""染绿"等现象发生。三是利用好股票、债券等多层次资本市场信息披露的制度和机制，推动开发多样化的 ESG 投资策略和建设相关的金融产品体系，包括加快开发指数基金、ETF 等被动标准化的基金产品，吸引更多公募基金、保险机构、社保基金等中长期专业投资机构参与 ESG 投资，引导企业提升 ESG 信息披露质量。建议政府通过制定可参照的上市企业 ESG 信息披露标准，引导企业加强 ESG 报告的信息披露，鼓励上市公司等头部企业探索提升 ESG 披露的颗粒度，不断降低信息不对称，增强抗风险能力，形成信息披露方面的最佳样板。

（二）构建全国统一的 ESG 投资评估标准

要引导企业扩大 ESG 投资，首要明确 ESG 投资的评估标准，即引导资本流向的指挥棒要充分体现在环境、社会和治理层面的价值理念追求，使其与财务绩效高度联动。当前，部分组织机构已发起制定 ESG 团体标准，但官方尚未提供有强制约束力的指导标准。在开放条件下，ESG 评估标准国际社会已有许多共识。一是可借鉴欧美等成熟市场 ESG 评估的经验，将全球适用性较广的指标纳入其中，以充分体现与国际通行规则接轨的一致性。通过主动接轨国际高标准规则，可以持续优化现有的 ESG 评估标准，以市场逻辑引导企业和投资者重视 ESG 理念，将有效推动经济社会的可持续发展。二是在完善 ESG 评估标准基础上，可加快规范发展 ESG 第三方评估市场，培育发展公正独立的专业 ESG 评级机构，提升 ESG 评级有效性，帮助企业更好地扩大 ESG 投资和开展风险管理工作。

（三）强化投资者对 ESG 理念的认同和实践

作为影响投资决策的公司股东，投资者始终是把财务投资与 ESG 投资有效结合的关键利益相关者。强化投资者对 ESG 投资理念的认同，能更好地引导被投资企业在投资决策中关注 ESG 投资责任，而不是单纯地追求股东财务价值最大化，而是力争追求 ESG 的利益相关者价值最大化。一是引导投资者高度重视 ESG 投资实践。通过资本市场机制向投资者提供其合适的投资标的，并对所投标的进行很好的绩效衡量，通过开发不同策略的 ESG 投资产品和对产品 ESG 方面的评级，将使逐步其把 ESG 投资的价值观灌输给被投资企业，督促其恪守并履行社会责任、践行绿色发展理念，完善公司治理。二是通过投资者与管理者的有效互动，引导企业在投资经营中重视绿色低碳发展和履行社会责任，持续与社会公众分享 ESG 实践成果，确保 ESG 投资行为与经营绩效保持一致。三是依靠投资者责任引导产业链上下游的 ESG 投资的趋同行为。发挥龙头企业的示范带动作用，推动产业链上下游积极开展供应链 ESG 审查，力争供应链成员企业的投资决策实践确保与股东利益诉求相一致，持续促进 ESG 投资在整个供应链的良性发展。

B.13
城镇化与教育公平视角下
家庭教育的几个问题

张　简*

摘　要： 建设可持续发展城市和向社会提供包容、公平的优质教育，是中国面临的两项重要任务。随着工业化、城镇化的快速发展，社会结构、家庭结构正发生重大变革，教育公平也遇到挑战。家庭在培养儿童智力、情感和性格成长方面承担着重要责任，同时也是发展包容和公平教育的主要场所。当前，家庭教育的缺失和错位问题在中国显得较为突出，部分儿童应在家庭教育中获得的情感培养、性格成长、文化素养提升、自立能力和生活技能锻炼等，无法得到有效保障。社会教育资源配置不平衡以及就业、收入等因素造成的众多家庭教育缺失，会扩大教育不公平的矛盾，其形成的差异性结果会对儿童造成社会政治和文化隔阂。这不但会阻碍儿童成长，也不利于社会的可持续发展。中国社会须重视解决低收入家庭子女、农民工随迁子女和留守儿童的教育公平问题，明确家庭教育的责任，建立以儿童为中心的家庭教育体系，并给予必要的规划指导、政策扶持和社区帮助。

关键词： 城镇化　教育公平　家庭教育　教育协同

建设可持续发展城市和提供包容与公平的优质教育，是《联合国 2030

---

* 张简，语文出版社编辑，主要研究方向为可持续发展教育。

年可持续发展议程》十七项指标中的两项重要内容，也是本蓝皮书设立的"CSDIS"评价指标体系应重点参考的范围。中国的工业化、城镇化在持续发展过程中，为经济增长和社会文明进步提供着强劲动力，也为改善教育公平问题构建了良好的物质和社会基础。但工业化、城镇化也对中国传统社会结构造成了深刻冲击，使中国教育发展面临许多新的困难和问题。特别是农村人口大量流向城市、就业引起的人口远距离迁徙和种种原因造成的传统家庭结构变动等，导致大量儿童家庭教育缺失的矛盾凸显，给中国发展包容和公平的优质教育带来非常严峻的挑战。重视和有效解决这一问题，对实现教育强国目标和促进社会稳定发展十分重要。

一　儿童的可塑性与家庭教育的责任

家庭是养育儿童的最先和最主要场所，也是教育儿童并为其成长提供经济支持的基础单元。父母在家庭中和儿童组成一个生活共同体，也为孩子获取知识、树立价值观提供特有的社会活动空间。德国教育学家布雷钦卡说，这个共同体虽不是为了教育目的才构成的，但儿童智力、情感和品格成长却会深受家庭教育的影响。

中国传统教育思想和欧洲古典教育哲学都支持这一观点。

中国有着深厚的家庭教育传统，在步入现代社会前，几乎没有供平民子弟读书的学校。民间教育一是靠祖训、家规和家书等进行"耕读传家"的道德教化；二是家族长者的言传身教；三是靠聘请乡村教书先生进入家庭或家族聚集的村落，以"私塾"形式传授符合官方价值目标的社会文化知识。

这种自为的以家庭教育为主的民间教育，深受儒学教育思想影响。它将教育目的分为两个可追求的境界。其中基本目标是以取仕和荣耀家族为目的的"光宗耀祖"，而理想目标则是"学成文武艺、货与帝王家"。

在上述两个目标之间，有一条"修、齐、治、平"的路径相连接。这里虽有担当国家大任的理想激励和履行家族、家庭责任的道德教化，但其精神本质仍是扭曲的、有悖于人的发展规律的。它诱使一代又一代年轻人走上

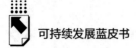

"皓首穷经"的道路，将生命消耗在无穷无尽的诠释经典和效仿先儒上。

这种教育形式严重遏制了文化、教育和社会的活力。进入现代社会后，我们逐渐认识到培养能体现积极生命意义和社会价值的人才，是教育的终极目标。而以人为中心，则是实现教育价值的唯一途径。

儿童的可塑性，是教育学的基本概念。儿童在与周围环境相互作用的过程中，逐步积累关于外部世界的知识，从而使自身的认知结构得到发展。因此，儿童的认知和成长受到文化、教育、环境等因素的综合影响。在其成长过程中，父母、教师、社会和一切语言环境都是他们认知的主要途径。家庭教育应遵循这一规律，在儿童建构知识系统和成长过程中，发挥好家庭与儿童的互动与协作学习作用。

工业化和城镇化推动的现代化，促使社会和家庭结构不断发生变动，这为家庭和社会（包括学校）教育带来许多新的问题。

从社会角度看，存在教育公平问题。教育资源的缺乏，会导致贫穷在一些家庭代际传递。法国思想家布尔迪厄认为，教育不公造成的差异，会对儿童形成一种很深的政治和文化区隔。这会损害儿童成长，也不利于社会和谐稳定、文明进步和可持续发展。

家庭教育也存在这样的问题。法国教育学家赫尔巴特分析了大量案例后认为：进入工业社会和社会分工细化以后，父母从事职业不同、收入水平不同，会使不同家庭的文化和财富差异加大。他们会用不同理念、不同方式教育孩子。条件好的家庭，会重视孩子的兴趣、阅历与性格培养，让其形成自信心增强的"文化资本"。条件不好的家庭，显然面临着这方面的压力。

为避免因此而出现巨大的社会鸿沟，政府的责任，是通过丰富公共品供给和不断改进制度与公共管理，以维持教育基本公平。儿童的家庭教育，主要是在家庭空间由其亲属特别是父母言传身教和提供好的学习环境来完成的，政府和社会所应做的是坚持教育公平原则，重视社会环境和家庭环境对儿童成长的影响，倡导社会树立以儿童为中心的理念，引导社会、学校和家庭在进行知识、技能和价值观等教育的同时，注重丰富儿童的信息资源和活动场景，减少不良知识结构的影响，使家庭教育与学校教育、社会教育形成良好的协同关系。

二　我国家庭教育存在的主要问题

中国教育正在加快现代化发展步伐。习近平总书记多次强调教育要坚持为了人的发展、为了人民的发展这一基本价值取向。我们要加强家庭教育在政府规划和政策体系中的地位，积极去除传统家庭伦理价值取向引导下过分重视功利的思想，使儿童在教育中获得发展自身、奉献社会、造福人民的能力。

中国的家庭教育目前存在如下突出问题。

1. 部分儿童因家庭结构变动而缺乏亲情与家庭教育

据国家统计局公布的中国人口统计数据，大量农民工进城务工，使农村地区出现了大量"空巢老人"和"留守儿童"。

国家统计局和联合国儿童基金会联合发布的数据表明，2020 年我国农村留守儿童多达 4177 万人，占全部农村儿童的 37%。他们的平均年龄为 7.7 岁，其中读小学阶段的有 1590 万人、读初中阶段的有 672 万人。在政府帮助下，这些儿童中的一部分进入了寄宿制学校。在生活和学习环境改善的同时，他们也在某种程度上疏离了家庭生活、家庭亲情、家庭教育和社区支持体系。据中部某县统计，全县在寄宿制学校学习的留守儿童达 6340 人，占全部留守儿童的 38.7%。

传统家庭组织的解构所造成的家庭教育和亲情的缺失，导致教育在某种程度上出现"功能紊乱"。它把家庭教育的责任几乎全部交给了学校，使学校教育、家庭教育、社会教育三者间的系统平衡受到影响。

而随父母进城打工的 6407 万儿童（2020 年数据），其父母因就业生活压力大和自身受教育有限，很难尽责地向随迁子女传授知识、爱和培养其具有苏联教育家苏霍姆林斯基所说的高尚的精神及国民意识。长此以往，这种状况必将对社会核心价值观体系构建带来消极影响。

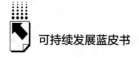

2. 家庭教育缺乏对儿童品格与发展潜质的培养

家是用亲情和血缘纽带联结的社会细胞和基本经济单元。在农耕文明社会，只有维护家的团结，增强家的能力，才可在生产活动和社会生活中获得利益。家庭荣誉也有利于家庭规模和影响力的扩大。这一套教育的伦理和逻辑，附着了太多的家庭责任与愿望。因而，在中国的传统家庭教育中，"以家为本"是天经地义的事。它厚植于中国的教育文化之中，至今仍对中国社会有深刻影响。

目前中国家庭比较重视使儿童增长才干和能顺利融入社会的教育，但也存在违背儿童心智和身体发育规律、强迫其过早学习一门并无兴趣的技艺的弊端，在修习品德和培养性格上却有所缺失。在中部某县的县城区，正在参加这类所谓"兴趣班"的小学和幼儿园儿童占在校儿童总数的85%，该县农村留守儿童中参加"兴趣班"的也占20%左右。这种本末倒置和越位替代的做法，并未尊重儿童身心发育的基本规律以及儿童的禀赋、性格与潜质特征，没有真正做到因材施教，也破坏了教育生态体系的平衡。

教育是一门科学。奥地利心理学家阿德勒认为，所谓"问题儿童"的行为，基本是不科学的早期教育，特别是家庭教育缺失所导致的。家庭教育关键之处在于，它要在儿童成长的早期为他们的发展打好基础。教育的起点应是根据儿童的个性化特点有的放矢，其要义是为了儿童和社会的未来，积极发掘儿童的潜质，培养其有健康体魄、健全性格、社会情感和合作精神。此外，还要帮助儿童养成开放性思维的习惯，唤醒其好奇心，增强他们的自我意识和自信心，使他们在自身教育和成长中发挥主观能动性。我国目前家庭教育的能力和水平，与此显然还存在很大距离。

3. 家庭教育与科技进步和生产力发展脱节

在当前全球化和新技术革命不断引发产业变革的条件下，庞大的信息量和技术的不断迭代，对人们知识的获取方式和积累形成了严峻挑战。对正在成长的儿童来讲，传统的家庭知识教育条件和环境也发生了深刻变化。

当代家庭教育中，父母和长辈普遍存在知识结构老化、接受新知识的渠道有限且动力不足、思维和视野有局限性、传授知识的方法年轻人不易接受等问题。在这种状态下，家庭知识教育功能会逐渐弱化。特别是中国有数以亿计的家长，其受教育程度低，因工作处于不稳定状态，很难通过职业去积累足够的专业经验和社会知识。这种情况增加了教育不平等的因素，如不给予足够的社会和政府政策关注，必然会导致社会分层扩大，影响农村地区和低收入家庭子女实现社会纵向流动。

4. 轻视儿童的道德培养问题

道德教育，在古希腊先哲和中国孔子的教育思想里，都占有十分重要的地位。赫尔巴特把教育的所有目的和最高目标指称为"道德"。在法国哲学家丹纳看来，教育要培养"时代精神"。中国以蔡元培为代表的一批现代教育家，在 20 世纪初就提出了教育要"为人生"和"为社会"的思想。

中国政府一直把"育人"作为教育的宗旨。在育人的目标设定中，道德教育始终排在首要位置。家庭对儿童早期成长阶段思想、道德、人生观、价值观的形成和对行为方式的影响与指导作用非常大。家长要利用自己的一切资源，培养儿童树立向善、包容、协作、助人的思想，培养他们的爱国意识、平等意识和遵纪守法意识。

但现在中国的一些家庭过于强调培养儿童的考试能力，而忽略了道德教育，这并不利于社会的文明进步和儿童的心智成长。在当前信息化社会的环境下，儿童获取不良信息的渠道较多，加强和改善家庭教育，避免儿童形成错位认知和道德缺陷至为重要。

5. 缺乏对自立精神和生活技能的培养

现代教育学提倡"有价值的能力教育"和"有价值的学习"，重视实验、改造、创造，注重培养儿童的生存力、行动力、创造力。这种开放的，面向未来、面向社会实践和创造活动的教育，为教育带来了活力。

但这种转变，还未完全体现于我国的家庭教育中。受长期人口政策影响，在社会众多的独生子女家庭中，父母及祖父母辈的溺爱严重减弱了对年轻一代自立精神的培养。与此伴生的是造成了一部分儿童生活技能（包括生存技能）和创新创造力、社会适应能力的下降。

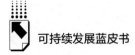

上述能力包括了动手能力、实践意愿和思维能力。动手能力下降涉及思想惰性和工具进步等原因，实践意愿和思维能力下降则是中国社会必须高度重视和力戒避免的问题。当前中国社会面临巨大的就业压力。我国每年约有1500万新增劳动力涌向城市就业市场，这其中有数百万农村转移劳动力，有每年超过1000万的大学和职业院校的毕业生（2023年预计超过1150万）。随着经济社会发展、技术进步及生产生活方式的改变，很多传统的社会就业岗位正在发生变化，一些新的业态也在不断出现，从农业到工业、服务业，大量在职职工都面临着"工作性质的变革（联合国2019年报告）"。

所以，今天的学生必须要具备比学习能力更重要的可迁移能力。这就要从儿童幼年时期开始，注重开发他们的想象力和创造力，培养他们的自立意识、风险意识、逆境意识和挑战意识。为此，家庭要引导儿童更多地了解社会生活，更多地参与社会实践，锻炼他们对知识融会贯通和举一反三的能力，让其在成长中逐步建立面向未来工作与生活的自信心。

6. 淡化情操与文明修养的培育

这主要涉及儿童的性格培养和文明素质培养。我国现行教育制度中，已将美育与德育、智育、体育一起，列为育人的重要内容。但高尚的情操、品格与蕴于内表于外的文明修养，却是人要靠一生的努力来修炼的。

中国社会正在从农业社会、农村文明向现代社会和工业文明转型，深植于每个家庭中关于情操和修养的理念，需要文化的动力和物质生活水平不断提高做基础，也需要社会环境氛围的不断变化作条件。总体来说，要使年轻一代全面接纳和吸收现代文明理念，我们的家庭、社会和学校还任重而道远。

家庭教育的责任在于维护良好家风，培养良好阅读习惯和审美品位，愿意欣赏人类文明成果，学会科学地支配时间，杜绝浮华、自傲等劣习，塑造儿童健全的人格和宽厚、勇毅、亲和、坦诚的性格。阿德勒认为，对儿童的教育应注意4个方面：积极的自我观、困难观、他人观和异性观。这些观念会深刻影响儿童的未来发展和人生轨迹，值得我们认真借鉴。

7. 亲子教育薄弱问题

用亲情陪伴孩子成长，本是家庭伦理中的重要内容，但在当今时代，却成为一个不小的社会问题。这一现象和中国经济高速增长、城市化加快发展所引发的社会结构、家庭结构不稳定状况有关，需要引起当前社会对幸福观、家庭观的高度重视，并积极做出调整。

家庭教育专家李丹阳提出，在育儿中要拿出 80% 的力气用于搞好亲子关系，要学会用对话、和解、参与来与孩子进行情感联络，并通过满足孩子的基本需求、提高亲子关系浓度、做出好的表率等步骤建立良好亲子关系。这些意见值得众多家庭参考，因为没有良好的亲子关系，家庭教育就没有稳固的基础。

三 建立以儿童为中心的家庭教育体系

家庭教育一些问题的存在，是多种原因造成的。尽快补上国家教育体系中这块最薄弱的短板，既需要以不断深化改革开放促进体制机制创新，也需要通过政府和社会协同发力，促其有序地改进和完善。当前应特别注意从以下方面着手进行积极校正。

——厘清学校教育、社会教育和家庭教育的各自定位及应承担的责任，明晰家庭教育的目的与任务。目前由于家庭教育的薄弱和缺失，学校教育和社会教育有挤占其空间的趋势。应积极完善国家涉及家庭教育的制度体系，尽快制定《家庭教育法》和相关政府规章，把家长、社会及国家的相关责任、义务用法律形式固定下来。同时，要在政策上把与家庭教育相关的服务业按公益准公益性事业对待，给予必要的政府支持。

——国家应制定引领性强的家庭教育发展规划，提出家庭教育发展愿景，明确政策及政府服务应支持的领域和重点。如加快农民工城市入户政策、子女随迁享受公共服务政策、减少"留守儿童"政策、建立家长休假及亲子营地政策、城乡教育环境改善政策等一系列完整的政策体系，缓解由于社会结构过快变化而给家庭组织带来的冲击。

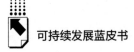

——确立良好的家庭教育文化及价值目标，明确树立以儿童为中心的家庭教育思想，把健康成长、积极进取、团结友爱、自强自立、公正平等、造福社会的理念植入家庭教育中，淘汰落后、狭窄、自利的陈旧理念和急功近利、揠苗助长的育人思想。

——制定家庭教育的父母施教要义和主要课程标准，将家庭教育纳入科学规范的轨道上，促进实现教育的公平，以儿童的全面发展为目标，使家庭教育与学校教育的内容有机结合。

——建立家庭教育社区辅助机制，在家庭教育中，引入社会教育资源，促进家庭教育的开放，促进家庭教育与社会教育有机衔接，在城乡居民社区建立家庭教育辅导站和互联网支撑平台。培养家庭教育师资，开办"家长学校"，在普通高等学校和职业教育院校开设家庭教育专业。发展社区托育、幼儿教育和家庭亲情寄养机制，减少幼儿及小学生在校（园）寄宿。

另外，政府要为教育公平的实现创造更多条件，其中最重要的是为低收入家庭子女、农民工随迁子女、农村留守儿童提供内容丰富的社会活动机会和条件，消除可能出现的"社会分层"和"文化间隔"现象给社会健康稳定发展带来的隐患。

综上所述，家庭教育是一个伴随着儿童从出生到长大成人全过程的社会行为，它事关儿童的未来和民族的兴旺。社会要改变将家庭教育视为教育体系底端的看法，树立其是教育体系前端的理念。近年来中央高度关注儿童托育、学前教育等社会资源短缺问题，习近平总书记把它和养老放在一起，称之为"一老一小"问题，要求各级政府和全社会予以关注。为落实党的二十大提出的"加快建设教育强国"任务，政府、教育机构和社区应通力合作，切实承担起促进教育发展的责任。中国已进入第十四个五年规划时期，中国政府在建立现代教育体系方面已经有了很大的进步，目前又正在深化教育体制改革并积极开展国际教育交流与合作。相信会抓住各种机遇，使中国家庭教育有新的发展。

参考文献

〔美〕约翰·J. 麦休尼斯：《社会学》（第 14 版），风笑天等译，中国人民大学出版社，2015。

〔美〕詹姆斯·汉斯林：《社会学入门，一种现实分析方法》（第 7 版），林聚仁等译，北京大学出版社，2007。

〔奥〕阿尔弗雷德·阿德勒：《儿童的人格教育》，彭正梅、彭莉莉译，上海人民出版社，2011。

〔德〕沃夫冈·布雷钦卡：《教育目的、教育手段和教育成功：教育科学体系引论》，彭正梅译，华东师范大学出版社，2008。

〔加〕乔治·库罗斯：《面向未来的教育：给教育者的创新课》，刘雅梅译，机械工业出版社，2019。

孙孔懿：《苏霍姆林斯基教育学说》，人民教育出版社，2018。

郭秉文：《中国教育制度沿革史》，商务印书馆，2014。

吴忠民：《社会学理论前沿》，中共中央党校出版社，2015。

〔美〕乔治·安德斯：《能力迁移》，武越、葛颂译，中信出版集团，2019。

〔美〕薇薇恩·斯图尔特：《面向未来的世界级教育，国际一流教育体系的卓越创新范例》，张煜等译，浙江人民出版社，2017。

黄志成：《西方教育思想的轨迹——国际教育思潮纵览》，华东师范大学出版社，2008。

〔法〕丹纳：《艺术哲学》，傅雷译，江苏人民出版社，2017。

《中华人民共和国国民经济和社会发展第十四个五年规划和 2023 年远景目标纲要（释义）》，中国计划出版社，2021。

李丹阳：《你的亲子关系价值千万》，北京联合出版公司，2019。

国家统计局、联合国儿童基金会、联合国人口基金：《2020 年中国儿童人口状况：事实与数据》，中国网，2023。

B.14
统筹绿色低碳转型和能源
安全的思路与建议

申静怡　崔　璨*

摘　要： 当前，面对风高浪急的国际环境和艰巨繁重的国内改革发展稳定任务，必须统筹推进能源革命、确保能源安全、推进碳达峰碳中和等工作，推动绿色能源低碳转型走深走实。要从实际出发，坚持先立后破，大力推进化石能源清洁开发利用，推动构建以清洁低碳能源为主体的能源供应体系，推动适应绿色低碳转型的现代产业体系，建立清洁低碳能源重大科技协同创新体系，在确保能源安全的基础上，有序推进能源绿色低碳转型。

关键词： 碳达峰　碳中和　能源安全　低碳转型

一　我国能源供需现状

党的二十大提出"加快规划建设新型能源体系"，这是当前乃至今后相当长时期内我国能源体系建设的重要目标。当前，面对风高浪急的国际环境和艰巨繁重的国内改革发展稳定任务，必须统筹推进能源革命、确保能源安全、推进碳达峰碳中和等工作，推动绿色能源低碳转型走深走实。

---

* 申静怡，中国国际经济交流中心经济研究部实习生，中国矿业大学（北京）管理学院管理科学与工程专业研究生；崔璨，中国国际经济交流中心经济研究部副研究员，博士。

（一）能源生产状况及发展趋势

当前，我国能源生产保持总体稳定，能源自给率稳步提升。根据国家发改委发布的数据，2022 年，我国原煤产量 45.0 亿吨，比上年增长 9.0%，进口量 2.9 亿吨，下降 9.2%；原油产量 20467 万吨，比上年增长 2.9%，进口量 50828 万吨，下降 0.9%；天然气产量 2178 亿立方米，比上年增长 6.4%，进口量 10925 万吨，下降 9.9%。国家能源局发布的《2023 年能源工作指导意见》中指出，2023 年能源发展的主要目标是：供应保障能力持续增强，全国能源生产总量达到 47.5 亿吨标准煤左右，能源自给率稳中有升。原油稳产增产，天然气较快上产，煤炭产能维持合理水平，电力充足供应，发电装机达到 27.9 亿千瓦左右，发电量达到 9.36 万亿千瓦时左右。

（二）能源消费情况及发展趋势

清洁能源消费持续提高。根据国家统计局发布的数据，2022 年我国能源消费总量 54.1 亿吨标准煤，比 2021 年增长了 2.9%。其中，煤炭的消费量增长了 4.3%，原油的消费量下降了 3.1%，天然气的消费量下降了 1.2%，电力的消费量增长了 3.6%。煤炭消费量占能源消费总量的 56.2%，比 2021 年上升了 0.3 个百分点；天然气、水电、核电、风电、太阳能发电等清洁能源消费量占能源消费总量的 25.9%，上升了 0.4 个百分点。中国石化集团经济技术研究院有限公司的相关研究人员在《2022 年中国能源行业回顾及 2023 年展望》中预测：预计 2023 年我国一次能源需求约 55.5 亿吨标准煤，同比增长 3.0%。预计 2023 年我国煤炭消费量为 30.6 亿吨标准煤，同比增长 1.0%，在一次能源消费中的占比为 55.1%；预计 2023 年我国石油消费量为 7.1 亿吨，同比增长 4.6%，在一次能源消费中占 18.2%；预计 2023 年我国天然气消费量为 3820 亿立方米，同比增长 6.1%，在一次能源消费中的占比达到 8.8%；预计 2023 年我国非化石能源消费量有望逼近 10 亿吨标煤大关，为 9.9 亿吨标准煤，其中，新能源 4.5 亿吨标准煤、水电 4.2 亿吨标准煤、核能 1.2 亿吨标准煤。

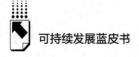

非化石能源在一次能源消费中的占比为17.9%。2023年新能源供应规模将首次超越水电，成为第一大非化石能源。

（三）能源国际合作情况及发展趋势

能源国际合作深入推进。在石油和天然气领域，我国逐步建立起4条稳定的战略油气输入路线：西北、东北、西南和海上。与有关国家共同形成中亚、俄罗斯、中东、非洲、美洲五大油气合作区；在电力领域，与俄罗斯、蒙古国、缅甸和老挝等国实现了电力互联互通，有效促进了清洁电力合理配置。同时我国企业在东南亚、南亚和非洲的电力工业领域也有很大的发展，先后建成中巴经济走廊电力合作工程等若干境外重大工程。在全球能源治理领域，我国积极参加能源国际组织，深度参与全球能源治理，积极在能源安全、全球能源绿色低碳转型等领域发出中国声音。近年来，我国能源产业逐步呈现从"积极参与"到"主动影响"的发展趋势，能源合作成为高质量共建"一带一路"重要领域，中国能源技术、标准、管理、服务走出去取得积极进展。能源合作有效支撑了我国与沿线国家经贸联系，并持续为沿线国家民众带来质优价廉的高品质能源供给，提升了沿线国家民众福祉。

（四）我国能源安全形势及特点

当前，能源安全成为大国博弈的关键变量。能源问题趋向政治化、工具化和武器化，并逐渐成为世界各国博弈的焦点，特别是在乌克兰危机的冲击下，能源安全在世界范围内的重要性和战略价值越来越突出。近年来，我国加速推进能源结构转变，陆续实施"以气代煤""以电代煤"等政策，客观上加大了石油和天然气消费与进口。2022年，我国的石油和天然气对外依存度高达71.2%，天然气依存度为40.2%。由于能源转型是一项系统工程，预计我国石油和天然气消费量在短期内仍将增加，保障能源供应安全更趋重要。在共建"一带一路"的背景下，中国正致力于与中亚、中东、东欧等资源丰富的国家开展合作，但是受这些国家自身政治、民族、宗教等矛盾以及基础设施建设等因素的影响，我国在这些国家的能源进口量存在极大的不确定性，这也增加了我国的石油、天然气的国际供应渠道以及我国的能源安全保持稳定供应的不确定风险。另外，新能源的迅速发展使其成为新增的主要电力装机容量，在目前电网的灵活性与调整性尚未得到明显提高的背景下，由于新能源的波动性和不确定性，过度依赖新能源也将加剧区域与时段性电力供应紧张的风险。从整体上来看，我国能源安全新旧风险相互交织，安全短板较突出，极端情形下能源供给和保障不确定性较大。

二 我国能源低碳转型发展面临的机遇与挑战

传统化石能源的绿色低碳转型发展是我国实现"双碳"目标的重要手段，能源供给需求关系持续调整、新兴市场的逐步崛起为我国能源低碳转型带来了新的机遇；同时，面临国际社会低碳环境约束和国内高质量发展的要求，我国能源转型还面临一些挑战。

（一）我国能源低碳转型发展面临的新机遇

"碳达峰、碳中和"政策的提出是推动我国能源向绿色低碳转型的重要动力和重大机遇。从需求来看，国际能源署（IEA）预测，到2030年，新能源发电将占全球用电总量的80%以上。预计化石能源的使用量和消费水平将大幅降低，可再生能源需求激增；从供给来看，当前我国已成功开发出了全球最大的单容量水力发电机组，并成功开发出多个系列的风力发电机，太阳能光伏电池效率也在不断提升，可再生材料的综合利用、固体废弃物的综合利用等都走在了世界前列。根据国家统计局发布的数据，2022年末全国发电装机容量256405万千瓦，其中，火电装机容量133239万千瓦，增长2.7%；水电装机容量41350万千瓦，增长5.8%；核电装机容量5553万千瓦，增长4.3%；并网风电装机容量36544万千瓦，增长11.2%；并网太阳能发电装机容量39261万千瓦，增长28.1%。全年水电、核电、风电、太阳能发电等清洁能源发电量29599亿千瓦时，比上年增长8.5%。

目前全球各国纷纷出台有助于能源绿色转型的政策，在这一背景下，新

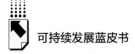

兴市场正逐步崛起，加速了市场机制的革新，如碳排放配额交易、清洁发展机制等。以清洁发展机制为例，它既有利于发达国家，也有利于发展中国家，前者能够以较低的代价实现减少碳排放，后者能够从前者那里得到低碳技术和金融方面的支持，从而促进低碳转型的发展。

（二）我国能源低碳转型发展面临的主要挑战

一方面，传统化石能源的绿色低碳转型发展是我国实现"双碳"目标的重要手段，实现这一转变，要以能源安全供给为基础和保证。考虑到我国富煤少油少气的能源禀赋特征，目前煤炭仍是主要能源，起到基础性保障作用，新的替代能源尚未成熟，在短时间内我国的能源结构很难发生根本性的变化。

另一方面，新能源正从最初的分散式、小规模使用，逐步发展成为能够在一定程度上替代传统化石能源的重要能源。新能源在使用期间所带来的问题也得到越来越多的重视，新能源技术与高质量发展仍有一定的距离。例如，光伏发电项目在施工期、运营期和服役期满后，可能带来的生态环境破坏和环境污染问题；风电项目运营过程中可能产生的生态破坏、噪声污染、电磁辐射、光影污染等问题。

此外，在国际制造业分工中，我国多数产业仍处于中低端，生产制造并出口的多以资源密集型、高碳产品为主，这使得我国承担了更多污染排放。另外，随着全球对气候变化、低碳排放等问题的日益重视，一些发达国家为维护自身利益，出台不合理的经济政策，如增加对高碳型产品的市场需求限制等。

三 促进能源低碳转型发展中存在的突出问题

习近平总书记在党的二十大报告中强调，要积极稳妥推进碳达峰碳中和。碳达峰碳中和目标的提出，不仅体现了我国推动实现全球生态安全与可持续发展的决心，更彰显了我国与国际社会共同构建人类命运共同体的意愿与大国担当。当前，我国正积极推进"双碳"进程并以此促进能源低碳转型，但过程中仍存在部分问题亟待解决。

（一）对"双碳"目标概念的理解较为片面

一方面是对"碳达峰"的理解出现偏差，有些地区认为碳达峰已经临近，应当在碳达峰前增加二氧化碳排放量，使其加快达到峰值甚至达到更高的峰值，然后在此基础上进行进一步的减排。这种观念是错误的，随着时间的推移，碳排放峰值越大，二氧化碳排放的减少将变得更加困难，且要花费更多的代价去减碳。另一方面是对"碳中和"的理解不够全面，现实中一些企业认为自己"已经达到"或者"已经接近"碳中和，事实上，微观主体并不能对其是否实现碳中和的目标进行核算，碳中和是宏观系统层面的核算。

（二）一些地方存在"碳冲峰"和"运动式减碳"

为加快实现"双碳"目标，有的地方掀起了"碳冲锋"热潮，在未获批准的情况下就上线了能耗较高、碳排放较高的项目，进行提前达峰时间的攀比，导致碳达峰进程走样；有的地方实行"一刀切"，以"拉闸限电"的方式，简单粗暴关闭部分煤炭、电力企业，对当地经济发展和人民群众的正常生活产生不利影响；还有一些企业在制定碳达峰行动方案时，没有充分的数据依据，没有对碳减排路径进行深入研究，制定的目标与实际情况相去甚远，实际执行起来困难较大。

（三）统筹保障能源安全和结构转型难度大

我国的能源特点是富煤、贫油、少气，能源低碳转型工作要考虑这一能源禀赋。2022年，中国的石油对外依存度达到71.2%，天然气对外依存度达到40.2%，能源供给面临着巨大的压力。新能源储能技术还处于起步阶段，限制了新能源发电系统的规模，新能源发电的规模化发展与高效消纳之间的矛盾依然突出，在保障能源安全的前提下，推动能源结构转型发展，面临较大难题。

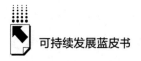

（四）绿色现代化产业体系尚未全面形成

目前，我国城镇的总体产业结构对资源、资本和环境的依赖程度较高。产业结构还有待进一步调整和优化，一些重工业和重化工行业，节能环保的高新技术应用还不够，较低碳经济的有关标准还有一定距离。即使一些发达省份，也面临着土地资源限制和落后产能的制约，面对发达国家的"再工业化"和核心高科技封锁，我国绿色现代产业体系建设仍有待加速推进。

（五）低碳技术水平与创新能力有待提升

从低碳技术来看，我国较世界领先水平仍有一定距离，总体上还处于"跟跑"的阶段。总体来看，低碳技术转移平台和绿色金融体系发展不完善，低碳技术成果转化和应用较缓慢，基础科技和装备技术较落后，能源使用效率不高，科技型企业人才缺乏等等，我国低碳技术的发展和创新仍然任重道远。

四 稳妥有序促进能源低碳转型发展的重点任务

加快能源绿色低碳转型发展，是推动我国经济社会发展全面绿色转型的关键。我们要坚持从中国国情和实际出发，坚持先立后破，推动能源绿色低碳转型，重点要做好以下四个方面工作。

（一）大力推进化石能源清洁开发利用

推进化石能源清洁开发利用，充分发挥煤炭对能源供给和保证的基础性作用。进一步推进煤炭资源的清洁高效利用，进一步优化煤炭资源的开发与利用；根据电力系统安全稳定运行的保供需求，加强煤电机组与非化石能源发电、天然气发电及储能的统筹协调，同时，推进煤电机组的节能提效和超低排放升级改造，按照能源发展要求，稳步上线先进煤电机组，有序推进老旧电厂的关停和合并；提高石油和天然气洁净、高效开发水平，推进石油和化工产业转型升级，强化协同作用。

（二）推动构建以清洁低碳能源为主体的能源供应体系

各地区要按照国家能源战略规划及分领域规划，统筹本地区能源需求和清洁低碳能源资源，在省级能源规划的总体框架下，组织制定区域内清洁低碳能源开发利用实施方案。各个地区应对本地区能源需求和可开发资源量等因素进行综合考虑，按照就近原则，对本地的清洁低碳能源资源进行优先开发和利用，并在必要时积极引入区域外的清洁低碳能源，最终形成以清洁低碳能源为主体来满足新增用能需求，并逐步替代化石能源的能源生产消费格局。

（三）推动适应绿色低碳转型的现代产业体系

推动形成高科技、低能耗、绿色、高效产业链，促进产业结构优化，大力发展低碳服务，推动产业结构调整和提高。综合运用法律、行政、经济手段，对各个行业内部结构进行优化，提高各行业能源使用效率和碳排放效率。与此同时，加快推进节能环保产业，强化对传统工业企业的绿色低碳技术、工艺、设备的改造，提高绿色低碳化运营企业的比重。推动绿色设计、健全绿色生产系统、建造绿色低碳工厂，创建一批绿色低碳产业示范园区，并在全国范围内逐步推广。

（四）建立清洁低碳能源重大科技协同创新体系

建设并发挥好能源领域国家实验室作用，构建以国家战略科技力量为引领、企业为主体、市场为导向、产学研用深度融合的能源技术创新体系，加快突破一批清洁低碳能源关键技术。加强与新型储能有关的安全技术的研究和开发，进一步完善设备设施、规划布局、设计施工、安全运行等方面的技术标准和规范。

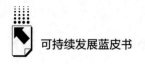

五 进一步推进能源绿色低碳转型的政策建议

（一）完善碳排放"双控"制度

碳排放"双控"制度建设是实现"碳达峰、碳中和"目标的内在要求。完善碳排放"双控"制度建设，一是应当继承能耗"双控"的相关机制安排，根据碳排放总量控制的相关要求，加强碳排放"双控"制度建设；二是借鉴吸收发达国家在碳排放总量配额设定与分配等方面的管理经验；三是分类实施，在已达峰的地区或产业，设立碳排放总量目标，探索碳排放稳中有降的实施路径；在未达峰的地区或产业，探索设立明确的二氧化碳排放增量目标控制。

（二）出台支持能源绿色低碳转型的多元化投融资政策

加大对清洁低碳能源项目、能源供应安全保障项目的投融资支持力度。探索对减少碳排放有显著贡献的能源类项目、符合条件的清洁低碳能源类重大项目发行专项债券。加大绿色发展领域基金对清洁低碳能源开发利用、新型电力系统建设以及化石能源企业的绿色低碳转型的支持。推动与清洁低碳能源有关的基础设施建设。

（三）加大创新投入

加强对知识产权的保护，健全激励机制，加大清洁低碳能源产业创新投入，加强绿色低碳技术研发。持续优化营商环境，激发市场主体创新能力。精简有关清洁低碳能源相关项目的审批、备案工作流程，进一步提高审批效率。

（四）加强可持续发展领域国际交流与合作

推动全球绿色低碳领域交流与合作，探讨构建清洁低碳能源产业链上下游企业共同发展的协作机制。完善低碳领域相关扶持政策，吸引外资对清洁低碳能源加大投资。

参考文献

戴宝华、王德亮、曹勇等：《2022 年中国能源行业回顾及 2023 年展望》，《当代石油石化》2023 年第 1 期。

王珺、曹阳、王玉生等：《能源国际合作保障我国能源安全探讨》，《中国工程科学》2021 年第 1 期。

梁壮、叶旭东、赵冠一等：《我国能源安全形势及推动煤炭保障能源供应的措施》，《煤炭经济研究》2021 年第 11 期。

张筱雨：《发展低碳经济走绿色可持续发展之路》，《汉江师范学院学报》2021 年第 5 期。

冯相昭、杨儒浦、李媛媛：《关于碳排放"双控"制度建设的若干思考》，《可持续发展经济导刊》2022 年第 11 期。

B.15
非洲国家新能源产业发展情况及与我国合作前景研究

——以安哥拉为例

张岳洋*

摘　要： 随着全球对可持续发展和绿色能源的日益重视，非洲国家作为具有广阔发展潜力的地区，正逐渐成为新能源产业的关注焦点。其中，安哥拉作为我国在非洲最大的石油来源国，是我国重要能源合作伙伴之一，是维护我国能源安全的重要屏障。近年来，百年未有之大变局与世纪疫情叠加共振，国际局势错综复杂，世界能源发展格局发生深刻变革。我国作为全球新能源领域的重要参与者和技术引领者，其在可再生能源技术和项目实施方面积累了丰富的经验和实力。安哥拉拥有丰富的可再生能源资源，特别是太阳能和风能，具备发展新能源产业的巨大潜力。研究安哥拉能源产业发展情况、评估新能源领域的合作前景、梳理新能源领域合作的机遇和挑战对中安两国在能源领域实现互利共赢，促进能源转型和可持续发展具有较大意义。

关键词： 安哥拉　新能源　可再生能源　能源转型　可持续发展

近年来，受新冠疫情、俄乌冲突、极端天气频发等因素叠加影响，能源

---

* 张岳洋，中国国际经济交流中心美欧研究部研究实习员。

市场急剧震荡，全球能源供需严重失衡，加之国际上应对气候变化的呼声高涨，推动能源产业绿色转型已成为各国的共同目标。非洲作为一个拥有丰富自然资源和巨大发展潜力的大陆，能源贫困问题依然突出，约有 6 亿人口过着无电可用的生活。在新冠疫情及其他危机的联合作用下，非洲的能源供应能力进一步减弱。非洲拥有得天独厚的清洁能源资源，水能、太阳能、风能储量分别占全球的 12%、40% 和 32%，提高能源效率、发展可再生能源是非洲大陆能源未来的基石。安哥拉作为非洲重要的能源出口国和新兴经济体，也面临着严重依赖单一能源、能源供需不平衡、经济韧性差等问题，并开始意识到发展清洁、可再生能源的重要性。近年来，安哥拉政府积极推动新能源产业的发展，以减少对传统石油资源的依赖，并促进经济的可持续发展。

中安能源外交开启于 1993 年，历经 30 年已形成多层次、宽领域、全方位的能源合作框架。安哥拉拥有丰富的可再生资源，但缺乏技术和资金，中安两国在能源合作上具有很强的互补性。但美西方国家为维护自身霸权地位，不惜挑动分裂对抗，不断编造所谓"债务陷阱论"，抹黑中非合作。在百年未有之大变局风云激荡、地区局势复杂多变、全球不稳定不确定性因素日渐增多的背景下，重新审视和分析安哥拉新能源市场、推动能源合作模式转型升级对新时期中安新能源高质量合作具有重要意义。

一 安哥拉国家及能源概况

（一）安哥拉国家概况

安哥拉共和国（葡萄牙语：República de Angola），简称安哥拉，位于非洲大陆西海岸，非洲西南部，北邻刚果（布）和刚果（金），东接赞比亚，南接纳米比亚，是中部、南部非洲的重要出海通道之一；西濒大西洋，海岸线长 1650 公里，战略地位十分重要。另有一块飞地领土——卡宾达，地处刚果（布）和刚果（金）之间，与安哥拉本土直线距离约 130 公里。安哥拉国土面积 1246700 平方公里，世界排名第 22 位。2022

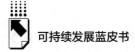

年，安哥拉人口数量约为3560万，半数民众信奉罗马天主教。安哥拉官方语言为葡萄牙语，首都罗安达。

（二）安哥拉能源情况概述

安哥拉是非洲大陆上一个重要的能源生产国家，其能源发展一直备受关注。安哥拉石油、天然气和矿产资源丰富。2023年4月，安哥拉已探明石油可采储量超过126亿桶，剩余可开采储量约90亿桶，天然气储量达7万亿立方米。主要矿产有钻石、铁、磷酸盐、铜、锰、铀、铅、锡、锌、钨、黄金、石英、大理石和花岗岩等。钻石储量1.8亿克拉，是世界第五大产钻国。水力、农牧渔业资源较丰富，水资源潜力1400亿立方米，水力发电量占全国总发电量的63%，火力发电占36%。[①]

安哥拉主要能源部门和机构包括安哥拉能源和水资源部（Ministério da Energia e Águas，简称MINEA），负责能源政策制定、能源资源勘探和开发、能源基础设施建设和维护、能源市场监管以及水资源管理、水电站建设和水利工程等领域；矿产资源、石油和天然气部（O Ministério dos Recursos Minerais，Petróleo e Gás，简称"MIREMPET"），是行政权持有人的辅助部级部门，负责制定、实施、执行、控制和监督行政部门有关地质和矿产活动的政策，石油、天然气和生物燃料的勘探、开发和生产、精炼，石化、矿物和石油产品的储存、分销和营销，以及生物燃料的生产和营销；安哥拉国家石油公司（Sociedade Nacional de Combustíveis de Angola，简称Sonangol）成立于1976年，其主要目标是管理和开发安哥拉的石油和天然气资源。公司在整个石油价值链上扮演重要角色，包括勘探、生产、加工、储存、运输和销售等环节。Sonangol是安哥拉石油产业的主要参与者，也是国家经济的重要支柱之一。

---

① 《安哥拉国家概况》，外交部网站，https：//www.fmprc.gov.cn/web/gjhdq_676201/g j_676203/fz_677316/1206_677390/1206x0_677392/，最后检索时间：2023年6月30日。

二 安哥拉能源发展面临的问题与挑战

（一）严重依赖单一能源不利于经济稳定、多元化发展

安哥拉财政收入严重依赖油气出口，2021 年石油占安哥拉出口的 95%，占一般国家预算的 33%，石油出口的增加使经常账户盈余占 GDP 的比例从 2020 年的 1.5% 升至 2021 年的 11.4%。[①] 经济对石油的过度依赖使得其他能源资源的开发利用相对滞后。1975 年，安哥拉每年生产约 240000 吨咖啡，当时它还是世界第二大糖生产国和第四大棉花生产国。如今，这些数字已大幅下降，咖啡产量每年不超过 6000 吨。近年来石油部门在安哥拉经济中的重要性逐渐下降，但并没有被其他收入来源所取代，这种下降尚未转化产生出口和国家收入的结构性变化。这种单一的能源依赖性使得安哥拉的能源供应链条脆弱，经济极易受到全球价格波动和国内供应冲击的影响，不利于其经济稳定发展。

（二）自然资源财富与社会福祉之间差异较大，国富民穷，能源财富未能惠及民众

安哥拉是自然财富与社会福祉之间差异最为明显的国家之一，2/3 的人口生活在棚户区和贫困的农村地区，没有自来水和电力保障。由于政府专注于原油商业化，忽视了粮食生产，近 2/3 的农村家庭每天的生活费不足 1.75 美元，20% 的儿童在五岁前死亡。[②] 安哥拉经济严重依赖石油收入，但石油经济掌握在少数精英和跨国公司手中。在繁荣时期，人口快速增长，导

---

① Grupo Banco Africano de Desenvolvimento, Perspetiva Econômica de Angola, https：//www. afdb. org/pt/paises-africa-austral-angola/perspetiva-economica-de-angola.

② Angola：la pobreza y la desnutrición se expanden pese a la riqueza petrolera, 16 May, 2012, https：//www. infobae. com/2012/05/16/1050577-angola-la-pobreza-y-la-desnutricion-se-expanden-pese-la-riqueza-petrolera/.

致贫困人口的绝对数量从 2000 年的 490 万增加到 2014 年的 670 万。[①] 但石油作为资本密集型行业对增加就业的帮助不大。安哥拉的石油部门仅占活跃劳动力的 0.5%，占该国出口 98% 的石油部门几乎没有雇用安哥拉人。[②] 2022 年，安哥拉的失业率约为 30.2%，仅有 230 万人有正式工作，80% 的工人靠打零工为生。[③] 石油经济的繁荣抬高了物价，使罗安达成为地球上最昂贵的首都之一，日用品物价相当于国内 5 倍左右，房价是国内一线城市的 3~10 倍。但不合理的收入分配制度、政治腐败、经济严重依赖单一能源使得安哥拉因石油收入富有，而大多数安哥拉人继续生活在贫困之中。

（三）能源供需不平衡，大多数人口面临能源贫困问题

随着安哥拉人口的增长和经济的发展，安哥拉将需要更多的能源供国内使用，但能源供应能力相对不足。这导致了能源供需之间的不平衡，包括电力短缺、能源供应不稳定等问题，制约了国家经济和社会发展的进程。根据 2021 年的数据，安哥拉只有不到 45% 的人口能够获得能源，在农村地区这一比例更低，木材和木炭仍然是最常用的能源形式。安哥拉电力部门大部分设备是 50 年前建设的，发电、配电和输电基础设施在内战期间遭到破坏，由于缺乏财力和人力资源而没有得到定期维护，2021 年底安哥拉电气化率仅为 42.7%，[④] 部分人口经常遭受电力短缺。安哥拉没有国家电网，北部、中部和南部三大电力系统没有相互连接，无法实现电力调配。事实上，安哥拉的能源完全可以自给自足。所有发电厂的总产量为 140 亿 kWh，即自身需求的 115%。但安哥拉将大部分自产电力出口到其他国家，并不用于国内使

① 《Angola Poverty Assessment》世界银行，2020 年，第 2 页。

② Paraíso do petróleo e dos bairros de lata, Renate Krieger, 13/02/2013, https://www.dw.com/pt-002/angola-para%C3%ADso-do-petr%C3%B3leo-e-dos-bairros-de-lata/a-16468718.

③ Apenas 2, 3 milhões de angolanos têm emprego formal no País, Martins Chambassuco, 5 de Setembro 2022, https://expansao.co.ao/angola/interior/apenas-23-milhoes-de-angolanos-tem-emprego-formal-no-pais-109837.html.

④ Mais energia de fontes hídricas gera poupança, Victorino Joaquim, https://www.jornaldeangola.ao/ao/noticias/mais-energia-de-fontes-hidricas-gera-poupanca/.

用。石油也是如此，安哥拉人均原油产量 0.035 桶/天，人均消费 0.004 桶/天，仅占产量的 11.4%，人均出口量为 0.04 桶/天，大部分石油用于出口，能源人均消费量低，大部分民众未能从石油繁荣中获益。①

（四）可再生能源资源丰富，但开发利用水平尚处于起步阶段

安哥拉拥有巨大的可再生能源生产潜力，《安哥拉可再生能源图集》（2015）表明该国拥有多元化的可再生能源总计 80.6GW，其中太阳能是最丰富的能源（55GW），其次是水电（18GW）、风电（3.9GW）和生物质能（3.7GW）②。但安哥拉可再生能源开发利用处于萌芽阶段，私营部门的参与较少，对这些资源的开发利用相对滞后，缺乏相关政策支持、技术和投资等方面的支持制约了可再生能源的发展。得益于该国水利资源的丰富和水利设施的建设，水力发电量持续增长，占 2021 年总发电量的 78%。但其他可再生能源，如太阳能或风能尚未有显著表现。2020 年，安哥拉生物能源产能利用率 45%、太阳能 16%，其他可再生能源如风能、核能、地热能利用率皆为 0。③

（五）支柱能源产业脆弱不稳定，引发诸多连带问题

一方面，安哥拉的油田多属于近海油田，其开采难度相较于陆地油田更大，维护成本也更高。国际油价的大幅降低直接导致安哥拉经济发展增速降低，难以吸引外资，外资投资不足反过来又影响安哥拉油田产量，形成恶性循环。另一方面，安哥拉国内石油产业利益集团盘根错节，腐败盛行。本国的石油公司 Sonangol 债台高筑，且垄断石油产业，导致财富过度集中在小部分人手中，社会贫富差距进一步拉大，民众不满情绪强烈。安哥拉经济结构太过单一，过于依赖卖石油作为经济发展的命脉，缺乏经济持续发展的动

---

① Orçamento de energia em Angola, https://www.dadosmundiais.com/africa/angola/orcamento - energia.php.

② Energias Renováveis Em Angola, Relatório Nacional Do Ponto De Situação / Julho 2022.

③ Energy Profile Angola, IRENA.

力。其他产业短期内都无法取代石油产业在经济领域内的支配作用，一旦石油崩盘，整个国家经济都会跟着崩溃。此外，安哥拉石油主要产区为卡宾达（Cabinda）地区，该地区自独立后被并入安哥拉，成为该国的一块飞地。其由于特殊的地理位置和跨界族群问题，一直受到分离主义的困扰，加剧了该国石油产业的不稳定性。

（六）天然气资源丰富但未能充分实现商业化

安哥拉天然气储量丰富但产量较少，大部分天然气都是来源于油田伴生气，由于缺乏商业化应用，多数天然气或者被当作废料燃烧掉，或者被回注入油田以提高原油采收率。天然气产量少的另外一个原因是安哥拉缺少将天然气资源进行商业化处理所必需的基础设施。尽管政府正在寻求更多的办法，将天然气生产商业化，然而大部分的天然气还是被排放至空气中或被燃烧。

三　安哥拉能源问题历史溯源

（一）殖民国在一定程度上促进了安哥拉能源基础设施的发展，但资源掠夺和垄断是安哥拉未能实现能源自主的历史根源

葡萄牙的殖民统治期间，安哥拉作为资源来源地受到开发，但基础设施建设缓慢。葡萄牙主要将安哥拉视为资源来源地，导致外国公司垄断能源产业，限制了本地能源产业的发展。技术和知识转移有限，限制了安哥拉在能源领域的创新能力。石油成为安哥拉主要能源来源，外国公司继续在能源领域占主导地位。资源掠夺导致能源贫困问题，当地人无法从能源发展中获益。

（二）内战摧毁大量基础设施，进一步阻碍安哥拉能源开发和利用

1975 安哥拉独立后，开始了长达 27 年的内战。造成 50 万至 100 万人死亡，近 400 万人伤残和流离失所。战争摧毁了学校、医院、铁路和桥梁等重要基础设施，全国甚至首都罗安达经常出现电力短缺问题，安哥拉在多项人

类发展指标上排名靠后。内战对安哥拉的经济造成了巨大的冲击，使国家陷入了贫困和经济困境。资金流失和资源浪费导致政府无力投资能源领域的开发和改善。内战期间安哥拉的能源发展遭受了严重破坏和阻碍，石油生产和出口能力大幅下降，许多国际能源公司撤离或暂停在安哥拉的石油项目，导致石油产量急剧下降。内战还导致电力生产、运输和配电服务退化，使得能源供应不稳定，阻碍了能源开发和供应的进一步发展。

（三）战后安哥拉凭借石油资源实现经济繁荣，同时加剧了经济的不稳定性和对石油的依赖

自内战结束后，得益于石油生产的发展以及世界和平的环境，安哥拉经济在 2002 年经历了繁荣期，年增长率达两位数，成为最大和增长最快的经济体之一。中东，尤其是伊拉克的政治和安全局势恶化，以及中国或印度等国家的高国内增长率，导致石油产品价格持续上涨。石油成为安哥拉主要的经济支柱和外汇收入来源，为安哥拉带来了巨大的财富，推动了国家的基础设施建设和经济增长，在一定程度上提高了人民的生活水平。过于依赖石油的经济模式使得安哥拉的经济容易受到石油市场的波动性和价格的不确定性的影响。2008年，受金融危机影响石油价格下跌，欧佩克决定减产，安哥拉也未能幸免，油价和产量同时下降，财政收入受到严重冲击，导致财政赤字和经济衰退。这种对石油的过度依赖也使得其他产业的发展受到限制，导致经济结构单一化和就业机会不足。

四 安哥拉发展新能源已势在必行

（一）能源短缺已成为安哥拉经济发展的桎梏之一

工业生产需要大量的能源支持，而能源短缺导致了生产过程的不稳定性和低效率。许多企业面临着频繁的停电和能源供应中断问题，这不仅增加了生产成本，还限制了工业扩张和新企业的发展。缺乏稳定的能源供应使得安

哥拉无法充分发挥其工业潜力，也限制了其经济增长和就业机会的创造。《2023年能源发展报告》称，如果不对可再生能源进行投资，电力供应不足将持续存在。全球有6.75亿人没有电，其中安哥拉是能源赤字最大的国家之一，有1800万人无电可用。[①] 能源短缺对民生和社会基础设施造成了严重影响，一些市民一直在使用丁烷气瓶，作为使用汽油和柴油的省钱替代品和方法，一些偏远地区甚至使用蜡烛和油灯来满足日常生活所需。能源不足还影响到农业的机械化生产，导致粮食供应不足，引发饥饿问题。在缺乏可靠电力供应的情况下，医疗设施、学校和其他基础设施的正常运行受到威胁，进一步削弱了社会服务的质量，制约了人们的生活质量提高和发展机会。能源短缺也阻碍了新兴产业，如可再生能源、制造业和高科技产业等的发展，不利于安哥拉的经济多元化和产业升级。

（二）发展新能源是安哥拉摆脱石油依赖、实现能源转型的必由之路

安哥拉高度依赖石油行业，石油出口占该国总出口的95%以上，石油收入占财政收入的近50%，占GDP的30%。再加上高额的外债还本付息，该国国际收支很容易受到油价波动的影响。一直以来该国努力摆脱这种依赖，但石油行业在安哥拉经济中的重要性尚未被其他行业取代。这种单一的经济模式在面临全球能源格局变化和气候变化的背景下不再可持续，增加国内生产、促进经济多元化已成为安哥拉国家发展的当务之急。安哥拉可以利用其丰富的自然资源，如太阳能、风能和水能，发展可再生能源项目，提高能源自给自足程度，减少对石油的依赖，提高能源安全性。通过发展新能源产业，安哥拉可以吸引投资、创造就业机会，并促进相关产业的发展，实现经济多元化。

---

① Moçambique e Angola integram lista dos países com maior déficit energético, junho 2023, https: // news. un. org/pt/story/2023/06/1815527.

（三）俄乌冲突改变世界能源格局，非洲或将成大国博弈新"赛场"

俄乌冲突使得天然气价格飙升，欧盟燃料价格上涨，加之俄罗斯宣布断供，进一步引发人们对能源供应安全的担忧。欧洲国家一方面出台措施节约能源，另一方面在全球范围内寻找能源"供应商"。为满足自身能源需求，欧洲只能进口价格更高的美国液化天然气，欧盟不得不继续积极拓展能源进口渠道多元化，并将目光转向非洲。与此同时，美国也加紧在非洲的能源产业布局。

安哥拉是非洲最重要的能源生产国之一，具有地理位置上的战略意义，是进入南部和中部非洲市场的平台，在世界油气供需格局和能源地缘政治格局中具有重要的战略地位。近年来，美欧纷纷积极拓展与这个能源富国的伙伴关系。美国总统拜登在 G7 峰会期间强调了加强美国与安哥拉的贸易合作，并积极促成美公司在安实施价值 20 亿美元的光伏能源生产项目，以加强与安政府在清洁能源领域建立战略伙伴关系。德国紧随美国制定新的"非洲战略"以取代此前的"非洲版马歇尔计划"。美欧等西方国家在新能源领域的投资可以一定程度上帮助安哥拉缓解能源依赖的燃眉之急，满足国内能源需求并加快能源转型。但这种"援助"实际上是将安哥拉等非洲国家视作大国博弈的"竞技场"，以实现其重塑全球能源格局、掌控全球能源统治权的目的。

安哥拉自身能源条件优越，但对石油的过度依赖是其经济发展的"阿喀琉斯之踵"，加之其自身管理和资源配置的能力有限，此类"援助"不仅无法针对性地破解其能源发展瓶颈，反而一定程度上加剧了懒政和腐败风险，使其沦为美西方国家的重点能源攫取目标。在此背景下，安哥拉的能源路线选择，即丰富的太阳能、风能等可再生能源和丰富的化石能源之间的拉扯越来越严峻。若不尽快发展新能源，加快实现能源转型，重塑自身能源结构，安哥拉很难真正摆脱美西方的"能源殖民主义"，不利于保障国家能源安全、实现能源独立自主。

五　安哥拉的新能源产业发展潜力巨大

安哥拉可再生能源潜力巨大，且气候有利于可再生能源项目的发展。安

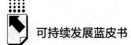

哥拉水网密集，且以流速较快的河流为主，年流量约为 1.47 亿立方米，是南部非洲流量最高的地区之一，水力发电潜力约为 18.2 GW（其中目前仅开发了 20%）①。丰富的水资源意味着安哥拉有着大量可供开发的氢能。相较于非洲其他地区和中东更干旱的国家，安哥拉不需要将海水脱盐用于制氢，能源消耗和相关成本较低。此外，其领土的扩展和优越的地理位置为该国提供了非凡的太阳能潜力。全港太阳辐射高且稳定，具有 55GW 的发电潜力。据统计，安哥拉太阳辐射量在 1370~2100kWh/（m² · 年）。在生物质能方面，安哥拉的森林、现有的多边形森林、适合种植甘蔗或其他具有能源潜力的作物的农业区、畜牧业和城市固体废物，都有可能产生超过 3GW 的能源。西南风和大西洋斜坡沿南北轴线的风使安哥拉有丰富的风力资源，西南部预估可发电 100MW。② 该国中部平均熔值的地热迹象和广阔的海洋海岸线也构成了有待开发的潜在资源。

安哥拉政府重视绿色能源发展，在新能源领域投资力度不断加大，并在第 26 届联合国气候变化大会上承诺未来将清洁能源比例提高至 70%。为实现这一目标，安哥拉政府相继制定了一系列战略和计划。

2015 年，安哥拉政府发布《安哥拉能源 2025》，制定了中长期绿色能源发展规划，为能源和水利部《2018-2022 年发展计划》的制定提供了指导方针。文件涵盖发电、输电网扩建、配电网建设和私营部门参与等相关领域，旨在实现全国电气化率 2022 年达 50%、2025 年达 60%的目标。根据该计划，2025 年安哥拉装机容量将增加至 9.9GW，使用 66% 的水源、19% 的天然气、8%的可再生能源和 7% 的热能。能源部门将获得 235 亿美元的投资——120 亿美元用于发电，40 亿美元用于输电，75 亿美元用于配电。在《2018-2022 年国家发展计划》中，安哥拉将可再生能源装机目标提高

① Angola-Programa de Energias Renováveis em Angola（AREP）-Relatório de conclusão do projeto, 09 - Jan - 2023，https：//www.afdb.org/pt/documents/angola - programa - de - energias - renovaveis-em-angola-arep-relatorio-de-conclusao-do-projeto.

② Angola-Programa de Energias Renováveis em Angola（AREP）-Relatório de conclusão do projeto, 09 - Jan - 2023，https：//www.afdb.org/pt/documents/angola - programa - de - energias - renovaveis-em-angola-arep-relatorio-de-conclusao-do-projeto.

到 700MW，后又在《安哥拉能源 2025——电力行业长期愿景》中将该目标更新为 800MW，希望实现超过 70%的可再生能源装机容量（这是世界上最高的百分比之一）。

六　中安新能源领域合作的成功经验与风险

2023 年是中安两国建交 40 周年。中国自安哥拉争取民族解放斗争时期便给予安哥拉坚定支持，2002 年安哥拉恢复和平后，中国率先伸出援手帮助安哥拉进行战后重建。中国与安哥拉能源外交开启于 1993 年，2007 年以来，中国已超过美国成为安哥拉石油的最大进口国；2008 年，安哥拉成为中国第二大石油供应国，中安两国已形成多层次、宽领域、全方位的能源合作框架。随着双方在"一带一路"倡议和中非合作论坛等框架内的合作不断深入，两国伙伴关系持续增强，未来合作前景广阔。

（一）中安新能源合作的成功经验

2002 年，安哥拉终于结束了长达 27 年的内战。这场内战是非洲持续时间最长的内战之一，安哥拉国力消耗巨大，基础设施几乎毁坏殆尽。此时的安哥拉满目疮痍、百废待兴，国家重建困难重重，还面临巨大的资金缺口，亟须引入外部资金和技术进行重建。同时，我国正处于经济腾飞期，在基建方面已经日趋成熟，对资源的需求与日俱增。在此背景下，中国与安哥拉开创了一套互补的合作模式，即中国为安哥拉提供重建所需的贷款和基建项目，安哥拉则以国内资源（主要是石油）对华出口作为贷款担保。这种传统能源领域的合作新模式被称为"资源换基建模式"，又称"安哥拉模式"。"安哥拉模式"实现了资源开发与基础设施建设的联动，带动了当地经济的发展，中石化等国内头部能源企业通过与安哥拉本土石油公司组建合资企业等方式，进入了安哥拉石油勘探、开发领域，中安能源合作深入推进。近年来，随着应对气候变化及能源低碳化越来越成为全球共识，加之石油、天然

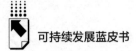
气等传统能源市场的不稳定，世界各国意识到寻找能源替代品的紧迫性，加快发展可再生能源的政治意愿也显著上升，中安能源领域的合作也更趋"清洁化"与"低碳化"。

案例一：卡古路·卡巴萨（Caculo Cabaça）大型水电开发项目

由中国能建葛洲坝集团承建的北宽扎省卡古路·卡巴萨（Caculo Cabaça）大型水电开发项目（以下简称"凯凯水电站项目"）是中安绿色能源领域合作的典范。凯凯水电站项目是迄今为止中资企业在非洲承建的最大水电项目，被誉为非洲的"三峡工程"。该项目预计在 2026 年底实现首台机组发电，全部建成后年平均发电量 8566GW·h 时，每年减少温室气体排放量约 720 万吨，供电能力将超过全国其他所有水电站总和，可以满足全国 40%的电力供应。项目的供电服务不仅包括北宽扎省，还将输送到南部、东部缺电地区，将极大地改善当地社会民生，对促进当地经济发展具有积极推动作用。

案例二：安哥拉柴光互补项目

安哥拉拥有丰富的太阳能资源，但由于平均人口密度较大、电网覆盖率较低，纯光伏发电无法满足稳定的大规模用电需求。由东方电气集团国际合作有限公司承建的安哥拉"柴光互补"EPC 项目，将传统能源与新能源相结合，有效地解决了这一难题。项目包括 8 座柴光互补电站和 3 座 20MW 柴油机电站，覆盖安哥拉 9 省 11 市。在偏远乡村，土地和阳光资源丰富，采用光伏发电和柴油机发电互补的混合动力发电技术，有效平衡了成本、环保、建设周期等多方面需求。该项目是安哥拉首个将可再生太阳能与传统柴油发电相结合的项目，为当地电网尚未覆盖的农村和偏远地区提供了一种新的供电方式，很大程度上缓解了安哥拉部分地区无电可用的问题，有助于进一步优化安哥拉能源结构，提升电力供给能力，促进社会经济发展，助推中非"一带一路"合作高质量发展。

（二）中安新能源合作的风险与挑战

1. 美西方国家使用舆论战大肆抹黑中安合作

随着中国与安哥拉等非洲国家交流合作的不断深入，美西方国家出于嫉妒、猜忌、偏见和霸权主义思想，认为中非加强合作是为了排挤、对抗西方。为维护其在非既得利益，美西方国家的政客、学者和媒体利用"新殖民主义""债务陷阱"等标签蓄意抹黑中国"一带一路"倡议，妄图破坏中非正常关系发展。美国国务卿布林肯访问安哥拉、加蓬期间再度炒作"中国债务陷阱论"，公然诋毁中非合作，试图干扰和阻止中国进入非洲市场。在中非各领域合作全面提质升级的背景下，美西方通过舆论战给中安关系强加话语陷阱，煽动反华情绪，不利于中安合作的持续、稳定发展。

2. 经济的不稳定性和严重的资金短缺不利于新能源项目的可持续发展

安哥拉经济发展缺乏韧性，过度依赖原油出口问题持续存在。根据安哥拉国家统计局数据，受到石油开采和炼油业务大幅下滑的影响，2023 年安哥拉第一季度国内生产总值较上一季度下降 1.1%。经济较上年同期增长 0.3%。石油勘探和炼油是经济中最大的部门，该季度萎缩了 15.4%，这是自 2019 年第四季度以来的最大跌幅。① 由于 2023 年上半年国库收入减少，安哥拉市场上的外汇严重短缺，受到外汇市场供应的冲击，宽扎大幅度贬值，安哥拉面临严重的资金短缺。财政困难迫使政府再次借款 6000 万美元。新能源项目通常需要大量资本投资，包括建设基础设施、采购设备和技术，以及运营和维护成本。然而，安哥拉经济的不稳定和资金的严重短缺会使新能源项目面临融资困难。近年来，受疫情影响，全球范围内经济下行、通胀严重，资金短缺可能会引发更多连带效应，造成市场流动性短缺，带来支付风险，使得新能源项目由于业主的延期支付而垫资实施或者延期或停工，增大了项目资金回流、资源闲置、发生额外费用等运营费用，不利于新能源项

---

① Governo angolano reconhece estagnação da economia mas descarta recessão, 06/07/23, https：// www. noticiasaominuto. com/economia/2355627/governo - angolano - reconhece - estagnacao - da - economia-mas-descarta-recessao.

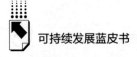

目的健康可持续发展。

3. 政治腐败、效率低下，新能源产业营商环境不容乐观

安哥拉长期以来一直存在严重的政治腐败问题。根据国际廉洁研究民间组织"透明国际"（Transparency International）发布的《2022 年全球清廉指数报告》，安哥拉清廉指数得分为 33 分（满分 100 分），在 180 个国家中排名第 116 位。① 安哥拉是非洲最大的石油生产国之一，其他矿产资源如钻石、黄金和稀土元素等也富集于该国。巨大的资源利益引发了权力争夺和腐败问题，一些政府高官利用手中的权力从中牟利，侵吞国家财产，石油收入分配不公问题尤为突出，导致财富高度集中在少部分人手中，造成"国富民穷"的局面，引发社会不稳定和民众不满。

安哥拉公共部门官僚主义严重，办事效率低，法制不完善，商业投资环境不佳。根据世界银行发布的《营商环境报告》，2020 年安哥拉营商环境得分 41.3，在 190 个国家中列 177 名。在安哥拉办理施工许可证须经历 12 个审批环节，平均历时 184 天，"获得电力"97 天，成本是人均收入的 623.3%。② 新能源领域属于资源、资产、资金密集型领域，投资体量大，项目众多，直接关系国计民生和经济社会发展，而审批权限过于集中、权力运行监督制约不够，更容易发生权力寻租、靠企吃企、关联交易、内外勾结、利益输送等腐败现象，加大资金投入的不确定性，使投资者对在安新能源项目持谨慎态度，妨碍新能源项目的发展和运作，阻碍新能源产业的发展和市场竞争。

4. 安哥拉能源市场涉及多国利益，市场环境复杂，竞争激烈

安哥拉特殊的历史造成其当今多国利益交织、能源自主性较低的复杂局面。安哥拉曾是葡萄牙的殖民地，葡萄牙在殖民统治期间充分利用了安哥拉的资源。这种殖民历史导致了安哥拉与葡萄牙之间在经济和能源方面的紧密联系，使得葡萄牙在安哥拉能源市场具有较大的利益和影响力。冷战期间，安哥拉成为全球超级大国的竞争场所，为了争夺资源和地缘政治利益，不同

---

① https://www.transparency.org/en/cpi/2022/index/ago.

② Doing Business 2020, Economy Profile Angola, The World Bank, https://archive.doingbusiness.org/en/data/exploreeconomies/angola.

国家和集团在安哥拉内战中支持不同的势力，使得安哥拉的能源市场成为不同国家之间政治和经济利益交织的重要战略角逐场。道达尔能源、雪佛龙、埃克森美孚、BP、埃尼、挪威国家石油公司（Equinor）等国际能源"巨头"都对安哥拉的运营商进行了长期投资。随着俄乌冲突带来的能源价格持续走高，欧洲更是盯紧了安哥拉新能源市场，加大了对安投资力度。在中美博弈不断升级的背景下，美国"长臂管辖"逐渐延伸到非洲地区，加紧与安哥拉等非洲国家的合作，通过向安提供贷款等方式，加紧在非新能源产业布局。除美欧大国外，巴西、韩国、南非等国都对安哥拉的新能源领域表示了兴趣并与安哥拉政府合作开展可再生能源项目合作。目前，中国企业在非洲传统能源领域竞争压力不断加大，未来，需加紧新能源布局，争取新能源领域的战略主动。

5. 内战遗留大量地雷和其他炸弹对新能源开发造成严重影响

内战期间，一系列国内外武装运动和团体在安哥拉布设了大量地雷。截至 2019 年底，安哥拉尚有 88.02 平方公里的污染土地，其中 84.79 平方公里的确认危险区域（CHA）和 3.23 平方公里的疑似危险区（SHA）。在 2020 年 11 月举行的第十八次禁雷条约缔约国会议上，安哥拉报告称，仍有 1143 个雷场，总面积 84 平方公里。[1] 地雷存在严重阻碍经济多元化发展，影响能源、农业、旅游业和采矿业等相关领域的发展。以风电、光伏项目为代表的新能源项目普遍占地范围较大，且涉及土地类型复杂，地雷和炸弹的存在，使一些潜在的能源资源地区可能无法开发，造成资源浪费和经济发展的限制，制约了该地区资源的利用和开发。水电项目往往在较为偏远的河流，遗留的地雷和炸弹可能存在于新能源项目的建设区域或潜在的能源资源地区，对工人、矿工和当地居民的生命安全构成威胁。为确保安全，在进行新能源项目开发之前，必须对土地进行彻底的清爆工作。清爆排雷工作较为复杂，且需要大量的资金、技术和人力投

---

① Angola Cluster Munition Ban Policy, 13 September 2021, http：//www. the-monitor. org/en-gb/reports/2021/angola/view-all. aspx#1ftn20.

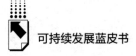

入，增加新能源项目的建设成本，可能导致项目延期，给新能源开发造成严重影响。

七　新时期中安新能源领域合作的建议

（一）在百年未有之大变局背景下重新审视和评估安哥拉新能源市场

俄乌冲突、大国博弈等因素动摇了能源市场一体化发展的基础，供需格局发生结构性重塑，能源行业面临着绿色低碳转型与数字化智能化转型的双重挑战。在此背景下，重新审视和评估安哥拉新能源市场至关重要。安哥拉虽然与我国在能源领域合作密切，但"今时不同往日"。欧美等西方国家以"发展非洲"为皮、实则遏制中国在非影响力，一方面加大在非新能源投资，设置"债务陷阱"牵制非洲，另一方面利用"民主""人权"等借口向非洲施压，达到其操控非洲的经济发展进程和方向、掌握新能源领域霸权的目的。在新发展时期，要站在时代前沿和战略全局的高度重新审视和思考安哥拉能源市场，综合考虑全球能源转型趋势、可持续发展目标、技术创新、投资环境、区域合作、政策和法规环境等多个因素，顺应形势变化和时代要求，积极探索和创新合作方式、商业模式，构建更加紧密的新时代中安命运共同体和能源共同体。

（二）扩大与安政府间合作，增强政治互信

长期以来，安哥拉在中非经贸合作中扮演着至关重要的角色，特别是在中安能源合作和基础设施建设方面，走在中非关系的前沿，起到积极引领和示范的作用。随着双方在"一带一路"倡议和中非合作论坛等框架内的合作不断深入，两国伙伴关系持续增强，未来合作前景广阔。两国政府应以建交40周年为契机，加强高层交往和对话，深化政治互信，通过建立联络机制、召开交流研讨会、完成合作项目报告等途径，增加政府间的沟通和互动。要加强两国在全球事务中的合作，在国际和

地区事务中保持密切协调与配合，捍卫国际公平正义和发展中国家共同利益。加强能源合作的政策对接，签署双边协议和合作框架，提供政策支持和优惠条件，鼓励企业参与新能源合作项目，推动两国新能源领域务实合作创新发展。

（三）在"安哥拉模式"的基础上不断发展创新，推动中安新能源合作转型升级

2003 年，安哥拉结束内战，百废待兴，严重缺乏资金和技术。在此背景下，中安两国探索出了一条符合安哥拉国情的合作模式，即安哥拉提供石油，中国提供资金技术与劳动力，这种以资金技术换取原材料的模式被叫作"安哥拉模式"。该模式在整个非洲大陆被迅速推广，带动了中国基建产业对非投资，加快了非洲基础设施建设，使中国一跃成为非洲最大的贸易合作伙伴国。随着安哥拉逐渐走出战争阴霾，走上和平稳定的发展道路，石油收入使其经济一度繁荣。近年来，在俄乌冲突、新冠疫情的复杂态势下，全球整体经济增速放缓，安哥拉政府致力于推动经济多元化，主动弱化对石油贷款的依赖，传统的"安哥拉模式"面临转型。作为在特殊历史时期，后发非洲国家和中国共同探索出来的合作模式"安哥拉模式"，也必然会随着非洲经济发展而转型升级。我国应积极对接安哥拉自身的转型战略，了解安哥拉的能源需求和特点，因地制宜地开展新能源项目，提供适宜的技术、标准和解决方案，重点帮助安哥拉改善民生和促进就业；发挥我国在资金、技术、管理等方面的优势，推动与安新能源技术创新合作，探索建立创新合作平台，推动中安新能源领域合作从"一揽子"模式向"股权投资性开发金融"等新型合作模式升级。

（四）扩大教育和人力资源开发合作，不断提升中安合作的"技术含量"

当前，安哥拉的经济发展模式不足以适应其人口增长和城镇化的速度，无法满足其人民日益增长的物质文化需求，教育、培训体系未能与就业市场

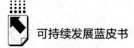

相适配，失业问题严重。中安新能源领域合作要"对症下药"，提高与安合作的"精准性"，创新中安新能源合作的模式，强化围绕创新链的人才、技术、金融合作，构建中安新能源领域长效合作机制。积极推动安哥拉新能源领域能力建设培训，多形式推动本土人才培养工作，帮助安哥拉提升清洁能源治理能力、专业技术和劳动技能水平。建立中安新能源领域的人才培训项目，包括技术培训、专业课程和实践交流等。可以派遣专业人才和教师赴安哥拉开展培训，帮助安哥拉培养新能源领域的技术专家和管理人才，推动中国职业教育"走出去"。通过加强人才教育合作，为安哥拉培养高素质的新能源人才，帮助其破解人才不足、失业率较高的发展瓶颈，为中安两国的新能源合作奠定坚实的人才基础，并推动新能源领域合作深入发展。

（五）与其他在安投资国家化竞争为合作，促进共赢与制度建设

近年来，美国和一些欧洲国家加大对非新能源投资，加紧在非的新能源战略布局，非洲新能源市场竞争日趋激烈。我国可同美欧国家化"竞争"为"合作"，在合作中使其更加深入了解"中国模式"，化解矛盾、消除误会，破解"新殖民主义""债务陷阱"等谣言。在新能源合作中，大力推行我国"因地制宜"、"授人以渔"、公平、平等、人道的合作模式，发挥我国新能源领域在产业规模、制造技术水平、成本竞争力等方面的竞争优势，在与其他国家合作时，积极推动在安新能源投资的制度、规则建设，提升制度供给能力，提高我国在新能源领域的制度性话语权。

（六）融入当地加深了解，提高风险管理和控制能力

近年来，安哥拉经济状况欠佳，失业率较高，多年内战导致民间留存枪支较多，治安形势较为复杂，破案率不足，偷盗、武装抢劫、人身袭击甚至谋财害命等违法犯罪案件时有发生，给新能源项目的开展和人员物资安全带来极大的威胁。因此，要对安哥拉治安形势保持清醒，充分了解并严格遵守当地的政策法规，密切关注社会治安局势变化，时刻保持安全防范意识。在中安新能源合作中，应对政治、经济、法律、环境等各个方面进行全面的风险评估，并采

取适当的措施进行风险管理和控制；要充分了解当地文化、社会和商业环境，与当地人建立良好的人际关系，并尊重当地的风俗习惯和法律法规；在人员、供应链、技术支持等方面逐渐引入本地资源和能力，增加当地员工的比例，逐步实现本地化运营；积极关注环境保护、社会效益和当地社区的发展，积极参与当地社会项目和公益事业，提升企业形象和可持续发展能力。

参考文献

朱墨：《发展中安航运市场策略》，《水运管理》2008 年第 12 期。

吴先金、梁培植：《关于应对国际石油价格上涨的思考》，《中国市场》2008 年第 10 期。

王敏：《中石油某区成品油零售市场竞争策略研究》，华北电力大学（北京）硕士学位论文，2010。

刘明德、杨舒雯：《全球影响力分析框架下中国和安哥拉的能源关系研究》，《中外能源》2019 年第 11 期。

张燕云、王俊仁、罗继雨、赵洁、贾辰：《新形势下深化中非能源合作的战略思考和建议》，《国际石油经济》2022 年第 11 期。

英国石油公司（BP）：《2022 年世界能源统计年鉴》。

Andrade, Adilson. Análise do Sector Eléctrico Angolano e Estratégias para o Futuro. Master dissertation, Universidade de Evora, Portugal, 2021.

C, Fernandes. Contributo de Angola para a Segurança Energética Chinesa. Nação e Defesa, 2011 N.° 128-5.ª Série, pp. 159-182.

Dombaxe, Marcelina Iracelma Messo, "Os Problemas Energéticos em Angola: Energias Renováveis, a Opção Inadiável". Lisboa. Espírito Santo (ES) Research (2009) - Sector da água: Aproveitamento do potencialHídrico.

案例篇
Cases

B.16
广西北部湾经济区：以区域一体化推动协调可持续发展

覃元臻*

摘　要：　区域协调发展是推动高质量发展的关键支撑，是可持续发展的重要内容。以广西南宁、北海、钦州、防城港、玉林、崇左六市为主体设立广西北部湾经济区是打破行政界限统筹区域协调可持续发展的重要举措。近年来，广西北部湾经济区从加强区域统筹、推进同城化到加快北钦防一体化，通过加强资源整合，促进区域一体化发展，推动了区域协调可持续发展。但是经济体量小、市场发展不充分、跨区域的协同合作需求不足等导致一体化的内生动力不足，制约了一体化深度融合发展，各自发展愿望强烈依然避免不了恶性竞争，需要进一步加强顶层设计，完善体制机制，激发合作内生动力，优化空间、产业等布局，整合资源实现共建共享，为推动区域协调可持续发展提

* 覃元臻，广西北部湾经济区规划建设管理办公室副主任、党组成员。

供有益的实践经验。

关键词： 区域一体化 广西北部湾经济区 区域协调发展 可持续发展

党的十八大以来，以习近平同志为核心的党中央高度重视区域协调发展工作，不断丰富完善区域协调发展的理念、战略和政策体系。党的二十大报告围绕"促进区域协调发展"作出战略安排，提出"构建优势互补、高质量发展的区域经济布局和国土空间体系"等总体部署，为新时代促进区域协调可持续发展提供了根本遵循。

广西北部湾经济区成立于 2006 年 3 月，位于我国沿海西南端，由广西壮族自治区的南宁、北海、钦州、防城港、玉林、崇左六个地级市所辖行政区域组成，陆地国土面积 7.33 万平方公里，拥有海岸线 1628 公里，2022年末常住人口 2297.23 万人。2008 年 1 月，国家印发实施《广西北部湾经济区发展规划》，广西北部湾经济区开放开发被纳入国家发展战略并进入加快发展阶段。北部湾经济区成立以后，以区域一体化发展为导向和抓手，打破行政区划界限、整合资源、推动整体协调可持续发展，成为我国西部地区和沿海发展的重要区域，为区域一体化高质量发展进行了有益探索、提供了实践经验。

一　广西北部湾经济区一体化发展历程

广西北部湾经济区开放开发的历程，就是区域一体化发展的历程。总体来看，大致经历了区域发展统筹化、重点领域同城化、沿海三市一体化三个阶段。

（一）区域发展统筹化阶段

2006~2012 年，广西北部湾经济区成立初期主要是将经济区作为一个整体"立"起来、统筹推动发展，侧重于发展上的"统"和资源整合。这一阶段最重要的任务就是打破行政区划的界限进行资源整合。首先是成立了统筹协调机构，2006年3月，广西壮族自治区党委、政府创新跨行政区管理体制，组建了广西壮族自治区人民政府北部湾经济区规划建设管理委员会及其办公室，作为自治区政府的派出机构，2018年机构改革时更名为广西壮族自治区北部湾经济区规划建设管理办公室，成为自治区政府的直属机构，专门负责北部湾经济区的统筹开发建设管理工作。其次是统一规划，从国家层面出台首个落实主体功能区规划理念的规划——《广西北部湾经济区发展规划》，经济区整体发展有了指南。最后是进行资源整合，这也是统筹区域协调可持续发展的重点工作，其中重点是整合沿海港口岸线资源，重组沿海三市港口，将原有的北海港、钦州港、防城港三港统一整合为北部湾港，并成立广西北部湾国际港务集团对北部湾港进行统一规划、建设、管理、运营，从根本上改变了以往沿海三港各自为政、恶性竞争、无序开发的状况。同时进行一体化产业布局优化、实施基础设施建设大会战、组建开发平台、区域性金融机构等，实现了北部湾经济区整体形象树立起来，搭建了统筹协调发展的机制及路径、整合了重要资源、形成了发展合力，为加快区域协调发展集中资源、夯实基础。

（二）重点领域同城化阶段

2013~2018年，随着开放开发不断向前推进，北部湾经济区亟须破除体制机制的障碍，创新区域一体化模式，这一阶段重点开展了经济区内9个领域的同城化改革，突出服务的"同"。当时，随着经济区开放开发的不断深入，打破区域间的束缚和体制障碍、促进生产要素自由流动的需求日渐突出，于是，2013年5月21日广西壮族自治区人民政府批准实施《广西北部湾经济区同城化发展推进方案》，正式启动北部湾经济区同城化进程，以南宁、北海、钦州、防城港四市固定电话和移动电话取消长途费和漫游费、实现"服务同城化、资费同城化"为标志，推进通信、交通、产业、城镇体系、旅游服务、金融服务、教育资源、人力资源社会保障、口岸通关等9个领域的同城化。这一阶段聚焦经济各项服务的同城化和产业布局协同错位发展，主要解决跨区域服务的同一待遇问题，开创了多项全国领先。

（三）沿海三市一体化阶段

2019 年以来，在加快同城化纵深发展的同时，以北海、钦州、防城港三市融合一体为重点，推进一体化高水平开放、高质量发展，聚焦发展上的"合"。到 2019 年，广西北部湾经济区通信同城化、城镇群规划、旅游同城化、社保同城化、口岸通关一体化任务已基本完成，户籍同城化大部分改革任务已完成，交通、金融、教育同城化取得重大突破，沿海三市加快联动发展具备更有利的条件、需要通过一体化增强发展优势。2019 年 7 月 28 日，广西壮族自治区党委、政府出台《关于推进北钦防一体化和高水平开放高质量发展的意见》《广西北部湾经济区北钦防一体化发展规划（2019—2025年）》，成立以北钦防一体化指挥部为主体的推进机制，开展空间布局、综合交通枢纽、现代临港产业体系、开放合作、环境保护、公共服务、体制机制等 7 个一体化，加快破除制约北钦防协同发展的瓶颈，着力做大经济总量、做优质量效益、做强综合竞争力，建成引领广西高质量发展的重要增长极。这一阶段以北钦防一体化为重点，联动南宁强首府战略、推动玉林和崇左两市联动发展，体现了以局部牵引全局、以一体化推动区域协调可持续发展的思路。

二　区域一体化为协调可持续发展夯实基础

持续推进的区域一体化发展，使北部湾从一个地理名称成为一个区域经济统称，北部湾经济区成为六个城市的整体区域认同和区域外的识别标识，为区域协调可持续发展奠定了坚实基础。

（一）整体发展实力增强

经过 17 年的发展，特别是近六年来的加速，北部湾经济区实现了翻天

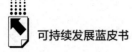
覆地的变化，大大提升了整体竞争力和区域带动力。一是经济实力显著增强。总体规模增长了5倍，总量超过1.3万亿元，占全广西GDP近一半，成为广西高质量发展的强劲龙头，经济区各市主要经济指标增速排广西前列。二是现代临港产业体系初步成型。从无到有，初步形成以电子信息、石油化工、冶金精深加工、轻工食品、木材加工与造纸、能源、装备制造、生物医药为主的八大产业集群，产值超万亿元，已拥有1个3000亿级产业，5个千亿级产业；千亿元产业园区3个，占广西的3/4。三是陆海新通道成为重要经济动脉。西部陆海新通道从小到大建成中国与东盟时间最短、服务最好、价格最优的贸易通道，2022年西部陆海新通道海铁联运班列开行量突破8820列，同比增长44%，通达我国17省（自治区、直辖市）、60市、113站，实现我国西部12个省份全覆盖。北部湾港从边缘的喂给港成为全国十强的国际枢纽海港，2022年广西北部湾港货物吞吐量达3.7亿吨，集装箱吞吐量达到702万标箱，分别上升到全国沿海主要港口的第9位和第8位。江海联运的枢纽工程平陆运河已经开工建设。四是从边缘发展到多区域合作中心和开放合作的前沿。以中国—东盟博览会为主体的南宁渠道持续拓宽，面向东盟的金融开放门户基本建成，中国—东盟信息港建设取得阶段性显著成效，以东盟为原料来源地和产品目的地的北部湾经济区制造业基地正在加快形成，中国—东盟产业链供应链在北部湾经济区加快构建。

（二）同城化让人民共享发展成果

从2013年开始推动的广西北部湾经济区积极稳妥地推进通信、交通、金融服务、旅游、口岸通关等领域同城化，让经济区的人民在这些领域享受同城化待遇，便利了工作生活、共享了发展成果。一是通信同城化大量节省通信成本。从2013年起，率先取消南宁、北海、钦州、防城港4市间通话的漫游费和长途费，每年为经济区内1300多万电话用户节约话费4亿多元。二是金融同城化惠及1400万居民。取消同一银行内一切以异地为依据设立实施的差异化收费项目，一律不再收取异地业务费用，实现服务收费同城化，大大降低了资金流动成本，年让利超过1亿元，惠及1400万居民。银行资金汇划、保险售后服务等5个方面同城化已基本实现。三是户籍同城化全面解开人员流动"枷锁"。从2014年经济区内异地购房享受同城待遇开始，到2019年10月，北部湾经济区全面放开城镇条件，取消参保、居住年限和就业年限限制，居住证"一证通"、跨市迁移户口网上审批、免准迁证等户口迁移便利化、异地办理换领、补领身份证实现同城化办理，创新户籍管理、统一社会保障、扩大教育交流合作等任务全部完成。四是交通同城化提升出行和货运效率。北部湾经济区南宁、钦州、北海、防城港之间形成"1小时经济圈"，南宁—钦州、钦州—北海、钦州—防城港高速铁路实现公交化运营，开启"同城时代"。数据显示，2013～2019年，广西沿海铁路公司管区内北钦防三市铁路旅客发送量从79.7万人次增长到1166万人次。实现北部湾经济区所有县城所在地通高速公路，经济区内连外通高速公路网络全面建成。五是人力资源社会保障同城化增强幸福感。经济区内就业与社会保险政策的统一体系初步形成，"金保工程"数据大集中、经济区内就业信息网络的互联互通、社会保障"一卡通"及就业信息的资源共享工作已经完成，切实消除了北部湾经济区内的社保政策障碍。六是通关一体化稳步推进。沿海口岸全面启用国际贸易"单一窗口"，为向海经济建设和开放合作奠定良好基础，开展经济区六关如一关改革。七是旅游同城化品牌效应充分发挥。完成旅游同城化"三个一""六个一"工程，建立一系列旅游信息共享平台，极大地方便了游客和旅游区内居民的出行。八是教育资源一体化稳步向前。从2017年起，南北防钦四市实行统一的初中升学考试，同城中考实现考试命题、考试科目等七个统一，之后推广至经济区六市。

（三）北钦防一体化呈现1+1+1＞3明显效果

2019年，为了推进沿海地区深度融合发展，广西壮族自治区党委、政府作出加快北海、钦州、防城港一体化发展的部署，重点推动形成协同联动空间布局、提升交通互联互通水平、合力构建现代产业体系、推进高标准协同开放、加快公共服务便利共享、加强生态环境齐保共治、创新一体化发展体制机制，取得明显成效。

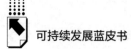

一是初步形成协同联动的空间布局。构建了一廊三区多点两屏障空间格局，形成以通道为纽带、以港口为支点、以北部湾经济区为支撑、以海洋经济为主导的"向海"发展空间布局，以北海廉州湾与铁山湾、钦州湾、防城湾构建的三大海湾片区格局，以北海海湾新城、钦州港新城、防城港海湾新区与重点园区融合发展的多点支撑城镇发展体系，并协作落实相关制度共同构建蓝绿生态屏障。北钦防实现协调有序、错位分工、集约高效发展，北部湾经济区联动发展和北部湾城市群协作水平得到明显提升。

二是交通互联互通水平明显提升。2019年以来，北钦防以"补点、连线、构网、提速、增效"为导向，着力增强各种运输方式的连接性贯通性，一体化交通项目完成投资超过1000亿元，"1130"快捷交通网逐渐成型。广西滨海公路关键"卡点"工程大风江大桥将在2023年建成、龙门大桥2024年建成，将实现沿海三市的跨海大桥连通。北部湾港连续多年货物和集装箱吞吐量增长双双排名全国前列、一体化建设经营的优势显著体现。共推进32个交通卡点堵点项目建设，北钦防主城区之间即将实现1小时"通勤圈"，北钦防主城区与相邻园区、港区30分钟快速通道正在推动建设中，现代综合交通和物流体系基本形成。钦州至钦州东既有铁路通道改造正式开通运营，结束了防城港与北海间没有直达动车的历史，推动北钦防一体化发展驶进"快车道"。

三是向海产业体系初步构建。形成了产业协同发展、共建体系的机制，出台《北钦防一体化产业协同发展限制布局清单》和《北钦防一体化产业协同发展会商制度》等机制，先后否决纸业、金属冶炼等引起区域重复建设竞争的重大产业项目，优化了产业布局。龙头企业做大做强，仅2022年，北钦防三市就有364个项目被列入自治区层面统筹推进重大项目方案，总投资5834.94亿元，华谊钦州化工新材料一体化基地二期、华友锂电项目、惠科电子北海产业新城一期多个项目、远景钦州智慧能源产业基地、中船海上风电总装基地建成投产，中石油炼化一体化转型升级项目全面启动建设，防城港海上风电示范项目完成核准。新增首个3000亿元的冶金精深加工产业和自贸区钦州港片区1个千亿元产值园区，八个重点产业集群主营业务收入突破万亿元。产业集群发展进入"万亿时代"。自主创新能力持续增强提升，依托北部湾大学、北海海洋科技园区等平台，加强与东盟国家高技能人才培训和科技合作，加强与东盟开展技能人才培训交流。

四是一体化协同开放格局加快构建。北部湾港深化广西国际贸易"单一窗口"建设，全面上线运行卡口无纸化协同系统在北部湾港三个关区四个场所使用，实现车辆码头卡口前不停车通关。建成中国—东盟（钦州）华为云计算及大数据中心，中马钦州产业园在自贸试验区建设框架内复制推广各项自治区级的制度创新成果，"两国双园"升级版建设实施方案加快编制，川桂国际产能合作产业园迎来首批入园企业。中国—东盟港口物流信息中心接入包括中国以及东亚、欧洲、东盟国家共 23 个港口船期动态计划数据、集装箱动态数据，并对接国家铁路总公司、中交兴路公司货运跟踪、国家交通物流公共信息平台，初步实现中国与东盟港口之间的物流信息共享。

五是公共服务便利共享程度增强。以北钦防为试点，在全国率先推行区域就医结算一体化，并逐步将一体化范围扩大到北部湾经济区，率先实现跨区域就医结算与统筹区同等待遇，三市居民在三市任何一家指定医疗机构进行看病、购药等所有医疗活动，不用备案就可以享受同等待遇，并且即时一站式结算不降低报销比例。改革案例获评 2022 年度广西改革攻坚优秀成果，北部湾经济区医保服务一体化惠及人数扩大至 2269 万参保人，就医范围扩大至 6531 家定点医药机构，截至 2022 年 12 月底，一体化区域内跨市就医累计结算 114.23 万人次，其中异地住院、门诊统筹及门诊特殊慢性病共结算 27.89 万人次，结算医疗总费用合计 11.66 亿元，医保报销金额合计 6.25 亿元。北钦防示范开展医疗检验结果互认，建立互联网医院，推动北钦防三市 9 家医疗机构电子病历系统实现全院信息共享，跨城通办业务已推广至全区。教育一体化深入推进，北部湾大学东密歇根联合工程学院成为广西首家本科层次中外合作办学学院，并成功运行两周年，研究发布统一的教育发展主要指标，开展监测评估。开展北部湾经济区百校千企万人联合招聘行动。

六是生态文明环境齐保共治成效显著。重点推动共建滨海景观生态廊道、共保重要生态系统、加强生态环境协同防治、推动生态环境协同监管等方面工作，北海、钦州、防城港三市积极开展协同防治工作，能耗"双控"、近岸海域污染防治、大气污染治理及核污染监控等防治工作均建立相应制度与管理机制，各项环境指标达到优良水平。三市联合建立协同监管制度，通过一体化监测平台实现信息共享，并联合开展各项执法行动，形成精干监管队伍，执法行动取得实效。开展沿海地区深海排放工程统一论证与建设，率先建成铁山港临时排放工程，加快建设 A5 排放工程，实现玉林、北海跨市跨海合作建设运行。建立海上环卫制度、开展海上垃圾清理联合行动，探索建立联合执法机制。推动入海河流流域综合治理和近岸海域污染防治，2022 年北海、防城港、钦州三市环境空气质量优良天数占比分别为 93.7%、98.4%、97.0%，均达到较高标准。广西近岸海域 22 个国考点位水质优良比例优于国家考核目标要求，生活垃圾无害化处理率达到 100%，北部湾标志性环保物种白海豚种群在生活海域得到有效保护的情况下数量由原来的 90 多头繁育到现在的 350 多头。

三　以一体化推动区域协调可持续发展

广西北部湾经济区在区域一体化上进行了有益的探索，取得了良好的成效，但是由于经济总量依然偏小，城市化水平整体不高，市场发展不充分，各城市之间的经济交流、人员来往、产业联动等仍然不足，区域一体化内生动力不强，城乡融合发展不足，公共服务水平偏低等，导致区域一体化进程中上头热下头冷，各市发展意愿强烈，争资源抢项目、恶性竞争的现象依然存在，影响了区域协调可持续发展。随着我国区域协调发展的持续推进和构建国内国际双循环新格局的发展机遇出现，北部湾经济区区域一体化也迎来新的发展机遇，要加快推动发展空间进一步优化，交通物流、产业发展、开放合作、生态环境、公共服务等领域一体化发展达到较高水平，基本形成综合实力强、发展活力充沛、要素流动顺畅、人与自然和谐共生的发展新格局，实现区域协调可持续发展。

（一）加速推进产业对接融合

统筹区域协调发展"一盘棋"，推动形成稳定成熟的经济发展模式。产业协调发展是区域一体化的核心，站在区域整体角度，优化总体产业布局，实行负面清单管理，避免在区域内同质化竞争，共谋产业协同错位、互补互促发展。推动相互之间产业链和价值链融合发展，加强经济互动，共同提升产业规模。加快绿色化工、高端金属新材料、新一代信息技术、粮油及食品加工、高端装备制造、新能源、生物医药等产业成链成群，建设一批超3000亿元的产业集群。协同推进园区建设，做强做专产业承载平台，共同建设中国-东盟产业合作区，探索发展飞地经济，联合做大区域产业平台。

（二）加快基础设施深度互联

基础设施互联互通是区域一体化发展的基础。加快北部湾经济区城际铁路、公路、航空、港口等交通基础设施建设对接，加快打通龙门大桥、大风江大桥等关键节点，加快推进广西滨海公路建设和广西滨海高速公路规划建设。高标准高质量推进平陆运河建设，做好北部湾港与平陆运河的联通衔接规划，加快推进北海机场向西布局，完善各县与就近城区和港口的快速直通网络，形成连通各市的纽带、增强彼此间的血脉流动。大力发展多式联运，推动铁路中心站与港口服务实现配合协同，加强智慧信息平台建设与数据共享，形成现代化综合交通运输体系，提高通行效率，形成连接全区域的畅通通道。协同共建5G、工业互联网、人工智能、大数据、云平台等新型智能基础设施，打造"区域数字一体化"。

（三）创新一体化发展的体制机制

推动区域一体化发展，就要坚持一体化的发展理念，坚持"一张蓝图绘到底"，强化各市规划衔接，互相之间在基础设施、产业发展、技术创新等方面加强对接，做好重要产业、重大项目、重点园区等方面的规划协同。持续完善一体化沟通机制，强化一体化指挥部等协调机制，务实协调解决一体化发展的重大问题和困难。建立重大政策联动机制,增强北钦防三市和相关部门的工作联动,积极优化沟通方式提高沟通效率,提高市级相关部门对北钦防一体化的认知度、参与度与配合度。推动各市经开区、高新区、工业园区等产业园区进行整合,创新管理体制机制和开发运营模式,围绕向海经济产业链上下游重要环节,提高园区一体化水平,促进园区主导产业形成产业链,实现产业转型升级。

(四)推动生态环境共建共保

生态建设有其特殊性,要思想一致、行动一致,在"绿水青山就是金山银山"的生态理念上达成"一条心",强化生态环境联防联控意识。联手加强生态文明建设,打造生态建设"一张图"。严格落实"三线一单",探索建立一体化环境工作机制,完善生态环境联防联控和生态保护补偿机制,探索实施跨区域联合保护海湾、海岛的"湾长制""岛长制",加强茅尾海、钦州湾、廉州湾和防城湾等重点近岸海域水污染治理。做好空间资源管控、污染综合防治、生态保护修复等"组合拳"。建立合作机制,加强上下联动、部门联动、区域联动,推进近岸海域污染齐防共治、区域大气污染联防联控,加强生态环境信息共享,统筹搭建生态环境监管一体化平台,推进生态环境监测、监察执法、应急响应、生态修复一体化。

(五)加强公共服务深度协同

公共服务具有示范带动效应,能让老百姓切身感受到区域一体化的成效,共享发展的成果。抓住人民群众的公共服务一体化需求,在医疗、社保、教育、营商环境、出行、娱乐休闲等方面研究提出、落实一批重要实惠性举措,用鲜活的"甜头"催生一体化的红利。学习借鉴先进区域的营商环境经验,打造"一个标准"的优质营商环境,协同推进区内"放管服"改革。

(六)实施示范性区域和工程

选取茅尾海区域、南宁空港及周边区域、龙港新区等为重点区域,率先开展统一规划或修编，以港产城为理念，以合作建设为抓手，建设若干个一体化示范区，打造一批直接深入合作区，形成有机的发展共同体，引领一体化加快发展。开展信息一体化、科研一体化、市场一体化等新探索，为一体化注入新的强大动能。

参考文献

《高举中国特色社会主义伟大旗帜为全面建设社会主义现代化国家而团结奋斗——在中国共产党第二十次全国代表大会上的报告》，人民出版社，2022。

中共广西壮族自治区委员会、广西壮族自治区人民政府：《关于推进北钦防一体化和高水平开放高质量发展的意见》，2019。

中共广西壮族自治区委员会、广西壮族自治区人民政府：《广西北部湾经济区北钦防一体化发展规划（2019—2025年）》，2019。

广西壮族自治区人民政府办公厅：《广西北部湾经济区同城化发展推进方案》，2013。

B.17
无锡：高质量可持续发展新模式

曾望龙*

摘　要： 一直以来，拥有"太湖明珠"美誉的无锡在大力发展经济的同时，也面临绿色产业转型和实现"双碳"目标的重大挑战。如何保持经济的快速增长，兼顾生态环境，率先实现城市净零碳排放，已成为无锡迫在眉睫的重要问题。近年来，无锡以建设"强富美高"新无锡为目标，积极探索高质量可持续发展新模式。聚焦绿色产业，推动产业升级，重点打造高质量现代化产业体系；完善创新激励机制，激发市场活力，培育科技创新动能；加强生态环境保护，打造"无废城市"和"净零碳城市"，促进绿色低碳城市发展；大胆探索绿色金融创新，实现绿色金融与绿色经济深度融合，打造高质量可持续发展的"无锡模式"。

关键词： 无锡　净零碳城市　产业升级　创新驱动　绿色经济

无锡地处长江三角洲江湖间走廊部分、江苏省东南部，南濒太湖，北临长江，境内以平原为主，星散分布低山、残丘，总面积4627.47平方公里，常住人口749.08万人，现辖江阴、宜兴2个县级市和梁溪、锡山、惠山、滨湖、新吴5个区以及无锡经济开发区，历史悠久、崇文尚教、风光秀美，素有"太湖佳绝处、江南水弄堂、运河绝版地、百年工商城"的美称。

无锡以迎接党的二十大、学习宣传贯彻党的二十大精神为主线，全面落

---

* 曾望龙，中国国际经济交流中心宏观经济部研究实习生。

实推进"强富美高"新无锡现代化建设。2022 年，无锡地区生产总值超过1.48 万亿元、比上年增长 3%，人均 GDP 达 19.8 万元、保持全国大中城市首位；10 个千亿级产业集群持续发力，科技进步贡献率超 68%、蝉联江苏省"十连冠"；太湖无锡水域水质、国省考断面优Ⅲ比例、PM2.5 平均浓度均创 15 年来最好水平；大运河长江国家文化公园、市文化艺术中心等项目建设稳步推进，"太湖明珠·江南盛地"的城市形象不断彰显。无锡通过全面贯彻新发展理念，高质量推进中国式现代化建设，逐步探索出一条独具地方特色的可持续发展之路。

一 重点打造四大地标产业集群

近年来，无锡市瞄准高端化、智能化、绿色化方向，深入实施产业强市主导战略，加快构建以战略性新兴产业为先导、先进制造业为主体、现代服务业为支撑的现代化产业体系。2022 年，无锡规上工业总产值超过 2.37 万亿元，市场主体达 108 万户，千亿级产业集群数量从个位数增加到 10 个。其中，物联网、生物医药、高端纺织等 3 个先进制造业集群入选"国家队"，机械行业产值超 1.1 万亿元，成为全市首个万亿级产业集群。2022 年制定出台"465"现代产业体系建设总体意见，战略性新兴产业、高新技术产业产值占规上工业比重分别提升至 41.5%、49.8%，江阴、锡山、新吴入围全省首批制造业高质量发展示范区建设地区。2023 年 2 月 13 日，江苏省无锡市在"产业强市高质量发展大会"上，发布了《无锡市关于构建"465"现代产业加快重点产业集群建设的实施意见》（以下简称《实施意见》）《产业集群发展三年行动计划（2023—2025 年）》等政策文件。根据《实施意见》，无锡要做大做强物联网、集成电路、生物医药、软件与信息技术服务等地标产业集群，发展壮大高端装备、高端纺织服装、节能环保、新材料、新能源、汽车及零部件（含新能源汽车）等 6 个优势产业集群；加快培育人工智能和元宇宙、量子科技、第三代半导体、氢能和储能、深海装备等 5 个增长后劲足、资源集聚度高的未来产业。

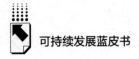

（一）物联网

近十年间，无锡物联网产业从无到有，如今产业规模已占江苏省"半壁江山"，集聚各领域企业超 3000 家，其中专精特新"小巨人"企业和制造业单项冠军 33 家、江苏省级隐形冠军和专精特新"小巨人"企业 76 家，是名副其实的物联网"领航之城"。为进一步发展物联网产业，无锡推进"人工智能+物联网"（AIoT）融合创新，深化在工业、交通、双碳、公共安全、医养等领域的规模化应用。发展以新吴为主体，梁溪、锡山、滨湖、经开区等为重点的"一核多元"产业发展格局，支持国家智能交通综合测试基地、国家物联网产品及应用系统质检中心、无锡物联网创新促进中心、微机电系统（MEMS）公共技术平台、深海传感技术中心、南理工工业互联网（江阴）创新中心等重大产业创新服务平台建设。

（二）集成电路

无锡集成电路产业的发展壮大早在 20 世纪 80 年代就已经拉开帷幕。全国第一块超大规模集成电路就诞生在无锡滨湖区，国内最早建立的专业集成电路研究所——中国电子科技集团公司第五十八所也扎根无锡。如今，无锡早已发展成国内集成电路产业的先行者，已形成涵盖芯片设计、晶圆制造、封装测试、装备、材料及配套支撑等在内的全产业链，2022 年产业规模超 2000 亿元，位居全国第二。预计 2025 年无锡集成电路产业营收可达到 2800 亿元。无锡持续推进芯片设计、制造、封测和设备材料等关键环节上的发展，并出台了一系列有力政策。在《关于支持现代产业高质量发展的政策意见》中无锡将专项资金提高了 3 倍，用以支持集成电路产业发展、打造世界级集成电路产业集群。

（三）生物医药

无锡生物医药产业格局鲜明，业内佼佼者众多。近年来，无锡不断与国内外高校院所和行业龙头企业合作，筹建一系列新型生物医药研究院和研发机构，通过在创新药与改良新药、现代中药、高端医疗器械、特殊食品等领域突破，积极培育互联网医疗、数字诊疗、精准医疗、伴随诊断等智慧医疗服务产业，形成生物医药产业综合竞争优势。2022年，无锡拥有超1600家链上企业，建构了涵盖医药研发服务、化学制药、生物制药、医疗器械、特殊食品等领域的完整产业链，产业规模达1622.62亿元。预计到2025年，无锡生物医药产业营收规模将达到2500亿元。

（四）软件与信息技术

无锡以资源整合、功能互补为原则，以国家级和省级软件园区为引领，积极推动软件与信息技术行业的落地生根，打造以太湖湾科技创新带为核心、中心城区为主体、江阴宜兴为两翼的信息产业园区。促进以工业软件、信息安全、信息技术应用创新发展，构筑标准、开放、高效、安全、自主、可控的软件产业生态体系，打造软件与信息技术服务产业链。预计到2025年，无锡的软件与信息技术服务产业营收规模可达2000亿元。

（五）新能源

新能源产业是市场潜力巨大的朝阳产业，也是实现能源结构战略性调整、推动高质量发展的重要支撑产业。无锡积极抢抓国家"双碳"战略机遇，聚焦风、光、锂、氢及储能产业，汇聚产业链上下游优秀企业，推动新一代光伏、动力电池等绿色低碳产业集聚发展、全面起势。无锡新能源产业蓬勃发展、拔节生长，2022年产业实现营业收入1550.72亿元、同比增长24.16%，2023年1~5月实现营业收入701.05亿元、同比增长31.2%。计划到2025年，新能源产业营业收入达3100亿元。光伏产业在无锡已经有20多年历史。以无锡尚德为标志，无锡光伏产业已经形成了硅材料、电池及组件、光伏设备制造、零部件配套、光伏电站、专业检测和服务等完整的产业链和稳定的供应链。也为中国光伏产业培育了一大批人才。

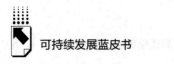

二 实施创新驱动核心战略

近年来，无锡坚定不移实施创新驱动核心战略和产业强市主导战略，统筹推进建载体、育主体、攻技术、聚资源、优生态等重点工作。2022年无锡科技进步贡献率预计达到68%、蝉联江苏省"十连冠"，全社会研发投入占GDP比重预计达到3.3%，拥有2家全国重点实验室、1家国家重点实验室、13家省级重点实验室。

（一）强化创新政策支持

无锡注重创新政策支持，在江苏省率先出台了实施科技创新促进条例，发布鼓励科技创新等一系列政策文件，构建科技创新"1+4"政策意见体系。一方面，通过完善制度推动创新发展，解决科技创新发展过程中的体制性障碍、机制性梗阻、政策性创新等方面问题。另一方面，无锡积极实施研发费用加计扣除、高新技术企业所得税减免等各项科技惠企政策，为科创企业减负赋能。2022年，无锡共有11275家企业享受科技税收减免180.9亿元，惠及企业数和减免额分别同比增长23.7%和39.3%。

（二）夯实科技服务基础

无锡通过基础设施与配套建设，最大限度保障可持续发展的创新动能。一是加快建设高品质科创空间。到2025年，无锡将新增建成投用功能完备、面积800万平方米的科创载体。优化新型产业和高标准厂房载体用地供给，突破创新产业的空间约束。二是加大力度完善知识产权保护体系，稳步推进知识产权法庭建设，加快建设中国知识产权保护中心。三是鼓励、引导社会资本加大对种子期、初创期科技企业的投资力度，充分发挥金融体系对创新发展的扶持作用。四是加大对研究院、研究中心的扶持力度，加强科技创新服务体系建设。根据绩效评价的原则，对具有重大战略意义的新型研发机构，按照"一事一议"方式给予支持，建设期内可择优分档分期给予最高1亿元建设补助。

（三）培育创新企业主体

无锡重视对创新企业主体的培育，建立了分层次、梯度式的创新型企业培育体系，推动创新型企业集群规模持续壮大、创新能力持续提升、创新活力持续激发。截至2022年底，无锡科技型中小企业评价入库达到10662家，同比增长49.4%。新增市级高新技术企业培育库入库企业928家，高新技术企业认定申报达到3320家。为推动企业技术创新能力稳步提升，无锡实施企业研发机构提档扩容行动，新增省级工程技术研究中心73家，市级工程技术研究中心354家，同比增长98%。累计建成市级及以上工程技术研究中心达到2032家，其中省级及以上工程技术研究中心达到715家，位居江苏省第二。此外，无锡还大力推进科技孵化载体建设，加快拓展孵化育成体系。2022年，无锡新认定市级及以上科技孵化载体94家，其中含省级及以上众创空间25家，省级科技企业孵化器4家。

（四）注重人才队伍建设

无锡持续加大对高端创新人才的引进和对本地人才的培养。招财引智方面，无锡支持用人单位设立院士工作站、博士后工作站和外国专家工作室等引才聚才平台，对建成后效果明显的市级企业院士工作站给予50万元科研项目经费作为奖励。人才培养方面，无锡一方面通过政策和财政支持积极引进高端创新人才，对新引进创业领军人才可给予最高1000万元的财政支持；另一方面加大对本地优秀人才的培养，促进青年科技人才加快成长，完善技师、工程师等高技能人才本地培养培训体系。此外，无锡还提供不少于10万套人才公寓房，并在项目申报、户口迁入、子女入学、健康医疗等方面给予支持。

（五）加快空间布局

2020年，无锡市委、市政府审时度势启动太湖湾科创带建设，并把太湖湾科创带建设作为无锡开启"十四五"高质量发展新征程的"头号工程"。2021年4月无锡出台《无锡太湖湾科技创新带发展规划（2020-2025年）》。根据规划，无锡太湖湾科创带以太湖岸线为界，总面积约500平方公里，湖岸线约108公里，重点构建"一核、十园、多点"拥湖发展的空间格局。重点推动未来产业园、特色产业园和现代服务业产业园三类园区建设，打造标志性现代化产业链。太湖湾科创带建设是无锡积极抢抓长三角一体化发展战略、加快苏南国家自主创新示范区建设、积极推动沿沪宁产业创新带建设等重大战略机遇的重要举措。通过促进产业链与创新链紧密融合，以高浓度创新催生新技术、新业态、新模式，以最优质环境吸引高科技人才和高科技企业，促进产业基础高级化和产业链现代化，推动无锡产业整体迈向中高端。建设太湖湾科创带是提升城市能级的战略举措。以国际化视野、现代化思维，优化重构创新形态、产业形态、城市形态，促进科技之美、产业之美、城市之美交相辉映，以科技创新之力提升无锡的发展能级和城市地位。

三　推动绿色低碳城市建设

近年来，无锡坚持绿色发展理念，在生态环境保护、低碳城市建设等方面高举旗帜，提出要在2024年打造"全国最干净城市"，2025年打造"无废城市"，并且要较全国和江苏省提前实现碳达峰目标，率先实现城市"净零碳排放"。2023年无锡重点推动新一轮太湖治理，8月份制定出台了推动太湖无锡水域水质根本性好转九大专项行动方案。

（一）无废城市

无锡在推动固废"减量化、资源化、无害化"方面开展了大量试点工作。一是太湖水治理，无锡大力发展蓝藻处理的资源化，将蓝藻处理成可利用的有机化肥。宜兴太湖蓝藻处理项目每年处理蓝藻近3万吨，同时协同处理其他环太湖城乡有机废弃物3万吨。二是危废再利用，无锡以"扩产-提质-减废"为路径，计划在 2025 年建成国际领先的废酸、废有机溶剂、含氟废物（BOE 废液）、含铜废物等电子信息特征固体废物高端资源化利用示范基地。三是全流程监管，无锡利用信息技术，实现每袋（桶）危废都有唯一的电子二维码"身份证"，以智能收集设备替代危废仓库，以信息化监管系统替代手工申报台账。

（二）"净零碳"城市

2020 年，无锡率先提出打造"净零碳城市"的目标。一是大力发展绿色制造业，加快淘汰高耗能产业。无锡在江苏省率先启动小化工、小钢铁、小印染、小水泥、小电镀等企业整治，关停高耗能企业。积极引导企业技改升级，逐步转向低投入、低消耗、少排放、高产出、高效益、可持续的集约型发展方式，不断提升经济发展的资源能源综合效率和产出效益。目标是到 2024 年，单位工业增加值能耗降低 16%，单位工业增加值二氧化碳排放显著下降。二是积极优化能源结构，大力发展新能源发电。截至 2022 年底，无锡新能源和可再生能源装机容量达到 358.61 万千瓦，占全市装机容量的比重达到 26.1%。新能源发电量占全市用电量比重为 5.6%。三是大力发展绿色建筑。无锡新建单体超 2 万平方米的大型公共建筑和高品质住宅全部实现"绿色建筑三星"认证。到 2025 年，无锡高耗能企业电力消费的绿电占比不低于 30%。

（三）生态环境保护

无锡在江苏省率先出台《无锡市生态环境基础治理能力提升三年行动计划（2022—2024 年）》，启动 73 项重点工程，总投资达 269.4 亿元。此外，无锡还加快完善生态环境保护体系，对《无锡市水环境保护条例》进行评估与修订，并出台《无锡市湿地保护条例》。2022 年，无锡长江、太湖 6360 个排污口整治已全部完成，黑臭水体、劣 V 类河道全面消除，552 条综合整治河道水质优Ⅲ比例由 44.7% 提升到 92.8%。太湖无锡水域水质国省考断面优Ⅲ比例也达到近年来最高水平，定类指标总磷浓度为 0.059 毫克/升，同比下降

3.3%。高锰酸盐指数和化学需氧量浓度分别为 3.4 毫克/升和 13.8 毫克/升，分别达到Ⅱ类和Ⅰ类标准，同比改善 8.1%和 6.8%。无锡空气质量优良天数占比达到 78.9%，并且连续 4 年无重污染天气，空气质量综合指数3.68，连续 5 年改善。2023 年 8 月 28 日，江苏省无锡市正式发布《推动太湖无锡水域水质根本性好转三年行动方案（2023—2025 年）》（以下简称《行动方案》）。《行动方案》包括 1 个总方案和 9 个子方案，坚持生活、工业、农业、湖体"四源"共治，对每个"源"都提出了明确的治理目标。《行动方案》提出，到 2025 年，太湖北部湖区水质达到Ⅲ类；无锡全市国省考河流断面全部稳定达到Ⅲ类，重点断面Ⅱ类比例力争达到 45%；滆湖宜兴水域水质达到Ⅳ类，营养状态力争由中度富营养改善到轻度富营养；流域生态系统质量持续提升，水生态环境综合评价指数提升到"良好"，全力推动太湖无锡水域水质实现根本性好转。

四　探索绿色金融赋能发展

无锡针对绿色创新企业发展中遇到的资金融通难题，出台了一系列金融支持实体经济的政策，引导金融机构加大对市场创新主体，特别是小微企业的支持力度。同时，无锡提出要构建多层次、广覆盖、高效率的绿色金融体系，全面提升金融供给质效，推动绿色金融与绿色经济产业、生态环境、低碳生活方式融合发展。截至 2022 年末，无锡普惠小微企业贷款余额2591.81 亿元，增速 32.04%，连续两年增速位列江苏省第一。2022 年获评全国首批"中央财政支持普惠金融发展示范区"，是江苏省唯一获评的地级市。

（一）鼓励绿色金融创新探索

无锡因地制宜推动绿色金融改革创新，建立了完善绿色金融政策体系。特别是探索金融支持太湖流域工业降碳以及太湖、沿江区域生态保护的有效路径，加大金融对"美丽无锡"和"美丽农居"的建设支持力度。无锡积极创建国家绿色金融改革创新试验区，并鼓励相关地区和金融机构大力开展绿色金融创新探索。2022 年，宜兴发布《宜兴市绿色企业认定管理办法》和《宜兴市绿色项目认定管理办法》，在省内率先制定绿色金融标准，尝试构建绿色金融认定体系。该认定标准作为无锡绿色金融实践的创新成果，有助于解决绿色企业和绿色项目认证评级落地难的问题，对金融资源向绿色企业和绿色项目集聚、实现绿色金融与绿色产业深度融合起到重要支撑作用。

（二）强化绿色基础设施建设

在实践中，无锡十分注重包括绿色信息、绿色标准和服务平台等绿色金融基础设施建设。通过打造绿色金融综合服务平台，加强绿色金融信息共享与应用。提高对环境保护、安全生产、污染排放、节能减排等方面信息的收集，对重点行业企业能耗和排放情况进行监测，为金融资源支持绿色转型提供信息支撑。无锡还结合地方实际，应用大数据、云计算和区块链等新信息技术，在无锡综合金融服务平台基础上，增加绿色金融模块，开发评级认证、产品与服务发布、风险与能效管理、信息披露与共享等功能，进一步提高绿色金融服务和监管水平，探索建立和完善绿色金融地方标准体系。

（三）加大对重点领域的金融支持

为进一步发挥金融对绿色经济的推动作用，无锡在一些重点领域加大信贷投放。一方面，加大对重点行业节能降碳的支持。引导金融机构积极支持工业经济绿色低碳发展，重点聚焦钢铁、电力、建材、石化、化工、纺织、造纸等高耗能、高排放行业的绿色转型。另一方面，加大对先进制造业、绿色战略性新兴产业、绿色交通、绿色建筑等领域投入，支持节能环保、清洁生产、清洁能源等领域技术研发和成果转化，大力推动碳捕集、碳封存、生物转化等零碳、负碳技术产业化。截至 2022 年末，无锡绿色贷款余额 2235 亿元，同比增长 37.4%，高出同期本外币各项贷款增速 23.51 个百分点。2023 年 2 月，全国首单"转型+碳资产"双认证债券在无锡成功发行。绿色

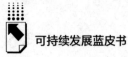

贷款、绿色保险、绿色债券、绿色基金等多层次绿色金融产品体系初步
形成。

参考文献

无锡市：《2023 年政府工作报告》，http：//www. wuxi. gov. cn/doc/2023/01/13/3864698. shtml。

凤凰网：《抢抓风口、一路朝阳，无锡加快壮大新能源优势产业》，2023 年 9 月 7 日，http：//js. ifeng. com/c/8St5L9xH8WA。

无锡市：《关于构建"465"现代产业体系 加快重点产业集群建设的实施意见》，http：//www. wuxi. gov. cn/doc/2023/02/14/3891204. shtml。

无锡市：《无锡市新能源产业集群发展三年行动计划（2023—2025 年）》。

无锡市：《无锡市生态环境基础治理能力提升三年行动计划（2022—2024 年）》，http：//login. wuxi. gov. cn/doc/2022/02/11/3787162. shtml。

无锡市：《推动太湖无锡水域水质根本性好转三年行动方案（2023—2025 年）》，http：//www. jiangsu. gov. cn/art/2023/8/30/art_ 84324_ 11001653. html。

B.18
承德：城市群水源涵养的可持续创新

张　舸*

摘　要： 水是人类生存发展不可或缺的重要资源。当前，中国仍属于缺水国之列，且面临着水资源分配不均的情况，北方地区仅占全国21%的水资源量。在此情况下，做好"城市水源涵养"对区域经济可持续发展至关重要。承德作为连接京津冀辽蒙的区域性中心城市，积极发挥国家可持续发展议程创新示范区的带动作用，围绕水源修复、经济可持续发展等实干出了"两河共治、三水共建"等典型案例，打破传统路径依赖，实现绿色产业重构升级，聚焦乡村振兴，加快发展富民特色产业。"承德样本"的出现，为海内外具有类似问题的地区找到一条可借鉴、可推广的创新发展之路。

关键词： 水源治理　绿色产业　清洁能源　乡村振兴　承德

河北省承德市毗邻京津，东接辽宁，北倚内蒙古，是燕山腹地、渤海之滨重要的区域性城市，素有"紫塞明珠"之美誉。过去，承德以"避暑山庄（热河行宫）"闻名，自清朝起便成为首都后花园，与颐和园、拙政园、留园并称为中国四大名园。它也是"塞罕坝精神"的发源地，140万亩的塞罕坝林场在2017年底荣获联合国环保最高奖项"地球卫士奖"，是中国可

---

* 张舸，《财经》区域经济与产业研究院副研究员，主要研究方向为宏观经济、区域经济。

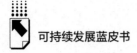

持续发展绿色事业的第一批样本。^①

如今，它的城市定位变成"京津冀水源涵养功能区"和"京津冀西北部生态环境支撑区"。2019 年 5 月 6 日，国务院将承德市列为建设国家可持续发展议程创新示范区，入围全国首批六个示范区之一。"城市群水源涵养功能区可持续发展"是承德市可持续发展的第一要义，在"水源涵养功能不稳固、主导产业优化升级难度大"等难题上，承德市聚合创新技术，落实重大应用，为落实《2030 年可持续发展议程》提供新的"中国典范"。

一 "两河共治、三水共建"的承德模式

水是社会经济发展所需的重要自然资源。2015 年，联合国通过《2030 年可持续发展议程》，将"为所有人提供水和环境卫生并对其进行可持续管理"列为可持续发展的重要目标（SDG6）。当前，中国仍属缺水国之列，且面临着水资源分配不均的情况，根据 2020 年度《中国水资源公报》，北方地区水资源总量占全国水资源总量的 21.0%。随着中国城市化水平不断提高，水资源配置与经济社会发展需求不相适应，成为可持续发展的重要制约。

针对京津冀地区，2015 年，中央出台《京津冀协同发展规划纲要》要求对海河流域的"六河五湖"进行全面综合治理与生态修复。承德市作为京津冀重要的水源地和水源涵养功能区，其境内的滦河、潮河是密云水库和唐山、承德交界处潘家口水库的上游，密云水库 56.7%、潘家口水库 93.4%的水源都来自承德。^②

过去生态疏忽等种种原因，造成了两河环境承载力弱、水污染严重、河道断流、生态系统退化、部分河段防洪能力不足等问题。为尽快恢复清澈水

① 曹智、王铁军：《最高荣誉！河北塞罕坝机械林场获联合国"土地生命奖"》，河北新闻网，2021 年 9 月 30 日。
② 宋美倩：《河北承德打造京津水源涵养区调查：紫塞来水清凌凌》，中国经济网，2023 年 2 月 15 日。

源，兑现可持续发展承诺，承德市针对滦河、潮河发起"两河共治"，从水资源、水环境、水生态三方面开启"三水共建"，并将其作为政府工作的重点攻坚任务。

（一）治理制度创新，推进全水系治理

承德市围绕滦河、潮河"两河共治"进行了体制创新。市政府专门成立了"生态环境保护委员会"和"水污染防治工作领导小组"，前者由市委书记、市长任双主任，后者由市长任组长，确保全面压实治理责任，统筹推进水污染治理工作。此外，市政府出台河湖长责任制、断面长责任制和河湖警长、河湖管理员制度，研究制定了《承德市河湖巡查工作实施方案》。将断面包保责任，逐一落实到市、县、区政府各自负责人，其中滦河流域设立市级河长9名、县级"断面长"17名，潮河流域设立市级河长1名、县级"断面长"2名，人防技防相结合。

为了不断完善水污染防治的考核与问责体系，多年来，承德市政府出台并修订了《承德市主要河流跨界断面水质生态补偿实施方案》《承德市城市地表水环境质量达标情况通报排名和奖惩问责办法（试行）》，使两河流域水质大幅提升，首次实现全部优良，水质情况全省最优。①

承德市的开创性做法，被连续评为"水利部河湖长制典型案例"，并在全国宣传普及；经水利部报批，市河湖长制办公室成功入选"全国全面推行河长制湖长制工作先进集体"；2021年，国务院为滦平县颁发"年度河长制湖长制工作督查激励县"等荣誉称号。②

（二）跨界合作创新，推进水生态修复

"两河共治"并非如想象中简单，滦河、潮河连贯多地，治理还需多界

---

① 《承德市政府新闻办"滦河、潮河'两河'治理工作"新闻发布会文字实录》，承德市人民政府，2021年10月26日。

② 《承德市推动河湖长制"有名有实""有能有效"入选"中国改革2022年度地方全面深化改革典型案例"名单》，河北省水利厅，2023年1月16日。

协同。为此，承德市、张家口市与北京市密云、怀柔、延庆三区联手签署《密云水库上游流域"两市三区"生态环境联建联防联治合作协议》共治水源；并与内蒙古锡林郭勒盟多伦县合作，建立水环境协调机制，实施西山湾水库错峰放水，缓解了上游水库放水对滦河水质影响的压力。①

2022年10月，承德入北京、天津、唐山的断面水质成功修复至Ⅰ类，水质达标率、优良比例也都为百分之百。承德市水环境质量成为全省"排头兵"，流域环境保护水平明显提升。②

值得注意的是，为从源头解决水生态修复问题，并实现长效治理，承德市强化了协同联动机制，京津冀三方政府积极沟通，建立了生态环境保护横向补偿机制，被国家列入江河综合治理和山水林田湖综合治理试点。③ 在滦河横向生态补偿方面，2017年6月河北省人民政府、天津市人民政府正式签订《关于引滦入津上下游横向生态补偿的协议》，截至2021年，前两轮补偿已落实完毕，承德共获得补偿资金14.67亿元，第三轮已于2023年5月5日召开项目谋划调度会。在潮河横向生态补偿方面，2018年11月河北省人民政府、北京市人民政府签订《密云水库上游潮白河流域水源涵养区横向生态保护补偿协议》，补偿期为2018~2020年，承德已获得补偿资金12.24亿元，第二轮横向生态补偿相关事宜正在商定。

二 承德市"3+3"绿色主导产业体系

除了做好生态支撑、水源涵养，实现长效的绿色发展，还需做好科技创新与产业升级。2022年6月，中国共产党河北省第十届委员会第二次全体会议上，承德市委书记柴宝良指出，"当前发展进入新时代，我们再走过去

---

① 尉迟国利、王思力：《守护京津水源 构筑生态屏障》，《河北日报》2021年2月24日。
② 陈宝云：《承德高质量建设国家可持续发展议程创新示范区》，河北新闻网，2022年11月24日。
③ 陈宝云、苑秋菊：《河北承德：护京津水源 绘山城生态美》，《河北日报》2021年4月21日。

'吃资源饭'的老路难以为继，必须加快从资源依赖、路径依赖中跳出来。绿水青山就是'绿色银行'，蕴含着财富和希望，蕴含着出路和未来。"[1]

在可持续发展的转型路上，承德以生态产业化、产业生态化为突破口，树立了"3+3"绿色主导产业体系的可持续发展新思路。其中，"3+3"分别指3个优势产业（文旅康养、钒钛新材料、清洁能源）和3个特色产业（大数据、绿色食品、特色装备制造）。承德市绿色主导产业进展迅猛，2021年底时"3+3"绿色体系的产业增加值占GDP比重已经过半。

（一）文旅及康养产业

承德古称"热河"，与"汤泉"的缘分自然源远流长。地热资源充沛，市内不少村落即被命名为"热水汤村""温泉村"。[2] 在过去，承德靠着"避暑山庄"成为暑期游热门打卡地，但文旅产业"夏热冬凉"的季节性难题仍在。如今，承德以"温泉产业"为突破口，从一季游过渡到四季游，从温泉旅游度假到温泉医养康养，再到温泉养老养生，"三剑合一"多业态发展。

承德市成立温泉旅游医养养老产业工作专班。专班由市委副书记任组长，副市长任副组长，市旅游和文化广电局负责具体落实，制定了"温泉+旅游、温泉+医养、温泉+养老"的思路，并出台《承德市温泉旅游医养养老产业发展实施方案》。

这些年，承德市开展文旅、康养产业全面开花。（1）做精"温泉+旅游"：现在已经推出隆化县温泉文化旅游小镇、凤凰谷温泉小镇、七家温泉山居等重点旅游项目，2022年募集投资额已超5亿元。（2）做好"温泉+医养"：承德积极推进与北京天坛医院、北京中医院、天津肿瘤医院的合作，在隆化七家茅荆坝、丰宁汤河、围场山湾子等地设立温泉开发区，在专业的医疗背景加持下，京津冀协同打造医疗康复基地。（3）做优"温泉+养老"：承

---

① 李建成、陈宝云：《承德：加快推进"3+3"产业升级重构》，《河北日报》2022年6月29日。

② 宋美倩：《一池温泉激活一座城》，中国经济网，2023年6月4日。

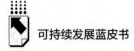
德市借助社会资本发力产业培育，与泰康保险公司、北京康养集团等头部企业联手，服务北京、天津等地的退休人群，布局打造新型养老社区。①

（二）钒钛新材料产业

钒在耐气、耐盐、耐水腐蚀方面胜于不锈钢，钛则可以与其他元素相熔造出高强度的轻合金，有着"未来金属"之美誉。随着航空航天、国防军工、新能源等产业发展，钒钛开发也愈加重要。而承德正是中国钒钛产地之一，目前承德发现的钒钛资源超80亿吨，占全国总储量的40%以上，远景资源储量可达234亿吨，资源开发价值高达7.45万亿元。②

为加快钒钛产业发展，承德市成立了钒钛材料强市工作专班，积极落实《关于支持承德钒钛产业高质量发展的若干措施》，统筹推进钒钛产业发展。承德市推出"七个一工程"（1个省级钒钛行业协会、1个钒钛数字交易平台、1支钒钛产业发展基金、1条钒钛全产业生态链、1批钒钛上市企业、1个储能装备制造园区、形成1套产业发展配套政策），打造集群化、高端化的钒钛新材料产业。③ 对此，承德市设立目标，到2027年产业收入突破1400亿元。

截至目前，承德钒钛、承德建龙、天大钒业等龙头企业在行业中一路领跑。国际首条亚熔盐清洁绿色提钒生产线、世界首条智能化示范连轧无缝钢管生产线、国际首套离子置换法高纯氧化钒生产线、华北首家全钒液流电池储能系统生产线相继建成投产……引领了承德的钒钛新材料产业向更高端迈进。④

（三）清洁能源产业

2022年11月，中共河北省委十届三次全会提出"建成新型能源强省"

---

① 陈宝云：《承德实施"温泉+"战略赋能全域旅游》，《河北日报》2023年1月20日。
② 陈宝云：《以"钒"为链，铸非凡产业——承德推进钒钛材料强市建设探访》，《河北日报》2023年3月22日。
③ 《我市打造"中国钒谷"加快建设钒钛材料强市》，承德市人民政府，2023年2月22日。
④ 《我市打造"中国钒谷"加快建设钒钛材料强市》，承德市人民政府，2023年2月22日。

的战略布局。此后，通过能源结构调整带动产业升级，成为经济总量较小、产业结构较单一的承德实现现代化产业建设的破题之钥。

上项目要找机遇。2021年，国家能源局发布《抽水蓄能中长期发展规划（2021-2035年）》，要求2025年时，全国的抽水蓄能投产总规模较"十三五"期间翻倍。这为承德清洁能源产业发展绘制了蓝图，承德是华北地区绿电进京的必经通道，且域内水系丰富，地质结构稳定，发展抽水蓄能具备得天独厚优势。

为推进工作，承德市成立由市委书记、市长任双组长的抽水蓄能项目推进领导小组，定期复盘项目推进制度。截至2023年4月，承德市已实施、设计抽水蓄能项目12个，蓄能规模可达1680万千瓦。计划到2027年，承德市投产、开工的抽水蓄能规模在1000万千瓦以上。[1]

三 可持续发展做好"农"文章

实现可持续发展，还要坚持全方位增进民生福祉。根据2020年承德市第七次全国人口普查，承德市乡村人口仍占全市人口的43.42%。承德市有好山、好水、好空气，在这样的生态优势下，如何让老百姓过上好日子？聚焦乡村振兴，加快发展富民特色产业，成为承德市新的工作重点。

承德市结合本地实际，在生产端发力，培育5条特色产业示范带；在销售端谋变，打造区域特色的公用品牌。实现从产到销的全链创新，自2019年示范区获批以来，帮助45.6万贫困人口全部脱贫。[2]

（一）"5条特色产业示范带"引领乡村振兴

乡村振兴，产业先行。党的二十大报告中为和美乡村定下"发展乡村特色产业，拓宽农民增收致富渠道"的方向。如何以特色产业为引领，带

---

[1] 李建成、陈宝云：《承德抽水蓄能电站项目跑出"加速度"》，《河北日报》2023年4月15日。

[2] 《委员专访丨苏艳华：高质量建设承德国家可持续发展议程创新示范区》，承德市科学技术局，2023年5月17日。

动全市农业高质量发展，走出"承德样本"？

承德市瞄准 5 条产业示范带：生态休闲产业示范带、"平泉香菇"产业示范带、高寒地区马铃薯产业示范带、中药材产业示范带、优质果品产业示范带。如承德市委书记柴宝良所描述，"5 条产业示范带是责任带、民心带、调整带，更是承德农业高质量发展的展示带"。

为加快产业振兴引领下的乡村振兴，承德市出台《乡村振兴优势特色产业示范带推进方案（2021-2023）》，由农业农村局牵头，在乡村产业发展上出谋划策。过去几年，承德市实施农业产业化项目 160 个，并不乏兴隆板栗深加工、丰宁大北农等明星工程；建设万亩以上示范片区 10 个，在产业示范带的带动下，45 万户、150 万农民的收入节节攀升。到 2022 年底，产业带创收产值达 191.5 亿元，吸引游客超 1000 万人，收获农产品加工产值 54.7 亿元。①

（二）"承德山水"区域品牌创新助农

承德在绿色、有机农产品培育上，有得天独厚的优势。但好产品怎么才能卖出好价钱？承德市聚焦"品牌管理"，着手培育"承德山水"农产品区域公用品牌。

承德怎样赢民心地营销推广出自己的品牌？2019 年，承德市委、市政府成立承德山水生态农业集团有限公司（以下简称"集团"），并为其品牌推广给出配套力量，创新出台了《承德市农产品区域公用品牌建设工作实施方案》等文件，支持区域公用品牌建设。②

同时，集团还搭建了"承德山水"电子商务网络运营平台，采取线上销售与线下结算、物流配送相结合的运营模式，统一负责品牌的日常运维。原本碎片化的农产品，结合官方认证、正规渠道、区域品牌，单品营销成本降低，市场认可度反而升高，"承德品牌"下的好产品真正卖出了价值。截

---

① 尉迟国利：《承德打造乡村振兴优势特色产业》，《河北日报》2022 年 6 月 6 日。
② 乔溪：《区域公用品牌"承德山水"：让好产品卖出好价钱》，人民网-河北频道，2023 年 3 月 31 日。

至 2023 年 3 月，"承德山水"入驻企业 216 家，入驻产品 1200 多个，入驻企业主攻京津市场，目前已实现销售 4 亿元，带动支农产品销售 155 亿元，真正做到支持乡村发展。

可持续发展的城市才有未来。承德市自然资源充沛，但并不走"资源换经济"的老路，通过践行国家可持续发展议程创新示范区精神，以城市水源涵养实践为核心，用市场化手段赋能绿色产业、特色产业，助推城市群与生态自然共存，抢抓经济升级机遇，从实处增进民生福祉。承德市正在用自己的方式，探索一条有区域特色、可复制、高质量的可持续发展之路。

B.19
台州：从"制造之都"到建设
高质量"大花园"

孙颖妮*

摘　要： 围绕"大花园"建设，台州实施高质量改善生态环境行动，不断夯实生态基底。台州深入推进美丽城市、美丽城镇、美丽乡村建设，根据城市、乡镇、乡村不同的情况和特点，因地制宜，助推城乡共同发展。同时，台州还大力挖掘生态本身蕴含的经济价值，将丰富的生态资源转化为经济发展新动力，创造综合效益。在绿色产业发展方面，台州不断优化产业结构，大力发展绿色制造业、生态高效农业，助推传统产业绿色升级。

关键词： 大花园　美丽城市　生态经济　绿色产业

浙江台州，中国民营经济的发祥地，素有"山海水城、和合圣地、制造之都"之称。改革开放以来，台州制造业快速崛起，如今已经成为台州的立市之本、兴市之器、强市之基、富民之源。

台州经济快速发展，2022年台州市GDP达到5786.19亿元，在浙江省各市GDP排行榜中位居第六，在2022年中国城市GDP百强榜中，台州位列第43名。台州在做大蛋糕的同时更加注重分好蛋糕，率先探索"扩中提低"改革，推动全域同步迈向共同富裕，让台州老百姓共享经济的发展成果。

在经济快速发展的同时，如何实现发展与生态保护协同共进、为居民创

---

* 孙颖妮，《财经》区域经济与产业研究院副研究员，主要研究方向为宏观经济、区域经济。

造幸福美好高品质的生活环境，是摆在台州面前的考题。近年来，在大力发展经济的同时，台州十分注重环境建设，增强城乡人居环境质量，提升居民的幸福感。

"要把台州作为一个大花园来打造。""大花园"建设是台州贯彻"绿水青山就是金山银山"理念的实践，也是台州实现高质量发展和高品质生活有机结合的重要举措。近年来，台州扎实有效推进全市大花园建设工作，加快构建全域大美格局，积极争创"美丽浙江"的示范样板。围绕大花园建设，台州推动产业、环境、基础设施、平台、机制等方面高质量发展，有机贯通美丽城市、美丽城镇、美丽乡村、美丽海湾、美丽海岛，构建"一户一处景、一村一幅画、一镇一天地、一城一风光"的全域大美新格局。

台州通过各种方式践行绿色发展理念，把台州的生态优势转化为发展新动能，全面推动经济社会绿色、循环、低碳发展。作为"国家循环经济示范城市"，近年来，台州积极探索循环经济发展模式，着力打造循环经济产业集聚区、构建产业大循环体系，循环经济发展水平始终走在全省和全国的前列。

2022 年，台州获评"2022 中国最具幸福感城市"，这也是台州自 2007年以来，第七次入榜该榜单。除此之外，台州还是全国文明城市、国家森林城市，成功创建 2 个国家生态文明建设示范县、6 个省级生态文明建设示范县（市、区）。①

当前，台州正在可持续发展与生态环境保护协同共进、高质量发展和高品质幸福生活有机结合的道路上继续探索。

一 推进生态环境建设，夯实"大花园"基底

生态环境建设是"大花园"建设的"底色"。近年来，台州实施高质量改善生态环境行动，不断夯实生态基底。

---

① 施亚萍：《"2021 中国最具幸福感城市"榜单昨发布，我市第六次入选 台州的"幸福密码"是什么?》，《台州晚报》2021 年 12 月 31 日，第 1 版。

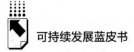

在污染防治方面，台州建设全域"美丽河湖"，共创建省级"美丽河湖"25条、市级40条。实施"蓝色海湾"综合治理，台州湾入选全国三个美丽海湾典型案例之一。2021年，土壤污染综合防治先行区建设通过国家终期评估，在全国六个先行区中排名前列。

近年来，台州完成断面消劣和小微水体消劣整治，完成城区及环境敏感区域内大气重污染企业搬迁关停，完成生态保护红线划定调整，成功创建国家森林城市，新增国家森林公园1家、市级森林公园2家。

在加强生态保护修复方面，台州高水平推进国土绿化美化行动，截至2020年，建设珍贵彩色森林73.95万亩，漩门湾湿地成为中国生态保护最佳湿地之一，累计建成"一村万树"示范村103个，推进村1611个。坚持赋城市以水韵，截至2020年，新增水域面积14.9平方公里。出台实施省首个单一水源地保护条例《台州市长潭水库饮用水水源保护条例》。

同时，台州保护与利用并举，实施土地全域整治，集中整治"低散乱污"企业，截至2020年完成建设用地复垦立项1.54万亩、实施"二改一还"农地整治15.4万亩。建设人工鱼礁10.5万空立方米，东海"蓝色粮仓"得到有效修复。规划推进生态海岸带建设，加快市区和玉环本岛两个先行段创建。①

在一系列举措的推进下，近年来，台州的生态环境质量持续改善。2022年，台州生态保护与环境治理业完成投资28亿元，增长119.5%，增长率排名全省第一；2022年国控断面水质综合指数改善幅度全省第一；主要大气环境指标均居全省前三，城市空气质量在全国168个重点城市中排名第十四。

除了大力推进生态环境建设，近年来，台州还加快推广绿色生活方式。近年来，台州编制实施《台州市区城镇生活垃圾分类和资源回收利用中长期发展规划》，加快推进生活垃圾和餐厨垃圾处理能力全覆盖；制定塑料污染治理方案，推广菜篮子、布袋子；推广绿色建筑，装配式建筑；倡导绿色出行，电动汽车分时租赁系统在市区、临海、温岭和三门等地开通运营；开展省级

---

① 台州市发改委资源节约和环境保护处：《台州市：践行"两山"理念 扮靓诗画花园》。

低碳示范试点、未来社区试点建设。2022年，台州获评全省生活垃圾治理工作优秀设区市，这也是台州第三次获评全省生活垃圾治理工作优秀设区市。

二 高质量建设美丽城乡，提升城市形象品质

围绕"大花园"目标，台州大力推进美丽城市、美丽城镇、美丽乡村建设，同时，坚持共建共享，深入挖掘生态文化资源，广泛开展生态宣传教育，扎实推进生态示范试点创建，弘扬生态文化。

（一）完善功能，提升品质，建设美丽城市

围绕"大花园"目标，台州结合自身独特的自然优势，以生态宜居为特色，高起点规划、高水平建设、智慧化管理，深入推进美丽城市建设，努力把城市建设成为人与人、人与自然和谐共处的美丽花园，走出了一条具有台州特色的现代化城市发展道路，城市的承载力、吸引力大幅提升。

具体来看，台州重点推进一江两岸、高铁新区、商贸核心区、城市绿心等重点区块建设，推进城市有机更新。强化城市功能，中央创新区加快开发建设，镇海中学等名校落户。当前，台州国际博览中心正在加快建设，未来社区试点建设初见成效。

台州实施高起点提升基础设施行动，优化完善城市功能。一方面，坚持交通先行，掀起"大抓交通、抓大交通"的强劲态势，综合交通网络加速优化。2021年，金台铁路、金台市郊列车一期和杭绍台铁路陆续通车运营；沿海高速通车，实现县县通高速。内环路、路泽太高架通车，市域铁路S1线一期开始全线铺轨，打造更高质量的市域一小时交通圈。

另一方面，台州全力推行城市慢行系统建设，积极推进市县级和社区级绿道建设。其中，仙居永安溪沿溪绿道串联沿线23处自然人文景观，获住建部"中国人居环境范例奖"，天台始丰溪被评为浙江省最美绿道，灵湖公园荣获中国人居环境范例奖。2023年上半年，台州又完成了华景河绿道、黄岩家门口绿道、横街镇长洪河绿道、徐山泾北岸绿道（论坛路慢行道）、

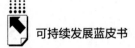
甲南大道（聚海大道-聚洋大道）绿道、江语城社区绿道、箬横运粮河白峰山段绿道、梅岙园区沿上垟塘河两岸游步道、仙居县市民广场体育公园绿道、蓝湾绿道等80公里建设。

（二）因镇施策，因势利导，打造美丽城镇

台州大力推进"美丽城镇"建设，打造一批具有较强承载力与发展潜力、特色鲜明、内涵丰富的小城镇，切实发挥城镇作为城市联系农村重要纽带的作用。

其中，大陈镇、宁溪镇等11个城镇通过全省美丽城镇2020年度样板创建考核验收，成为美丽城镇省级样板。淡竹乡扶持发展全域民宿产业，蛇蟠镇探索发展全岛旅游。

在打造"美丽城镇"过程中，台州坚持因镇施策、因势利导，制定"一镇一方案""一镇一特色""一镇一策"，推出"六大"建设模式，即"都市节点""县域副中心""工业+文旅""农业+文旅""海岛+文旅""旅游+康养"，不断推进业态升级、产业转型，拓展产业链、提升竞争力，建设既有特色集群，又有新兴业态的"小镇经济"，打造颜值与品质兼具、气质与内涵相衬的美丽城镇。

2021年，台州市获评新时代美丽城镇建设优秀设区市，路桥区、天台县、玉环市获评新时代美丽城镇建设优秀县（市、区），11个城镇获评美丽城镇建设省级样板，2个城镇获评美丽城镇建设山区县县城城镇省级样板，39个城镇获评美丽城镇建设基本达标乡镇。

与此同时，台州已连续两年获评新时代美丽城镇建设优秀设区市。截至2021年，台州共计69个城镇达到美丽城镇基本达标城镇要求，其中24个城镇获评美丽城镇省级样板。

（三）立足优势特色，走出乡村振兴之路

台州围绕"花园乡村"目标，大力推进美丽农村建设，切实落实乡村振兴战略，把美丽宜居示范村试点建设与传统村落保护发展结合起来，推进

美丽宜居示范村串点成线，进一步提升乡村风貌。

2020年时，台州25%的行政村已建成新时代美丽乡村，建成美丽庭院20万户、市级精品村196个。仙居通过国家级美丽乡村标准化试点验收；黄岩乌岩头村成为全国美丽乡村"千万工程"典型案例。仙居"一户多宅"整治入选全省"最佳实践案例"。2022年6月，2022年度省级美丽宜居示范村创建名单公布，台州18个村上榜。截至2022年12月，台州天台作为全省唯一的水利部水系连通及水美乡村试点县项目，累计完成投资3.1亿元，正在有序探索特色鲜明的乡村共富模式。

台州各村庄根据自身优势，走出了自己的道路。例如，临海市河头镇殿前村有着悠久的古建筑群，该村在权衡村内自然、社会经济条件和村民诉求后，找到适合自己村庄改造的道路，修缮村内"望柏亭"时增加人物雕塑，还原梁柏周采药场景，强化现场记忆；利用现有石材以传统建筑工艺手法砌筑、修缮村内建筑，古村落焕发新生……最终，一个集生态农业、旅游、养身、文化于一体的复合型特色乡村涅槃重生，整治后的殿前村，兼有古韵之美与现代之利，吸引了大批游客前来观赏，从早到晚，络绎不绝。

而同时成为省级美丽宜居示范村的芦北村，同样不遗余力地建设"四美"新农村。近几年来，村里先后投入220多万元，兴建村庄公园，内置凉亭、生态停车场、休闲设施，随之建成的河道护栏及绿道，也成了村民们闲暇之余散步消遣的好去处。如今的芦北村已经从一个不起眼的普通农村建设成为一个实现自然、生态、田园完美融合的美丽村庄。

三 推动产业提质升级，打造生态经济

台州践行绿色发展理念，不断优化产业结构、发展循环经济，同时，利用自身优势特点大力发展绿色产业、打造生态经济。

（一）优化产业结构，发展循环经济

为推动产业结构不断优化、传统产业加速升级，台州采取了系列举措。

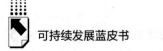

一是产业结构优化升级。大力推进"三去一降一补"，着力淘汰落后产能，产业结构稳步升级，三次产业比例由 2015 年的 6.2：46.2：47.6 优化调整为 2022 年的 5.5：43.7：50.8。制造业加快转型升级，实施七大千亿产业集群培育和数字经济一号工程。农业发展方式加快转变，农村一二三产业加快融合，休闲农业、乡村旅游、农村电商等新产业新业态方兴未艾。

二是资源利用效率稳步提高。深化"亩均论英雄"改革，全面推行"标准地"，推动重点领域节水和海水淡化利用，实施水效领跑者引领行动。大力发展清洁能源，三门核电一期建成投产。2022 年台州全市清洁能源装机、发电量占比分别达 88.14%、60.86%，构建起"核风光水蓄氢储"全产业链发展，实现了新能源电力的全额消纳，支撑实现"双碳"目标优势明显。

三是循环经济稳步发展。开展多层次试点示范，国家循环经济示范城市创建完成试点中期评估，做好验收迎检准备；规划建设市静脉产业基地，市资源循环利用基地被列入国家级示范基地创建单位，玉环市省级资源循环利用城市培育类试点升级为创建类；国家"城市矿产"示范基地、省级餐厨垃圾资源化综合利用和无害化处置试点城市通过验收。全面推行清洁生产，制造业类省级开发区（园区）全部实施循环化改造，开展"无废城市"创建。当前，台州市已初步形成企业小循环、园区中循环、社会大循环的循环发展模式。①

此外，在传统产业绿色升级方面，台州也取得了诸多成效。通用航空被列入省首批"万亩千亿"新产业平台培育，台州工业互联网平台等 5 个项目成为国家制造业"双创"平台试点示范，开展省级园区循环化改造试点和省级静脉产业示范城市（基地）试点，完成台州金属资源再生产业基地国家"城市矿产"示范基地终期验收工作。

（二）发展生态高效农业和绿色制造业

台州实施高水平发展绿色产业行动，推动产业提质升级。

---

① 台州市发改委资源节约和环境保护处：《台州市推进绿色发展情况报告》。

一是发展生态高效农业。截至 2020 年，台州市农产品区域公用品牌"台九鲜"正式启用，首批有 21 家企业获得使用授权。入选第三批国家农产品质量安全市创建名单，天台"肥药双控"、仙居杨梅全程护航模式等做法全省领先。入选"互联网+"农产品出村进城工程国家级试点 1 个、省级试点县 2 个。

二是发展绿色制造业。实施"456"先进产业集群培育，持续压减淘汰落后和过剩产能，加快发展战略性新兴产业。推动重点行业领域绿色化改造升级，建设绿色工厂、美丽园区，省级以上制造业类园区全部实施循环化改造。加大清洁能源生产供应，三门核电一期建成投产，海上风电项目实现零突破。打造通用航空"万亩千亿"新产业平台，分梯度推进园区循环化改造，创成国家"城市矿产"示范基地。

三是发展现代服务业。积极发展绿色康养产业，创新"生态+"新产品和新业态，天台县入选全国森林康养基地试点建设县，石梁镇入选省首批山地休闲旅游发展试点。创建国家城市绿色货运配送示范工程，台州湾区公铁水多式联运被列入全国第三批多式联运示范工程项目。

（三）实施高品质创建全域旅游行动，文旅融合赋能发展

台州把生态优势转化为发展新动能，着力打造生态经济，发力文旅融合，促进全域旅游发展。

一是用好"浙东唐诗之路"金名片。以唐诗之路为主线，串联山水人文，打造"诗路 IP"。成立"唐诗之路"专家智库、唐诗之路研究院。天台启动"诗路文化"再现工程，建设云端唐诗小镇，全省诗路文化带建设多次会议在天台召开。重点推进 35 个诗路标志性项目建设。

二是升级特色文旅品牌形象。高品质打造佛道名山旅游带等平台，持续提升天仙配等精品线路。举办"追着阳光去台州"系列活动，台州文旅推介会亮相"上海·台州周"等活动。与驴妈妈、小红书等线上平台合作推广城市旅游品牌形象。建设方特动漫主题园，补齐大型高端主题公园发展短板。

三是打造长三角最佳旅游目的地。以长三角地区为主要客源市场，实施"品牌塑造"和"文化解码"双轮驱动。与六城市签署《长三角七地全域旅游合作框架协议》。举办"追着阳光去台州·神山秀水心归处"长三角地区职工疗休养交流协作大会。开展追着阳光去台州·百万长三角人游台州等活动。

四　高标准构建绿色发展机制

大花园的建设、绿色发展理念的践行，离不开制度的保障。台州实施高标准构建绿色发展机制行动，绿色发展制度体系不断健全。

一是深化"绿水青山就是金山银山"综合改革。深化天台、仙居生态产品价值实现机制试点，推进 GEP 核算应用。探索"两山银行"试点，加快实体化运作。加快配套制度改革，将湾（滩）长制、港长制等经验向全国推广。

与此同时，台州还推进电、气等领域价格市场化改革，清理规范转供电环节加价行为，制定实施市区统一的天然气价格，强化环保价格服务。深化生态文明体制改革，制定生态文明目标评价和美丽台州建设考核办法；建立生态环境损害赔偿制度，不断完善生态补偿机制，健全重大环境污染问题发现机制和治土治水治气长效机制，开展自然资源资产离任（任中）审计。天台、仙居 2 地和黄岩、临海、玉环、三门 4 地分别建成国家级和省级生态文明建设示范县。天台、仙居率先探索生态产品价值实现机制和"两山银行"试点，仙居绿色化发展改革经验全省推广。

二是强化财政金融支持。台州被列入全国首批财政支持深化民营和小微企业金融服务综合改革试点城市。建立生态补偿和生态损害赔偿制度，制定配套管理办法。发展农家乐民宿责任险等绿色信贷产品。设立水城产业基金，形成"以水养水、以项目养项目、滚动开发可持续"的水利建设模式。

三是强化要素优化配置。推进电、气等领域价格市场化改革，市区水务一体化改革有序推进，推进农业水价综合改革。推进区域能评和区域能耗标准改革。深化"亩产论英雄"改革，推动"标准地"改革扩面提质。

五　台州"大花园"建设的启示

台州在大力发展经济的同时，注重生态环境建设，打造美丽大花园，从多个方面增强人民群众的幸福感。同时，在打造大花园过程中，台州的系列做法也正确把握了生态环境保护和经济发展的关系。例如，2020年以来，在疫情影响下，台州的经济也受到较大冲击，企业生产经营困难。一方面要支持企业高质量发展，另一方面又不能忽视生态环境保护。为了更好地服务实体经济，台州市生态环境局深化环保"最多跑一次"改革，2020年上半年，对320个环境影响总体可控、受疫情影响较大、就业密集型等与民生相关的17大类44小类行业的环评审批实行"告知承诺制"，切实推动项目及早落地。[①]

此外，台州不仅加强生态环境保护，还大力发掘生态本身蕴含的经济价值，把生态优势转化为发展新动能，着力打造生态经济，创造综合效益，实现经济社会可持续发展。

围绕"大花园"目标，台州大力推进美丽城市、美丽城镇、美丽乡村建设，根据城市、乡镇、乡村不同的情况和特点，因地制宜，采取多种举措，助推城乡共同发展。例如，台州把美丽宜居示范村试点建设与传统村落保护发展结合起来，推进美丽宜居示范村串点成线，进一步提升乡村风貌，台州的村庄根据自身优势，走出了独特的发展道路。

当然，台州在推进大花园建设、践行绿色发展中还有很多不足。例如，台州的产业绿色转型步伐有待加速，沿袭传统发展理念和方式的惯性依然存在，依靠科技创新驱动经济增长的"内涵型"发展模式尚未有效形

---

① 《台州：实现环保与高质量发展双赢》，台州市生态环境局官网，http：//sthjj.zjtz.gov.cn/art/2020/9/21/art_1229113398_58306940.html，最后检索时间：2023年7月9日。

成，产业链竞争力水平有待提升；节能环保、清洁能源等绿色产业比重不高。绿色技术创新体系不够健全，创新投入和研发成果转化率偏低。资源能源利用效率有待提升。面对这些问题，台州也正在不断地探索和实践。期待台州在大花园建设以及可持续发展中探索出更多的台州路径，为其他城市所借鉴。

B.20
太原：打破"一煤独大"，
走能源可持续发展之路

张明丽*

摘　要： 能源是人类生产生活必不可缺的物质，随着经济社会的不断发
展，人类对能源的需求也日益增加。山西省太原市是典型的以煤
炭为支柱产业的城市。煤炭为山西带来了高光时刻，也为山西埋
下了很多隐患。中国工业化进程的推进加速了太原煤炭资源的枯
竭，同时也为太原带来了生态环境隐患。为了改变"一煤独大"
的状况，太原开展了一条发展循环经济之路，提高煤炭企业竞争
力、摆脱对资源的依赖、调整产业结构，优化资源配置。

关键词： 煤炭　能源结构　多元发展　山西太原

山西是中国重要的能源基地，山西煤炭资源储量占中国煤炭总储量的
1/3。2022 年，山西全年煤炭总产量为 13.07 亿吨，远超其余省份。矿产资
源丰富的先天优势决定了山西经济结构，煤炭经济拉动山西经济高速增长。
2021 年，山西 GDP 规模首次跨过 2 万亿元大关，以 28% 的 GDP 名义增速领
先全国其他省份，以 9.1% 的 GDP 实际增速位居全国第三。2022 年山西
GDP 达 25642.59 亿元，同比增长 4.4%。

太原是山西省会城市，承袭了山西能源结构，太原能源特点为"富煤、
贫油、少气"，是中国重要的能源基地，在煤炭行业的"黄金十年"中，太

---

* 张明丽，《财经》区域经济与产业研究院助理研究员。

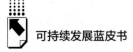
原经济得到飞速发展。2005年，太原GDP为895.49亿元，位列中部省会城市第4位。然而，太原成也能源、败也能源，太原对能源重化产业长期依赖过度，以至于太原产业结构单一、后续发展乏力、生态环境变差。以煤为主的能源消耗结构给太原带来不少困扰。太原是典型的资源型城市，经济发展全部依赖于能源资源的高投入、高消耗，但煤炭经济的特点决定了太原的环境污染，其中大气污染最为严重。随着国内煤炭市场价格下降，加之可持续发展的要求，2006年，太原提出了"创新发展模式，推进绿色转型"的发展思路，踏上转型之路。

一 起步：能源结构单一，污染减排压力大

太原曾经是中国重要的钢铁和能源工业基地，由于当地的煤炭、铁矿等资源丰富，"一五"时期，太原的经济发展模式就已经确定，即以煤炭、冶金、机械、化工为主导的能源重工业体系。1960~1990年，太原工业增加值占GDP比重超过50%，甚至超过70%。然而，太原成也煤炭、败也煤炭，随着国际煤炭价格的一路下跌，加之开采煤炭对太原生态造成的不可逆损害，太原的经济、环境遭受双重打击。

（一）能源结构单一，可再生能源开发不足

太原能源结构单一，工业发展长期依赖煤炭，在太原的一次能源生产中，原煤占据较大比重。在二次能源生产中，火力发电站总发电量的比例为99.8%。2015年之后，太原才开始有风力发电，并且发展进度极为缓慢，占比也很低。这对于太原能源替代以及能源结构的清洁化调整不利。

（二）能源消费结构以煤为主，污染减排压力大

太原的主要消费燃料是煤炭，但燃煤排放是造成大气污染的主要来源之一，这使得太原能源利用受到一定限制。近几年，国家明确提出"碳达峰"与"碳中和"目标，绿色转型发展之路进入新的节点。在"双碳"背景下，

能源结构调整、工业绿色转型有了更高目标。面对减污降碳压力和产业转型的挑战，近年来，通过有效控制，太原节能减排已经看到成效，太原的能源消费结构中一次能源消费占比过重的情况近年来有所下降，但煤炭占比仍高达70%以上，其中规模以上工业的煤炭消费比例占总体的70%~80%，电煤消费占比仅约15%。天然气、电力、可再生能源消费占比仍然不足。太原市电力和天然气消费量增长迅速，但消费量占比仍然有待提升。

（三）能源利用水平偏低

长期以来，山西省万元GDP能耗一直是全国平均水平的两倍多，说明山西整体能源利用水平偏低。国家能耗强度为0.6~0.8t/万元，太原市能耗强度为0.9~1.2t/万元，尽管太原能耗水平小于山西省单位GDP能耗1.4~1.8t/万元，但高于国家整体能源利用效率。

（四）高耗能行业能源消费量大，行业结构偏重

太原的工业结构一大特点为：高耗能行业集中、能耗总量大、占比高，这也是制约太原节能降耗工作的最大因素。太原规模以上工业能源消费量占工业能耗的90%以上。煤炭、焦化、化工、水泥、冶金、电力六大高耗能行业能源消费量占工业总能耗的95%以上，而产值却只占48.8%。其他行业创造了50%以上的工业产值，但能耗占比不足3%。太原总体呈现高耗能、低价值的特征。

（五）替代能源品种稀缺，供给能力不足

对于太原来说，天然气是稀缺品，太原本地天然气需要外地供应。但外地运输来的天然气主要用于生产生活，每逢供暖季到来，天然气会优先供应居民用气，但太原本地储气设施较少，造成应急调峰储备能力不足。在电力使用方面，太原城区周边电网基础设施薄弱，当地供电能力有限。"煤改电"工程建设成本高，现有电站处于超负荷运行状态，无法接纳新装负荷。

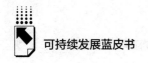

二 整改：降低第二产业占比，企业环境同步整改

（一）市区禁煤

痛定思痛，意识到能源结构单一给经济发展带来诸多弊端的太原开启了整改之路。2017年，太原市启动环境执法、项目和科技治霾三大攻坚战。2017年，太原市"禁煤区"为1460平方公里，2019年，这一数字扩大到1574平方公里，近几年，禁煤区的范围还在不断扩大，具体分为以下行动。

1.搬迁改造污染企业

为了全面推进生态修复治理，从源头上解决污染问题，太原"关停淘汰一批、搬迁改造一批、综合整治一批"。具体来说，太原以煤炭、钢铁等行业的违法排污问题为重点，打击超标排污、无证排污行为，2009年，太原市委、市政府设立太原市西山地区综合整治办公室，搬迁关停污染企业，全面清理煤堆、垃圾堆、弃土场等。

在产业方面，对于污染严重的企业，太原要求搬迁改造，严重者取缔。2006~2009年，太原先后否决332个不符合产业政策的项目，关停、取缔777个污染企业和落后生产设施、项目。与此同时，太原陆续颁布政策配合。2022年，太原市生态环境保护委员会办公室发布《太原市2022-2023年秋冬季大气污染综合治理攻坚方案》，提出深入推进产业结构调整、深入推进工业污染治理、深入推进清洁取暖改造、积极应对重污染天气等措施，其中着重提到重点是强化"两高"行业产能控制，加快推进重污染企业退城搬迁，完成迪爱生（太原）油墨有限公司退城搬迁。

2.市区建成禁煤区

2017年10月1日起，太原市区范围内全面禁煤，并加大散煤管控力度。禁止煤炭经营企业向禁煤区供应散煤，并配合高强度执法力度。

此外，太原市完成燃煤锅炉清洁能源替代。为了保证群众用得起电和天然气，太原市宣布，政府财政给予燃气企业改造补贴，核算下来，居民更换设备90%的费用由政府出钱。政府补贴总计16亿元左右，每年采暖运行期也将补贴3亿元，确保居民用得起电，烧得起天然气。

3. 科技治霾

随着科技发展，雾霾治理也越发趋近于科技化、智能化。太原在楼顶设置700多个高空瞭望点，精准管控，有焚烧或者雾霾情况及时发现，并减轻人力负担。此外，太原市在开展大气污染成因及防治对策方面，与国家环科院联合，共同开展研究战略合作，针对污染成因进行分析，建立各类污染源排放清单，优选优先治理项目。

（二）降低二产业占比，提升服务业优势

过去15年，太原产业结构加速调整，产值排名靠前的产业由2006年的黑色金属冶炼及压延加工业、煤炭开采和洗选业、专用设备制造业、石油加工、炼焦及核燃料加工业，转变为2020年的计算机、通信和其他电子设备制造业、黑色金属冶炼及压延加工业、煤炭开采和洗选业。虽然能源重化产业仍占据较大比重，但计算机、通信和其他电子设备制造业已经成为太原的主导产业，贡献了全市26%的工业产值。总体来看，近些年太原二产占比逐步降低，服务业占比逐渐提升。2020年，太原服务业占比升到63%，在中部省会中排名第一。

然而，由于长期重视重工业已经对其他产业产生了"挤出效应"，加之太原高度依赖国企，在新旧动能转换过程中乏力、经济增速低迷，在中部省会城市中持续垫底。

（三）校企合作促煤炭企业高效减排

从2019年开始，太原理工大学煤分质利用及污染物控制研究团队与企业合作，由企业提供资金，团队技术入股，在全国建立了12个实验室，布点设网，用于检测和化验各地煤质，再以采集到的大数据为支撑，构建起了"基于煤质大数据的煤炭选配一体化技术开发与应用"平台系统，系统集成

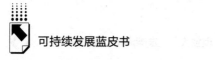
了煤炭指标及价格、物流运输信息、洗选产品结构、配煤方案及焦炭质量预测等多种信息。

三　成效：重塑产业体系，走多元化发展之路

太原在一段时间内以煤为基础发展粗放型工业，这对生态环境造成了严重破坏。采煤过程和洗煤过程中会产生诸如煤矸石等排放的固体废物，长期堆放侵占土地资源，污染环境。曾经山西的大小煤矸石山堆积近万座，太原和大同一样被挖得千疮百孔、垃圾遍地，空气中弥漫着灰尘、煤烟。经过十多年的改造治理，现在的太原已经是经济上高速发展、环境上山清水清的一座现代化宜居城市。

（一）脱离"一煤独大"，走多元化发展之路

一煤独大是太原发展的历史性问题，经过 10 年整改，太原改变旧有的经济发展模式，逐渐形成煤炭、高端智能、装备制造、大数据等多元化发展之路。2022 年，山西省工业产出增加产值中非煤产业增加值已经由 2012 年的 39.27%增加到 60%以上；文化旅游产业增加值占 GDP 比重由 8%提高到 11%。综合科技创新水平指数位次前移，研究与试验发展经费占 GDP 比重达到全国平均水平，战略性新兴产业增加值占规上工业增加值比重由 9%提高到 16%。森林覆盖率达到 23.5%以上。制造业增加值占 GDP 比重由 12%提高到 15%，煤炭产业增加值占 GDP 比重由 15%下降到 11%。整改初步见到成效。

（二）加速新能源产业布局

根据胡润研究院发布的《2023 胡润中国新能源产业集聚度城市榜》，太原列第 50 位，综合指数 65.6。近几年，太原加速新能源产业布局。《太原市"十四五"生态建设与环境保护规划》提出，提高可再生能源利用比例，利用生物质能、地热能、太阳能等可再生能源供热方式探索风电、太

阳能消纳困难地区用电采暖、储热等技术推进综改示范区地热清洁能源集中供热工程、污水与空气源热泵技术应用等，到 2025 年新能源装机占全市电力总装机规模的 20% 左右，大力推广分布式能源，协同提高可再生能源利用率。

（三）重塑产业新体系

近年来，国际煤炭价格呈现下滑趋势，国内的煤炭价格也在持续下跌，国内煤炭主产城市经济发展速度有所放缓，国内煤炭产业的改革与转型迫在眉睫。2023 年 4 月，中国进口动力煤（包含褐煤、烟煤和次烟煤，下同）3098 万吨，同比大增 65.69%，环比增长 4.44%。4 月动力煤进口额为 30.7 亿美元，同比增长 25.79%，环比增长 4.76%。由此推算，4 月动力煤进口均价为 99.11 美元/吨，同比下降 24.08%，环比微增 0.3%。

这使得以煤炭为主要营收的模式再也行不通。太原及时调整策略，《太原市"十四五"工业高质量发展规划》（以下简称《规划》）为太原指明了下一步的方向。《规划》提出，未来几年要打造 12 条战略性优势产业链，包括特种金属材料、新型电子信息产品制造、新型化工材料、生物基新材料等 4 个千亿级支柱产业链，轨道交通、工业机器人、新能源汽车、节能环保装备等 4 个百亿级特色产业链，以及信创、物联网、新一代半导体、通用航空等 4 个战略性未来产业链。在一些硬性指标上，《规划》也提出了要求。比如到 2025 年全市规上工业企业达到 3000 户，工业增加值占 GDP 比重超过 30%，规上工业企业有研发机构的企业占比超过 50%，高技术制造业增加值年均增长 15%，等等。

作为一个老工业基地，太原长期面临着转型和发展的双重压力。太原的成功转型揭示了一个道理：经济发展不能只顾眼前，更要"谋万世、布全局"。太原的成功转型不仅破解了资源城市"环保与经济发展矛盾"的魔咒，同时为更多资源城市树立了良好典型。

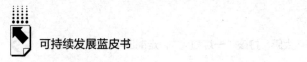
参考文献

胡引平：《促进山西煤炭产业高质量发展 从用"好煤"到"用好"煤》，《太原日报》2022 年 11 月 12 日。

张保留、王健、吕连宏等：《对资源型城市能源转型的思考——以太原市为例》，《环境工程技术学报》2021 年第 1 期。

曹婷婷：《【中央环保督察整改进行时】太原百日攻坚整治大气环境》，《山西日报》2017 年 8 月 11 日。

郑波、姜范、李红光等：《太原转型》，《经济日报》2022 年 12 月 14 日。

张兵生：《系统设计 整体推进 全力加快资源型城市转型》，《今日国土》2010 年第 11 期。

孙植华：《产业集聚视角下中部六省承接产业转移研究》，《对外经贸》2016 年第 11 期。

李静：《新能源产业集聚度城市出炉 太原入列五十强》，《太原日报》2023 年 6 月 25 日。

B.21
重庆珞璜：传统工业小镇转型开放物流枢纽的可持续实践

邹碧颖　王延春[*]

摘　要： 珞璜是重庆市江津区的传统工业重镇。长期以来，当地以高能耗、高污染、低附加值的资源密集型产业作为经济发展支柱。近年来，珞璜充分发挥在成渝地区双城经济圈、西部陆海新通道建设中的区域优势，重新整合五大资源板块——珞璜镇、省级特色工业园区"江津珞璜工业园"、国家级开放平台"重庆江津综合保税区"、重庆四大长江枢纽港之一的"珞璜港"、国家级铁路物流中心"小南垭铁路物流中心"，推动这座单一的传统工业小镇向对外开放的关键物流枢纽实现高质量转型发展。这背后不仅涉及经济区内不同业务板块管理职能的统筹协调，也牵涉传统产业的转型升级与跨区域合作、交通通道能力的完善提升，以及充分发挥综合保税区的优惠政策优势。西可连亚欧、南可连东南亚、东可借江出海，从传统的工业小镇脱胎，珞璜作为物流枢纽正释放出更大的可持续发展潜力。

关键词： 西部陆海新通道　开放枢纽　对外开放　转型升级　重庆珞璜

党的二十大报告提出，要加快建设西部陆海新通道。西部陆海新通道以

---

* 邹碧颖，《财经》杂志区域经济发展研究院研究员；王延春，《财经》杂志副主编、区域经济发展研究院院长。

重庆市为运营中心，各西部省区市为关键节点，利用铁路、海运、公路等运输方式，向南经广西、云南等沿海沿边口岸通达世界各地，比经东部地区出海所需时间大幅缩短。目前，重庆市在西部陆海新通道建设上，已形成以中心城区和江津为主枢纽，以万州、涪陵为辅枢纽，以黔江、长寿、合川、綦江、永川等为重要节点的"一主两辅多节点"枢纽体系，正加快打造国内大循环与国内国际双循环的重要枢纽、西部地区改革开放的重要支撑、区域经贸合作的重要门户、面向东盟市场的要素资源集散中心。

珞璜组团位于重庆市江津区东部，素以传统工业重镇闻名。2005 年，珞璜工业园成立，随后逐渐形成材料、汽摩、装备等主导产业，并与德感、双福、白沙等三个工业园共同组成江津工业园区（重庆市人民政府首批批准的 16 个特色工业园区之一）。但从成渝地区双城经济圈的区位交通视角看，珞璜组团拥有得天独厚的地理交通优势，临长江之滨、三峡库区之尾，毗邻巴南区，与大渡口区、九龙坡区仅一江之隔，离川南、黔北以及南向的广西、东南亚距离相对较近。珞璜组团的小南垭火车站、珞璜港也是重庆铁路、水运交通的关键节点。与国内不少工业区类似，过去珞璜组团各板块相对分散，缺乏"一盘棋""一体化"的统筹协调和顶层设计，造成管理体制、治理机制的效率效能与其发展定位和潜力不相符合。

自 2020 年成渝地区双城经济圈建设启动以来，珞璜组团在江津区高质量发展的战略地位不断提升，传统产业提质增效、交通网络建设持续完善。目前，珞璜临港产业城总体规划面积约 68 平方公里，整合珞璜组团五大资源板块——珞璜镇、省级特色工业园区"江津珞璜工业园"、国家级开放平台"重庆江津综合保税区"、重庆四大长江枢纽港之一的"珞璜港"、国家级铁路物流中心"小南垭铁路物流中心"，正发挥"水公铁联运+工业园+综合保税区"的资源优势，一体打造大通道、大枢纽、大口岸、大物流、大平台，推动西部陆海新通道与中欧班列、长江黄金水道高效衔接，推动这座单一的传统工业小镇向对外开放关键物流枢纽的高质量转型发展。

图1　江津珞璜临港产业城鸟瞰图

资料来源：重庆江津综合保税区管委会。

一　理顺管理体制机制，创新区域内不同类型经济区统筹协调协同改革

经济区与行政区适度分离改革是改革开放以来各地经济高速发展的重要驱动因素。经济区管理部门因为减少了社会事务职能，能够进一步聚焦产业发展，使得该地区产业集中和经济赶超得以同步高效推进。但是，同一个地区往往存在不同类型的经济区，也可能造成经济区之间缺乏有效统筹协同，降低了区域发展质效。以江津区珞璜组团为例，区域内拥有工业园、综合保税区、港口、铁路枢纽等经济区，分属于不同职能部门，如果依靠经济区之间基于具体业务的横向自发协调，缺乏前瞻规划、统筹部署，也容易陷于追求本经济区利益更大化而忽视协同协作效益。换言之，江津区珞璜组团的高质量发展关键在于破解区域内经济区之间的协同挑战。

鉴于此，2022年3月，江津区委批准成立江津珞璜临港产业城管理委员会，将江津区珞璜组团区域内各经济区统一纳入珞璜临港产业城，实现一个统一品牌、一套管理体制。江津珞璜临港产业城管委会作为区域内各经济区的协商议事机构，在不打破原有管理体制、不增加管理层级、不增加人员编制的基础上，打破经济区界限，由分管区领导担任管委会主任，统筹协调

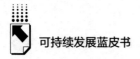
区域内的各项经济发展事务，将重点事项纳入江津区级层面高位协调解决。

江津珞璜临港产业城管委会办公室设在重庆江津综合保税区管委会，负责管理重庆江津综合保税区发展集团有限公司（重庆江津综合保税区平台公司）、重庆市江津区珞璜开发建设有限公司（珞璜工业园平台公司）等市场主体，协调海关、铁路（小南垭铁路枢纽中心由成都铁路局重庆车务段管理）、港口（珞璜港由重庆港务集团管理）等相关单位，对外以珞璜临港产业城管委会名义推进工作。

值得关注的是，江津珞璜临港产业城管委会并非决策机构，江津区将重庆江津综合保税区党工委明确为决策机构，由担任江津珞璜临港产业城管委会主任的区领导兼任重庆江津综合保税区党工委书记，吸纳各经济区管理部门和珞璜镇党委、政府负责人作为党工委委员。"将珞璜临港产业城的决策机构设在江津综合保税区党工委"的亮点在于，江津综合保税区是国家级海关特殊监管区域，相较于珞璜工业园的省级工业园区的经济区级别更高，更能体现江津珞璜临港产业城重点发展内陆开放型经济的特色，更能展现"珞璜临港产业城是江津经济发展最大变量"的战略路径。

同时，江津综合保税区批准四至范围 2.21 平方公里，围网外配套区 27.9 平方公里，二者合计 30.11 平方公里，占江津珞璜临港产业城规划面积的 41.3%。[①] 江津区又对江津综合保税区管委会、珞璜工业园管委会进行扁平化整合，实行两块牌子、一套班子，使得江津综合保税区党工委的管理决策范围扩展到江津珞璜临港产业城全域，解决重庆江津综合保税区发展空间的限制，并兼顾区域内的其他经济区统筹发展。

由于经济区和行政区在政务服务、经济治理、基层治理的人员配置、管理架构上存在较大差异性，尤其在后发地区，经济区需要聚焦资源突破产业瓶颈，因而推进经济区与行政区适度分离改革是释放经济区发展潜力、发挥行政区治理优势的关键一招。江津临港产业城在解决区域内不同经济区统筹协调协同问题后，进一步明确，重庆江津综合保税区和珞璜工业园专司经济

---

① 《重庆陆港型国家物流枢纽情况介绍》，江津区政府提供。

发展，珞璜镇专司整个区域内的社会服务和管理，一举破解"经济区产业发展和社会事务一手抓，珞璜镇负责经济区规划范围外的经济社会事务"带来的效率挑战和治理困境。

二 优化升级五大产业，加强成渝双城经济圈产业合作

江津珞璜临港产业城拥有多年的工业基础，且以传统制造业为主，截至目前，共有企业1043家，其中规上工业企业171家。2022年，珞璜临港产业城实现工业总产值650.7亿元，同比增长8%；规上工业企业167家，完成产值585.7亿元，同步增长7.2%，总量居江津区工业园第2位，占江津区规模工业总产值的32.6%。[①]

目前，江津珞璜临港产业城主要发展材料、汽摩、装备三大主导产业，纸质及包装、智能家居两个消费品细分领域，现已入驻玖龙纸业、金田铜业、杜拉维特、敏华家居、海亮铜业、威马农机、德邦物流等优质企业。其中，材料产业是江津珞璜临港产业城增长最快的产业集群，汽摩产业在江津珞璜临港产业城拥有相对完整和成熟的产业链，装备产业占江津珞璜临港产业城规模工业产值接近1/5，纸质及包装行业有玖龙纸业作为强劲的链主企业进行引领，智能家居产业有望成为江津珞璜临港产业城下一个具有辨识度的增长点。

在现有产业基础上，江津珞璜临港产业城将每个细分产业培优做强，推进一些具有代表性的知名项目落地，提升产业在成渝地区双城经济圈的影响力，实现重点产业稳步提档升级。2022年，江津珞璜临港产业城战略性新兴规上制造企业有26户，实现产值112.6亿元，同比增长13.2%，增速居江津区第一；高新技术企业和专精特新企业数量均居江津区第1位。[②]

另外，江津珞璜临港产业城腾笼换鸟、产业升级的步伐也"箭在弦

---

① 《江津珞璜临港产业城工业经济发展报告》，江津区政府提供。
② 《江津珞璜临港产业城工业经济发展报告》，江津区政府提供。

图 2　重庆敏华家具制造有限公司生产线

上"。由于产业时序发展、景气变化等原因，区域内尚有一些与开放型经济关联度不大的传统企业亟待转型升级，反过来讲，江津珞璜临港产业城开发开放愈加行稳致远，也为这些传统企业带来新的发展机遇期。例如，重庆天助水泥（集团）有限公司在江津珞璜临港产业城投资兴业 20 多年，近年受房地产市场萎缩、产能过剩等影响，加之保护港区生态环境对产品、产能的限制，生产经营面临较大挑战。2020 年以来，天助水泥抢抓成渝地区双城经济圈基础设施建设带来的新市场需求，将江津珞璜临港产业城作为总部，在北碚区、南岸区发展混凝土产业，并在涪陵区、綦江区等临近矿山资源的区域选址，将煅烧等水泥生产环节转移出去。同时，天助水泥还利用厂区临近港口的区位优势，拟发展仓储、物流、码头等新方向。

　　近年来，江津珞璜临港产业城企业跨区域业务合作、市场拓展更频繁，融入成渝地区双城经济圈建设的步伐明显加快。例如，重庆三峡电缆（集团）有限公司于 2013 年落户，如今将集团总部迁至江津珞璜临港产业城，总部员工超过 300 人，集团全球的产业链供应链要素和信息在珞璜总部集聚和分发。三峡电缆加强党建引领，与成渝地区双城经济圈有关政府部门、企事业单位开展党建共建合作，进而扩展营销网络。2022年，三峡电缆在泸永江融合发展示范区就签约100多个项目，合同销售金额达5亿元。

由江津区、合川区、泸州市三地共建的泸永江融合发展示范区是川渝毗邻地区加快融合发展的十大功能平台之一。材料产业是江津珞璜临港产业城的主导产业之一，拥有金田铜业、海亮铜业、哈韦斯特铝业等重点材料企业，新材料产业正加速集聚成链。基于产业布局、市场拓展等考量，有关材料企业有异地扩张的需求。江津区与泸州市合江县毗邻，人文同脉，合江临港工业园区是省级工业园，二者在区位、交通、产业结构等要素具有互联互通的天然优势，共建的"合江·江津（珞璜）"新材料产业示范园区成功入选首批成渝地区双城经济圈产业合作示范园区名单。目前，双方正协同招商引资、互相引荐项目，并强化上下游的配套合作。2021~2023年，双方有超过30家企业在新材料产业上下游环节配套合作。

三　完善提升通道能级，加快形成"全球采产销"新发展格局

重庆陆港型国家物流枢纽由重庆国际物流枢纽园片区（以兴隆场特大型编组站和团结村铁路集装箱中心为核心）和江津珞璜物流园片区两大板块组成，前者以辐射西向通道（中欧班列）为主，后者以辐射南向（西部陆海新通道）为主。江津珞璜临港产业城拥有集深水良港、高速公路、干线铁路和轨道交通（规划中）于一体的多式联运立体交通优势，近年来，江津珞璜临港产业城发挥"通道+经贸+产业"联动协同效应，积极对接共建"一带一路"和RCEP国际经贸规则，统筹国内国际两个市场两种资源，以通道物流优势推动形成全球"采购-生产-销售"一体化新发展格局。

经过与同类地区比较，江津珞璜临港产业城多式联运综合成本与绩效在西部地区处于领先地位。基础设施方面，小南垭铁路物流中心是西南地区最大的长大笨重货物、集装箱、怕湿货物、商品车运输物流中心，占地1500亩，年吞吐能力2000万吨以上，建成货物仓库8栋、总面积4.5万平方米，

长大笨重货物装卸区 1 个、面积 4.2 万平方米，商品车装卸区 1 个、面积 3 万平方米，综合货区 4 个、总面积 24 万平方米。通道方面，小南垭铁路物流中心与渝黔铁路、成渝铁路、襄渝铁路、兰渝铁路、遂渝铁路、渝怀铁路等相连，拥有四通八达的交通优势。区位方面，小南垭铁路物流中心位于渝西地区核心区和渝川黔交界处，相比重庆其他通道物流中心，对接川南、黔北、广西、东南亚的区位优势明显。2022 年，小南垭铁路物流中心和珞璜港总吞吐量突破 1300 万吨；累计开行西部陆海新通道江津班列 536 列，共运输货物 26822 标箱，运输货值超过 12 亿元。①

珞璜港是重庆四大长江枢纽型港口之一，从区位条件、航道质量、多式联运等指标看，其有望成为长江黄金水道和西部陆海新通道连接的最佳节点。进一步分析，珞璜港是长江流域"四川宜宾—湖北宜昌"段通行能力、吞吐规模较大的铁公水联运的陆港型枢纽。相较而言，宜宾市、泸州市受水位条件限制，港口综合能力尚不及珞璜港。同时，珞璜港也是距离重庆南向通道主线（渝黔铁路）最近的港口，是渝西、川南、黔北借江出海的重要港口，规划有 5000 吨级直立式泊位 8 个，年吞吐能力达 20 万标箱、1100 万吨。另外，珞璜港通过 6 公里铁路专线，穿越中梁山，连接小南垭铁路物流中心，实现水铁无缝衔接，是各类货物尤其是大宗散货便捷经济的水公铁集疏运港口。

近年来，江津珞璜临港产业城的通道能级不断提升，实现西部陆海新通道与中欧班列、长江黄金水道等出海、出境大通道的有效衔接，先后开通东南亚海陆冷链快线、成渝地区双城经济圈水上穿梭巴士、珞璜港－上海港集装箱班轮、中老国际铁路货运列车等国际国内多式联运货运线路。目前，西部陆海新通道江津班列形成四条主要到发线路，包括到达广西钦州港东站的国际铁海联运班列、经过云南磨憨口岸到达老挝万象的中老跨境班列、经过广西凭祥口岸到达越南的中越跨境班列、经过云南瑞丽口岸到达缅甸的陆海新通道跨境铁公联运班列。截至 2023 年 4 月 15 日，西部陆海新通道江津班列已累计开行 1157 列，而 2023 年预计达到 1000 列的开行目标，同比实现

---

① 《重庆陆港型国家物流枢纽情况介绍》，江津区政府提供。

翻倍增长。①

例如，玖龙纸业（重庆）有限公司是玖龙纸业（控股）有限公司在中国最大的生产基地，原材料主要为来自全球各地的废纸，在泰国汇集并加工处理为纸浆。过去，玖龙纸业主要采取江海联运的方式，将纸浆从泰国海运至上海，转长江水运至珞璜生产基地。西部陆海新通道江津班列开通后，玖龙纸业从泰国进口的纸浆先到广西钦州港，再通过铁路运输至珞璜生产基地。二者运输费用相差不大，但是后者的时效可以节约近一半，并且通过转关方式运输至小南垭铁路物流中心海关监管作业场所清关，通关便利性进一步提升。

江津珞璜临港产业城供应链服务体系也日趋完善。例如，重庆江津综合保税区老挝仓储集拼中心挂牌运营，为提升东盟国际班列服务能力提供本地化运营载体；陆海新通道江津综保区冷链产业园等3个项目跻身首批国家综合货运枢纽补链强链城市（群）项目库，提升通道供应链服务能力；随着小南垭海关监管作业场所建成投用，珞璜港进境粮食中转码头获批，智能化铁路货运中心启动建设，珞璜港口岸扩大开放"升级版"已然成型。

四 "通道+物流+经贸+产业"联动，
培育高质量内陆开放型经济

目前，随着西部陆海新通道建设进一步完善，江津珞璜临港产业城"通道+物流+经贸+产业"联动效应不断放大。重庆江津综合保税区是重庆市继两路果园港综合保税区、西永综合保税区之后的第三个海关特殊监管区域，于2017年1月经国务院批准设立，2018年7月正式封关运行。批准四至范围2.21平方公里，重点发展保税加工、保税物流和保税服务；围网外配套区27.9平方公里，发展智能装备、医疗器械、消费电子、现代物流等产业，以实现网内网外联动发展。

---

① 《重庆陆港型国家物流枢纽情况介绍》，江津区政府提供。

可以认为，重庆江津综合保税区是江津珞璜临港产业城乃至江津区重要的国家级开放平台。置于成渝地区双城经济圈视角看，重庆江津综合保税区与中国（四川）自由贸易试验区川南临港片区（泸州）、重庆永川综合保税区共同构筑了泸永江融合发展示范区内陆开放"金三角"，承担了以开放促发展、促示范的重任。

从发展视角看，重庆江津综合保税区的对标对象主要是西永综合保税区、两路果园港综合保税区，前者地处重庆沙坪坝区，后者地处重庆两江新区。2023 年第一季度，西永综保区、两路果园港综保区在全国综保区外贸进出口总量中排名分别为第 4、第 8，而江津综保区排名为第 79，与上述两个综保区尚有一定差距。① 西永综保区、两路果园港综保区的优势在于强大的产业支撑，而非单一依靠政策红利。比如，西永综保区先是做大电子信息产业，吸引惠普、富士康等世界 500 强和几百家配套企业入驻，而后再围网组建西永综保区，即招商落地、产业发展在前，设立综保区、放大政策红利效应在后。

重庆江津综合保税区要奋力追赶标杆综保区的关键仍然在于"通道+物流+经贸+产业"的有效联动，即用好、用足综保区政策红利，以江津综保区为平台，在更大的空间范围谋划和促进江津珞璜临港产业城高质量发展，提升现代产业承载能力，形成产业势能叠加效应，从而实现后发赶超。尤其是要深度挖掘"一带一路"与长江经济带战略连接点和支点的独有价值，加快完善"水公铁"立体交通网络，以区位优势培育通道优势，以机制创新补齐产业短板，向西通过中欧班列（重庆）国际大通道连接中亚及欧洲的市场机会、现代产业，向东沿长江黄金水道出海，实现江海联运，深度融入长江经济带要素配置与产业链供应链分工，向南通过西部陆海新通道，辐射东盟各国，发展基于 RCEP 的外向型产业。

围绕上述战略路径，江津珞璜临港产业城内陆开放型经济发展已形成若

---

① 《2023 年一季度海关特殊监管区域和保税物流中心进出口排名》，搜狐网，2023 年 4 月 19 日，https://roll.sohu.com/a/673112338_121124359。

干具备识别度的成果：依托西部陆海新通道、中新互联互通陆海新通道、中欧班列，形成以木材、电解铜、有色金属等集聚的大宗商品进口、分拨、加工贸易；以东南亚、南美、北美、中东欧水果、粮食、肉类、生鲜等冷链进口、加工及仓储等现代物流业，建成东盟商品分拨中心和重庆市重要的大宗商品交易中心；围绕保税功能，大力发展跨境电商、融资租赁等服务贸易。2022 年，重庆江津综合保税区实现进出口贸易额 148 亿元，比 2021 年净增22.5 亿元，同比增长 17.93%，成为重庆市唯一实现进出口额两位数增长的开放平台，其中，保税加工贸易额 65.1 亿元，占比 43.97%，保税物流贸易额 82.9 亿元，占比 56.03%。①

五 加快建设内陆开放前沿和陆港型综合物流 基地核心区面临的挑战和建议

内陆开放前沿和陆港型综合物流基地是江津区"五地一城"建设的目标任务之一，而江津珞璜临港产业城是该战略的主要承载地。当下，江津珞璜临港产业城开放发展也仍面临若干挑战，亟待用"超常规"的创新举措实现弯道取直、弯道超车。

从微观环境看，江津珞璜临港产业城距离重庆主城仍有一定距离，公路、铁路、水运等基础设施网络需要织密、互联。江津珞璜临港产业城要加快推进轨道交通、高速公路等建设，不断提升同城化水平，吸引重庆主城和周边地区的要素聚集。稳步推进"两桥三隧一高铁"建设（铜罐驿、小南海长江大桥，中梁山、玉观、碑亭隧道和渝贵高铁），加快构建"三横三纵四互通，四铁双站双枢纽"的对外交通体系。

此外，珞璜港的集疏运体系尚需完善，目前整体航道等级仅为三级，航道水深 2.9 米，转弯半径小，航道宽度最宽 80 米，最窄不到 40 米，且境内还有 3 段控制河道，只能单向通行，加之每年还有一定时间的枯水期、珞璜

---

① 《重庆陆港型国家物流枢纽情况介绍》，江津区政府提供。

港至朝天门段航道通行能力受限、技术条件装备不足等限制因素，导致珞璜港的水运优势尚未完全发挥。因此，江津区要充分利用水深资源，及时优化调整航标，并联动泸州市、九龙坡区等长江上下游毗邻地区，在浅滩、控制河段加强维护性疏浚和通行信号指挥，提高航道维护尺度，力争将维护水深提升至 3.5 米，达到 I 级航道维护标准，让 5000 吨级船舶能够全年直达珞璜港。

从中观环境看，近年来，国内民营企业投资增速下滑，2023 年第一季度仅增长 0.6%，客观上增加了江津珞璜临港产业城招引优质项目落地的难度。做优存量资源、释放存量企业增长潜力成为内生式发展的关键。建议加快实施区域内存量企业数智化转型与技改工程，提高制造企业的效率、工艺、质量以及绿色生产水平，促进五大产业稳步提质增效。同时，梳理、发掘、培育区域内具有一定规模的产业，做大产业招商效能。例如，江津区及周边地区的电缆企业有 100 多家，处于零星分布、各自为政的态势，在国内电缆市场供过于求的现实下，通过产能转移、要素合作、物流整合，依托重庆江津综合保税区出境出海，依托小南垭铁路物流中心就地就近配置产业链供应链，辐射更广泛市场，有望形成新的双循环竞争优势，江津珞璜临港产业城则从招引电缆企业向集聚培育具备竞争力的电缆产业升级。依此逻辑，江津珞璜临港产业城可成为长三角地区、粤港澳大湾区及欧洲、东盟等地区产能合作、贸易畅通的重要节点，进而延伸到现代产业建圈、强链、补链、延链。

从宏观环境上看，在百年未有之大变局背景下，全球经济发展不确定性明显增加，中国外贸进出口下滑风险加大，江津珞璜临港产业城开放型经济发展面临同类地区、周边地区的竞争，维持中高速稳定增长的关键在于构筑和发挥"通道+物流+经贸+产业"联动的综合比较优势，加强与欧洲、东盟、南亚等国家地区的有效对接，研究新时代共建"一带一路"的新机遇，深入调研了解重点国别的市场新空间，以需求侧扩容提质牵引供给侧改革升级，常态开通西部陆海新通道江津班列、中欧江津班列，并将江津班列的服务与货源在成渝地区双城经济圈构筑业务网络和集疏体系，打造"一带一路"政策沟通、设施联通、贸易畅通、资金融通、民心相通的高质量开放平台。

"改革开放新高地"是成渝地区双城经济圈建设的战略定位之一。而今，珞璜临港产业城作为江津对外开放的火车头、重庆南向开放的桥头堡，依托南向、西向、东向大通道，扩大全方位高水平开放，形成"一带一路"、长江经济带、西部陆海新通道联动发展的战略性节点，正在书写一座传统工业小镇向区域合作与对外开放关键枢纽转型的"珞璜答卷"。

参考文献

《重庆江津珞璜临港产业城：弄潮西部陆海新通道》，新华财经，2022 年 3 月 27 日，https：//bm. cnfic. com. cn/sharing/share/articleDetail/165661123/1。

《珞璜临港产业城：敢闯敢干　唯实争先》，《江津日报》2023 年 2 月 1 日，http：//epaper. cqjjnet. com/PC/jjrb/202302/01/content_ 22149. html。

《陆港型国家枢纽的珞璜实践》，《第四增长极》2023 年 3 月 25 日，https：//mp. weixin. qq. com/s/a2sR9wCpW1ZhNROj_ ROZiw。

B.22
国际城市研究案例

王安逸　杨宇楠　王　超　孟星园　Sylvia Gan*

摘　要： 本报告从经济发展、社会民生、环境资源、消耗排放，以及治理保护五个城市可持续发展的主要领域，介绍并分析了美国纽约、巴西圣保罗、西班牙巴塞罗那、法国巴黎、中国香港、新加坡、荷兰埃因霍温，以及阿联酋迪拜这些国际大都市的可持续发展政策与成果，并通过15个指标同中国110座大中型城市（下文简称中国百城）的可持续发展水平进行了比较。2021年，在新冠疫情逐渐好转的大环境下，各国的经济复苏计划初见成效，各国际城市的经济明显反弹，GDP增长率趋近甚至超过了中国百城。同往年类似，中国百城普遍在空气质量、能耗与水耗上有着较大的进步空间。虽然在某些领域包括杭州在内的中国百城依然明显落后于国际对比城市，但指标的统计数据也明确地反映出了国内城市逐年的进步。

关键词： 国际城市　可持续发展　中国城市对比

---

* 王安逸，博士，美国哥伦比亚大学研究员，研究方向为可持续城市、可持续机构管理、可持续发展教育等；杨宇楠，美国哥伦比亚大学研究助理；王超，河南大学新型城镇化与中原经济区建设河南省协同创新中心硕士生；孟星园，美国哥伦比亚大学研究助理，博士在读；Sylvia Gan，美国哥伦比亚大学公共事务学院环境科学与政策项目硕士研究生，研究助理。

一 美国纽约

表1 2021年纽约、杭州、中国百城平均水平可持续发展指标比较

可持续指标	纽约	杭州	中国百城平均值
常住人口（百万）	19.76	12.20	7.00
GDP（十亿元人民币）	10314.25	1810.90	682.99
GDP增长率（%）	9.35	8.49	7.90
第三产业增加值占GDP比重（%）	84.88	67.85	52.20
城镇登记失业率（%）	7.00	2.34	2.85
人均道路面积（m²/人）	22.95	11.48	14.82
房价-人均GDP比	0.06	0.19	0.16
中小学师生人数比	1∶12.5	1∶13.9	1∶14.3
0~14岁常住人口占比（%）	20.50	13.32	17.55
人均城市绿地面积（m²/人）	13.58	46.42	43.68
空气质量（年均PM2.5浓度，μg/m³）	8.30	28.00	31.00*
单位GDP水耗（吨/万元）	2.18	16.43	49.28
单位GDP能耗（吨标准煤/万元）	0.07	0.56	0.61
污水集中处理率（%）	100.00	96.98	96.19
生活垃圾无害化处理率（%）	100.00	100.00	99.92

注：＊表示全国339个城市平均值。

资料来源：根据公开资料整理。

（一）经济发展

纽约都会区（New York Metropolitan Area, or Tri-State Area）是全美国最大的都会区，也是全世界较大的都会区之一。2021年，纽约都会区（以下简称纽约）的生产总值为10.31万亿元人民币，仍然是全球GDP最高的城市，即使是GDP占日本1/5的东京也不敌。2021年，纽约都会区GDP超过巴西、澳大利亚、韩国等国的全国GDP。2021年，随着新冠疫情（COVID-19）大流行影响的逐渐消退，纽约的经济相比2020年大幅反弹，从3.36%的负增长转为9.35%的正增长；失业率方面，纽约2021年的城镇登记失业率由2020年的9.9%减少至7.00%，但仍然维持在较高的位置。

（二）社会民生

纽约都会区是美国人口最稠密的地区。据统计，纽约 2021 年的常住人口是 1976 万，远超中国百城的平均值（700 万）。0~14 岁的居民占纽约人口的 20.50%，略高于中国百城平均值（17.55%）。纽约相较于其他美国人口密集的城市，拥有较高的最低工资水平，但对于许多纽约居民来说，城市住房成本仍然是最大的经济负担之一。与中国百城相比，纽约居民的收入水平也较高。截至 2021 年，纽约的房价—人均 GDP 比为 0.06，而中国百城的平均值为 0.16。这意味着纽约都会区较高的人均 GDP 在很大程度上减轻了当地居民高昂房价的压力，使得纽约的房价相对于中国城市更能承担。纽约人口密集，在教育方面，小班化程度与中国百城相近，但仍然领先于中国。截至 2021 年，纽约中小学师生人数比为 1∶12.5（每个教职人员对应 12.5 个学生），同年中国百城的平均值为 1∶14.3。这意味着纽约在教育资源配置方面相对更加优越，教师和学生之间的比例更合理。

交通方面，根据纽约市《可持续发展长期战略》[①]，纽约的成功一直以来都是由其高效和规模庞大的交通网络推动的，尽管数十年来取得了显著进展，但纽约尚未在公共交通和道路网络上实现完全的良好维护状态。更重要的是，市内的交通网络拥堵严重，几乎所有的地铁线路、河流通道和通勤铁路线在未来几十年内将超过其容量极限，使得交通成为纽约地区发展最大的潜在障碍。尽管如此，放眼全球，长期稳固的基础设施建设仍使得纽约在交通方面名列前茅，2021 年，纽约的人均道路面积为 22.95 平方米，是中国百城中可持续性综合排名第一的杭州（11.48 平方米）的近两倍，较中国百城平均值（14.82 平方米）高出 55%。

---

① 纽约市全球合作伙伴：《纽约市可持续发展长期战略——最佳实践》，2010 年 7 月 21 日，https://www.nyc.gov/html/ia/gprb/downloads/pdf/NYC_Environment_PlaNYC.pdf#:~:text=PlaNYC%20%28New%20York%20City%20Mayor%E2%80%99s%20Office%20of%20Long-Term,Land%2C%20Water%2C%20Transportation%2C%20Energy%2C%20Air%20and%20Climate%20Change。

（三）环境资源①

纽约市拥有超过 1700 个公园，其中最著名的中央公园位于曼哈顿的核心地带。中央公园占地 3.4 平方公里，是世界上最大的人造自然景观之一，被称为"纽约之肺"，为减少人口增长和经济发展对环境造成的不利影响，纽约市将环境因素纳入城市发展战略，最大限度地实现雨水在城市区域的储存、渗透和净化，促进雨水资源的循环利用和生态环境保护，提高市民的生活质量②。近年来，纽约市一直在积极推行可持续发展，提高城市绿化水平，鼓励居民安装绿色屋顶、太阳能板等。然而，由于人口密度极大，截至2021 年，纽约市的人均城市绿地面积仅为 13.58 平方米/人，不到中国百城排名第一的杭州市人均城市绿化面积的 1/3（46.42 平方米/人），也远低于同年中国百城的平均值（43.68 平方米/人）。但值得注意的是，这个指标只反映了纽约市区的情况，未包括整个都会区的人均绿地水平。

截至 2021 年，纽约市的空气质量优于中国大多数城市。与中国百城中可持续性综合排名第一的杭州相比，杭州全年 PM2.5 平均值为 28.00 微克/立方米，但纽约市仅为 8.30 微克/立方米，相比 2020 年的 9 微克/立方米有所改善。纽约市的 PM2.5 值不到中国百城同年平均值（31.00 微克/立方米）的 1/3。

（四）消耗排放

纽约市是全美碳利用率较高的城市之一，其人均排放量比美国的平均水平低 71%，但据纽约市《可持续发展长期战略》预测，由于人口和经济的增长，如果不采取行动，到 2030 年纽约市的碳排放量将达到 7400 万吨。研究表明，纽约市有近 10000 座建筑物，占据 52 亿平方米的空间。纽约市建筑节能的重点领域主要有五个：公共机构和政府建筑物、工业和商业建筑

---

① 由于无法获得纽约都会区的绿地面积统计，本小节相关数据反映纽约市情况。
② 新华网：《纽约市的"绿色化"发展》，环球网，2015 年 11 月 5 日，https：//world. huanqiu.com/article/9CaKrnJRdfn。

物、住宅建筑、新建筑、电器和电子领域。对于建筑节能，纽约重点着眼于两个方面：一是提高建筑节能领域的规范，市政府投入年度能源收入的10%，支持建立城市建筑物的能源使用管理系统和城市运营中的节能活动；二是支持在全市推行智能电表，通过实时电价来减轻高峰时的负荷。

2021年，在能耗方面，纽约与中国各大城市相比仍然遥遥领先：根据数据显示，纽约每万元GDP的能耗为0.07吨标准煤，不到中国百城平均值（0.61吨标准煤/万元）的1/8。另外，纽约每万元GDP的用水量为2.18吨，相比于2020年的1.75吨有增加。与中国百城中可持续性综合排名第一的杭州（16.43吨/万元）和在该专项排名中位居第一的深圳（7.2吨/万元）相比，纽约仍然远低于中国领先城市的水耗，同年，中国百城的平均水耗为49.28吨/万元。

（五）治理保护[①]

自2001年关闭了Fresh Kills垃圾填埋场以来，纽约市几乎将所有的垃圾运往州外，这导致了成本的上升和环境问题的出现。同时，人们对废物对社区产生负面影响的担忧以及城市对实现2050年温室气体减排目标的推动，使这一问题变得尤为突出。2015年，纽约市市长白思豪（Bill de Blasio）宣布了一项雄心勃勃的计划，即在2030年之前将垃圾出口减少至零，以应对全球变暖的挑战[②]。此外，纽约市还制定了旨在实现零废物目标并减少废物产生量的综合战略，这包括对零废物计划的详细基础分析、公共和地方组织的早期参与，吸引不同利益相关者参与。

纽约市的零废物倡议旨在通过一系列措施降低成本和减少废物产生。例如，扩大有机物的路边收集范围（目前已服务于10万个家庭）和增设当地垃圾回收点计划，计划到2018年底为所有纽约市民提供这项服务。此外，到

---

① 公开数据仅限于纽约市，2021财年（2020年7月1日至2021年6月1日）。

② 纽约市政府：《一个纽约：更强大、更公平的城市》（One NYC: The Plan for a Strong and Just City），2015，https://onenyc.cityofnewyork.us/wp – content/uploads/2019/04/OneNYC – Strategic-Plan-2015.pdf。

2020 年，纽约市将实施金属、玻璃、塑料和纸制品的单流回收收集。其他废物管理措施包括建设废物转能厂，该厂采用厌氧消化技术，每天可将多达 500 吨的有机废物转化为甲烷供暖；减少塑料袋和其他不可回收垃圾（例如聚苯乙烯发泡泡沫）的使用；为每位市民提供回收和减少废物的机会；使所有学校实现零废物目标；增加再利用和回收纺织品和电子废物的机会；制订"按量收费，自行扔掉"计划，通过实行污染者付费原则减少废物；等等。这些措施将有助于纽约市更加有效地管理废物，实现可持续发展目标①。

在 2021 财年，纽约共处理了约 320.44 万吨，回收了 87.4 万吨的垃圾②。往年数据表明，纽约污水集中处理率和生活垃圾无害化处理率均为 100%，相比之下，中国百城的平均污水集中处理率为 96.19%，生活垃圾无害化处理率为 99.92%，虽然中国治理保护方面的能力逐年提高，但纽约市仍领先大多数中国城市。

二　巴西圣保罗

表 2　2021 年圣保罗、杭州、中国百城平均水平可持续发展指标比较

可持续指标	圣保罗	杭州	中国百城平均值
常住人口（百万）	22.24	12.20	7.00
GDP（十亿元人民币）	2009.88	1810.90	682.99
GDP 增长率（%）	6.62	8.49	7.90
第三产业增加值占 GDP 比重（%）	70.94	67.85	52.20
城镇登记失业率（%）	13.67	2.34	2.85
人均道路面积（m²/人）	12.32	11.48	14.82
房价-人均 GDP 比	0.20	0.19	0.16
中小学师生人数比	1∶23.9	1∶13.9	1∶14.3
0~14 岁常住人口占比（%）	21.01	13.32	17.55

---

① C40 城市：《C40 良好实践指南：纽约市-纽约市零废物》，2022 年 2 月，https：//www.c40.org/zh-CN/case-studies/c40-good-practice-guides-new-york-city-zero-waste-nyc/。

② 纽约市卫生局：《市长管理报告》，2021，https：//www1.nyc.gov/assets/operations/downloads/pdf/pmmr2022/dsny.pdf。

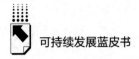
续表

可持续指标	圣保罗	杭州	中国百城平均值
人均城市绿地面积（m²/人）	2.58	46.42	43.68
空气质量（年均 PM2.5 浓度，μg/m³）	16.07	28.00	31.00*
单位 GDP 水耗 （吨/万元）	7.14	16.43	49.28
单位 GDP 能耗（吨标准煤/万元）	0.15	0.29	0.56
污水集中处理率（%）	62.00	97.13	96.98
生活垃圾无害化处理率（%）	97.80	100.00	99.92

注：＊表示全国 339 个城市平均值。
资料来源：根据公开资料整理。

（一）经济发展

作为巴西人口最多的城市，圣保罗在经济方面持续领先于其他巴西城市。虽然仍有疫情方面的影响，但是圣保罗市的经济状态与上一年相比有所提升。2021 年，圣保罗的 GDP 约为 2.01 万亿元人民币，GDP 增长率为 6.62%。该市的城镇登记失业率较上年略有下降，从 14.2%下降至 13.67%，仍然远高于中国大部分城市的城镇登记失业率（中国百城平均值为 2.85%）。自 2020 年起，巴西国会通过了紧急援助计划，要求各地区政府为受疫情影响严重的个人提供支持[1]。

（二）社会民生

2021 年，圣保罗市的中小学师生人数比为 1∶23.9（2020 年巴西全国数据），与前几年的数据相比有所下降。该数据略低于中国大部分城市（中国百城平均值为 1∶14.3）。从巴西全国的数据来看，虽然其教育资源有所扩大，但是资源不均等的问题仍然存在[2]。其中，家庭经济条件较差的儿童

---

[1] 美国有线电视新闻网：《巴西经济在新冠疫情影响下暴跌》，2021 年 5 月，https://www.cnn.com/2021/05/28/americas/brazil-economy-covid-intl/index.html。

[2] 经济合作与发展组织：《教育政策展望：关注巴西国际政策》，2021，https://www.oecd.org/education/policy-outlook/country-profile-Brazil-2021-INT-EN.pdf。

仍然无法得到平等的教育资源。尤其是在疫情的影响下，许多家庭经济条件较差的学生无法继续上学，而圣保罗市的教育系统也没有为他们提供更便捷的远程课程服务①。

（三）环境资源

沿用2020年的数据，圣保罗的人均城市绿地面积为2.58平方米，远远落后于中国百城（平均值为43.68平方米）。其人均道路面积为12.32平方米，同样低于中国百城平均水平（14.82平方米）。圣保罗市隶属的圣保罗州在2021年推出了气候行动计划，致力于实现2050年全球零排放的目标②。该计划列出了未来30年圣保罗市在环境治理和管理方面即将提出的政策和目标，表达了其在环境保护上的决心。计划指出，作为一个气候变化高风险的城市，圣保罗市将进一步投资防御洪水、山体滑坡以及海平面上升对沿海地区的影响。与此同时，圣保罗市将改善其早期预警的发布风险领域检测的技术，来进一步应对气候变化对本市生态资源的影响。圣保罗市还将进一步扩大森林面积，创造有价值的原生植被。其农业法计划多功能地管理森林业、农业以及畜牧业。

（四）消耗排放

2021年，圣保罗的单位GDP水耗为7.14吨/万元（沿用2020年数据），远低于中国百城平均水耗（49.28吨/万元）。2021年，圣保罗市面临了日益严重的干旱③。这主要是受大量森林被砍伐的影响。圣保罗市需要进一步解决其森林砍伐问题，否则不仅会影响其本身城市发展，同时也会对其农业企业带来影响。2021年，圣保罗市的单位GDP能耗为0.15吨标准煤/

---

① 人权观察：《巴西：未能应对教育紧急情况》，2021年6月，https：//www.hrw.org/news/2021/06/11/brazil-failure-respond-education-emergency。

② 圣保罗州政府：《圣保罗州气候行动计划》，2021年10月，https：//smastr16.blob.core.windows.net/home/2021/10/cop26_ english.pdf。

③ Fearnside, P. M.：《巴西圣保罗干旱的教训》，2021年7月，https：//news.mongabay.com/2021/07/lessons-from-brazils-sao-paulo-droughts-commentary/。

万元（沿用 2020 年数据）。圣保罗市在逐步进入全球电动汽车的潮流①——2019 年，圣保罗市引入了 15 辆只使用太阳能充电的公交汽车；2020 年，其地铁系统宣布建设新的可再生能源发电能力以满足其电力需求。圣保罗市同时免除了电动汽车的车辆财产税，鼓励市民购买混合动力或氢动力汽车。

（五）治理保护

在污水集中处理等环境治理方面，圣保罗市的污水集中处理率为 62.00%（沿用 2020 年数据），与中国相比远远落后（中国百城平均污水集中处理率为 96.98%）。圣保罗市生活垃圾无害化处理率为 97.80%（沿用 2020 年数据）。

三　西班牙巴塞罗那

表 3　2021 年巴塞罗那、杭州、中国百城平均水平可持续发展指标比较

可持续指标	巴塞罗那	杭州	中国百城平均值
常住人口（百万）	1.64	12.20	7.00
GDP（十亿元人民币）	588.38	1810.90	682.99
GDP 增长率（%）	5.50	8.49	7.90
第三产业增加值占 GDP 比重（%）	57.31	67.85	52.20
城镇登记失业率（%）	9.70	2.34	2.85
人均道路面积（m²/人）	12.57	11.48	14.82
房价-人均 GDP 比	0.04	0.19	0.16
中小学师生人数比	1:11.9	1:13.9	1:14.3
0~14 岁常住人口占比（%）	14.00	13.32	17.55
人均城市绿地面积（m²/人）	17.42	46.42	43.68
空气质量（年均 PM2.5 浓度 μg/m³）	12.80	28.00	31.00*

---

① REN21：《巴西的趋势：2021 年城市可再生能源全球状况报告中的事实》，2021 年 3 月，https://www.ren21.net/wp‐content/uploads/2019/05/REN21_Cities2021_Fact‐Sheet_Brazil.pdf。

可持续指标	巴塞罗那	杭州	中国百城平均值
单位 GDP 水耗 （吨/万元）	1.50	16.43	49.28
单位 GDP 能耗（吨标准煤/万元）	0.02	0.29	0.56
污水集中处理率（%）	100.00	97.13	96.98
生活垃圾无害化处理率（%）	100.00	100.00	99.92

注：* 表示全国 339 个城市平均值。
资料来源：根据公开资料整理。

（一）经济发展

巴塞罗那自 2010 年起提倡智慧城市的理念，并致力于改变其城市建设模式和规划，进一步引入数字经济来提升其城市服务水平[①]。巴塞罗那 2021~2030 年市政战略指出，其经济发展在新冠疫情的影响下有所放慢，但 2021 年巴塞罗那市 GDP 较上一年上升了 5.5%，仍然落后于疫情前的水平。为了帮助市民改善其经济状况，巴塞罗那市政府采取了"高买低租"的方式斥巨资收购无法经营的商店店面和餐厅，随后再以便宜的价格出租给市民[②]。其城镇登记失业率有所回落，由上年的 12.5% 下降到 9.70%，但仍然远高于中国百城排名第一的城市杭州（2.34%）。在疫情的影响下，很多年轻人或临时工都失去了工作。为了更好地帮助他们渡过疫情，巴塞罗那市政府允许市民领取失业救济金，金额为市民失业前 6 个月缴纳的平均工资的 70%（失业后前 180 天，之后为 50%）[③]。而在第三产业占比方面，巴塞罗那比上一年数据有所下降（57.31%），低于第三产值方面中国百城排名第一的城市北京（81.67%）。

---

① 腾讯研究院：《巴塞罗那：智慧城市如何兼顾经济增长和民生福祉》，2020 年 10 月 1 日，https://www.tisi.org/16629。
② 环球网：《巴塞罗那为振兴经济"高买低租"》，新浪财经，2021 年 4 月，https://finance.sina.com.cn/chanjing/cyxw/2021-04-22/doc-ikmxzfmk8209590.shtml。
③ 欧洲之声：《西班牙的失业程序和福利》，2023 年，https://www.euraxess.es/spain/information-assistance/unemployment-procedures-and-benefits-spain。

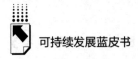

（二）社会民生

2021 年起，巴塞罗那推出了许多社会民生方面的政策计划，包括 2021～2030 年解决老龄人口孤独问题以及针对儿童和未成年人的政策，进一步保证儿童权利和生活保障①。在老龄人口方面，巴塞罗那市提出多项行动照顾他们的心理健康。与此同时，政府推出社区行动项目，邀请志愿者每周拜访独居老人以减轻老年人的孤独感，并防止出现任何危险情况。巴塞罗那市同时推出了一项针对老年人的沟通项目，鼓励 75 岁以上的独居老人拥有自己的房屋远程支持服务，帮助他们更好地渡过疫情并得到必要的生活帮助。在儿童方面，巴塞罗那市对子午线大道进行了改建。该大道是巴塞罗那市重要的交通枢纽，有许多火车以及公交车的始发站和中转站。通过改建，巴塞罗那市使其成为大型公园，旨在改进并丰富不同的儿童游戏，改善年轻人的心理和身体健康。2021 年，巴塞罗那市的中小学师生人数比（参考西班牙 2019 年数据）为 1∶11.9。其房价—人均 GDP 比为 0.04，低于中国人均房价收入比第一的城市包头（0.053）。与此同时，巴塞罗那市政府引入超级块的概念，为市民创建了集休闲活动场所和景观于一体的步行区。这使其人均城市绿地面积与上一年相比有少量上升（17.42 平方米）。

（三）环境资源

巴塞罗那市 2021 年环境情况与上一年相比有所下降。2021 年 PM2.5 平均浓度为 12.80 微克/立方米，与中国百城相比，空气质量好了许多（中国百城排名第一的城市三亚为 36 微克/立方米）。在疫情期间，巴塞罗那市市民减少了交通出行的频率，进一步提升了空气质量。但是随着经济的重启，巴塞罗那市仍然需要进一步制定不同的环境政策来提升空气以及环境质量。

---

① 巴塞罗那市议会：《巴塞罗那 2030 议程年度监控和评价报告》，2022 年 7 月，https://unhabitat.org/sites/default/files/2022-07/barcelona_2021_en.pdf。

（四）消耗排放

2021 年，巴塞罗那的单位 GDP 水耗为 1.50 吨/万元，远低于中国百城排名第一的城市深圳（7.2 吨/万元）。其单位 GDP 水耗持续位于欧洲前列。作为西班牙的中心城市，巴塞罗那市年能耗为全西班牙的 70%。为了进一步有效地使用其能源，巴塞罗那市计划投资高能耗建筑能源改造项目，包括医院、酒店、体育中心等。巴塞罗那市议会提供 5000 万欧元预算，奖励给经市政府批准的各类节省能源项目。截至 2023 年 7 月，已有 16 位投资者的公司和商业团体获得了巴塞罗那市议会经济和税务局委员会的批准。其中，多数团体主攻太阳能板的安装和建设，并进一步了解绿色燃料的使用、生产和储存。

（五）治理保护

巴塞罗那的污水集中处理率达 100%，通过建立健全的下水管道网吸收洪水、雨水以及污水，调节运行情况，避免河流和海水污染。与此同时，巴塞罗那实行 100% 生活垃圾无害化处理，并通过填埋垃圾建设绿色景观的方式，更好地利用无害化垃圾。与此同时，巴塞罗那也在推广新的政策法案进一步完善无害化垃圾处理。

四　法国巴黎

表 4　2021 年巴黎、杭州、中国百城平均水平可持续发展指标比较

可持续指标	巴黎	杭州	中国百城平均值
常住人口（百万）	13.05	12.20	7.00
GDP（十亿元人民币）	6068.44	1810.90	682.99
GDP 增长率（%）	7.89	8.49	7.90
第三产业增加值占 GDP 比重（%）	81.86	67.85	52.20
城镇登记失业率（%）	8.10	2.34	2.85
人均道路面积（m²/人）	31.15	11.48	14.82
房价-人均 GDP 比	0.17	0.19	0.16

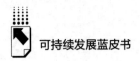

续表

可持续指标	巴黎	杭州	中国城市平均值
中小学师生人数比	1 : 15.0	1 : 13.9	1 : 14.3
0~14 岁常住人口占比（%）	19.39	13.32	17.55
人均城市绿地面积（m²/人）	75.00	46.42	43.68
空气质量（年均 PM2.5 浓度，μg/㎡）	11.10	28.00	31.00*
单位 GDP 水耗 （吨/万元）	11.14	16.43	49.28
单位 GDP 能耗（吨标准煤/万元）	0.15	0.29	0.56
污水集中处理率（%）	100.00	97.13	96.98
生活垃圾无害化处理率（%）	100.00	100.00	99.92

注：* 表示全国 339 个城市平均值。

资料来源：根据公开资料整理。

（一）经济发展

本年度的国际城市案例中，我们依然沿用巴黎都会地区（Paris Metropolitan Area）作为参照。统计口径同经济合作与发展组织（Organisation for Economic Cooperation and Development，OECD）的"功能性城区"（Functional Urban Area）对应。在都会区数据无法获得的情况下，巴黎市区、其所属的行政省法兰西岛（Ile-de-France）或者法国全国统计数据会作为替代。

巴黎都会区是全法国的经济中心，其 GDP 占比常年维持在 31% 以上，因而都会区的经济与全国的经济走势密切相关。在经历了 2020 年一整年新冠疫情的影响后，法国经济在 2021 年初呈现了复苏的迹象。仅 2021 年第一季度的 GDP 便较 2020 年第四季度上升了 0.4 个百分点，消费者支出上升 1.2 个百分点。[①] 2021 年全年 GDP 增长率达到 7.89%。由于缺乏巴黎都会区 2021 年 GDP 及增长率的数据，我们用全国数值进行了替代。考虑到都会区近 1/3 的经济占比，全国经济增长率应当也非常接近 7.9%。这一经济增长的幅度已经达到同期中国 110 个城市的平均水平。这一强劲的经济复苏主要得益于法国政府数十亿欧元的经济刺激计划。其中 2020~2022 年计划的紧

---

① 法国国际广播电台（RFI）：《法国经济在 COVID-19 疫情封控中反弹》，2021 年 3 月 5 日。

急与复苏项目金额占全国 GDP 的 26%。这些项目旨在进一步保障公共卫生及医疗资源，并为企业及家庭提供额外的就业机会和资金保障。此外，法国政府也以此为契机，利用这笔资金有导向性地加速发展数字经济与绿色经济。[1]

然而，2021 年新冠疫情并未完全消退，全球各国包括法国也依然处于不同程度的封控中。法国，尤其是巴黎都会区依赖的旅游业、餐饮业，以及零售行业的恢复依然受到诸多限制。因此，在 GDP 明显回升的背景下，都会区就业的恢复比较缓慢，失业率仅比 2020 年下降了 0.2 个百分点。

（二）社会民生

在社会民生大类下的四个指标中，巴黎都会区的"人均道路面积"与"0~14 岁常住人口占比"均高于中国百城平均值以及综合排名位于榜首的杭州。与较高的"0~14 岁常住人口占比"相对应的是巴黎，乃至全法国在教育资源上的缺乏。其 1∶15.0 的中小学师生人数比远低于中国百城平均[2]。此外，就住房压力而言，巴黎的房价收入比同往年一样，高于中国百城平均但低于诸如杭州等中国一线城市。需要指出的是，由于缺乏都会区的平均房价，巴黎的房价收入比指标计算取自巴黎市区的房价以及都会区的人均收入，因而会高于都会区该指标实际值。巴黎都会区居民住房负担实际应该更接近，甚至低于中国城市平均水平。

近些年，巴黎市政府在民生方面的举措除了新冠疫情期间针对低收入家庭的经济补助以外，还有同包括中国香港在内的其他 40 个国际城市共同签署并推进的"C40 城市公平发展承诺"。签署城市将致力于推动社区主导的发展模式，力求使城市的各类基建项目以及诸多应对气候变化的市政规划、

---

[1] Franks, J., Gruss, B., Patnam, M., & Weber, S.：《五张图表读懂法国政府应对 COVID-19 疫情的核心政策》，国际货币基金组织，2021 年 1 月 19 日。

[2] 由于缺乏巴黎都会区或巴黎市的相关统计，"中小学师生人数比"数据取自 OECD 法国全国统计。

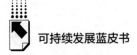

改建能够更具包容性，实现在环境、经济、社会、健康等领域的均衡发展，并兼顾低收入以及困难群体的发展需求①。

（三）环境资源

在环境资源的指标上，巴黎都会区的空气质量以及人均城市绿地面积依旧大幅领先于中国城市。上一年的报告中我们着重介绍了巴黎市长伊达尔戈（Anne Hidalgo）推出的一系列扩大巴黎城市绿化覆盖率的措施，包括大规模种植树木、新增绿化带，以及围绕地标建筑改建"城市森林"等。除了以上市级层面的政策措施以外，法国于 2021 年前后通过了《气候与适应性法案》（*Climate and Resilience Act*）。法案中对城市绿色基建做出了明确的要求。规定各市境内所有占地面积超过 500 平方米的工商业建筑的新建与改建都须在屋顶覆盖绿化或可再生能源设备。法案涉及的建筑包含了大型仓库、机库，以及室内停车场等，但排除了因经济、技术或文化原因难以实施的建筑以及历史建筑。法案定于 2023 年 7 月 1 日生效，并期望在未来对包括巴黎在内的法国主要城市的生物多样性、雨水管理、能源使用效率，以及城市热岛效应起到明显的改善作用②。

尽管巴黎的空气质量在所有对比城市中已经名列前茅，但其政府对进一步改善空气质量依然有多项长远措施，主要集中于减少传统动力机动车这一空气污染物的重要源头。早在 2011 年，巴黎市在公私合营的模式下开创了 Autolib'电动汽车共享服务。其商业模式以在巴黎成功运营多年的共享单车 Velib 为蓝本，由私人企业 Bollore 负责运营并提供由意大利汽车制造商宾尼法利纳（Pininfarina）生产的纯电动汽车 Bollore Bluecar（"小蓝车"）。Autolib'的收费方式为订阅式，用户可以享用集电动汽车、充电、停车于一体的服务，并且 Autolib'的充电桩也能为其他电动汽车提供收费充电服务。Autolib'推出伊始广受市场追捧，导致其汽车一度供不应求。然而随着时间

---

① C40 城市：《公平发展承诺》，2023 年 8 月。
② 《法国推出支持绿色屋顶的新法案》，《生活建筑学报》，http://living architecturemonitor. com。

的推移，其热度、使用率以及用户数逐渐下降。这其中的主要原因是出现越来越多更便利的替代交通方式，如优步（Uber）等网约车服务，以及欠佳的车辆保养，甚至经常有空车被流浪汉占用作为过夜场所等。最终，鉴于多年的亏损，巴黎市政府在2018年接管并终止了Autolib'服务，经过重整，成为如今由多家运营商共同经营的Mobilib'。与此同时，2017年，巴黎市政府出台了法案对老旧型号（1997年前注册）的机动车进行了限行。这一措施成功地使市内机动车量在2018年上半年减少了6.05%[1]。面向未来，巴黎政府对机动车提出了更多的限制措施，如到2024年全面禁止柴油动力汽车，到2030年禁止汽油动力汽车，每年减少55000个停车位，以及2025年后所有公交车辆将为零排放车辆——纯电动或使用生物燃气等[2]。

在限制市内机动车辆的同时，巴黎政府也积极推广更绿色的出行模式，尤其是自行车。2021年巴黎市通过了一项为期5年、总投资将超过2.5亿欧元（19.77亿元人民币）的自行车规划，旨在将巴黎打造成为一个在市域内自行车可以安全骑行、通行无阻的城市。根据这一规划，在2026年前巴黎市将新增180千米带有隔离的非机动车道。其中52千米将由疫情期间临时增加的自行车道改建为永久的非机动车道。与这些车道配套的是计划新增的180000个自行车停放车位。仅仅这一新增停车位量已经是当前停放点总数的3倍之多。此外，这些与自行车相关的基础设施的建设将尤其侧重对重要交通枢纽以及连接主要通勤区的主干道的布局，以求使自行车的通行更高效、更便捷。除了以上诸多硬件设施的建设外，巴黎政府也着力于在软件方面跟进，主要体现在对自行车骑行规范和相关交通法规的完善和推广上[3]。

---

[1]　《法国的共享汽车Autolib'退出历史舞台》，2018年6月21日，https：//www.france24.com/en/20180621-france-paris-end-road-car-sharing-system-autolib。

[2]　Nevez, C. L.：《绿色巴黎：生态政策正改变着法国的首都》，2018年10月25日，https：//www.lonelyplanet.com/articles/greener-paris-how-eco-initiatives-are-changing-the-french-capital。

[3]　O'sullivan, F.：《细读巴黎"100%可骑行"的新规划》，《彭博》，2021年10月22日，https：//www.bloomberg.com/news/articles/2021-10-22/how-paris-will-become-100-cyclable。

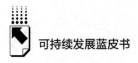
（四）消耗排放

在消耗排放方面，无论是单位 GDP 能耗还是水耗，巴黎依然优于中国城市①。巴黎市政府对该市的消耗排放有着众多长远的规划及政策措施。前文提到的《气候与适应性法案》对大型建筑屋顶绿化及可再生能源装置的要求便是着力于通过绿色屋顶来提高房屋的能源使用效率以及扩大可再生能源的规模。整体而言，巴黎在能源消耗上的长期战略可概括为"开源节流"。其中"开源"主要通过提高可再生能源的比例来实现，而"节流"则靠政府机关、工业企业，以及全体巴黎市民共同的节能省电。

巴黎预期在 2030 年实现全市电量的 45% 由可再生能源提供，并在 2050 年 100% 依靠可再生能源或回收能源，从而实现碳中和。2019 年，巴黎第一座太阳热能发电厂投入运行，年发电量为 12.7 万千瓦时，可保障 51 户家庭供电。在同一时期计划新建的另外 10 座光伏发电设施也将陆续为巴黎提供足够保障 244 户家庭的全年 617000 度用电。但此类集中式的太阳能发电并不能最大限度地利用市域内的太阳能。巴黎市主管生态建设与转型的副市长 Dan Lert 指出，巴黎市域范围内有良好的太阳能资源，可供发电发热。因此市政府也出台了多项政策鼓励安装更多的分散式的屋顶太阳能电池板，其中就包括鼓励安装总计超过 1 万平方米的屋顶太阳能板用于供应 800 户左右家庭的用电。另外，巴黎市的政府机关以及诸如学校、大学等机构也对其所在建筑进行太阳能发电的改建。截至 2021 年，全市共有约 7.6 万平方米的太阳能电池板，其中超过 1 万平方米位于市政设施的屋顶。在《气候与适应性法案》的推动下，未来会有更多大型建筑也加入屋顶太阳能发电的行列。然而，在巴黎大范围推广屋顶太阳能设备面临着巨大的阻力。其中最主要的原因是这座历史文化名城有着数量众多的古迹与保护建筑。副市长 Dan Lert

---

① 由于缺乏巴黎市以及都会区的能耗、水耗数据，"单位 GDP 能耗"与"单位 GDP 水耗"是基于法国全国的统计数据。

表示，市域范围内超过 95% 的建筑位于以各历史古迹为中心的建筑保护环内。对环内任何建筑外观上的改造都需要经过特殊的规划审批，因而阻力重重[1]。也正是考虑到发展可再生能源的诸多难点，巴黎市 100% 可再生能源目标的实现也同样侧重"开源节流"中的"节流"，即提升能源使用效率以及节能。

巴黎市的节能方略主要是响应法国总理马克龙提出的全面节能省电（Energy Sobriety）。这一方略与欧洲其他国家以能源效率提升为导向的可持续能源方针相比更激进。因为其核心除了提升能源效率以外，更强调要尽可能地减少非必要的能源使用。巴黎响应这一号召最典型的一项措施便是对其引以为傲的市政照明和景观灯光进行大幅削减。巴黎"灯光之城"的称号源自 17 世纪巴黎警察总局的首任局长德·拉·雷尼（Gabriel Nicolas de la Reynie）为了提升治安实施的一系列夜间照明措施，包括在市内所有主要街道安装路灯以及鼓励市民在窗台上点放蜡烛与油灯。时至今日，巴黎的市政照明、景观灯光以及在灯光衬托下的众多历史建筑及地标，如同午夜的埃菲尔铁塔、卢浮宫的玻璃金字塔和市政大厅等已然成为巴黎城市形象的代言。然而与这些照明相应的是庞大的用电与能源开支。公共照明是巴黎排在建筑市内温控（供暖及制冷）之后的第二大用电项目，占到全年电力支出的 31%。因此为了响应法国节能省电的行动，巴黎市的景观照明时间大幅缩短。埃菲尔铁塔提前两小时在夜晚 11：45 关灯，卢浮宫的金字塔亦是在 11：30 关闭景观灯，其他如巴黎市政厅等市政地标建筑更是提早到 10：00 关闭。各大百货公司沿街的玻璃橱窗也均在 10 点左右关闭照明。除了公共照明以外，包括法院、博物馆在内的市政建筑将停止厕所的热水供应，并将室内供暖限定在 18℃ 以下。综合以上所有政府机关及市政设施的节能措施，巴黎市预计能够减少 8% 左右的全市能耗，倘若市民也不同程度地效仿则节能的效果将更加明显[2]。

---

① Bauer-Babef, C.：《巴黎动员市民支持能源转型》，*EURACTIV*，2021 年 4 月 16 日。
② Kostov, N.：《巴黎为了省电而关灯，有用吗?》，《华尔街时报》，2022 年 10 月 9 日。

巴黎，乃至整个法国采取如此严格的省电节能措施一方面是出于减少能耗、碳排放的一个长期可持续发展的需要，另一方面也有更迫切的原因。一是 2022 年以来俄乌局势导致的俄罗斯天然气供应停止给法国乃至整个欧洲带来能源缺口。二是法国核电供应因技术原因导致短缺。长期以来，法国电力公司一直坐拥着全世界最大的核电发电网。总共 56 座反应堆的发电能力远超法国境内需求，使法国常年为电力净输出国。然而 2022 年多个核电站发现用于制冷反应堆的管道出现了不同程度的裂痕或腐蚀，导致了 26 座反应堆停止供电。这也使得法国电力供应需要一度依赖进口。

（五）治理保护

在治理保护方面，巴黎同中国城市表现相当，略有优势，主要体现在关于废水和废弃物处理的两个指标上。巴黎作为 C40 城市网络的加盟成员也同其他城市一样致力于推进可持续发展各个领域的政策措施以实现《巴黎协定》1.5℃的气候目标。在固体废物方面，巴黎与其他 26 个城市一同签订了"迈向零废弃物"的共同发展承诺，致力于打造更清洁的城市和循环经济。承诺包含的行动有：减少食品浪费（尤其是在零售和消费端），减少食物过量生产，鼓励食物的捐赠，对食品废弃物的更有效利用（例如用作农业饲料、堆肥或生物燃料），深度落实企业可持续采购，减少单次使用的塑料及其他原材料，提升建筑行业原材料的循环利用等①。

五　中国香港

表5　2021年中国香港、杭州、中国百城平均水平可持续发展指标比较

可持续指标	香港	杭州	中国百城平均值
常住人口（百万）	7.41	12.20	7.00
GDP（十亿元人民币）	2861.62	1810.90	682.99

① C40 城市：《迈向零废物加速器》，2023。

可持续指标	香港	杭州	中国百城平均值
GDP 增长率（%）	7.20	8.49	7.90
第三产业增加值占 GDP 比重（%）	93.70	67.85	52.20
城镇登记失业率（%）	5.20	2.34	2.85
人均道路面积（m²/人）	6.34	11.48	14.82
房价-人均 GDP 比	0.33	0.19	0.16
中小学师生人数比	1∶11.8	1∶13.9	1∶14.3
0~14 岁常住人口占比（%）	10.90	13.32	17.55
人均城市绿地面积（m²/人）	98.74	46.42	43.68
空气质量（年均 PM2.5 浓度，μg/m³）	16.17	28.00	31.00*
单位 GDP 水耗（吨/万元）	4.81	16.43	49.28
单位 GDP 能耗（吨标准煤/万元）	0.10	0.29	0.56
污水集中处理率（%）	93.80	97.13	96.98
生活垃圾无害化处理率（%）	100.00	100.00	99.92

注：＊表示全国 339 个城市平均值。

资料来源：根据公开资料整理。

（一）经济发展

香港是中国的一个特别行政区，是世界著名的国际金融、贸易和航运中心，是连接中国内地和世界各国的门户，也是中国与西方国家间的重要桥梁。香港是亚洲最自由、最国际化的城市之一，拥有完善的市场经济体系及先进的金融和法律制度，具有强大的经济实力和国际竞争力。2021 年，虽然仍承受着新冠疫情的冲击，但随着加速推进疫苗接种，以及采用更加合理的疫情防控措施，香港经济逐渐得到恢复，GDP 增加至 2.86 万亿元人民币，同比上升 7.20%，增幅较大。而中国百城平均 GDP 约为香港的 1/4，尽管存在疫情的影响，但 GDP 平均增长率高于香港地区，为 7.90%。

香港特区政府自发布《香港可持续发展议程》以来，一直致力于推动经济的绿色、环保和可持续发展。如何培育新的增长点、增强发展新动能，是近几年特区的施政重点，在施政报告中提出多项推动创科发展、吸引重点企业及人才的具体措施，并在 2022 年发布《香港创新科技发展蓝图》，为香港未来创科发展制定清晰路径和系统规划。产业结构单一是香港可持续发展的一大隐患，统计显示，2021 年第三产业增加值占 GDP 比重高达93.70%，比杭州高出 25.85 个百分点，而中国百城第三产业增加值占 GDP 比重平均为 52.20%，远低于香港。因为疫情造成的持续性影响，2021 年度的城镇登记失业率（5.20%）约为杭州的 2.2 倍，也高于同时期中国百城平均失业率（2.85%），但是同香港上年度失业率相比有所下降。政府鼓励投资、促进经济增长，创造更多的就业机会。

（二）社会民生

香港作为全球人口最密集的城市之一，2021 年末人口总数达 741 万，约为杭州人口的 61%，略高于中国百城平均人口（700 万）。其中香港 0~14 岁常住人口占比 10.90%，和中国百城平均占比 17.55% 相比略低。0~14 岁人口作为被抚养人口，是未来的劳动力资源，为城市和社会经济做出贡献，同时 0~14 岁人口的占比也会影响到未来的社会保障和养老问题，较为年轻的人口结构意味着未来在养老和社会保障方面可能负担较轻。近几年来，香港政府加大了对教育领域的投资，并推出了提高教师培训和发展、提供更多教育资源等一系列教育改革措施，来提高教育质量和促进学生的全面发展。目前香港拥有较好的教育资源，2021 年香港中小学师生人数比为 1∶11.8，高于杭州的师生比（1∶13.9），更优于中国百城的平均师生比（1∶14.3）。

香港是一个高度城市化的地区，拥有密集的经济活动和人口，相对来说资源有限，致使可供建筑的土地面积非常少，并且较多的就业机会和优质的公共服务设施吸引了大量人口流入，带来了对住房的需求。2021 年香港房价—人均 GDP 比为 0.33，约是中国内地城市平均值的 2 倍，不过与上年度相比有所下降，伴随着经济的良好发展，人均收入有所增长。同时，由于土地资源有限，道路建设受到空间限制，可供城市道路使用的土地面积相对较少，2021 年香港人均道路面积约为 6.34 平方米，低于杭州人均道路面积

（11.48 平方米），而中国百城人均道路面积为 14.82 平方米，约为香港的 2 倍多。

（三）资源环境

城市绿化面积是城市生态系统的一部分，它们为城市提供多种生态系统服务，在创建健康、宜居的城市环境方面起着关键作用，促进城市的可持续发展。近几年，香港政府为了打造清新、美丽、舒适、优雅的城市环境，采取了多项措施。香港特区政府制定了《香港 2030+》规划纲要，致力于增加城市的绿化空间和保护自然环境，同时政府计划推动城市森林建设，通过种植树木和植被在城市中创造森林氛围，并且致力于提高公共交通系统的便利性和扩大覆盖面，并改善骑行环境。2021 年，香港人均城市绿地面积为98.74 平方米，是杭州人均城市绿地面积（46.42 平方米）的 2 倍多，远高于中国百城人均绿地面积。

空气质量问题对于城市环境同样具有重要的意义。空气质量的好坏直接影响人们的身体健康，同时还会影响城市景观和生态系统。香港的空气污染来源主要是工业排放、机动车尾气和电力生产等，政府采取多项措施来保护人们健康、改善城市环境质量以及提高居民生活质量。香港政府在2020 年发布了《2030 气候变化策略及行动计划》，旨在减少温室气体排放量。政府规定了严格的汽车排放标准，同时还引入了低排放区实施计划，鼓励使用低污染排放的车辆；同时对工业企业的排放进行控制和管理，使用清洁技术和设备；通过建立空气质量检测网络，及时获取污染信息，并将检测结果向公众公开，增加透明度和监督力度。2021 年，香港的空气质量优于内地大部分城市，中国百城空气质量 PM2.5 年均值为31.00 微克/米^3，而香港的 PM2.5 年均值为 16.17 微克/米^3，杭州的为28.00 微克/米^3。

（四）消耗排放

2020 年香港特区政府推出了《城市可持续发展条例》和《废物管理条

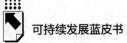

例》，加强废物管理和推动资源回收利用。2021 年提出了达成碳中和的具体时间表，力争在 2035 年前香港碳排放量较 2005 年的排放水平减半。2022 年香港政府继续制定了多项迈向"碳中和"的新举措，比如节约能源、推动绿色运输、推动全民减废等。2023 年在原来的基础上，又提出了最新的举措促进尽快实现"碳中和"。2021 年，香港单位 GDP 能源消耗量较低，为 0.10 吨标准煤/万元，仅占中国百城单位 GDP 平均能耗的 1/5；香港单位 GDP 水耗为 4.81 吨，约为杭州的 1/3，远低于中国百城平均单位 GDP 水耗（49.28 吨/万元）。香港政府积极推动各个行业和部门采取能源效率改进措施，鼓励使用节能设备、提倡节约用电，同时通过教育和宣传活动，提高公众的水资源意识和节约意识，提高水资源的利用效率，多举措多手段推动可持续发展。

（五）治理保护

在《香港可持续发展蓝图 2030》中明确提出了减少垃圾堆填和提高资源回收率的目标，并制定了相应的措施和时间表。政府制订堆填场减量计划，逐步减少垃圾填埋量，加快垃圾无害化处理设施的建设和更新。2021 年，在各项举措的有效实施下，香港实现生活垃圾无害化处理率达 100%，与中国内地大多数排名靠前的城市生活垃圾无害化处理率相当。

污水处理是可持续发展的关键组成部分。有效处理和管理污水可以减少环境污染，提高资源回收利用率，促进经济、社会和环境的协调发展。香港政府于 2020 年发布了《可持续供水蓝图》，包括提高供水效率、加强水资源管理和推广雨水收集利用等，目标是确保香港的水资源供应可持续和安全。同时，香港政府又提出了 2025 年污水治理计划，努力提高污水处理率以及减少对海洋环境的影响。香港 2021 年污水集中处理率为 93.80%，比杭州低 3.33 个百分点。香港政府对现有的污水处理厂进行升级和扩建，提高处理能力和效率，同时为了提高水资源的可持续利用率，推动污水回用项目，将经过处理的污水用于一些非引用用途，减少对新鲜水资源的需求，实现水资源的可持续利用。

六　新加坡

表6　2021年新加坡、杭州、中国百城平均水平可持续发展指标比较

可持续指标	新加坡	杭州	中国百城平均值
常住人口（百万）	5.45	12.20	7.00
GDP（十亿元人民币）	2561.74	1810.90	682.99
GDP增长率（%）	7.60	8.49	7.90
第三产业增加值占GDP比重（%）	69.40	67.85	52.20
城镇登记失业率（%）	3.50	2.34	2.85
人均道路面积（m²/人）	15.89	11.48	14.82
房价-人均GDP比	0.19	0.19	0.16
中小学生师生人数比	1:12.1	1:13.9	1:14.3
0~14岁常住人口占比（%）	14.48	13.32	17.55
人均城市绿地面积（m²/人）	60.45	46.42	43.68
空气质量（年均PM2.5浓度，μg/m³）	12.00	28.00	31.00*
单位GDP水耗（吨/万元）	1.23	16.43	49.28
单位GDP能耗（吨标准煤/万元）	0.18	0.56	0.61
污水集中处理率（%）	93.00	96.98	96.19
生活垃圾无害化处理率（%）	100.00	100.00	99.92

注：＊表示全国339个城市平均值。
资料来源：根据公开资料整理。

新加坡位于东南亚马来半岛的最南端，土地面积略超过700平方公里。尽管规模较小，但有超过500万印度人、马来西亚人、华人和欧亚混血四个主要社群在这个城市国家居住。新加坡也是金融服务、国际贸易和制造业的主要枢纽。20世纪60年代以来，从1965年到2015年，新加坡采取了积极的填海造地策略，将其小小的土地面积增加了22%。[①] 除了解决土地资源的紧缺以外，填海造地项目还被用作应对海平面上升的威胁，因为该国的大部

---

① Tin Seng Lim，：《新加坡的填海造地历程》，2017年4月，https://biblioasia.nlb.gov.sg/vol-13/issue-1/apr-jun-2017/land-from-sand/。

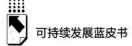

分地区海拔低于 15 米。① 尽管新加坡土地资源有限，但这并未阻止该城市国家将自己定位为可持续性中心，新加坡旨在成为东南亚领先的绿色金融和第三产业提供者，并协助亚洲向低碳未来转型。

（一）经济发展

作为亚洲最大的商业和金融中心之一，新加坡在该地区拥有最高的人均GDP。新加坡的马六甲海峡是世界最繁忙的港口，位于印度与中国之间。自2017 年以来，新加坡的经济增长速度持续下降；2020 年，受到新冠疫情（COVID-19）大流行的影响，新加坡的经济出现了负增长，为-5.4%。但是随着疫情的缓解和防疫政策的放宽，新加坡的经济在 2021 年出现了大幅反弹，增长率为 7.60%，新加坡 2021 年的 GDP 为 2.56 万亿元②，大幅超越中国城市的平均值。另外，中国对新加坡的经济发展有一定的影响力，随着中国边境的开放预计将增强对新加坡旅游服务和贸易的外部需求。

（二）社会民生

新加坡的居住环境方面，总土地面积为 733.2 平方公里，人口为 545 万人，是世界上人口密度最高的地区之一，每平方公里有 8377 人。③ 尽管人口密度如此之高，但新加坡仍保持着近 50%的高绿化覆盖率，因此被誉为"花园城市"④。新加坡的空气质量良好，在 2021 年，根据污染物标准指数（PSI），99.5%的日子显示为"良好"和"中等"的空气质量。⑤ 新加坡 25

---

① 世界数据网站：《新加坡国家统计数据》，2023 年 6 月，https：//www. worlddata. info/asia/singapore/index. php。

② 世界银行数据，2023 年 6 月，https：//data. worldbank. org/country/singapore？ view＝chart。

③ 世界人口评论：《各国人口密度 2023》，2023，https：//worldpopulationreview. com/country-rankings/countries-by-density。

④ 新加坡外交部：《面向一个兼顾可持续发展与适应性的新加坡》，2018，https：//sustainable-development. un. org/content/documents/19439Singapores＿ Voluntary＿ National＿ Review＿ Report＿v2. pdf。

⑤ 新加坡统计局社会统计数据，2023，http：//www. singstat. gov. sg/publications/reference/singapore-in-figures/society。

岁及以上的人口中，63.1%拥有高等教育学历，至少接受了12.1年的学校教育，这使其成为一个受教育程度较高的社会。新加坡的中小学师生人数比为1：12.1[1]，高于中国百城1：14.3的平均水平。新加坡还拥有世界一流的道路和公共交通基础设施，每平方公里土地上平均有4900米的道路，而亚洲平均仅为520米。[2]

（三）环境资源

新加坡的绿色空间由新加坡政府下属的法定机构——国家公园局（National Parks Board，简称NParks）进行管理。2021年，新加坡发布了2030年绿色计划，该计划针对"城市与自然""可持续生活""能源调整""绿色经济"和"适应未来"这5个关键领域设定了具体目标，以帮助管理新加坡的资源，并确保可持续发展的实现。[3] 截至2021年，新加坡拥有143公顷的高楼绿化空间、370公里的公园连接道和170公里的自然路线，这些都分布在不到740平方公里的土地面积内。至少有93%的新加坡家庭可以步行10分钟到达一处公园。根据新加坡绿色计划，到2030年，新加坡希望实现人均8平方米的公园面积，创建至少200公顷的高楼绿化空间、500公里的公园连接道，并确保所有家庭都能在10分钟内步行到达公园。[4] 为了支持这一目标，NParks在2021年还开展了生态分析调查，研究新加坡的绿色空间，识别和保护生态连通性的重要区域。2020年，NParks还推出了新的生物多样性影响评估（BIA）指南，该指南通过规定在任何与绿色空间相交的规划开发区进行BIA，并更加严格地制定了有关施工对植物和动物的影响

① Statista：《新加坡中学阶段师生比2012-2021》，2022年11月，https：//www.statista.com/statistics/970330/student-teacher-ratio-secondary-schools-singapore/。
② 世界数据网站：《新加坡交通基础设施》，2023，https：//www.worlddata.info/asia/singapore/transport.php。
③ Tan, A.：《环境影响评估体系中新增关于生物多样性的指导原则》，《海峡时报》，2020年10月25日，https：//www.straitstimes.com/singapore/environment/new-biodiversity-impact-assessment-guidelines-introduced-as-part-of-eia-review。
④ 新加坡国家公园局：《可持续发展报告》，2022，https：//www.nparks.gov.sg/portals/annualreport/sustainability-report/index.htm。

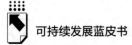

如何进行量化的指导，以保护新加坡的绿色空间和生态区域。这是在 2020
年全国范围内爆发争议之后推出的，当时公众对未经事先批准就清除了 4.5
公顷森林地区的行为表示强烈不满。尽管新加坡在管理环境资源方面取得了
显著成就，但目前并没有任何法律要求在开发项目前进行环境影响评估
（EIA），在这方面落后于中国。[①]

（四）消耗排放

根据 2018 年国际能源机构（IEA）的数据，新加坡在每单位国内生产
总值的二氧化碳排放方面在 142 个国家中排名第 126 位，表明其低碳强度。[②]
相比之下，中国在同一榜单上排名第 17 位。然而，新加坡在人均二氧化碳
排放量方面排名较高，位列第 27 位，人均二氧化碳排放量超过 8 吨（而中
国排名第 39 位，人均二氧化碳排放量超过 6 吨）。工业和电力部门占据了新
加坡主要碳排放量的 85% 以上，这是因为新加坡经济对于炼油和石化行业
依赖较重。根据 2030 年绿色计划，新加坡将支持国际上设定的目标，即到
2050 年分别在航空和海运领域实现净零排放和减少 50% 的碳排放。新加坡
将在海港和航空港使用清洁能源（电动和生物燃料动力）叉车、拖拉机、
机场地勤车辆和港口船只。

在绿色计划下，新加坡还将在 2030 年部署 2 千兆瓦的太阳能发电，以
进一步减少新加坡对天然气的依赖，目前天然气占新加坡电力需求的 95%。
为了应对空间限制，太阳能电池板被部署在建筑屋顶和水库中，新加坡的腾
阁水库拥有世界上最大的漂浮式太阳能发电场（60 兆瓦峰值），未来还将部
署更多的漂浮式太阳能发电场。[③] 2022 年 12 月，新加坡还成功在一个离岸

① Zheng, Z.：《克兰芝森林是如何被错误的砍除的》，2021 年 2 月 24 日，https：//
mothership. sg/2021/02/kranji-woodland/。
② 新加坡国家气候变化秘书处：《新加坡排放概览》，2023 年 8 月 10 日，https：//www. nccs.
gov. sg/singapores-climate-action/Singapores-Climate-Targets/singapore-emissions-profile/。
③ Lin, C.：《新加坡揭开全球最大漂浮式太阳能发电站的神秘面纱》，路透社，2021 年 7 月
14 日，https：//www. reuters. com/business/energy/singapore-unveils-one-worlds-biggest-
floating-solar-panel-farms-2021-07-14/。

岛屿上部署了200兆瓦的能源储存系统，以提高电力网的韧性并支持可再生能源的采用。[①]

新加坡还设定了目标，通过提高能源效率来减少海水淡化和其他工业过程的能源消耗，尤其是在新加坡的住宅区和废物处理设施内。新加坡建设局（BCA）还在2021年制定了新加坡绿色建筑总体规划，通过规定建筑的最低环境可持续性标准，共同资助能源效率改造，并通过BCA的绿色建筑认证（Green Mark 2021）激励建筑物的高能效表现，旨在到2030年使新加坡80%的建筑物实现绿色化。新加坡还通过建设更多的充电站来加快电动汽车（EV）的推广，到2023年将有6万个充电点，EV与充电站的比例将达到4∶1，并通过改变车辆拥有证书（COE）的税收来降低购买EV的成本。[②]

（五）治理保护

尽管新加坡拥有世界一流的垃圾收集和处理系统，但根据预测，到2035年，新加坡现有的350公顷垃圾填埋场将无法再容纳更多垃圾。根据新加坡的可持续蓝图（2015年），新加坡已设定了目标，将回收率提高到70%[③]（其中国内回收目标为30%，非国内回收目标为81%），以实现到2030年每天将送往垃圾填埋场的数量减少30%。2020年，新加坡还颁布了资源可持续性法案，通过实施生产者责任延伸（Extended Producer Responsibility）来监管电子垃圾和包装废物。根据该框架，公司需要向新加坡国家环境局提交包装数据和计划，以激励减少包装废物。从2024年开始，新加坡环境和水资源部将要求在商业和工业层面对食物废物进行分类。

[①] 新加坡建设局：《绿色建筑规划》，2023年4月27日，https：//www1. bca. gov. sg/buildsg/sustainability/green-building-masterplans。

[②] Park, K.：《上照费用变动或能加速推广电动汽车》，2022年5月2日，https：//www. bloomberg. com/news/newsletters/2022-05-02/electric-car-ownership-rights-change-in-singapore-in-may-l2on42lo。

[③] 新加坡环境及水源部：《新加坡零废物规划》，2023，https：//www. mse. gov. sg/resources/zero-waste-masterplan. pdf。

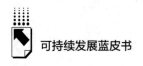

七　荷兰埃因霍温

表7　2021年荷兰埃因霍温、杭州、中国百城平均水平可持续发展指标比较

可持续指标	埃因霍温	杭州	中国百城平均值
常住人口（百万）	0.77	12.20	7.00
GDP（十亿元人民币）	332.87	1810.90	682.99
GDP增长率（%）	7.38	8.49	7.90
第三产业增加值占GDP比重（%）	49.25	67.85	52.20
城镇登记失业率（%）	3.30	2.34	2.85
人均道路面积（m²/人）	—	11.48	14.82
房价-人均GDP比	0.09	0.19	0.16
中小学师生人数比	1:16.5	1:13.9	1:14.3
0~14岁常住人口占比（%）	14.80	13.32	17.55
人均城市绿地面积（m²/人）	161.00	46.42	43.68
空气质量（年均PM2.5浓度，μg/m³）	10.90	28.00	31.00*
单位GDP水耗　（吨/万元）	11.03	16.43	49.28
单位GDP能耗（吨标准煤/万元）	0.14	0.29	0.56
污水集中处理率（%）	99.50	97.13	96.98
生活垃圾无害化处理率（%）	—	100.00	99.92

注：＊表示全国339个城市平均值。—数据缺失。
资料来源：根据公开资料整理。

（一）经济发展

自新冠疫情蔓延以来，荷兰政府出台了多项政策以努力维持经济的运行。这些举措也延续到疫情逐渐好转的2021年。其中，《紧急就业维持计划》（NOW）为营业额下降超过20%的企业提供援助，补偿部分工资成本。《固定成本补助金计划》为营业额损失超过30%的中小企业及个体经营户提供资金支持。此外，个体经营户还额外受到《COVID-9商业补偿计划》的保护，他们在资金链出现问题时能够获得运营资金，并且一旦个人收入跌落到最低收入水平以下他们还能获得额外补助。除了以上这些针对性比较强的项目外，其他更宽泛的经济扶持政策包括针对各类企业的推迟税款缴纳，其期限非常宽松①。在这一系列政策的加持下，自 2020 年第三季度起荷兰整体经济开始恢复，失业率得到控制，2021 年 1 月维持在 3.6%，全年平均失业率为 4.2%。然而，新冠疫情对荷兰的经济影响在疫情结束后的短期内并不会完全消退。随着疫情而来的高外债、高失业率将在全球经济低迷的大环境下给荷兰经济的发展与恢复带来巨大的挑战。

就埃因霍温都会区而言，由于地区的经济主要以高新技术产业以及高科技制造业为主，受疫情影响同全国比相对较小。都会区 3.30% 的失业率低于荷兰全国的平均水平（4.2%），接近中国百城平均水平，但明显低于纽约等大部分对比城市。

（二）社会民生

在社会民生大类的四个指标中，我们仅有"0～14 岁常住人口占比"为埃因霍温都会区数据。"房价—人均 GDP 比"反映的是埃因霍温市区情况，"中小学师生人数比"为荷兰全国统计，而和道路面积相关的数据则缺失。

荷兰政府在社会民生上主要的侧重点为社会保障以及教育。在社会保障方面，荷兰政府目前在抓紧出台一系列集合税收、保险、在职与再就业培训的就业保障措施，主要针对受疫情打击最大的青年员工、临时工和面临员工短缺的个体经营户。

在教育方面，从"中小学师生人数比"上看，荷兰的生均教育资源要明显弱于中国城市。这一缺陷在疫情中学校转为线上教学时尤为突出，很多学生表示缺乏一对一的辅导、有组织的讨论与实践等。据荷兰学生总会（Dutch National Student Association）统计，疫情期间有超过 7% 的各年龄段学生在学习进度上受到不同程度的影响。为此，荷兰政府计划在 2021 年后

---

① 《荷兰第五次 SDG 全国报告：荷兰的可持续发展》，2021 年 5 月 19 日，https：//www. sdgnederland. nl/wp-content/uploads/2021/08/Dutch-National-SDG-Report-2021. pdf。

的两年半中，对从小学到大学的整个教育领域投入85亿欧元（650亿元人民币）来弥补教育资源上的不足，并提供学生贷款和补助。此外，在教学内容上荷兰也力求设计更合理以及适应时代需求的课程内容。这主要体现为更注重对学生社交和情感技能、公民意识、自我价值意识的培养，引入与自媒体相关的新技能课程，借鉴疫情期间线上线下综合教学的经验开展更有效的远程教育，以及拓宽接受继续教育的途径等。

（三）环境资源

环境资源的两个指标均反映埃因霍温都会区的情况。无论是"人均城市绿地面积"还是"空气质量"，埃因霍温均远远领先中国百城的榜首杭州。埃因霍温在环境资源上的努力最典型地体现在都会区的经济与创新中心——埃因霍温高科技园（High Tech Campus Eindhoven）。埃因霍温高科技园由飞利浦最早的实验室 Natlab 演变而来。飞利浦最初推动高科技园区建设的主要目的是形成一个由高新技术企业组成的产业聚集。如今，截至2021年园区已经发展成了融合235家企业、12000名员工的行业生态系统，也成为埃因霍温乃至整个欧洲的创新基地。不仅如此，园区也致力于在2025年前实现碳中和，成为欧洲最可持续的高科技园。为了实现这一目标，在园区的生态环境建设上，管理部门采取了多项措施来保护和提升生物多样性。这包括在园区的空地上设置蜂窝以及"昆虫旅馆"给各类昆虫提供栖息地，也为各类植物的授粉提供便利。此外，园区还养殖绵羊来取代使用除草机对草坪进行修剪和维护，在停车场周边增设方便燕子筑巢的墙，以及在树根安装智能设备监测需水量。

为了进一步减少汽车尾气对空气质量的影响，埃因霍温高科技园还采用电动巴士接送员工通勤，在园区内提供150辆共享自行车，新增85个电动汽车充电桩，以及新建一座供氢动力汽车的燃料站①。

---

① 埃因霍温高科技园：《可持续发展路线图2025：使埃因霍温高科技园成为欧洲最绿色园区》，2019年5月28日，Sustainability Roadmap 2025：turning High Tech Campus Eindhoven into Europe's greenest Campus。

（四）消耗排放

表 7 中的"单位 GDP 能耗"与"单位 GDP 水耗"均是反映荷兰全国的统计数据。2019 年通过的《全国气候协议》定下了 2050 年温室气体减排 95% 的长期目标，以及在 2030 年前实现 27% 可再生能源占比和 49% 碳排放下降的中期目标。作为回应，荷兰各地方政府也在积极推行关于清洁能源和低碳的试点工程。例如，多个城市相继开展低碳城市供暖试点，旨在摆脱对天然气的依赖。此外各市也在努力提升可再生能源的占比。

具体到埃因霍温高科技园，园区的 2025 年规划也提出要实现 100% 的清洁电力和清洁燃气，85% 的热能将被回收储存。园区内所有厂区屋顶上都将安装太阳能电池板，所有停车场都将使用节能 LED 照明。此外，作为一个高科技园，园区内也将大量使用智能监控和传感器，来更有效地对室内照明、供暖等设备进行能源管理。

（五）治理保护

在治理保护方面关于污水和生活垃圾的两个指标上，我们无法获取埃因霍温都会区的数据。仅有的"污水集中处理率"反映的是荷兰全国的情况，在 2021 年达到 99.50%。荷兰全国上下都在积极推进循环经济的建设。以埃因霍温高科技园为例，园区内超过 99.7% 的固体废弃物经过分类后回收。此外，园区内有专门的堆肥设施用于消纳食品废物，废纸也被回收并生成厕纸和餐巾纸。

在《荷兰第五次 SDG 报告》中，荷兰计划在 2025 年实现污水处理厂的能源自给，主要通过污水处理过程中生物燃气的生产。污水处理厂剩余的生物天然气也可以作为可再生能源供给周边，达到碳减排目的。

八 中东与北非地区

中东以及北非地区也面临着全球气候变化带来的挑战，包括极端气候、物种丧失、土壤侵蚀、化石燃料和资源枯竭等。

在经济发展和社会民生领域，除了面临暴力冲突的国家外，许多中东以及北非地区国家在 SDG 1（消除极端贫困）方面取得了不同程度的进展。根据 2018 年的数据统计，约有 80% 的中东北非国家提出了消除极端贫困的政策并取得了进步。但是在教育方面（SDG 4）大部分国家仍然处于落后的位置，并没有进一步地提高其国家的教育水平——2016 年，北非和西亚的幼儿以及初等教育的参与度仅为 52%[1]，远低于 70% 的全球同期平均水平。除了教育方面的发展落后外，许多中东和北非地区的国家也需要减少营养不良的情况（SDG 2）—— 阿拉伯地区是世界上唯一营养不良人口不断增加的地区。在城市的可持续发展（SDG 11）上，2000~2014 年中东和北非地区的城市贫民窟人口从 4600 万增加到 6100 万。

中东地区需要进一步发展金融普惠（Financial Inclusion）。该地区失业率高，并伴随着政治、经济和社会方面的不稳定。金融普惠可以更好地提供可持续金融服务并进一步降低贫困率。

中东和北非地区的银行贷款使用率非常低，其中小型企业利用股权投资比也很低。根据世界银行和阿拉伯银行联盟针对该地区 130 多家银行的统计，只有 8% 的贷款流向中小型企业，远低于其他地区国家，导致许多中小型企业无法支持自己公司的发展。在海湾阿拉伯国家合作委员会成员国（巴林、科威特、阿曼、卡塔尔、沙特及阿联酋）中，这一比例更低，仅有 2%。[2] 世界银行指出，加强金融基础设施建设依然是中东和北非地区经济发展的重中之重。在此过程中，该地区也需要建立一个有效的数据收集框架。

在资源环境以及消耗排放领域，该地区大多数国家在 SDG 13（气候行

---

① Goll, E., Uhl, A., & Zwiers, J.:《中东和北非地区的可持续发展》，2019 年 3 月，https：//www.cidob.org/en/publications/publication_ series/project_ papers/menara_ papers/future_ notes/sustainable_ development_ in_ the_ mena_ region#：~：text = In% 20the% 20MENA%20region%2C%20the，and%20situations%20of%20each%20country。

② 中东投资计划组织：《可持续发展》，2023，https：//meii.org/about/sustainable-development/。

动）、SDG 14（水下生物）和 SDG 15（陆地生物）等方面停滞不前，甚至倒退。2016 年该地区城市空气污染的平均水平（SDG 11 的子目标）是世界卫生组织标准值的 5 倍以上，9/10 的城市居民缺乏清洁的空气。最后，该地区一些最发达的国家对资源的高度消费也降低了地区整体可持续发展表现。

然而，值得庆幸的是该地区许多国家在 SDG 7（推广清洁能源）方面表现较好，在提高能源效率的同时进一步推广可再生能源的使用，尤其是太阳能的使用。中东和北非地区是世界上太阳辐照度最高的地区之一，所以发展太阳能市场是非常重要以及必要的，因此许多国家都制定了相应的政策和目标。比如 2022 年，阿联酋提出计划到 2035 年将可再生能源在该国电力结构中的比例提高到 60%。① 苏丹的累计光伏发电容量已达到 200 兆瓦，但是为了进一步发展更多的太阳能源，苏丹政府宣布针对 1 兆瓦以下项目实施新的净计量计划。约旦预计于 2023 年引入储能立法。目前，约旦在购电协议下拥有 1498 兆瓦的商业光伏项目，在净计量和轮转计划下拥有 1027 兆瓦的小型装置。该公司将于 2023 年开始与伊拉克建立电力连接，最初发电量为 150 兆瓦，未来可能扩大至 900 兆瓦。

除了在太阳能方面的发展外，中东地区同时在进行能源的转型。中东地区有许多化石燃料，但也同时在大力开发氢能项目，力求成为全球氢气供应中心。2020 年初，中东北非等国一起发起了中东北非氢联盟。该联盟汇集了私营和公共部门参与者以及科学界和学术界专家学者，以启动绿色氢经济。② 埃及也提出了许多关于绿色氢气和绿色氨的可行性研究。埃及希望将此类产品主要出口到欧洲和亚洲市场。埃及一共提出了九个项目，价值约 830 亿美元，全面运营后每年总共生产 760 万吨绿色氨和 270 万吨绿色氢。埃及当局以及当地和国际投资者组成的财团同时宣布投产第一阶段项目，该

---

① Santos, B.：《中东和北非地区领先的太阳能光伏市场》，《光伏杂志》2023 年 1 月 17 日，https://www.pv-magazine.com/2023/01/17/menas-leading-solar-pv-markets。

② Cantini, G.：《中东和北非地区的氢能：优先事项和前进步骤》，《大西洋理事会》2023 年 2 月 14 日，https://www.atlanticcouncil.org/blogs/energysource/hydrogen - in - the - mena - region-priorities-and-steps-forward/。

项目有望成为非洲第一座综合绿色氢工厂。与此同时，欧盟也向埃及提出了氢能开发方面的合作。双方同意成立欧盟-埃及氢能协调小组，并组织一次由工业和能源参与者参加的商业论坛年度会议。

此外，在能源效率和节能方面，沙特阿拉伯新规划的城市都包含了能源效率和建筑节能认证。2021 年规划的名为"线"（The Line）的新项目已经开始建设，该项目包括地下清洁运输系统和零碳排放社区。卡塔尔和阿联酋也开发了本国的建筑节能认证系统，并要求强制遵守。[①]

表 8　2021 年迪拜、杭州、中国百城平均水平可持续发展指标比较

可持续指标	迪拜	杭州	中国百城平均值
常住人口（百万）	3.48	12.20	7.00
GDP（十亿元人民币）	698.18	1810.90	682.99
GDP 增长率（%）	5.70	8.49	7.90
第三产业增加值占 GDP 比重（%）	51.60	67.85	52.20
城镇登记失业率（%）	3.10	2.34	2.85
人均道路面积（m^2/人）	—	11.48	14.82
房价-人均 GDP 比	—	0.19	0.16
中小学师生人数比	—	1∶13.9	1∶14.3
0~14 岁常住人口占比（%）	14.85	13.32	17.55
人均城市绿地面积（m^2/人）	12.78	46.42	43.68
空气质量（年均 PM2.5 浓度，$\mu g/m^3$）	44.00	28.00	31.00*
单位 GDP 水耗 （吨/万元）	57.36	16.43	49.28
单位 GDP 能耗（吨标准煤/万元）	0.09	0.29	0.56
污水集中处理率（%）	—	97.13	96.98
生活垃圾无害化处理率（%）	—	100.00	99.92

注：* 表示全国 339 个城市平均值。—数据缺失。
资料来源：根据公开资料整理。

由于资料来源有限，在中东及北非地区，我们仅以迪拜为案例与中国百城进行可持续发展指标上的比较。如表 8 所示，在国际对比城市的 15 个指标中，迪拜也有较多的数据缺失。

---

① 孙霞：《能源转型已成中东能源政策首要任务》，中国石油新闻中心，2022 年 11 月 1 日，http://news.cnpc.com.cn/system/2022/11/01/030083648.shtml。

（一）经济发展

迪拜市是阿联酋迪拜酋长国的首府，也是阿联酋人口最多的城市。其经济体量与经济结构同中国百城平均水平相当，但人均 GDP 明显高于中国百城，包括榜首的杭州。表 8 中的失业率为阿联酋全国统计，在 2021 年略高于中国百城平均水平。

在经济发展上，迪拜政府始终致力于将该市打造成全球领先的贸易、物流、旅游及金融中心，以及成为"伊斯兰世界的经济之都"。[①] 近年来，迪拜的经济发展重点放在了形成以创新及生产力为导向的、多元化的经济增长方式，并持续改善整体商业环境继而吸引更多外资。

（二）社会民生

社会民生方面，仅有的指标"0~14 岁常住人口占比"上迪拜略高于中国城市杭州。民生领域是迪拜政府可持续管理的重心。《迪拜发展计划 2021》六大支柱中的三项——"人民"、"社会"与"生活"均与民生密切相关。政府的核心工作为提供良好的教育、医疗、住房与治安，使市民有足够的个人发展空间，以及为居民提供丰富的文化、娱乐及休闲设施。

（三）资源环境

2021 年，迪拜市区内共有超过 800 万平方米的草坪，超过 500 万棵树木（包含灌木），以及 930 千米的绿化带，使土地资源紧缺的迪拜拥有了近 13 平方米的人均绿地面积。然而，迪拜的空气污染较中国城市更严重。

（四）消耗排放

从指标上看，迪拜的"单位 GDP 水耗"要高于中国百城，但其能源强

---

① 迪拜市政府：《迪拜发展计划 2021》，2023，http：//www.dubaiplan2021。

度却要优于中国百城。能源效率与能源转型是阿联酋可持续发展战略的核心之一。其 2050 年的长期目标是提升 40% 的能源使用效率，达到 50% 的清洁能源占比，以及实现 70% 的碳减排。与之相应的是迪拜的中远期能源与水资源目标：2030 年实现 25% 的可再生能源占比，30% 的能源节省，30% 的水资源节省；2050 年达到 75% 的清洁能源占比。①

在节能方面，迪拜的主要途径是对建筑物的能耗实行更严格的管理。根据迪拜政府的战略计划，迪拜市政府于 2011 年推出了《绿色建筑法规和规范》（GBR&S），作为该市对新建筑的强制性要求。自 2011 年以来，这些法规已强制用于所有市政建筑物，并从 2014 年开始在迪拜的所有新建筑物上实施。此外，迪拜市政府于 2016 年出台 Al Sa'fat 绿色建筑评级系统，于 2020 年 10 月 19 日后全面替代《绿色建筑法规和规范》对境内所有建筑进行能耗、能效的评级。所有新建筑都须获得"银级"或以上（"白金级"或"黄金级"）的评级。②

（五）治理保护

尽管关于迪拜污水及生活垃圾的统计数据我们无法获得，但迪拜在环境治理，尤其是固体废弃物方面近年来最受瞩目的项目便是迪拜废弃物管理中心（DWMC）的建成与运行。DWMC 是当前世界上最大的垃圾焚烧发电厂，由 5 条生产线组成。2023 年初，2 条生产线开始投入运行，每天吸收 2000 吨固体废弃物并发电 80 兆瓦时。到 2024 年，所有 5 条生产线将完成投产，届时满负荷运行能够日均处理 5666 吨固体废弃物，发电 200 兆瓦。③ DMWC 的建设与运行为迪拜的城市可持续发展带来多项获益。一方面它契合了迪拜及阿联酋整体向清洁能源转型的需求，提升了清洁能源占比；另一方面，它降低了固体废弃物对垃圾填埋场的依赖，实现了对城市废弃物的循环利用。

---

① 阿联酋绿色建筑议会：《阿联酋可持续发展政策》，2023。
② 迪拜市政府：《Al Sa'fat-迪拜绿色建筑评级系统》，2023 年 1 月 23 日。
③ 迪拜市政府：《迪拜废弃物管理中心于 2023 年初开始初步运营》，2023。

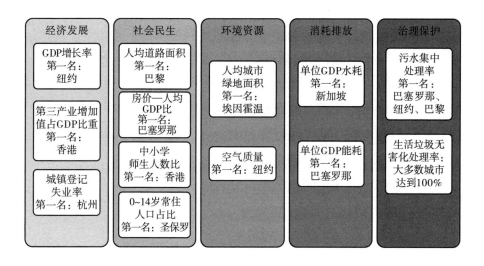

图1　2021年各指标排名第一的城市

九　五大类分类国际比较

1.经济发展

如同往年，中国百城在经济发展领域的表现领先众多对比城市。2021年，全球经济在各政府的努力下，开始从新冠疫情中恢复，呈现不同程度的反弹。因而，在经济增长上，中国百城虽然依旧处于国际对比城市的前列，但领先的幅度不如往年明显。中国百城的平均GDP增长率为7.9%，而对比城市中的大部分在2021年也都达到或超过7%的增长率，其中纽约的增长率甚至超过中国百城综合排名第一的杭州（见图2）。

在失业率以及第三产业占比上，中国百城的相对表现同往年类似。失业率的平均水平控制在3%以下，优于所有对比城市。中国百城50%左右的第三产业占比较国际城市而言相对落后，但中国香港和北京这一指标处于国际领先水平。值得一提的是，2023年报告中新加入的中东地区城市迪拜在经济发展上的表现同中国百城平均水平非常接近（见图3、图4）。

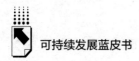
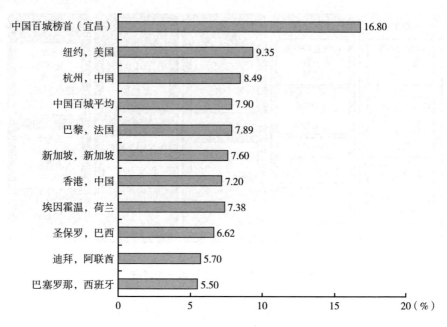

图2 2021年各城市 GDP 增长率

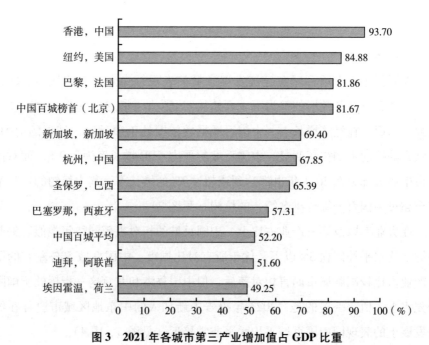

图3 2021年各城市第三产业增加值占 GDP 比重

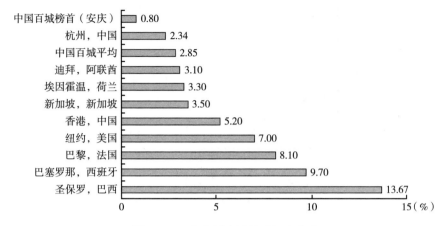

图4　2021年各城市城镇登记失业率

2. 社会民生

在社会民生的各指标上，中国城市——尤其是杭州、香港这样的国内大都市——普遍处于中游或偏下的位置，其中的例外是香港在中小学师生人数比上以及中国百城整体在0~14岁常住人口占比上相对领先。在房价收入比方面，诸如纽约、巴塞罗那等的国际大都会都有着超过一般中国城市的平均房价，但得益于其相对较高的人均收入，这些城市的居民在住房上的经济负担仅为中国百姓的一半（见图5~图8）。

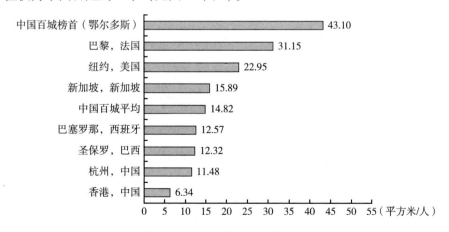

图5　2021年各城市人均道路面积

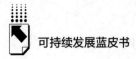

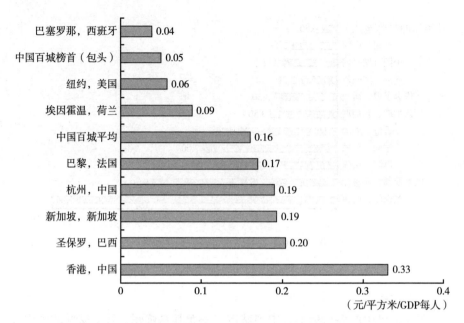

图6　2021年各城市房价—人均GDP比

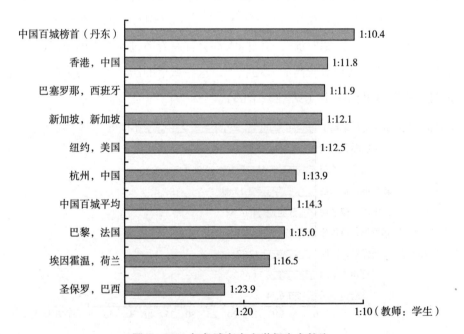

图7　2021年各城市中小学师生人数比

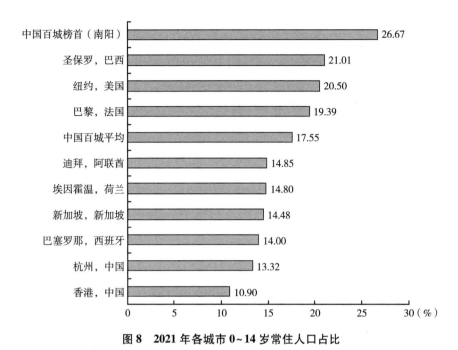

图 8　2021 年各城市 0~14 岁常住人口占比

3. 资源环境

同海外城市相比，中国百城的人均城市绿地面积表现良好。其中香港在该项指标上还处于领先地位，而杭州以及中国百城平均水平也要高于巴塞罗那、纽约等国际城市。然而，在空气质量上中国百城的平均污染水平要高于国际城市 2 倍以上，同对比城市中空气质量最好的纽约、埃因霍温比更是达到超过 3 倍多的污染程度。尤其值得关注的是，在经济发展与社会民生的指标上，中国百城的单项指标榜首城市往往在该指标上的表现优于对比城市，但是在空气质量上，中国百城表现最好的拉萨依然要排在纽约、埃因霍温和巴黎之后（见图 9、图 10）。

4. 消耗排放

在单位经济产出的能耗与水耗方面中国香港在所有对比城市中处于相对靠前的位置，但中国百城的整体水平要远远落后于国际对比城市——包括同为发展中国家的巴西圣保罗。就单项指标而言，中国百城"单位 GDP 水耗"榜首

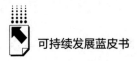

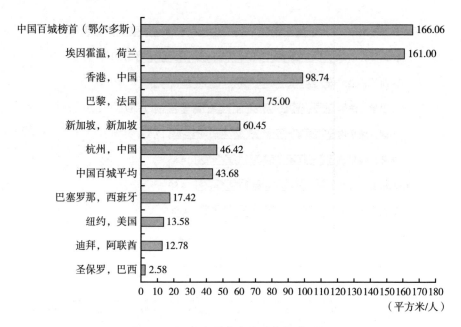

图9　2021年各城市人均城市绿地面积

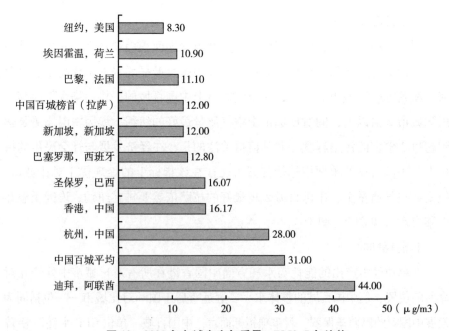

图10　2021年各城市空气质量：PM2.5年均值

的深圳能够跻身国际对比城市的中间水平，"单位 GDP 能耗"榜首的北京也和新加坡持平。因此，虽然这两个中国百城榜首城市本身依然有很大的提升空间，但它们在提升能源与用水效率方面的成功经验却是值得其他国内城市借鉴的。

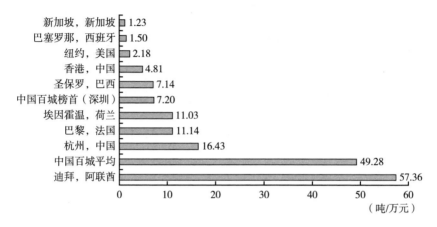

图 11　2021 年各城市单位 GDP 水耗

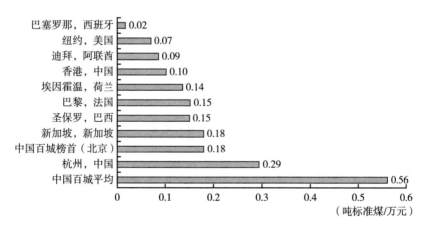

图 12　2021 年各城市单位 GDP 能耗

5. 治理保护

在治理保护上，众国际对比城市都基本达到或接近了 100% 的生活垃圾无害化处理以及对污水的集中处理。中国百城的平均水平也紧跟国际领先城市的步伐。

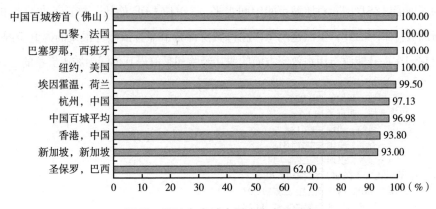

图 13　2021 年各城市污水集中处理率

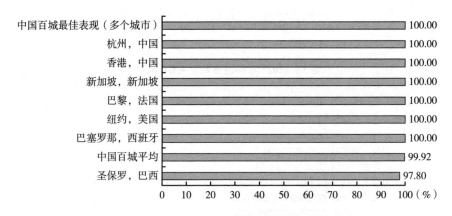

图 14　2021 年各城市生活垃圾无害化处理率

　　总结以上，在疫情消退的 2021 年，各国的经济复苏计划初见成效，各国际城市的经济呈现明显的增长，GDP 增长率趋近甚至超过了中国百城。在社会民生方面，各对比城市的侧重点各不相同，涵盖了教育、贫富差距、养老、道路交通、文化及娱乐等多个方面。从可持续发展指标上看，中国百城与国际对比城市在这一领域各有优劣。在环境资源与消耗排放方面，各国际城市的发展方向主要集中在绿色建筑（低能耗、高能效）、绿色基建（如屋顶绿化）、新能源汽车，以及可再生能源的转型上。同国际城市相比，中国百城普遍在空气质量、能耗与水耗上有着较大的进步空间。在治理保护方面各对比城市纷纷致力于打造"零废弃物"的循环经济，通过更有效的垃圾分类、回收和再利用来实现对材料资源的循环使用。

报告新增了中东及北非地区。该地区在经济发展、社会民生、环境资源，以及治理保护方面均迫切需要提升。但同时，中东及北非地区在消耗排放，尤其是可再生能源和清洁能源的转型上却成效显著。作为该地区经济发展水平最高的城市之一迪拜，其在大部分可持续发展指标上的表现同中国百城平均都比较接近，唯一的例外是能源效率上迪拜在国际城市中名列前茅，远远领先于中国百城。

虽然在某些领域包括杭州在内的中国百城依然明显落后于国际对比城市，但指标的统计数据却也明确地反映出了国内城市逐年的进步。可持续发展争的并非一朝一夕，或者短时间内的注目成绩，而是脚踏实地、持续、稳定的进步。

附录：各市雷达图表

注释：浅灰色区域是一个结合了中国所有 110 个样本城市最佳绩效的想象城市。深灰色区域是中国百城平均绩效。虚线区域是标题城市的绩效。指标分数越高（最大的部分/最靠近外圈的部分），城市绩效越好。

计算：将原始数据和最低/最高指标之间的绝对差值除以最高指标和最低指标之间的差值，得出绩效。

城镇登记失业率、房价收入比、空气质量、单位能耗和单位水耗的绩效公式如下：

$$绩效 = \frac{原始数据 - 最高指标}{最高指标 - 最低指标}$$

其他指标的绩效公式如下：

$$绩效 = \frac{原始数据 - 最低指标}{最高指标 - 最低指标}$$

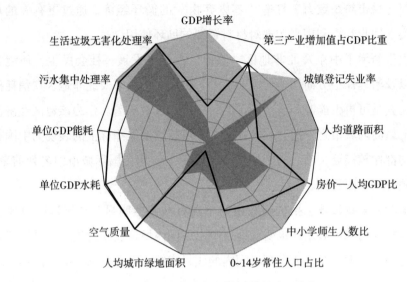

附图1　2021年美国纽约可持续发展指标

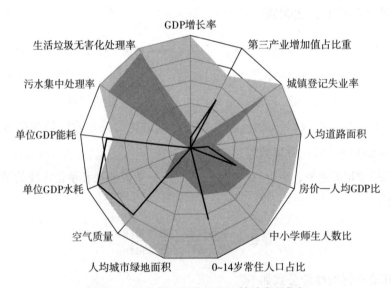

附图2　2021年巴西圣保罗可持续发展指标

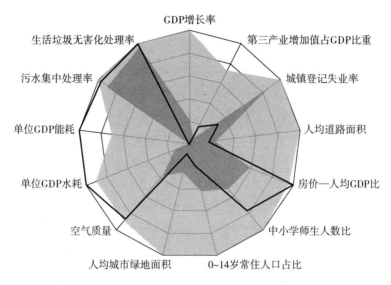

附图 3　2021 年西班牙巴塞罗那可持续发展指标

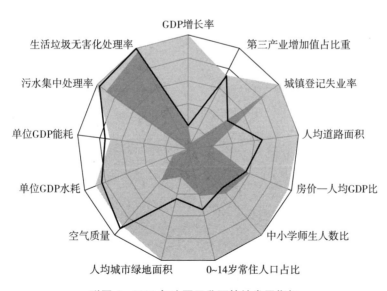

附图 4　2021 年法国巴黎可持续发展指标

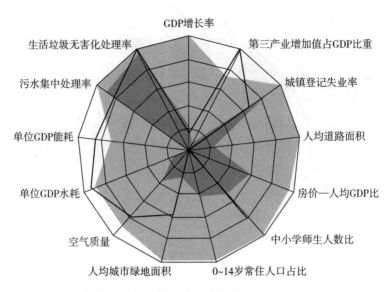

附图5 2021年中国香港可持续发展指标

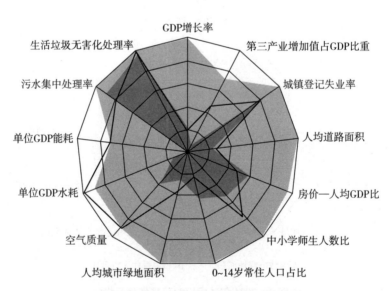

附图6 2021年新加坡可持续发展指标

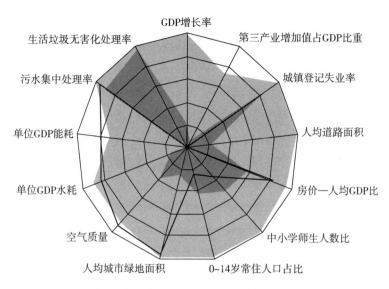

附图7　2021年荷兰埃因霍温可持续发展指标

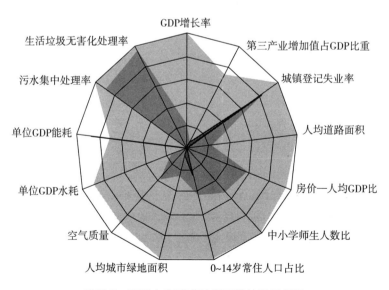

附图8　2021年阿联酋迪拜可持续发展指标

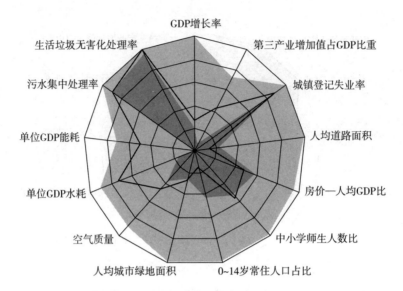

附图9　2021年中国杭州可持续发展指标

参考文献

巴塞罗那市政厅：官方统计数据，2022年，https：//ajuntament.barcelona.cat/estadistica/。

城市交通数据：《巴黎统计数据》，2023年，https：//citytransit.uitp.org/paris。

迪拜统计中心：《迪拜酋长国官方统计数据》，2022年，https：//www.dsc.gov.ae/。

杭州市生态环境局：《2021年度杭州市生态环境状况公报》，2022年6月。

加泰罗尼亚统计局：《巴塞罗那统计数据》，2022年6月，https：//www.idescat.cat/emex/？id=080193#h300004000c000000。

经济合作与发展组织：《经合组织统计数据》，2023年，https：//stats.oecd.org/。

美国普查局：《美国社区问卷调查数据》，2021年，https：//data.census.gov/table？q=S0101&g=310XX00US35620。

美国商务部经济分析局：《分行业GDP》，2023年6月29日，https：//www.bea.gov/data/gdp/gdp-industry。

生态环境部：《2021 中国生态环境状况公报》，2022 年 5 月。

圣路易斯联邦储蓄银行：《经济数据》，2022 年 12 月 8 日，https：//fred. stlouisfed. org/series/NGMP35620。

世界银行：《世界银行统计数据》，2023 年，https：//databank. worldbank. org/source/world-development-indicators。

西藏自治区生态环境厅：《2020 年西藏自治区生态环境状况公报》，2021 年 6 月。

香港特别行政区政府统计处：《香港统计年刊》，2022 年，https：//www. censtatd. gov. hk/en/data/stat_ report/product/B1010003/att/B10100032022AN22B0100. pdf。

B.23

重塑增长

——加速循环经济和零碳医疗保健体系的应用

李　涛　刘可心*

摘　要：　循环经济，是以资源节约和循环利用为特征、与环境和谐发展的
经济发展模式。发展循环经济对于应对气候变化、资源稀缺和生
物多样性丧失等挑战至关重要。全球约45%的二氧化碳排放量归
因于产品的生产过程，包括材料开采、供应和设备制造——通常
称为"嵌入式碳排放"（embedded carbon）。医疗保健系统是这些
资源的巨大消耗者，作为材料密集型行业，医疗保健行业的碳排
放相当于全球净排放量的5.2%，因此健康技术公司、医疗保健系
统和其他利益相关者有责任采取行动。本文分析了循环经济的发
展历史以及全球视角下的循环经济现状，医疗保健系统向循环模
式转型的需求和机遇，以及飞利浦在循环经济方面的商业战略、
行动措施与取得的成果。飞利浦认识到提高资源利用效率不仅需
要超越硬件的设计和生产，还需对设备、服务和数字解决方案采
取综合的视角。飞利浦通过向循环模式转型，不仅可以帮助客户
建立具有韧性、可持续的医疗保健系统，而且这些系统有效运用
资源互联性更强、更具包容性，能够为更多患者提供护理机会。

关键词：　循环经济　循环模式　碳排放　医疗保健体系

* 李涛，飞利浦集团副总裁；刘可心，飞利浦大中华区企业社会责任高级经理；马源、郑诗茵
在资料搜集、数据整理和文字校对等方面对此文亦有贡献。

一 循环经济的前世今生

（一）循环经济定义与发展历史

循环经济常常被视为人类应对紧迫的环境挑战的全新答案。事实上，"循环"经济的模式并不新鲜。在工业化之前，它是占主导地位的经济模式，资源被重新使用、修理或回收。

19世纪见证了线性经济的兴起，原材料被转化为产品，被使用直至作为废物被丢弃。这种"资源-产品-废弃物"生产模式的产生主要由于工业革命的兴起，以及煤炭和蒸汽等廉价能源的普及。但线性经济模式是一种为全球环境带来挑战的污染模式，并加速了气候变化与生物多样性丧失。

第二次世界大战后，随着大规模生产和消费社会的兴起，线性经济模式逐渐占据主导地位。在这一时期，作为回应，"循环"思维也被重新提出。标志性事件包括美国经济学家肯尼斯·波尔丁1966年发表的论文《即将到来的宇宙飞船世界经济学》、2002年德国化学家Michael Braungart和美国建筑师William McDonough出版《从摇篮到摇篮：循环经济设计之探索》，以及仿生协会和艾伦·麦克阿瑟基金会等智库的出现。

如今，随着人口增长以及资源消耗和气候变化的加剧，向循环经济转型的必要性更加突出，对此国际社会已经制定了许多雄心勃勃的气候和循环经济目标。例如，欧盟发布的《新循环经济行动计划》希望使循环经济成为生活的主流，加快欧洲经济的绿色转型，助力2050年气候中和目标的实现。荷兰是第一个制定2050年实现100%循环目标的国家，并承诺在2030年将初级资源使用量减少一半。英国也采取了一项雄心勃勃的计划，英国国家医疗服务体系（National Health Service，NHS）正在致力于推动2050年医疗系统的净零排放。

中国政府也于2020年正式宣布二氧化碳排放力争于2030年前达到峰值，努力争取2060年前实现碳中和，其中到2030年，中国单位GDP二氧化碳排放量将比 2005 年下降 65% 以上，非化石能源占一次能源消费比重将达到 25% 左右。

在中国为实现 "30·60" 双碳目标而制订的一系列计划和行动中，明确包含着发展循环经济的要求。《"十四五" 循环经济发展规划》提出，"到 2025 年，循环型生产方式全面推行，绿色设计和清洁生产普遍推广，资源综合利用能力显著提升，资源循环型产业体系基本建立。废旧物资回收网络更加完善，再生资源循环利用能力进一步提升，覆盖全社会的资源循环利用体系基本建成。资源利用效率大幅提高，再生资源对原生资源的替代比例进一步提高，循环经济对资源安全的支撑保障作用进一步凸显"。

为了实现 "十四五" 期间循环经济的目标，中国政府提出各项重点任务，其中包括了通过推行重点绿色产品设计、强化重点行业清洁生产、加强资源综合利用等方式构建资源循环型产业体系，提高资源利用效率；通过完善废旧物资回收网络、提升再生资源加工利用水平等方式构建废旧物资循环利用体系。

中国国家发展改革委员会发布的《产业结构调整指导目录（2023 年本，征求意见稿）》，将高端医疗器械下的高性能医学影像设备、体外膜肺氧合机等急危重症生命支持设备、人工智能辅助医疗设备、移动与远程诊疗设备纳入鼓励类产业目录，这意味着可持续医疗保健有了更多的发展可能。

但是，总体而言，目前全球循环经济的进程并不乐观，正如联合国政府间气候变化专门委员会（Intergovernmental Panel on Climate Change，IPCC）主席李会晟所评论的那样，"当我们应该冲刺时，我们却在行走"。

（二）全球视角下的循环经济现状

严酷的现实是，全球范围内，材料开采和消费正以前所未有的速度增长，如今已达到 1000 亿吨，与 2000 年相比几乎增加了一倍。如果不采取紧急行动，预计将于 2060 年达到 1900 亿吨。而基于循环经济原则的全球生产从 2018 年的 9.1% 降至 2020 年的 8.6%，再到 2023 年的 7.2%。

"十三五" 时期，中国循环经济发展取得一定成果。与 2015 年相比，

2020 年主要资源产出率增长约 26%，单位 GDP 能耗持续大幅下降，单位 GDP 用水量下降 28%。2020 年，农作物秸秆综合利用率达到 86%以上，大宗固体废弃物综合利用率达 56%，可再生资源利用能力显著增强。

尽管如此，中国循环经济发展仍面临着重点行业资源产出效率不高、再生资源回收利用规范化水平低、回收设施缺乏用地保障、低值可回收物回收利用难及大宗固废产生强度高、利用不充分、综合利用产品附加值低等突出问题。这些事实和统计数据强调了加速采用循环模式的必要性，在医疗保健领域尤其如此。

二 循环模式是医疗保健系统的迫切需求和巨大机遇

传统上，医疗保健系统的关注重点在于人，能源使用与废弃物管理等通常不是优先处理事项。但如今，随着医疗保健的生态环境足迹不断扩大，医疗保健系统正面临着向"绿色"转型的巨大挑战。

Healthcare's Climate Footprint 报告指出，医疗机构的碳排放相当于全球净排放量的 5.2%（约为 20 亿吨二氧化碳当量）。如果把世界上所有的医疗机构看作一个整体的话，其碳排放量位列世界第五。医疗保健系统 71%的排放量来源于其供应链，包括长时间运转的大型医疗设备、药品的采购与供应等。根据飞利浦 2022 年《未来健康指数全球报告》调研显示，到 2021 年，全球只有 4%的医疗保健领导者优先考虑环境可持续性。

对于中国来说，当前中国医疗部门碳排放位居全球医疗部门碳排放第二位，相对于医疗保健系统的持续发展和老龄化的加剧，中国"绿色"医疗保健系统仍处于起步阶段，任重而道远。

2022 年 7 月，联合国大会（The United Nations General Assembly）一致认可清洁、健康和可持续的环境是一项人权，而不仅仅是某些人的特权，这项决定进一步强调了发展循环经济的必要性。向循环经济的转型建立在三个原则的基础上，如果将循环经济的三个原则与现实情况进行对比，从表 1 可以看到医疗保健行业的循环发展仍有很长的路要走。

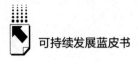

表 1　循环经济原则与医疗保健行业现状对比

循环经济原则	现实情况
消除废弃物和污染,包括二氧化碳排放	医院每天每床产生 13kg 的废弃物,其中 15%~25% 为有害废弃物,系统的碳排放占据全球碳排放的 4% 以上
循环使用产品、部件和原材料,使它们尽可能长时间地保持在最高的价值并被使用	产品和材料费用是医院除工资外的第二大支出
再生自然系统	超过 90% 的生物多样性流失是由于自然资源的开采和加工

作为一个行业,健康技术公司、医疗保健系统和其他利益相关者有责任采取行动。医疗保健系统不仅可以成为全球居民健康生活的守护者,也可以成为避免全球气候变暖的引领者。通过向循环经济转型,飞利浦不仅可以帮助客户建立具有韧性、可持续的医疗保健系统,而且这些系统有效运用资源互联性更强、更具包容性,能够为更多患者提供护理机会。

三　致力于将循环模式作为可持续医疗的驱动力

(一)循环经济顶层设计为医疗变革提供基础

循环性对于资源的可持续利用至关重要,也是医疗保健脱碳的先决条件。飞利浦的循环经济战略可以概括为:少用、久用、再用。

以循环经济视角下的客户需求为中心,飞利浦致力于打造循环商业模式。其中,飞利浦的循环经济战略由五大支柱组成(见图 1),包括:软件和硬件的循环设计、循环的制造和供给、循环的交付与融资模式、产品使用阶段的循环服务(优化和延长客户的使用)、循环使用中止管理(在客户使用后的废弃或回用阶段对产品负责)。

此外,飞利浦的循环经济战略通过三大杠杆加速落地,分别是:合作伙伴关系及社区建立、制度、指标和报告。

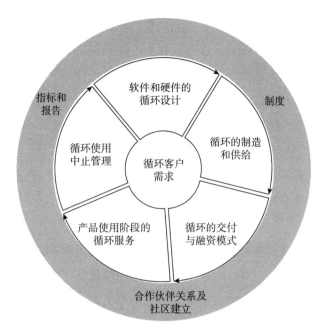

图1　飞利浦循环经济战略

（二）产品全生命周期管理确保可持续消费和生产模式

"生态设计"（Eco Design）让产品做出可持续的选择。循环设计是指，从产品创建过程的一开始就做出可持续的选择，以便材料和组件在产品使用终端适合维修、重复使用或翻新。全球约45％的二氧化碳排放量归因于产品的生产过程，包括材料开采、供应和设备制造——通常称为"嵌入式碳排放"（embedded carbon）。医疗保健系统是这些资源的巨大消耗者，因此，以可持续的方式选择和使用医疗系统和设备所需的材料至关重要。

飞利浦在20世纪90年代初就提出了生态设计理念，在往后的几十年里，飞利浦通过生态设计理念，将可持续性融入飞利浦整个产品开发流程中。飞利浦应用产品生命周期评估（LCA）作为生态设计流程的支柱，从而确定产品生命周期每个阶段对环境的影响——从原材料提取到材料加工、制

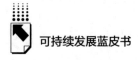

造、分销、使用、维修和保养，以及处置或回收。

飞利浦的生态设计重点关注提高我们产品和解决方案的能源效率、提高包装可持续性、最大限度地减少和避免有害物质的使用、循环性设计这四个领域，并致力于到 2025 年按照生态设计要求设计所有新产品。

在生态设计基础上，飞利浦进一步推出生态设计明星产品概念"EcoHeroes"，"EcoHeroes"指推动创新超越生态设计要求、提供在环境影响方面明显领先的产品解决方案。飞利浦的"EcoHeroes"产品至少在一个重点影响领域具有显著的环境改善表现。

案例 1：飞利浦 Ingenia Ambition 无液氦 007 磁共振 ——磁共振的新可能

液氦在包括医疗保健在内的许多行业中都发挥着重要的作用，但是能够开采作为液体氦原料的氦气田却非常少。近年来中液氦不仅价格高涨，而且获取途径也越来越少。

为了减少对氦这种宝贵自然资源的依赖，飞利浦基于数十年技术研究设计了"Blueseal 磁体"的氦密封型磁体。Blueseal 磁体在制造的过程中直接加入氦气，之后进行冷却，再密封，液氦就在 Blueseal 容器中循环，这样的设计意味着磁体在其整个使用周期中不必再加注新的液氦。在发生失超的情况下，液氦也不会被排放到外部。

飞利浦 Ingenia Ambition 无液氦 007 设备通过减少磁体重量和搭载"Blueseal 磁体"，具有显著的环境和资源优势。

液氦使用从 1500~2000L 降至 7L，且完全封装在容器中一次成型，实现了液氦这种需要依赖进口的战略性物资的零消耗。

飞利浦 Ingenia Ambition 无液氦 007 磁共振磁体内外没有失超管通道，杜绝了可致命的失超风险；整机重量较传统磁共振最多减轻 2 吨，是世界上最轻的核磁共振，可以安装在任意楼层任意科室，大大拓展了磁共振的应用场景和领域。

在图像质量不改变的前提下，将检查时间缩短到 50%（传统核磁检查时间至少需要30分钟），让医疗机构可以在有限的时间内为更多患者提供核磁扫描，节省患者等待时间。

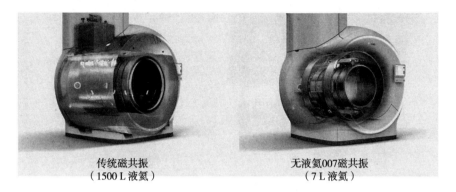

传统磁共振   无液氦007磁共振

（1500 L液氦）   （7 L液氦）

图2　飞利浦 Ingenia Ambition 无液氦 007 磁共振

案例2：飞利浦真空系列剃须刀（Philips Vaccum Beared Trimmer）
——更高效、更安全、更环保

飞利浦真空系列剃须刀在能源、包装和减少有害物质方面具有优越的表现。

飞利浦充电真空系列剃须刀充电 1 小时后最长可使用 80 分钟，年能耗小于 1.5 kWh[①]，空载功耗仅为 0.1W，大大减少了能源消耗。

飞利浦真空系列剃须刀的包装纸板至少使用了 75% 的可回收材料，塑料部分使用了 25% 的可回收塑料，并且包装中不含聚氯乙烯（PVC）和膨胀聚苯乙烯（EPS）这两种有害物质。

聚氯乙烯（PVC）通常是家电外壳常用的材料，由氯乙烯这种毒性物质聚合制成。而溴化阻燃剂（BFR）作为一种常见的污染物，持久性强，易在人体内积聚。飞利浦真空系列剃须刀不含聚氯乙烯（PVC）和溴化阻燃剂（BFR），大大减少了常用有害物质对人体的潜在危害。

---

① 根据 IEC 62301 和典型使用模式测量的能耗，基于每次充电 35 分钟（11 次）和每年 35 次充电周期计算。

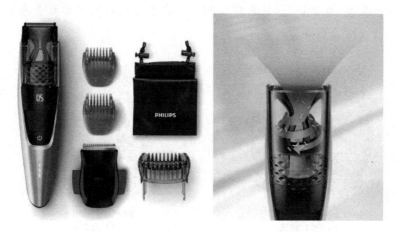

图3　飞利浦真空系列剃须刀

飞利浦的生态设计流程受到外部第三方审计的保证。为了向消费者说明生态设计的成果，飞利浦为通过生态设计流程开发的产品配置了EcoPassport，说明产品在可持续发展重点领域能源、重量及原材料、产品包装、循环经济、有害物质五大方面的表现。消费者可在飞利浦官网的产品详情页面查看产品的EcoPassport以了解其环保属性。

以严格的生产运营和供应链管理提高资源利用效率。飞利浦通过强有力的计划来推动自身运营的循环性，并加强生产基地的循环材料管理。

在材料采购方面，飞利浦坚持可持续采购，在确保供应商环境合规与环境管理系统改善的基础上，携手供应商推行节能减排、废水和废物减量化等方面的持续改善，以最终达到对环境的积极影响。

在绿色生产方面，在2020年起已经实现的全球范围内碳中和的基础上，飞利浦进一步提出更高的目标要求。在提高能源利用效率方面，到2025年，飞利浦将维持碳平衡并在运营中使用75%的可再生能源。

在材料废弃及回用方面，2022年，飞利浦将工厂废物的循环率提高到91%，不断减少、再利用和回收运营废弃物，最终剩余运营废弃物中只有不到0.1%被填埋，与飞利浦计划于2025年实现"零废弃物填埋"的目标相一致。

（三）创新服务模式帮助客户实现产品最优价值

提供灵活的金融服务与交付模式。飞利浦积极与客户和供应商合作，开发创新解决方案，在改善人们健康和福祉的同时尊重自然环境，并积极建立有韧性的卫生系统。飞利浦正在从销售实际产品或系统转向提供服务，这不仅使飞利浦的客户能够获得他们所需的设备，同时避免前期资本支出，还使飞利浦有机会重塑与客户的关系，并与整个价值链的合作伙伴合作，以提高资源利用效率。为了帮助卫生系统尽快过渡到循环模式，飞利浦旗下的飞利浦资本为客户提供灵活的金融服务与交付模式，致力于让更多客户获取飞利浦的循环服务模式，从而帮助延长产品的使用寿命，最大限度地提高现有产品的生命周期价值。

升级服务延长产品使用寿命。为了最大限度地提高资源利用效率和优化客户的设备终身资产价值，飞利浦积极为产品和设备提供升级服务。飞利浦SmartPath项目等远程和现场升级服务可以将现有设备系统升级到最新，提高其能力，确保设备的领先性，使其更长时间地保持有价值的使用。

终端管理实现循环闭环。实现闭环在循环经济转型的道路上具有重要作用。作为医疗健康设备的设计者和制造商，飞利浦尽可能以有效且高效的方式为客户提供二手设备。飞利浦通过自身所拥有的专业知识、数据，分析和执行最佳分类的可能性，以最大限度地提高客户设备系统的价值。在闭环管理的过程中，飞利浦确保这些设备系统最终不会进入垃圾填埋场，而是可用于翻新或零件回收。对于无法翻新或回收的零件或材料，将以经过认证的方式通过当地的网络回收。

飞利浦的零件回收服务将飞利浦和其他主要制造商设备的可用零件分解，以供再次使用，以这种方式循环使用材料有助于减少医疗保健的碳足迹并扩大患者获得护理的机会。飞利浦提供的循环版产品组合（Philips Circular Edition）使客户能够以更低的成本受益于翻新、升级和经过质量测试的产品和技术。

飞利浦将对可用的所有大型医疗系统设备实现"闭环"，并且将持续扩

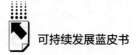

展这些做法，直到覆盖所有的专业设备。"闭环"将实现 MRI、CT 和心血管系统等设备的以旧换新，确保所有以旧换新的材料以负责任的方式被重新利用。以到 2025 年实现所有专业设备循环闭环为目标，2022 年，飞利浦的客户以旧换新系统数量达到 3400 多个。

案例 3："腾龙计划"旧机升级、回收，促进循环经济

2020 年起，飞利浦中国推出"腾龙计划"，旨在通过向客户回收废旧产品及整机全新升级的服务，提升在产品废弃环节的环境管理。通过该项目，可以快速轻松地以旧换新和拆除旧系统，将设备更新对日常操作的影响降到最低。

此外，飞利浦中国实施合作伙伴整机升级业务激励计划。客户完成整机升级进单后，在合同约定期限内完成医院旧设备拆除且退回飞利浦厂家处置，达到考核要求的合作伙伴可获得抵扣券用于购买飞利浦服务与解决方案业务订单，从而带动激励合作伙伴共同推动整个产业链向循环经济转型。

（四）数字化工具提升资源利用效率

智能数字工具、绿色软件和网络连接，使得以最少的资源提供最大的价值成为可能。在医疗保健领域，数字化支持下的远程医疗正在推动医疗保健系统从资源密集型的临床护理向网络化低成本的家庭护理转变，并且帮助更多患者获得护理机会。研究表明，远程医疗产生的碳排放远远少于传统的医疗模式。

飞利浦是远程医疗领域的先行者。飞利浦 Lumify 5G 便携式超声诊断系统集硬件、软件和服务创新于一体，不仅可以提供专业级的高清成像，还能够通过便捷的远程连接，为医生和患者提供远程诊断体验，从而打破使用空间和使用人员的局限，减少实体就诊带来的碳排放。

此外，飞利浦向基于云、服务和软件解决方案过渡，一方面，可以减少现场企业硬件所需的材料从而减少二氧化碳排放，另一方面，通过软件提高

的效率也可以优化硬件的利用率。研究表明，使用大型集中式云数据中心而不是本地基础设施可以降低功耗，并且只需要 1/4 的服务器。

飞利浦利用软件、连接和数字基础设施，帮助减少 ICT 硬件的物理材料和能源消耗，减少环境足迹带来的重大影响。在放射学领域，飞利浦 Performance Bridge 作为一个基于 Web 的实时数据平台，帮助推动工作流程、资产优化和患者群体需求规划等一系列领域的持续改进。

（五）设置循环经济指标监测成果

作为一家致力于向循环经济转型的公司，飞利浦设定循环收入指标（circular revenue）来衡量每年在循环经济上的进展和成果。循环收入作为一个总体指标汇集了公司内的各种循环经济实践。包括以下方面：

（1）出租来自飞利浦或附属金融机构设备硬件的收入；

（2）销售来自升级到更好功能或延长产品寿命的收入，例如通过生命周期延长服务或软件升级，使硬件提供更多价值；

（3）销售来自翻新/再制造的产品或系统（其中重复使用的材料至少达到 30%）的收入；

（4）销售来自翻新/再制造，或测试/维修过的组件收入。这些组件适合再次使用，并且重复使用的部分或材料重量至少占总重量的 30%；

（5）销售来自含有再生塑料的产品收入（其中 PCR 塑料和 PIR 塑料重量至少分别占到总塑料重量的 25% 和 30%）；

（6）销售来自可提高资源利用效率的软件收入，例如远程交互、提高硬件利用率和云计算；

（7）销售来自设计用于连接通用硬件而不是专用硬件的产品的收入，例如可以直接连接到医院工作人员移动设备的传感器，而不需要专用显示器。

飞利浦的循环收入框架反映了飞利浦向市场提出的主张——通过更有效地利用自然资源，将经济增长与资源的使用脱钩。2022 年，飞利浦的循环收入占比达到 18%，并致力于在 2025 年将循环收入的占比提高到 25%。此外，飞利浦已经将可持续发展的绩效指标（Sustainability Index）落实到管理层，每年度回顾、指定对最终目标的贡献比例并动态调整，旨在推动达成2025年包括循环经济收入在内的可持续发展承诺。

结语：携手迈向医疗保健的可持续未来

循环经济是可持续医疗保健不可或缺的驱动力。推动医疗保健领域循环经济的快速发展需要各利益相关方（医院、政府、行业协会等）的合作，共同创造循环经济转型的有利条件。飞利浦始终重视合作倡导的重要性，保持与合作伙伴的密切关系。

飞利浦正积极与政府、国际组织、高校、智库和其他利益相关者紧密合作，践行循环经济。飞利浦自2013年开始作为战略合作伙伴加入艾伦·麦克阿瑟基金会网络，如今飞利浦与艾伦·麦克阿瑟基金会新的战略伙伴关系将侧重于循环设计和循环经济测量。此外，飞利浦通过由加速循环经济平台（PACE）主办的循环经济指标联盟，推动制定实用、可操作的循环经济指标，从而扩大循环规模。

飞利浦与其医疗保健系统客户合作，研究减少医疗保健领域对环境影响的创新方法，最大限度地提高医疗设备的能源效率、优化生命周期价值。例如，飞利浦正在支持葡萄牙的尚帕利莫基金会，到2028年将其诊断成像碳足迹减半。

在中国，飞利浦也在不断发挥其影响力。例如，飞利浦中国与中国国际经济交流中心、美国哥伦比亚大学地球研究院、阿里研究院等共同发布了《中国可持续发展评价报告》；飞利浦包括循环经济在内的案例入选《哈佛商业评论》中文版联合贝恩公司发布的《放眼长远，激发价值——平衡ESG与中国企业增长之间的关系》。

作为领先的健康科技企业，飞利浦将始终将创新推动世界更加健康、可持续发展作为自身使命，以改善人们健康和福祉为目标，同时对我们的星球和社会负责任。飞利浦对创新的长期承诺也得到广泛的认可。2023年，飞利浦创新因其有助于推进联合国可持续发展目标（SDGs）的创新首次跻身 LexisNextis 律商联讯"100强"榜单。此外，飞利浦在欧洲专利局的医疗技术专利申请中名列前茅，并于2023年连续第10年入选科睿唯安全球创新企业100强名单。

未来，飞利浦将继续坚定落实自身的循环经济战略，不断探索全球循环经济发展下的新思路，与合作伙伴携手迈向医疗保健的可持续未来。

B.24
大梅沙生物圈三号：从万科中心碳中和实验园区到碳中和社区的探索

沈　栋　张志恒　蔡文斐　张凌燕*

摘　要：　　建筑行业在全球碳排放量的行业占比位居首位，对于碳排放承担着重大责任。从建筑材料的生产，到建筑物的建造、使用和最终拆除，建筑行业都会产生大量的碳排放。事实上，根据联合国环境规划署的数据，全球近40%的能源相关二氧化碳排放来自建筑和建筑施工行业。

在此背景下，社区作为城市的细胞，对于推动城市实现碳中和具有很大的潜力。深石零碳基于原万科总部大梅沙万科中心这一绿色办公园区，对其进行碳中和园区改造及升级，计划以园区为试点，进而带动当地社区，逐步打造成3.2平方公里的大梅沙碳中示范社区。

2022年，大梅沙生物圈三号在原万科总部大梅沙万科中心的基础上，通过改造升级，从原先的近零能耗办公型绿色建筑改造成融合绿色能源、近零能耗建筑、低碳交通、资源循环利用、生物多样性、碳资产管理、生活方式倡导等七大维度的碳中和实验园区，现已打造成深圳先锋示范型绿色近零碳社区。

本文以实际的案例及实践经验分享目前大梅沙生物圈三号园区运营现状以及未来规划，从园区走进社区，为未来实现碳中和

---

* 沈栋，大梅沙生物圈三号项目能源运行负责人；张志恒，深圳万竹实业发展有限公司总经理，海南深石碳数字通证有限公司总经理，香港科技大学硕士，主要研究方向为国际碳机制、碳资产通证化以及碳资产开发领域的大语言模型；蔡文斐，深石零碳科技（深圳）有限公司综合能源负责人、业务专家；张凌燕，深石零碳科技（深圳）有限公司商务品牌负责人。

社区提供可借鉴的宝贵经验。

关键词： 大梅沙　生物圈三号　碳中和社区　清洁能源　绿色建筑　生物多样性

一　大梅沙生物圈三号碳中和实验园区的背景

（一）宏观背景

2020 年 9 月，习近平主席在第 75 届联合国大会一般性辩论上宣布"中国将提高国家自主贡献力度，采取更加有力的政策和措施，二氧化碳排放力争于 2030 年前达到峰值，努力争取 2060 年前实现碳中和"。

综观全球碳排放量的行业占比，建筑行业对于碳排放承担着重大责任。从建筑材料的生产，到建筑物的建造、使用和最终拆除，建筑行业都会产生大量的碳排放。事实上，根据联合国环境规划署的数据，全球近 40% 的能源相关二氧化碳排放来自建筑和建筑施工行业。

因此，许多国家都在积极推动建筑行业实施更加绿色、可持续的策略。这包括使用低碳或零碳建筑材料，绿色设计、更有效的能源使用策略和可再生能源的应用。此外，适应性再利用或改造现有建筑也是减少碳排放的有效方式，这也是为什么全球各国正在积极推动建设碳中和建筑、园区和社区的主要原因。

（二）项目背景

大梅沙万科中心建成于 2009 年 9 月，由万科集团投资建设。项目总建筑面积约 12 万平方米，其中地上建筑面积约 8 万平方米，地下空间配有约 7000 平方米的国际会议中心、约 800 平方米的博物馆，是一座融合了技术、艺术与自然的大型综合建筑。

2015 年，万科总部搬离大梅沙万科中心，2022 年，由深石零碳负责对该项目进行全方位升级改造，将原先的近零能耗办公型绿色建筑改造成融合绿色能源、近零能耗建筑、低碳交通、资源循环利用、生物多样性、碳资产管理、生活方式倡导等七大维度的碳中和实验园区，并命名为"大梅沙生物圈三号"，寓意在未来，园区可以像地球的生态循环系统一样，可以永续有机地绿色运营，并提出了与合作伙伴、园区用户、社区居民共创共建的"碳中和社区"理念。

图 1 大梅沙生物圈三号鸟瞰图

整个改造项目计划在 4 年内分三期完成，目前一期项目于 2022 年 10 月 30 日整体竣工并投入使用，改造完成后入选深圳市首批近零碳排放区试点项目名单。项目将通过合作创新、先行示范的方式，以点带面逐步辐射周边社区，进而对城市的绿色低碳发展起到积极的影响。

二 大梅沙生物圈三号碳中和实验园区的实现路径及现状

（一）清洁能源

大梅沙万科中心的建筑碳排放主要源自外购电力的间接排放，通过 2018~2020 年的用电能耗统计，项目碳排放基准值核算约为 3430.18tCO2。

本项目拟通过进一步降低建筑的用电能耗及进一步提升可再生能源利用率，实现在 2025 年建筑碳排放总量下降 40% 以上、单位建筑面积碳排放量不高于 23kg CO2/（$m^2 \cdot a$）的两大减碳目标。

大梅沙万科中心打造了包含分布式光伏、储能、可调负荷的微电网系统，通过算法模型，以日、月、季度、年等不同时间区间预测未来建筑负荷耗电量及可再生能源发电量，通过算法对负荷进行多目标策略调度，实现用电曲线的削峰填谷，可直接降低运营碳排放及市电电费成本。项目将利用建筑本地进行蓄能，调度空调负荷，提高可再生能源消纳率。同时万科中心将以虚拟电厂负荷聚集商身份积极参与电网需求侧响应及虚拟电厂交易。

大梅沙万科中心屋顶光伏在加密原有光伏布置的情况下，充分考虑与生态屋顶建设相结合；在提高清洁能源使用率的情况下，实现光伏与生态自然的和谐共处，实现光伏发电量比 2013 年提高 3 倍，同时生态屋顶植物生长良好，达到生物与碳中和平衡。

（二）绿色建筑

大梅沙万科中心办公区域于 2010 年 8 月获 LEED 铂金级认证，2011 年 5 月获三星级绿色建筑标识证书。项目采用了可持续选址、外遮阳系统及 LOW-E 玻璃、光伏系统、绿色屋顶、水循环系统及节水措施、自然通风及微气候调节、冰蓄冷系统、新风地板系统、可再生材料、本地植物造景等多项绿色建筑技术，为项目实施奠定了良好的基础。

项目在充分考虑了节能技术的适宜性和经济性的前提下，通过升级更为高效节能的照明系统和空调系统，实现建筑本体节能率的进一步提升，计算可再生能源利用率后的建筑节能率达到 85%。

（三）资源循环

黑水虻工作站是园区用户万科公益基金会引入的生物处理"黑科技"，是一种碳排放较低的厨余处理技术——利用黑水虻生物式处理社区厨余垃圾

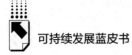

一期更换1062块光伏组件，单块365Wp，
共387.6kWp，配110kW逆变器3台

一、二期合计750.57kWp，配110kW
逆变器6台

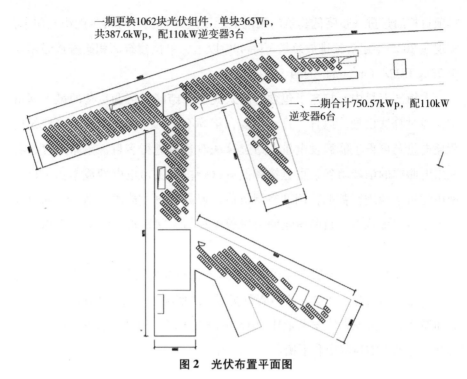

图2 光伏布置平面图

资料来源：光伏施工方案。

图3 光伏与生态屋顶融合

资料来源：李杰摄。

图4 大梅沙万科中心外遮阳系统

图5 大梅沙万科中心斜拉索结构

（小小的黑水虻幼虫能够在8天内吃掉比自身重20万倍的厨余）。结合社区堆肥技术，将黑水虻排泄物和园林垃圾转化为改善土壤质量的有机腐殖质，由此成功构建起"黑水虻-社区堆肥-共建花园"的循环模式。

2022年黑水虻工作站全年处理有机废弃物30.8吨，产出有机腐殖质14.7吨，主要用于园区内乔灌木施肥，还充分利用这些有机质建造了大梅沙万科中心屋顶花园，入选了深圳市首批"十佳社区共建花园"。两年来，

图6　大梅沙生物圈三号内的黑水虻工作站

园区内化肥用量减少近 1/2，实现了全园区厨余垃圾 100% 和绿化垃圾 40% 的资源化利用。可以说在全国乃至全球，这种社区层面基于自然的厨余垃圾解决方案颇为领先。

从餐厅产出厨余垃圾，到将垃圾投喂黑水虻幼虫，从幼虫虫沙作为有机堆肥滋养植物，再到虫体作为饲料喂养生物，大梅沙万科中心的黑水虻工作站作为有机废弃物小规模生物处理技术的实践应用，与园区有机堆肥、社区共建花园一起共同组成了一个资源循环利用链。

（四）生物多样性

园区所在的大梅沙社区拥有良好的生物多样性，项目近 12000 平方米的生态屋顶是社区生物多样性系统的一个重要节点。生态屋顶以低维护、自生长的理念，实现四季有景、微气候调节、雨水调蓄等功能，在为昆虫、鸟类提供庇护场所的同时，也为园区用户、社区居民提供了一处生物多样性的科普场地。除了屋顶花园外，大梅沙生物圈三号园区内外都打造了花园，种植本土寄主植物和蜜源植物。目前已经建设了 300 平方米的蝴蝶花园与 100 平方米的地带性植被，种植超过 20 种蝴蝶寄主、蜜源植物和地带性灌木、草本植物。

图 7　屋顶花园

（五）碳资产管理

大梅沙生物圈三号碳中和实验园区的碳资产管理围绕分布式光伏、建筑碳足迹、资源回收利用和社区生态系统四个碳资产价值主体展开；通过完整的数据记录和监测体系，将光伏发电量、建筑节能系统的节能效益、废弃物资源回收的碳减排效益和社区生态系统的碳吸收能力转化为等效的碳减排量（2022～2032 年预计实现建筑总碳减排量 13112 tCO2e），并拟通过第三方核准认定机构进行核证有效减排量，参与碳市场并完成从碳减排量到碳资产的转化。

另外，采用区块链技术记录和存储的碳减排数据，具备不可篡改性，提高了数据的透明度和公信力；大语言模型则加速了数据的处理和分析，并提高数据处理的速度和准确性，最终实现数据的准确记录和验证，为项目的碳中和目标实现提供坚实支持。

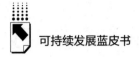

（六）生活方式倡导

大梅沙生物圈三号碳中和实验园区拥有自行车俱乐部、深潜运动健康实验室、可组织赛事的大型户外攀岩墙、多功能用途的汉白玉广场，配置的体育场地总面积达 3404 平方米（人均体育场地面约 7 平方米，国家公共体育场地标准为 2.26 平方米），并由深潜运动健康团队提供专业运营服务。结合高达 100% 的绿化率，园区用户仿佛置身于一座"运动公园"，可沉浸式地体验绿色健康的生活方式。

图 8 　冰川攀岩墙

项目入驻的企业和机构包含生命科技、现代农业、运动健康、碳中和等多类符合地方"十四五规划"的产业。大型企业总部、中小型企业、初创企业、科研机构、公益组织等不同规模、不同类型的企业和机构使得园区的功能和人群极富多样性。未来，园区将通过周边其他区域的产业协同，共同促进大梅沙社区的繁荣与活力。

项目也将为园区用户提供健康、开放、共享的办公环境和空间。结合园区用户的人群特征，提倡包容性，打造"儿童友好""宠物友好"的空间与设施。

同时，园区注重引入各类商业活动、公益展览，提高社区居民对于碳中

图9　园区内的运动设施

和理念和环境保护的认知。例如，"冰与煤"节选特展在大梅沙生物圈三号展出；《冰之河：大喜马拉雅山脉冰川的消逝》聚焦主题，跨时间的对比直白地展示了在此期间由于气候变化所引起的冰川数量的减少，唤起民众对气候变化的重视。

　　无论是活动、展览还是参访交流，项目对园区所在地深圳盐田区梅沙街道周围3.2平方公里的"双碳"理念辐射明显；无论是对周围居民绿色低碳意识的提升，还是对周围企业酒店持续不断的低碳改造，项目都为片区带来了潜移默化的影响。

B.25
联想集团：践行绿色发展理念，科学迈向净零未来

王　旋*

摘　要： 温室气体持续排放引起的气候变暖是 21 世纪人类共同面临的严峻挑战，将对全球自然生态系统和经济社会可持续发展产生持久危害。越来越多的事实表明，气候变化已从未来的长期挑战变成当前的紧迫危机，气候治理亟须从凝聚共识进入形成合力、采取系统性行动的阶段。联想集团以 ESG 为引领，将 ESG 与创造社会价值作为公司穿越周期的压轴支柱，从服务于国家、行业、民生和环境四个方面出发，以科技创新赋能，持续创造价值。联想集团在数字化、智能化推进零碳转型的过程中，探索出了一条从自身核心生产制造环节减碳到供应链协同降碳，再到赋能行业伙伴低碳发展的实践路径，为实现我国"双碳"目标与全球控温 1.5℃ 目标持续贡献联想力量。

关键词： 净零排放　链主责任　ESG　社会价值

一　服务国家双碳战略，联想彰显责任使命

为实现 30 · 60 双碳目标，中国将碳达峰碳中和纳入经济社会发展和生

---

* 王旋，联想集团 ESG 与可持续发展总监、联想中国平台 ESG 委员会秘书长。

态文明建设整体布局。国家层面，制定并发布《关于完整准确全面贯彻新发展理念 做好碳达峰碳中和工作的意见》《2030 年前碳达峰行动方案》等顶层设计文件以及能源、工业、城乡建设、绿色消费等重点领域低碳转型实施方案，推进全国碳排放权交易市场建设。能耗强度降低、碳排放强度降低成为经济社会发展的约束性指标，能源和产业结构调整持续推进。尽管当前全球地缘冲突、能源危机、粮食短缺、通胀高企等多重挑战交织，但中国仍将应对气候变化作为可持续发展的内在要求和负责任大国应尽的国际义务，从顶层设计走向落地执行，以切实有力的行动推进碳达峰碳中和各项工作落实。

制造业作为中国经济的压舱石，也是温室气体的重要排放来源。制造业降碳是一项复杂的系统工程，通过技术创新构建低碳，乃至零碳的制造体系将是实现"双碳"目标的必由之路。

联想集团作为中国"双实融合"企业的典型代表，既是传统实体经济和科技制造企业，又是为实体经济的数字化、智能化转型提供"新 IT"赋能的企业。联想具有科技和制造双重属性，有责任、有义务承担起先锋和赋能者的重任。

• 科技属性：作为"端-边-云-网-智"全要素覆盖的"新 IT"服务厂商，联想始终致力于以科技推动数字化和智能化转型，在 AI、5G 以及边缘计算、云计算等方面取得了一系列的突破。

• 制造属性：作为全球最大的个人计算设备提供商，联想在全球拥有35 家制造基地，采用自有工厂、OEM 和 ODM 相结合的混合制造模式。同时在全国区域内也完成了"东西南北中"的矩阵布局，90% 的产品在中国制造。另外，联想目前的 PC、手机、平板、其他智能硬件设备在中国有几千家供应商，构建了庞大的产业生态。

二　对标 TCFD 四要素框架，增强企业发展气候韧性

气候相关财务信息披露工作组（TCFD）提出的四要素气候信息披露框

架是迄今为止全球影响力最大、认可度最高、运用最广泛的气候信息披露标准。

作为港股上市公司，联想参照 TCFD 建议框架，对公司层面的气候治理、战略、风险管理、指标和目标四项核心要素进行披露，主动回应利益相关者对气候议题的重视，增强企业发展气候韧性。

治理

将气候变化视为重大议题，构建职责分明的气候治理架构

- 董事会监督：董事会负责审核和指导联想气候变化应对战略、政策、重要气候行动计划，监控气候目标实施进展等
- 管理层治理：首席企业责任官（CRO）领导联想ESG职能（包括气候变化计划）的执行工作；环境、社会及管治监督委员会（EOC）提供策略指导并促进整个联想ESG工作（包括公司的气候变化策略）的协调；联想中国平台ESG委员会提供策略指导并推动联想中国平台ESG工作（包括公司的气候变化策略）的协调与执行

战略

气候变化战略专注于展现联想持续推动温室气体减排方面的影响，并从五个关键领域支持全球向低碳经济过渡

积极应对气候风险，主动把握气候机遇

- 风险：实体风险（急性、慢性）、转型风险（政策和法律、技术、市场、声誉）
- 机遇：产品和服务、资源效率、市场机遇

风险管理

通过业务管理体系内的两大流程，强化气候风险管控

- 将气候风险纳入全球企业风险管理（ERM）流程，每年至少执行一次
- 将气候风险纳入年度重要环境因素（SEA）评估，每年至少执行一次

指标和目标

为助力我国"双碳"目标、全球控温1.5℃目标，科学制定和推进气候雄心目标

- 超额完成2019/20财年温室气体减排目标
- 设立净零排放目标，成为中国首家通过科学碳目标倡议组织（SBTi）净零目标验证的高科技制造企业

Lenovo 联想

图 1　参照 TCFD 框架信息披露摘要

三　探索碳中和转型路径，助力实现净零排放目标

联想作为技术创新的生力军，将气候目标与业务战略紧密结合，通过数字化、智能化打造低碳制造体系、低碳供应链体系、低碳产品、服务和解决方案，构建包括企业自身、供应商、客户、员工乃至经济社会的净零生态圈，在实现自身碳中和的同时，也为实现"零碳社会"贡献技术力量。

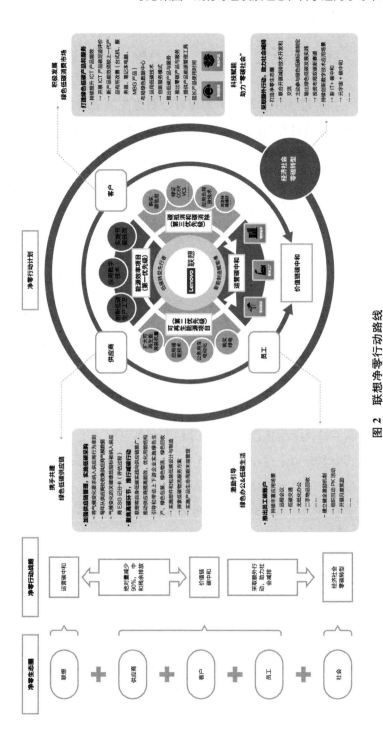

图 2　联想净零行动路线

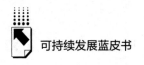
四　践行绿色发展理念，全力推进运营碳减排

作为 ESG 和可持续性发展样本和标杆，联想集团充分发挥自身的技术创新优势，推动公司自有制造基地及运营场所实现低碳转型。

（一）加码研发科技赋能低碳制造

1. 联想先进生产调度系统

在大规模制造业中，由于生产的复杂性，工厂通常将每个客户的订单分解成一系列生产任务，再将生产任务分配到具体的生产线上。整个生产的过程需要考虑包括人员、设备、物料、生产工序与方法、生产环境等在内的数十种复杂因素。

联想自主研发的先进生产调度系统（LAPS），是基于多种人工智能技术和数学优化算法，提供从物料齐套到生产排程的端到端解决方案，可解决制造业生产计划耗时长、效率低、无法兼顾多个目标等问题。该方案已经在联想集团旗下最大的 PC 研发和制造基地——联想合肥产业基地（联宝科技）落地部署。联宝科技一年生产 4000 多万台笔记本电脑，平均每天处理 8000 多笔订单，其中 80% 以上是单笔小于 5 台的个性化定制产品。生产具有高度的复杂性，对排产的要求很高。过去采用人工排产的方式，每天需要花 6~8 个小时完成排程任务。LAPS 通过智能调度提高生产效率、减少生产线闲置，将排程时间缩短至不到 15 分钟，PC 产品通常在 48 小时内下线，5 天内交付，产品的产量相比以往提升了 23%。同样的产量下，每年为联宝科技节省电力 2696 兆瓦时，可减少 2000 多吨二氧化碳排放。

2. 深冷制氮技术

氮气对于电子制造行业十分重要，一般用于无铅回流焊、波峰焊、选择性焊接、吹扫和封装及高精芯片的封存、基座的烧制等。联想集团武汉产业基地在现有供氮系统上做技术改造，引入一套深冷空分制氮装置，替代大部分原有 PSA 供氮设备，为生产提供氮气，以提升供氮的稳定性和降低能耗。2020 年 8

月，联想集团武汉产业基地的深冷制氮项目投入使用，每小时可供 1200Nm^3 氮气，纯度为 99.9999%。APSA 氮气站采用现场制气+后备液氮双系统供气模式，与传统制气方式相比，极大地提升了氮气供应可靠性，提取率提升 2.2 倍，且耗电量降低 50% 以上，每天最高为武汉基地节省用电量超 1 万度。

（二）强化应用制造基地零碳转型

产能布局：联想的制造产能主要分布在中国，并仍在持续扩大本土产能。目前，联想集团 90% 的产品在中国制造。联想的合肥产业基地已入选为"灯塔工厂"，联想武汉产业基地获国内首张 ICT 零碳工厂证书，联想（天津）智慧创新服务产业园是从零开始建设的零碳工厂，深圳南方智能制造基地是联想智能制造的"母本工厂"，共同构建覆盖"东西南北中"的智能制造全方位布局。

低碳实践：作为国内最早投身低碳实践的科技企业之一，联想集团始终贯彻绿色制造的理念，具体表现为：环境管理体系覆盖所有自有工厂，设置节能、节水和废弃物迭代的强度目标；自有工厂采用与供应商同级标准要求；所有联想自有工厂符合 ISO14001：2015 认证。

（三）多管齐下办公楼宇节能降碳

1. 国内办公场所概况

现有布局：联想国内研发中心分布在北京、天津、上海、合肥、武汉、深圳和成都等地；办公地点遍布全国多个城市，包括石家庄、太原、乌鲁木齐、长春、哈尔滨、南京、杭州、厦门、南昌、济南、郑州、广州、南宁、重庆、贵阳、昆明等。

低碳实践：降低运营能源消耗。联想设立了降低研发中心和办公地点用电强度等公司年度 EMS 目标。在 2022/23 财年，联想上述场所的运营节能措施包括：安装低能耗照明及相关电力设备，提高空气压缩机和供暖、通风及空调能效，建设楼宇自动化系统，安装节能窗户或低辐射窗户，调整工作站及开展员工节能教育活动等。推广使用清洁能源。联想在国内安装的可再生能

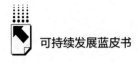

源设施包括：位于北京的太阳能热水系统、位于中国合肥和武汉的太阳能发电站等。2025/26 财年，联想全球经营活动 90% 的电力将来自于可再生能源。

2. 打造联想总部碳中和大楼

践行绿色降碳理念，打造"三侧一平台"智慧节能系统，完成联想总部碳中和大楼项目，并获得北京绿色交易所颁发的碳中和证书。

位于北京的联想全球总部大楼整体植入可持续发展理念，依托联想集团自研的楼宇物联网底座，通过供能侧的清洁能源综合使用、用能侧的全链路"无人驾驶"智慧能碳运行技术以及抵消侧的碳减排产品等多种减碳路径的创新融合，打造联想集团全球总部大楼碳中和示范工程，成为联想绿色碳中和能力内生外化的"样板间"，为落实集团 2050 年净零目标与我国"双碳"战略持续助力。

五 发挥"链主"带动作用，引领上下游企业共同脱碳

（一）统筹谋划，打造"五维一平台"

联想逐步建立完善的绿色供应链管理框架，打造"五维一平台"，即"绿色生产""供应商管理""绿色物流""绿色回收"和"绿色包装"五个维度和一个"供应链 ESG 数字化管理平台"，引导和带动上下游产业链共同实现低碳发展，合力减少碳足迹。从供应商绿色能源使用、运输环节温室气体排放、产品报废管理等多维度，制定供应链环境管理目标。

其中，供应链 ESG 数字化管理平台，为联想自研企业级 ESG 数字化平台——乐循（ESG Navigator）的功能之一，旨在为企业管理层提供数据支撑，帮助企业快速提升 ESG 管理水平，陪伴企业可持续发展的每个阶段。

（二）多措并举加强供应商管理

联想已将若干 ESG 管控措施整合到主采购流程中。比如对所有新供应商都要根据联想的可持续发展政策、行为规范、ISO 认证、ESG 标准、环境

影响等相关规定进行审查；要求所有生产型供应商必须遵守联想的《供应商行为准则》，并鼓励其遵守最新版的《责任商业联盟（RBA）行为准则》。联想采用"关键供应商 ESG 记分卡"，利用 RBA（责任商业联盟）行为准则、CDP 披露水平、温室气体减排目标、温室气体核查、可再生能源使用情况、负责任原材料采购等 30 个以上的指标对供应商的 ESG 表现进行评价，定期为供应商的责任表现记分，并以此作为采购额度的参考。联想要求占采购额 95% 的供应商每两年进行一次 RBA 审核，支持供应商在适用的情况下优先使用环保材料。

联想还鼓励供应商加入科学碳目标倡议（SBTi）并做出承诺。目前，占联想采购额 45% 的供应商已承诺加入全球科学碳目标倡议或设置科学碳目标。未来，联想计划推动占采购额 95% 的供应商参与科学碳减排活动。

（三）技术赋能，部件低碳升级

联想研发团队与供应商紧密合作，开展轻量化及集成化设计，并将工业再生成分塑料（PIC）、消费后再生塑料（PCC）和闭环再生塑料（CLPCR）、趋海塑料（OBP）及再生金属等合规再生/改性材料引入产品。使用这些材料不仅可以节省制造新材料所需的天然资源和能源，还可以减少废旧材料被填埋处理。在取得环保效益的同时，能够生产符合联想高性能标准的产品。

举例来说，2022 年 4 月，联想成功在 ThinkPad 上量产了业界首款 97% PCC（消费后回收塑料）电池，开启笔记本电脑"零塑料"应用的新时代。

（四）设计革新，推行低碳包装

联想致力于为产品提供绿色包装，通过增加包装中回收材料种类、可回收材料的比例、减少包装尺寸、推广工业（多合一）包装和可重复使用包装等多种举措，以最少的物料消耗为产品提供足够的保护来打造绿色包装。在产品设计环节，积极采用我国盛产的竹浆等植物性纤维，通过热压成型的工艺，提升表面光滑平整度，提高结构强度，实现轻量化，100% 可快速再

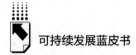
生。竹浆等植物性纤维的使用标志着联想开创环保包装材料的新篇章，同时也提升了客户体验。自 2008 年以来，联想已经减少包装材料用量 4137 吨。仅在 2022/23 财年，就已减少使用 400 吨包装物料。计划从 2018 年开始，到 2025/26 财年，减少 10 万千米的一次性塑料包装胶带。

（五）创新引领探索低碳物流

联想通过多式联运、优化运输方式、整合和利用、优化网络、技术和自动化、奖励并认可合作伙伴的相关成绩等方式来推动减排。最新财年，联想通过低碳运输，使用陆运及海运替代空运。国内运输以陆运为主，比如基础设施方案业务集团（ISG）货运量的 97% 通过公路运输。在航空和航海运输中探索使用低碳燃料；提高物流配送中新能源车辆使用比例。例如，联想向客户提供了其首创的可持续航空燃料服务，为使用空运运输 IT 设备的客户提供了低碳排放选项。并且，联想与马士基的环保运输（ECO Delivery）解决方案携手，实现用生物燃料代替化石燃料的海运。2022 年 1 月以来，联想参与了一个碳中和航空货运试点项目，利用生物废料（如回收的食用油）制成可持续航空燃油。联想在 2022/23 财年通过该计划减少 745 吨二氧化碳当量排放。

（六）循环利用做好低碳回收

联想以实现净零未来为愿景，深知过渡到循环经济至关重要。为了在 IT 行业推广循环经济解决方案，联想加入了循环电子产品伙伴关系，与科技行业、供应商及利益相关方合作。联想的愿景"智能，为每一个可能"也延续到循环经济的实践之中，包括智能循环设计、智能循环使用及智能循环回收。自 2008 年起，联想就已开始回收及再利用 IT 设备，并有望到 2025/26 财年实现其回收及再利用超过 36.2 万吨 IT 产品的目标。

六 领跑绿色消费，协同推进客户和员工端降碳

在开展低碳供应链管理的同时，联想关注到电子产品使用、联想员工日

常差旅通勤等非供应链环节的碳排放。如何立足联想现有优势，培育公众绿色消费观念，引导消费者、商业客户、联想员工参与减排活动，同样至关重要。

（一）抢抓机遇布局低碳算力

2022年2月正式启动的"东数西算"工程对数据中心电能利用效率（PUE）提出了明确要求：东部数据中心PUE控制在1.25以内，西部为1.2以内，示范项目为1.15以内。

联想创新的技术理念和国家"东数西算"工程同频共振。自主研发的海神温水水冷技术汇聚了材料学、微生物学、流体力学、传热学等多学科科研结晶，以18～50℃去离子水作为冷媒，使用间接液冷方式，对服务器、CPU、内存、硬盘等主要部件设置微通道进行散热冷却，既可以大幅度降低空调用电和服务器风扇能耗，热量还可以循环再利用。与普通的风冷系统PUE 2.0相比，温水水冷技术可将数据中心PUE值降低到1.1，即1度电用于计算，只要0.1度电用于散热，在算力提升20倍的同时实现每年超过42%的电费节省和排放降低，能源再利用效率（ERE）超过80%，达到业界领先水平。基于温水水冷技术以及多个领域内的技术积累，联想创新性地研发出新一代绿色智能算力基础设施，目前，联想通过与国内数据中心合作伙伴的合作，初步完成在宁夏、甘肃、内蒙古等西部地区的绿色数据中心资源布局。

（二）率先行动 开发低碳产品

准确计算ICT产品的碳足迹存在诸多重大挑战。依托数字化创新，联想开发了专门的联想企业级ESG数字化平台——乐循（ESG Navigator），该平台的功能之一为从产品层面量化碳足迹。

2022年4月，联想在PC行业首家推出了零碳服务。联想零碳服务是联想IT产品独有的服务产品。联想将IT设备从原材料生产到组装加工、物流运输、客户使用，最终到设备处置的全生命周期内的碳排放量，进行碳足迹认证，实现该设备全生命周期碳中和。在购买了拥有零碳认证的联想电脑后，客户会收到来自北京绿色交易所发放的碳中和证书。该服务已经在联想旗下的两款产品 ThinkPad X1 和 ThinkPad X13 中得到应用。2023 年 4 月，联想发布碳中和笔记本 YOGA BOOK 9i，从产品到包装贯穿绿色环保理念，给客户更多碳中和产品选择。

（三）强化激励，上线碳普惠平台

2022 年 6 月，联想正式上线员工碳普惠平台，提供业内领先的员工个人碳账户服务解决方案，也是面向员工个人推出的碳排放量与减排量核算平台。该平台涵盖绿色办公和低碳生活两大日常场景，员工可通过低碳差旅、低碳通勤、电子签章使用、在线会议、二手书籍/二手衣物、电子产品回收、低碳知识阅读/测试等日常行动来获取碳积分。在使用中，既能通过积攒碳积分培养员工低碳习惯，又可以提高员工节能降碳意识。

2023 年，依托员工碳普惠平台，联想在会员小程序内新增 To C 端碳普惠活动——"联萌乐碳圈"，为联想会员建立个人碳账户，树立联想绿色低碳消费形象，提升会员活跃度、黏性。"联萌乐碳圈"活动上线后，联想碳普惠服务的覆盖范围从内部员工向社会公众拓展延伸，将在引导公众广泛认知、践行绿色低碳理念、助力经济社会发展全面绿色转型方面发挥更大作用。

企业是实现"双碳"目标的关键主体。联想集团作为中国"双实融合"企业的典型代表，既是传统实体经济和科技制造企业，同时又是为实体经济的数字化、智能化转型提供"新 IT"赋能的企业。我们积极响应国家碳达峰碳中和的战略部署，不仅率先制定联想集团 2050 年全价值链净零排放目标，力争提前十年完成国家交给我们的碳中和任务；更有责任、有义务通过技术创新，输出智能解决方案，赋能千行百业实现碳中和转型，助推实体经济高质量发展。道阻且长，行则将至；行而不辍，未来可期。联想集团将锚定 2050 年净零排放目标，发挥技术创新优势，在气候治理领域继续实干笃行、奋勇前进，既构筑企业面向未来的可持续发展能力，也为实现我国"双碳"目标、全球控温 1.5℃目标贡献联想力量。

B.26

高德地图:"评诊治"智能决策 SaaS 系统，助力交通可持续治理

董振宁　苏岳龙　陶荟竹*

摘　要:　2019 年，笔者在《可持续发展蓝皮书：中国可持续发展评价报告（2019）》中首次提出从"连接"到"赋能"——高德地图构建智慧城市的"智能+"之道，详细地展示了作为中国最大人地关系属性大数据平台在智慧城市建设中的底盘作用。同年9月，中共中央、国务院印发《交通强国建设纲要》。2021 年 8月，交通强国建设综合交通运输大数据专项试点工作获批。高德地图作为第一批参与交通强国示范建设的互联网平台企业，发布一体化出行服务平台，在有效提升出行者体验的同时，为整个产业链注入新活力。在城市交通及高速路网运营方面，高德地图研发完成的"评诊治"智能决策 SaaS 系统，为交通可持续治理提出了一种全新的解法。面向交通管理、咨询、规划等整个交通运输行业，提供可落地、具有智慧决策支持能力的专业系统平台，帮助用户全方位判断城市、区域道路运行状态并给出问题解法，为中国可持续城市发展的进程提供底层技术支撑。

关键词:　可持续交通　智慧交通　出行服务　城市交通　高德地图

---

* 董振宁，高德地图副总裁；苏岳龙，高德未来交通研究中心主任、资深数据分析专家；陶荟竹，高德未来交通研究中心副主任、数据分析专家。

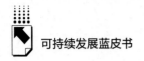

一 背景：高德地图"一体化出行服务平台"战略，打造交通强国试点建设

2019 年，笔者在本系列《可持续发展蓝皮书：中国可持续发展评价报告（2019）》中首次提出从"连接"到"赋能"——高德地图构建智慧城市的"智能+"之道，详细地展示了作为中国最大人地关系属性大数据平台在智慧城市建设中的底盘作用。同年 9 月，中共中央、国务院印发《交通强国建设纲要》。2020 年国务院新闻办公室发布《中国交通的可持续发展》白皮书，明确推进交通治理体系改革，并设立目标：到 2035 年，城市交通拥堵基本缓解，智能、平安、绿色、共享交通发展水平明显提高。2021 年 8 月，交通强国建设综合交通运输大数据专项试点工作获批。高德地图作为试点单位，在过去的几年中积极配合有关部门，全力开展客运出行服务创新应用，建设"一站式"数字化智慧出行服务平台，提升综合交通运输便捷化服务水平等任务。业内专家认为，数据资源对交通发展起到助力作用，不仅提升出行便捷度，更为整个产业链注入新活力，为中国可持续城市发展的进程提供底层技术支撑。

1. 一体化出行服务平台

2023 年 2 月，高德地图发布一体化出行服务平台，面向用户提供一站式出行入口，让用户出行的个体体验最优，面向行业提供一体化出行规划，基于高德智慧交通等技术能力实现全局效率最优。该平台是高德地图参与交通强国试点建设工作的阶段性成果。2021 年，交通强国建设综合交通运输大数据专项试点工作获批。其中，高德地图作为试点单位，与交通运输部科学研究院一起承担提升综合交通运输服务便捷化的试点任务，成为第一批参与交通强国示范建设的互联网平台企业。

一体化出行服务平台将多种出行方式深度融合，用户通过一站式出行入口，降低出行门槛，为出行服务的生态提供融合契机，形成生态共赢的局面。

高德地图一体化出行服务平台建设，一方面聚合全品类服务，推动公众出行便捷度；另一方面聚合全域企业，促进交通产业数实融合发展。

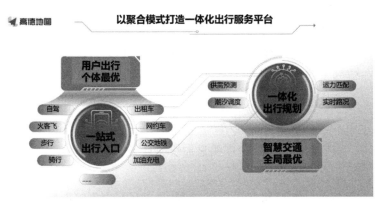

图 1　高德地图以聚合模式打造一体化出行服务平台

传统交通运输行业如何在数字时代发挥所长，是推进数实融合的关键。传统交运企业就像"老师傅"，有运输组织、车辆和司机管理、安全生产等专业能力，在交通产业中专业耕耘，但却迫切需要数字化升级。擅长运用数字化新技能的新晋者就像代表着出行新势力的"新师傅"。交通产业的数实融合有三条路：一是出行新势力使用新技能，成为新师傅；二是老师傅投入大量精力自学新技能；三是老师傅通过与有数字化技术的企业合作，快速掌握新技能，搭档形成新组合。数实融合更好的选择可能是第三条路，老师傅搭档新技能伙伴，数实融合之路才能走得更快更远。

因此，一体化出行服务平台建设被高德地图列为公司 2023 年的一号工程，在秉承聚合模式的同时，为交通出行全品类服务及全产业链企业开放地图导航、技术服务及平台流量等服务。

2. 服务全国人民日常出行的移动开放平台

2023 年 2 月，高德地图与千寻位置共同发起"北斗出行应用创新计划"，在交通出行场景中，支持国家自主高精尖科技的应用实践。高德地图同时宣布，截至 2023 年 1 月，高德地图调用北斗卫星日定位量已超过 3000

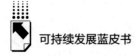

亿次，创造了历史新高。

高精度应用逐步向普适化、标配化演进，已成为全球各大卫星导航系统的发展热点；北斗应用也已从解决"有无"，迈入解决"更高精度、更加可信、更优服务"的新阶段。

作为一家专注于交通出行领域的科技企业，高德有幸见证了北斗从起步到世界一流的发展历程。2000 年第一颗北斗卫星发射成功，而高德则在两年后成立，并从最初大家认知中的"电子地图"，不断通过科技创新，成长为服务全国人民日常出行的移动开放平台。尤其是 2020 年北斗三号开通这一里程碑，使得高德的创新速度明显加快，且更加有的放矢。

二　案例：高德地图"评诊治"智能决策 SaaS 系统，缓堵促交通可持续治理

2023 年 4 月，高德地图宣布将与交通行业生态进一步深度合作，共同构建城市交通"评诊治"智能决策 SaaS 系统的服务和运营体系。"以科技创新、促生态共进"，是高德智慧交通未来工作的第一位，致力于与各方合作伙伴一道，让评诊治系统从"用得了"走上"用得好"的高质量发展道路。

交通治理业务痛点：过去交通治理与管控工作主要依托人工进行排查、分析与决策，总体效率低、周期长，导致以下三方面问题：①对交通运行状况评价不到位；②对交通拥堵成因诊断难全面；③治理措施迭代慢、业务缺闭环。

交通治理解决思路：高德依靠大数据与行业生态，打造交通综合治理"评-诊-治"系统，实现综合交通运行评价、交通问题分析诊断、治理策略制定与发布、交通特征自主精细分析 SaaS（系统即服务）功能，赋能政府交通管理部门、交通咨询机构等多样化业务场景，为交通综合治理工作提效、增智。

1. 城市交通"评诊治"智能决策 SaaS 系统

高德地图城市交通"评诊治"智能决策 SaaS 系统，正是我国近 10 年在

智能交通领域基于移动互联网、大数据和人工智能取得的一个代表性成果。我国的交通系统是全球规模最大、结构最复杂、参与者数量最多、个体行为显著差异、大型活动与事件高频的复杂系统，高德地图深耕于此，针对传统的交通对策与治理手段系统化水平低、问题分析困难、决策严重缺乏数据支撑并过于依赖人工经验、难以即时检验和评价交通改善措施效果、交通问题难解等顽疾，整合了高德地图的动态数据和一些静态数据，并将其转化为有价值的知识，从而形成高德地图城市交通"评诊治"智能决策 SaaS 系统，服务于城市交通综合治理。

该系统已于 2021 年 3 月正式上线 V1.0 版，此后于 2021 年 12 月迭代 V1.5 版，并于 2022 年 4 月更新 V2.0 版。

图 2　高德地图城市交通"评诊治"智能决策 SaaS 系统主页

一期系统共有四大功能模块：交通健康体检、交通精细诊治、运行跟踪评价和工具组件分析。

（1）交通健康体检——指标分析、堵点识别、体检报告

总体扫描评价：从城市发展、交通需求、路网运行、道路设施、公交服务、安全水平等多个维度，计算 150 多项评价指标，全面扫描所选区域综合交通发展情况，排查初步问题。

初步结论：通过比对标准值、同类城市情况、分析历史演变趋势等识别问题指标，形成评估诊断意见；根据交通运行状况，扫描识别供需矛盾突出

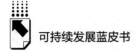

的通勤路径、强吸引 AOI、拥堵路段、路口等。

（2）交通精细诊断——堵因溯源、问题诊断、堵点智策

模块 1：交通需求诊治

依托大定位（LBS）、驾车导航、驾车出行规划、公交服务、交通拥堵评价等数据，计算分析城市总体职住人口数量及分布、通勤出行分布、距离、耗时、方式等需求特征指标，提出改善建议。

模块 2：路网基础诊治

依托高德地图基础路网数据等，针对现状路网，计算分析各等级道路网密度、道路级配、信号控制交叉口比例、畸形交叉口比例、高位阶差接入情况等路网基础设施指标，评估道路设施健康度，并提出改善建议。

模块 3：交通运行诊治

主要依托高德用户浮动车数据等，计算分析城市路网的交通运行动态指标，主要从交通健康度、六宫格、流量配比和饱和度等方面进行诊断分析，提出改善建议。

模块 4：通勤路径诊治

依托大定位（LBS）、驾车导航、驾车出行规划、公交服务、交通拥堵评价等数据，结合 AI 算法自动挖掘区域通勤关键路径，自动识别路径中的拥堵节点，分析公共交通服务水平，提出通勤路径治理建议。

模块 5：AOI 强吸引诊治

主要针对"学校""医院""景区""商场"等交通强吸引点，通过导航定位、拥堵评价等数据分析行车难、停车难问题，提出改善建议。

模块 6：路段诊治

筛查片区内"常发性拥堵道路""早高峰拥堵道路""晚高峰拥堵道路""平峰拥堵道路""向坏变堵道路"等各种异常运行的问题道路，排查瓶颈点，并结合出行 OD 的分布规律找到拥堵的问题根源，提出改善建议。

模块 7：路口诊治

从微观层面计算路口排队长度、停车次数、延误指数等运行状况指标，分析评估存在的问题，提出改善建议。

（3）运行跟踪评价——改善效果、事件监测、经验借鉴

包含治理效果监测、效果对比评价等内容。

（4）工具组件分析——路段 OD 溯源、交通小区职住分析、道路承载力分析、停车需求挖掘

基于高德地图海量交通时空大数据，结合人工智能技术打造的"评诊治"系统面向整个交通行业提供数据咨询服务。系统基于"互联网+"交通行业融合自创数十项数据指标体系的专利技术，形成对城市交通从评价到诊断到治理，再到评价的闭环的知识图谱，打造具有上帝视角的大数据分析平台。

应用效果案例

大数据的应用贯穿了交通综合治理前后，也是本次完成"进化"的关键。首先，通过利用高德城市交通"评诊治"分析系统这项利器，主动识别出该区域内通勤需求强并且拥堵的片区，避免大海捞针，为决策者提供直击"拥堵病灶"的诊断依据。

系统显示，滨江区作为杭州市主城区唯一不限行的区域，2019 年高峰时段该区拥堵指数位居主城区第二，是杭州道路拥堵最严重的地区之一。而区内的"互联网小镇"更是聚集了阿里巴巴、网易、华为等大批驻杭互联网企业，随之而来的是市民交通出行的热点和堵点。

其次，系统可全自动诊断互联网小镇的时间拥堵特征：通勤高峰时段，拥堵延时指数更高，低峰则更低，是典型的"通勤致堵"。

再将分析范围缩小，聚焦到"前往滨江的务工人群"做精细化分析，跨区前往滨江区内上班的人群占比最多达 51.6%；而滨江区内部通勤占比仅为 27.4%，不足三成，说明滨江区主要以商务区、办公区为主；居住在滨江跨区上班的人群占比为 21%，意味着滨江职住分布严重失衡。

同时还发现，滨江区内部通勤的居住地分布较分散，工作地分布较集中，主要分布在阿里巴巴滨江园区和滨江聚光中心周边。

从通勤路径来看，早高峰时段的主要通勤路径为东向西、南向北方向道路，而晚高峰主要为西向东、北向南的道路，存在明显的通勤潮汐现象。跨

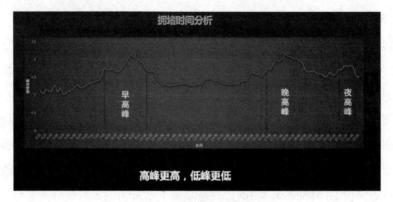

图3 拥堵时间特征分析

区通勤最堵路径可在系统中可视化呈现，通过溯源功能可找到起终点致堵根源并标注提示。

通勤出行方式也是影响城市交通状态的一个重要因素。通过系统扫描出行结构及比例可知，该区域主要出行方式为机动车，占比高达37.6%，停车问题突出；公交和地铁占比较低，仅为28.5%。

结合滨江区通勤高峰时段的公共交通与小汽车出行时间比值、换乘次数等问题，还可进一步评估公共交通出行的便捷性和可达性，便于对症下药、精准施策。

公共交通与小汽车出行时间比值为2.31，存在公交出行效率低、线路停靠站点过多等问题，需要通过优化公交线路走向、减少站点数量、增设高峰专线和在通勤走廊设置可变潮汐车道等措施达到缓解拥堵的目的。

杭州交警、住建部门携手高德地图等企业随即启动综合治理，结合交通流潮汐特征，增置3对全可变数字潮汐车道。通过实时车流量数据感知及城市大脑停车数据协同，实现了可变单行道路和可变转向车道的智能关启，拥堵延时指数下降达15%~30%，从而实现道路资源动态利用最大化。

杭州市公安局交通警察支队滨江大队副大队长马绍旺表示："数据给了我们很多思考和手段，除了公交、拥堵、道路等方面的治理外，我们还有很多突破，比如线上执法中心的建立、网约车定点停放的整体规划、外卖小哥驿站甚至城市的美化和绿化等，以治理目标倒逼制度改革，滨江试验区走出了重要一步。"

数据显示，互联网小镇高峰拥堵指数下降 11%，事故警情下降 32%。同时公交专线公交客流量突破 4 万人次。违停车辆从每天最多 1000 辆下降至最低 18 辆，一座互联网小镇的"交通出行进化"由此完成。

目前，这套"评诊治系统"首批支持全国 23 个城市开展一体化治堵。未来高德地图智慧交通将助力实现一座城市的出行"进化"，在不远的将来，城市交通分析效率将提升超 90%，一线执勤交警每天可少跑 30 分钟，二次事故发生率降低超 20%，城市上班族可每天多睡十分钟。

除杭州外，自高德地图城市交通评诊治系统发布以来，先后为北京、重庆、杭州、广州、昆明、济南、长春、南京、拉萨、苏州、惠州、佛山等30 多个城市的交通运输管理部门提供服务，均得到明显的效果，例如广东省惠州市基于本系统，有效缓解了惠州大中专院校学生周五放假离校疏散难和校园周边拥堵等问题；吉林省长春市西部快速路等道路交通改善前后，双向早晚高峰平均拥堵指数下降 14%，平均车速提升 13%；云南省昆明市相关交通治理能力也得到有效的提升。

2. 高速公路运营提效分析平台

在高速公路运营过程中的"数字化运营"细分场景下，高速运营主管部门通常遇到不少难题，例如交通拥堵"难"溯源，事件影响"难"预测，优惠方案"难"触达。随着全国高速公路 ETC 联网收费系统的建成以及各地如火如荼的智慧高速建设项目，高德地图于 2022 年 10 月推出"高速公路运营提效分析平台"，通过提供运行监测预警、智慧运营方案等实用工具，帮助高速业主达到降本增效的目的。

高德地图"高速公路运营提效分析平台"利用 AI 大数据服务与阿里云"数字孪生仿真分析平台"的联动，搭建高速评价、诊断、治理的产品能力，提供数据化、在线化、智能化的决策服务来助力高速精细化管理；划分面向交通运行管理的基础通用服务、面向企业运营管理的核心增值服务、面

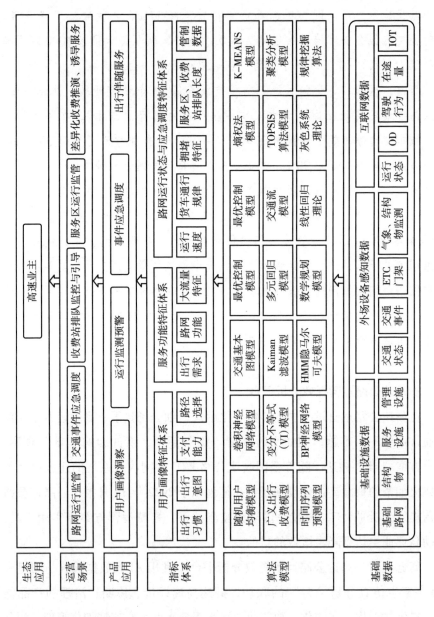

图 4 高德高速公路运营提效分析平台功能模块

向投资规划的数据咨询服务 3 种业务场景，为高速客户提供保畅通、保安全、增收、降本增效的解决方案。打造具有上帝视角的大数据分析平台。

一期系统共有四大功能模块：收费站监测预警、封闭事件影响、OD 溯源和流量监测。

（1）收费站监测预警

实时监测：上帝之眼，实时监测收费站排队长度（＞500 米）、拥堵时长、运行速度及拥堵变化走势，对突发拥堵异常收费站的及时预警与告知，帮助引导车辆分流及应急解决方案，及时调整运营决策。

预测预警：预测明日、近 7 日收费站排队长度、拥堵时长、运行速度，辅助管理者提前配置人员（应急处理）。

历史回溯：了解真实过去，提供一年、单天或多天收费站排队长度、拥堵时长、运行速度等，挖掘常发性历史规律的分析能力。用于优化人员安排，辅助收费站口提升改造建议。

（2）封闭事件影响

IOT 协同：IOT 车盒/锥桶专属图标，展示照片地图，可以告知用户交通事件涉及道路长度、稳定预期、稳定用户继续使用。

封闭原因快速判断：运营管理者可以综合多种因素，推测封闭出现的可能原因，例如用户上报积水/障碍物等。

协同管理处置突发事件：查看所有影响情况，并基于事件原因和处置时间的预判做出运营协同，例如暂停附近养护等。

诊治报告：①准确测算封闭施工/半封闭施工/雨雪封路等事件带来的具体经济损失；②根据养护改造施工计划安排，从减少损失确保安全角度，提出最佳施工方案；③结合路网情况，给出计划事件和突发事件的最佳绕行方案。

（3）OD 溯源

① 区域车流 OD 溯源

分析指标：分析区间内高速用户出行 OD 的平均出行距离、出行时长、当日流量、热门线路、流量分配等，为节假日高速用户出行提供数据保障服务。

线路分析：每条线路上 OD 对间的流量占比、客货车占比、出行距离

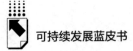

等，提供精细化分析并给出车流溯源。

分析维度：分析不同城市间自定义道路，满足个性化需求，贴心、实用。

②高速公路路段 OD 溯源

分析指标：区域间不同路段流量占比、客货车通行比、平均通行时间和通行距离、路径堵点辨识，为节假日客车出行提供精准化数据支撑。

可视化：交通流动态分配显示，精准辨识区域间不同高速和国省道流量分配，协助管理者开启上帝视角提前部署应急调度。

诊治报告：结合收费标准、路况条件、管理政策、沿线服务设施、需求 OD 等数据，提出路段差异化方案，实现精准运营投放策略。

（4）流量监测

实时预警：基于在途导航用户，对突发大流量高速公路、路段或自定义道路及时预警与告知，见微知著通过流量、在途量和饱和度精准刻画路段实时交通量变化趋势，帮助制定应急方案，及时调整管控策略。

应用效果

据统计，在全周期监测预警系统的支持下，系统可助力高速公路业主将大流量场景下收费站、服务区等区域的通行效率提升 10%~15%；同时，通过系统制定更加精细化的差异化收费策略，高速公路收入每年或可增加 10%~15%。高德高速公路运营提效分析平台为高速业主监管者提供了抓手，为运营管理者提供了数字化保障手段，通过整合的数据降低道路事故风险，预警道路态势，提升通行效率，在改善高速公路安全和拥堵问题基础上实现"降本增效"策略。

此外，系统相关的技术成果支撑国家标准《道路交通管理车路协同系统信息交互接口规范》（计划号 20221430-T-312）、公共安全行业标准《城市道路网交通运行态势评估指标体系》及土地管理行业标准《国土空间规划城市时空大数据应用基本规定》（TD/T1073-2023）等相关标准的起草，进一步推进行业技术的一致性和普世性。

三 展望：高德地图"中国人全球行国际图"服务，促进平台经济数实融合

1. 新"国际图"服务——数实融合推进产业出海

2023 年 7 月，高德地图作为官方合作伙伴受邀出席由新华社主办的"一带一路全球行"活动启动仪式，正式宣布将于 2023 年 9 月 2 日起上线国际图服务，用户更新高德地图 App 至最新版本后即可体验，此次"一带一路全球行"特别活动，考察报道团队总计将穿越国内 5 个省区市和海外 15 个国家，历时超过 3 个月。在此过程中，高德将全程为团队提供地图导航的相关服务支持。

国际图服务的推出是高德地图响应国家号召、助力经济高质量发展的努力成果，也是面向广大用户的里程碑式服务升级。"世界很大，我们也想带大家出去看看。"高德地图所提供的导航与出行服务，是一项基于开放、合作和连接的事业。国际图将致力于服务"中国人，行世界"，是一体化出行服务对国内国际的连接，既要服务中国的产业，推动数实融合发展，又要服务于中国的用户，为他们提供智能、便捷的导航服务。

国际图服务将使用高德最新的技术，基于北斗系统遍布全球的定位能力，在全球超 200 个国家和地区，提供更加精准、全面、及时的 LBS 服务，以数字化能力为中国实体产业出海提供助力。

此外，用户还可以通过高德指南榜单查看"一带一路"沿途国家城市的生活服务，包括餐饮、景点、酒店、购物中心等，以更好地了解和体验当地风情；在高德地图 App 中搜索"一带一路全球行"，可查看全球行团队的路线地图与行程动态，还可以跟随官方路线沿路打卡足迹，探寻了解沿途历史。

2. 出行"聚合模式"——数实融合助力平台经济

作为居民消费的重要组成，交通出行也正成为我国促进消费、提振经济的重点方向。日前《关于恢复和扩大消费的措施》的通知提到，促进汽车等大宗商品消费，以及推动平台经济等新一代信息技术与更多消费领域融合

应用等出行相关举措。专家认为，"平台经济正在经济发展中发挥越来越重要的作用，成为提振居民消费和激发市场活力的重要催化剂。作为近几年新出现的产业业态和商业模式，聚合平台成为在平台经济框架下出行市场扩容的主要驱动力"。在国家大力推动市场消费和数字经济的背景下，聚合打车有望进一步释放平台价值，促进数实融合，盘活出行市场。

数据显示，2023年6月收到的订单信息中，聚合平台完成2.18亿单，占比近1/3。相较于2022年7月，全国订单总量增长了6800万单，其中，聚合平台单量就增长了6500万单。

以2017年就率先推出聚合模式的高德为例，在聚合模式的影响下，在高德地图上提供打车服务的生态伙伴近三年单量复合增速超过100%，已有超100家合作网约车平台月峰值单量超10万，为恢复出行消费、盘活低效企业提供"平台力量"。

通过互联网平台的流量优势和传统出行服务实体的专业能力，聚合平台可实现用户需求和企业供给的有效对接。据了解，在接入高德聚合平台后，广东"中交出行"每年单量增速均超过200%；北京银建出租日均完单量2万余单，同比增长翻番。平台活跃司机数相较上线初期翻了3倍，平台司机日均收入同比增长近30%。西部交通与经济社会发展研究中心研究员彭勇认为，聚合模式使城市客运更高效，从宏观来看，它让出行生态更加繁荣，激发经济活力；从微观来说，它从"信息对称""更好的服务体验""更迅捷的响应速度"等方面，解决了用户的用车痛点。"数字技术帮助实体企业完成数字化转型，这会是未来出行产业升级的大趋势。"

正如联合国经济和社会事务部负责人、副秘书长刘振民在《可持续交通，可持续发展》报告中提到的："掌握好平衡对于实现可持续交通运输以及通过可持续交通运输实现可持续发展至关重要"。报告认为，如果应用得当，新兴技术是解决许多紧迫挑战的关键，可以加速现有解决方案，如低碳/零碳车辆和智能交通系统，并创造新的燃料、电力和数字基础设施来减轻有害后果。高德地图通过新兴技术，在全国多地有效地提升交通出行效率并降低交通安全风险，为城市可持续化进程提供了底层助力。

参考文献

董振宁、苏岳龙、陶荟竹：《从"连接"到"赋能"——高德地图构建智慧城市的"智能+"之道》，《可持续发展蓝皮书：中国可持续发展评价报告（2019）》，2019，https：//gf. pishu. com. cn/skwx _ ps/initDatabaseDetail？siteId = 14&contentId = 11110781&contentType＝literature。

中华人民共和国国务院新闻办公室：《中国交通的可持续发展白皮书》，新华社，2020 年 12 月 22 日，https：//www. gov. cn/zhengce/2020-12/22/content_ 5572212. htm。

张樵苏：《"出行即服务"概念持续落地 一体化出行服务激活产业生态》，新华社，2023 年 2 月 24 日，http：//www. news. cn/fortune/2023-02/24/c_ 1129395162. htm。

王晨曦：《高德地图 2023 一号工程：打造一体化出行服务平台》，2023 年 2 月 11 日，http：//tech. china. com. cn/roll/20230221/394278. shtml。

周靖杰：《高德调用北斗卫星日定位量超 3000 亿次，联合千寻位置发起北斗出行应用创新计划》，新华网，2023 年 2 月 18 日，https：//www. xinhuanet. com/tech/20230218/06a43598831c47939743f0728c9f56e6/c. html。

苗雁：《高德地图宣布将加强交通行业生态合作，共建城市交通评诊治服务与运营体系》，央广网，2023 年 4 月 26 日，https：//tech. cnr. cn/techph/20230426/t20230426_526231994. shtml。

董振宁主编《高德地图城市交通"评诊治"智能决策 SaaS 系统及应用》，人民交通出版社，2022。

高德大数据：《高德地图推出高速公路运营分析系统，用科技助力高速业主降本增效》，交通运输科技网，2022 年 8 月 2 日，https：//www. toutiao. com/article/7127116364493357604/。

公安部交通管理科研所：《车联网车路协同 5 项国家标准编制工作启动!》，公安部交通管理科研所微发布，2023 年 3 月 22 日，https：//mp. weixin. qq. com/s/Smr0V0XXf4UgpKAyStYryg。

中国自然资源报社：《高德地图未来交通研究中心主任苏岳龙：互联网位置服务数据助力国土空间规划行业应用》，i 自然全媒体，2023 年 5 月 23 日，https：//mp. weixin. qq. com/s/XVv_ E6khX_ Hly2XuxJ-HUA。

新华网：《高德即将上线国际图服务，数字化创新打造更懂中国人的"全球行地图"》，新华网，2023 年 7 月 26 日，http：//www. news. cn/tech/20230726/9ffd9c5f03544817a08465c954ca6fbb/c. html。

《这会是未来出行产业升级的大趋势》，《环球时报》2023 年 8 月 8 日，https：//mp. weixin. qq. com/s/Rn8-iOAphg2mXEBEL9tH0Q。

刘振民：《联合国报告：可持续交通乃实现全球可持续发展目标的关键》，联合国，2021 年 10 月 12 日，https：//news. un. org/zh/story/2021/10/1092682。

附录一 中国国家可持续发展指标说明

表1 CSDIS国家级指标集及权重

一级指标 （权重）	二级指标	三级指标	单位	权重 （%）	序号
经济发展 （25%）	创新驱动	科技进步贡献率	%	2.08	1
		R&D经费投入占GDP比重	%	2.08	2
		万人口有效发明专利拥有量	件	2.08	3
	结构优化	高技术产业主营业务收入与工业增加值比例	%	3.13	4
		数字经济核心产业增加值占GDP比*	%	0.00	5
		信息产业增加值与GDP比重	%	3.13	6
	稳定增长	GDP增长率	%	2.08	7
		全员劳动生产率	元/人	2.08	8
		劳动适龄人口占总人口比重	%	2.08	9
	开放发展	人均实际利用外资额	美元/人	3.13	10
		人均进出口总额	美元/人	3.13	11
社会民生 （15%）	教育文化	教育支出占GDP比重	%	1.25	12
		劳动人口平均受教育年限	年	1.25	13
		万人公共文化机构数	个/万人	1.25	14
	社会保障	基本社会保障覆盖率	%	1.88	15
		人均社会保障和就业支出	元	1.88	16
	卫生健康	人口平均预期寿命	岁	0.94	17
		人均政府卫生支出	元/人	0.94	18
		甲、乙类法定报告传染病总发病率	%	0.94	19
		每千人口拥有卫生技术人员数	人	0.94	20
	均等程度	贫困发生率	%	1.25	21
		城乡居民可支配收入比		1.25	22
		基尼系数		1.25	23

一级指标 （权重）	二级指标	三级指标	单位	权重 （%）	序号
资源环境 （10%）	国土资源	人均碳汇*	吨二氧 化碳/人	0.00	24
		人均森林面积	公顷/万人	0.83	25
		人均耕地面积	公顷/万人	0.83	26
		人均湿地面积	公顷/万人	0.83	27
		人均草原面积	公顷/万人	0.83	28
	水环境	人均水资源量	米³/人	1.67	29
		全国河流流域一二三类水质断面占比	%	1.67	30
	大气环境	地级及以上城市空气质量达标天数比例	%	3.33	31
	生物多样性	生物多样性指数*		0.00	32
消耗排放 （25%）	土地消耗	单位建设用地面积二三产业增加值	万元/ 公里²	4.17	33
	水消耗	单位工业增加值水耗	米³/ 万元	4.17	34
	能源消耗	单位GDP能耗	吨标煤/ 万元	4.17	35
	主要污染 物排放	单位GDP化学需氧量排放	吨/万元	1.04	36
		单位GDP氨氮排放	吨/万元	1.04	37
		单位GDP二氧化硫排放	吨/万元	1.04	38
		单位GDP氮氧化物排放	吨/万元	1.04	39
	工业危险 废物产生量	单位GDP危险废物产生量	吨/万元	4.17	40
	温室气体 排放	单位GDP二氧化碳排放	吨/万元	2.08	41
		非化石能源占一次能源比	%	2.08	42
治理保护 （25%）	治理投入	生态建设投入与GDP比*	%	0.00	43
		财政性节能环保支出占GDP比重	%	2.08	44
		环境污染治理投资与固定资产投资比	%	2.08	45
	废水利用率	再生水利用率*	%	0.00	46
		城市污水处理率	%	4.17	47
	固体废物 处理	一般工业固体废物综合利用率	%	4.17	48
	危险废物 处理	危险废物处置率	%	4.17	49

续表

一级指标 （权重）	二级指标	三级指标	单位	权重 （%）	序号
治理保护 （25%）	废气处理	废气处理率*	%	0.00	50
	垃圾处理	生活垃圾无害化处理率	%	4.17	51
	减少温室 气体排放	碳排放强度年下降率	%	2.08	52
		能源强度年下降率	%	2.08	53

一　经济发展

1. 科技进步贡献率

定义：指广义技术进步对经济增长的贡献份额，即扣除了资本和劳动之外的其他因素对经济增长的贡献。

资料来源及方法：

● 数据源于政府新闻。

● 该指标直接获得，无须计算。

政策相关性：科技进步贡献率可以衡量科技竞争力和相关科技实力向现实生产力转化的情况，反映的是创新对经济增长的促进作用。

2. R&D 经费投入占 GDP 比重

定义：指研究与试验发展（R&D）经费支出占国内生产总值（GDP）的比率。其中，R&D 指"科学研究与试验发展"，其含义是指在科学技术领域，为增加知识总量，以及运用这些知识去创造新的应用进行的系统的创造性的活动，包括基础研究、应用研究和试验发展三类活动。

资料来源及方法：

● 数据源于《中国科技统计年鉴》《中国统计年鉴》。

● 该指标是用 R&D 经费投入除以 GDP 计算得出。

政策相关性：R&D 经费投入占 GDP 比重是国际上通用的、反映国家或地区科技投入水平的核心指标，也是我国中长期科技发展规划纲要中的重要评价指标。

3. 万人口有效发明专利拥有量

定义：指每万人拥有经国内外知识产权行政部门授权且在有效期内的发明专利件数。

资料来源及方法：

- 资料源于《中国统计年鉴》。
- 该指标是用国内有效发明专利数除以该年末常住人口数计算得出的。

政策相关性：万人口有效发明专利拥有量是衡量一个国家或地区科研产出质量和市场应用水平的综合指标。

4. 高技术产业主营业务收入与工业增加值比例

定义：高技术产业主营业务收入占工业增加值的比重。

资料来源及方法：

- 数据源于《中国高技术产业统计年鉴》《中国统计年鉴》。
- 该指标是用高技术产业主营业务收入除以工业增加值计算得出的。

政策相关性：根据国家统计局《高技术产业（制造业）分类（2013）》，高技术产业（制造业）是指国民经济行业中R&D投入强度（即R&D经费支出占主营业务收入的比重）相对较高的制造业行业，包括：医药制造，航空、航天器及设备制造，电子及通信设备制造，计算机及办公设备制造，医疗仪器设备及仪器仪表制造，信息化学品制造等六大类。高技术产业占工业增加值比重的增加反映了经济结构的优化。

5. 数字经济核心产业增加值占GDP比

定义：数字经济核心产业增加值占国内生产总值的比重。

资料来源及方法：

- 暂无。

政策相关性："十四五"规划要求提出打造数字经济新优势，"数字经济核心产业增加值"成为衡量数字经济发展重要指标，"数字经济核心产业增加值占GDP比"反映了数字经济发展的状况。

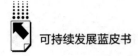

6. 信息产业增加值与 GDP 比重

定义：信息传输、软件和信息技术服务业增加值占国内生产总值的比重。

资料来源及方法：

●数据源于《中国统计年鉴》。

●该指标是用信息传输、软件和信息技术服务业增加值除以工业增加值计算得出的。

政策相关性：根据国家统计局《2017 年国民经济行业分类（GB/T 4754—2017）》，信息传输、软件和信息技术服务业包括：电信、广播电视和卫星传输服务、互联网和相关服务、软件和信息技术服务业。信息产业增加值与 GDP 比重的增加反映了信息产业的发展对经济发展的影响。

7. GDP 增长率

定义：国民生产总值增长率。

资料来源及方法：

●数据源于《中国统计年鉴》。

●该指标直接获得，无须计算。

政策相关性：GDP 是指所有生产行业贡献的增加值总和，说明的是国内生产总值。因此，GDP 仍然是目前最主要的经济指标。GDP 增长率是衡量经济增长的重要指标。

8. 全员劳动生产率

定义：根据产品的价值量指标计算的平均每一个从业人员在单位时间内的产品生产量。

资料来源及方法：

●数据源于《中国统计年鉴》。

●该指标通过国内生产总值除以从业人员数计算得出。

政策相关性：全员劳动生产率反映了劳动力要素的投入产出效率。"十四五"时期提出了"全员劳动生产率增长高于国内生产总值增长"的目标，全员劳动生产率越高，人均产出效率越高，越有利于经济的高质量发展。

9. 劳动适龄人口占总人口比重

定义：劳动适龄人口数量与总人口数的比值。

资料来源及方法：

- 数据源于《中国统计年鉴》。

- 该指标不用计算，直接得出。

政策相关性：劳动适龄人口占总人口比重反映了中国人口老龄化程度，该比重越高，老龄化程度相对越低，经济增长越有活力。

10. 人均实际利用外资额

定义：人均实际使用外资的金额。

资料来源及方法：

- 数据源于《中国统计年鉴》。

- 该指标通过实际使用外资金额除以年末常住人口数计算得出。

政策相关性：人均实际利用外资额反映了我国经济的对外开放程度，人均实际利用外资额越高，经济开放程度相对越高。

11. 人均进出口总额

定义：人均进出口总金额。

资料来源及方法：

- 数据源于《中国统计年鉴》。

- 该指标通过货物进出口总额除以年末常住人口数计算得出。

政策相关性：人均进出口总额反映了我国经济的对外开放程度，人均进出口总额越高，经济开放程度相对越高。

二　社会民生

1. 教育支出占 GDP 比重

定义：国家财政教育经费占国内生产总值的比重。

资料来源及方法：

- 数据源于《中国统计年鉴》。

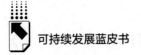

● 该指标通过国家财政性教育经费除以国内生产总值计算得出。

政策相关性：国家财政性教育经费主要包括公共财政预算教育经费，各级政府征收用于教育的税费，企业办学中的企业拨款，校办产业和社会服务收入用于教育的经费等。国家财政教育经费占 GDP 比重反映了教育资源的投入水平。

2. 劳动人口平均受教育年限

定义：劳动年龄人口受教育年限的平均值。

资料来源及方法：

● 数据源于《中国劳动统计年鉴》。

● 该指标通过就业人口中各受教育程度人口占比按照小学 5 年、初中 9 年、高中 12 年、专科 15 年、本科 16 年、研究生 19 年加权平均计算得出。

政策相关性：劳动年龄人口的人均受教育年限概念统计的是 16～59 岁的劳动力受教育状况。"十四五"规划要求"劳动年龄人口平均受教育年限提高到 11.3 年"，劳动人口平均受教育年限是衡量民生福祉改善的重要指标。

3. 万人公共文化机构数

定义：每万人拥有的公共文化机构数量。

资料来源及方法：

● 数据源于《中国统计年鉴》。

● 该指标通过公共文化机构数除以国内生产总值计算得出。

政策相关性：公共文化机构包括图书馆、文化馆（站）、博物馆和艺术表演场馆。万人公共文化机构数反映了公共文化服务的水平。

4. 基本社会保障覆盖率

定义：基本养老保险和基本医疗保险覆盖率。

资料来源及方法：

● 数据源于《中国统计年鉴》。

● 该指标为已参加基本养老保险和基本医疗保险人口占政策规定应参加人口的比重。

政策相关性：基本社会保障覆盖率反映了社会保障体系的健全程度。

5. 人均社会保障和就业支出

定义：政府在社会保障及就业方面的人均财政支出。

资料来源及方法：

- 数据源于《中国统计年鉴》。
- 该指标为社会保障和就业服务财政支出除以年末常住人口数。

政策相关性：该指标衡量的是社会保障体系覆盖的人员数目，并指明退休后可获得国家养老金的对象。它代表的是在一个富裕的社会里，许多人都可以将资金投入养老金系统，和/或政府投入相应资源来为那些在资金投入方面能力有限或无能力的人员提供支持。政府在社会服务方面的支出对于那些处于劣势地位人群来说至关重要，包括低收入家庭、老人、残疾人、病人及失业者。随着中国城市化的迅速发展，大量农村劳动力涌向城市，许多实体和企业必须进行重组及结构改革，这就导致大量人口失业。政府在社会保障和就业服务上的财政支出对于民生福祉显得尤为重要。

6. 人口平均预期寿命

定义：人口平均预期可存活的年数。

资料来源及方法：

- 数据源于国家卫健委官网。
- 该指标直接获得，无须计算。

政策相关性：人口平均预期寿命是指假若当前的分年龄死亡率保持不变，同一时期出生的人预期能继续生存的平均年数，是度量人口健康状况的一个重要的指标。

7. 人均政府卫生支出

定义：政府在卫生方面的人均财政支出。

资料来源及方法：

- 数据源于《中国统计年鉴》。
- 该指标为全国财政医疗卫生支出除以年末常住人口数。

政策相关性：全国财政医疗卫生支出衡量了政府在医疗卫生方面的财政

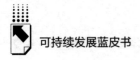

投入情况。人均政府卫生支出则反映国民医疗卫生保证程度。

8. 甲、乙类法定报告传染病总发病率

定义：甲、乙类法定报告传染病的总发病率情况。

资料来源及方法：

- 数据源于卫健委统计公报。
- 该指标直接获得，无须计算。

政策相关性：新冠疫情给中国乃至全世界的可持续发展带来的挑战，甲、乙类法定报告传染病总发病率反映了"传染病控制"情况，表征公共卫生发展及应急管理水平。

9. 每千人口拥有卫生技术人员数

定义：每千人拥有的卫生技术人员数量。

资料来源及方法：

- 数据源于《中国统计年鉴》。
- 该指标直接获得，无须计算。

政策相关性：卫生技术人员的分布是可持续发展的重要指标。许多需求相对较低的发达地区拥有的卫生技术人员数量较多，而许多疾病负担大的欠发达地区必须设法应付卫生技术人员数量不足的问题。随着中国城市化的发展，许多卫生技术人员由农村转向城市，导致农村相关人员的大量缺失。因此，通过采取具体措施可为城市公共服务的提供打造新环境，这对城市劳动者及居民的长期健康至关重要。

10. 贫困发生率

定义：指贫困人口占全部总人口的比。

资料来源及方法：

- 数据源于国家统计局、国务院扶贫办、统计公报。
- 该指标直接获得，无须计算。

政策相关性：贫困发生率指国家或地区生活在贫困线以下的贫困人口数量占总人口之比，表征了贫困问题的广度。

11.城乡居民可支配收入比

定义：城乡居民可支配收入的比值。

资料来源及方法：

● 数据源于《中国统计年鉴》。

● 该指标为城镇居民人均可支配收入和农村居民人均可支配收入的比值。

政策相关性：城乡居民可支配收入比反映了收入分配的均等程度。

12.基尼系数

定义：指全部居民收入中，用于进行不平均分配的那部分收入所占的比例。

资料来源及方法：

● 数据源于国家统计局。

● 该指标直接获得，无须计算。

政策相关性：基尼系数是1943年美国经济学家阿尔伯特·赫希曼根据劳伦茨曲线所定义的判断收入分配公平程度的指标。基尼系数是比例数值，在0和1之间，是国际上用来综合考察居民内部收入分配差异状况的一个重要分析指标。

三　资源环境

1.人均碳汇

定义：人均碳汇。

资料来源及方法：

● 暂无。

政策相关性：碳汇，一般是指从空气中减少温室气体的过程、活动、机制，包括森林碳汇、草地碳汇、耕地碳汇等。人均碳汇反映了相关资源情况。

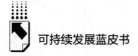
2. 人均森林面积

定义：人均森林面积。

资料来源及方法：

· 数据源于《中国统计年鉴》。

· 该指标通过森林面积除以年末常住人口总数计算得出。

政策相关性：森林资源是林地及其所生长的森林有机体的总称。丰富的森林资源，是生态良好的重要标志，是经济社会发展的重要基础。

3. 人均耕地面积

定义：人均耕地面积。

资料来源及方法：

· 数据源于《中国统计年鉴》。

· 该指标通过耕地面积除以年末常住人口总数计算得出。

政策相关性：耕地是指种植农作物的土地，耕地资源是人类赖以生存的基本资源和条件。

4. 人均湿地面积

定义：人均湿地面积。

资料来源及方法：

· 数据源于《中国统计年鉴》。

· 该指标通过湿地面积除以年末常住人口总数计算得出。

政策相关性：按《国际湿地公约》定义，湿地系指不论其为天然或人工、常久或暂时之沼泽地、湿原、泥炭地或水域地带，带有静止或流动，或为淡水、半咸水或咸水水体者，包括低潮时水深不超过6米的水域。湿地是珍贵的自然资源，也是重要的生态系统，具有不可替代的综合功能。

5. 人均草原面积

定义：人均草原面积。

资料来源及方法：

· 数据源于《中国统计年鉴》。

· 该指标通过草原面积除以年末常住人口总数计算得出。

政策相关性：草原承担着防风固沙、保持水土、涵养水源、调节气候、维护生物多样性等重要生态功能，还有独特的经济、社会功能。草原资源具有重要的战略意义。

6. 人均水资源量

定义：人均水资源量。

资料来源及方法：

- 数据源于《中国统计年鉴》。
- 该指标通过水资源总量除以年末常住人口总数计算得出。

政策相关性：人均水资源量是衡量国家可利用水资源的程度指标之一。水资源管理得当，是实现可持续增长、减少贫困和增进公平的关键保障。用水问题能否解决，直接关系人们的生活。

7. 全国河流流域一二三类水质断面占比

定义：全国河流流域一二三类水质断面占比。

资料来源及方法：

- 数据源于中国生态环境状况公报。
- 该指标直接获得，无须计算。

政策相关性：全国河流流域一二三类水质断面占比反映了水环境的质量，与人们生活息息相关。

8. 地级及以上城市空气质量达标天数比例

定义：地级及以上城市空气质量达标天数比例，2015 年标准。

资料来源及方法：

- 数据源于中国生态环境状况公报。
- 该指标直接获得，无须计算。

政策相关性：空气污染严重威胁着公共健康。地级及以上城市空气质量达标天数比例反映了空气质量。

9. 生物多样性指数

定义：生物多样性指数。

资料来源及方法：

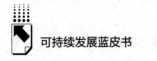
• 暂无。

政策相关性：生物多样性指数应用数理统计方法求得表示生物群落的种类和数量的数值，用以评价环境质量。20世纪50年代，为了进行环境质量的生物学评价，开始研究生物群落，并运用信息理论的多样性指数进行析。多样性是群落的主要特征。在清洁的条件下，生物的种类多，个体数相对稳定。

四 消耗排放

1. 单位建设用地面积二三产业增加值

定义：单位建设用地面积所创造的二三产业增加值。

资料来源及方法：

• 数据源于《中国统计年鉴》。

• 该指标通过二三产业增加值除以城市建设用地面积计算得到。

政策相关性：尽管中国仍然是世界上最大的农业经济体，但随着中国城市化的逐渐发展，人们不断从农村和农业地区转向城市，在第二和第三产业工作，或在建筑、制造及服务业工作。这就意味着，我们有必要扩建制造业和服务业企业所需的基础设施。从经济学角度来看，单位建设用地面积所创造的二三产业增加值越高，则表明离农业经济更远，土地利用更高效且经济绩效得到改进。

2. 单位工业增加值水耗

定义：单位工业增加值对应的水资源消耗。

资料来源及方法：

• 数据源于《中国统计年鉴》。

• 该指标通过工业用水量除以工业增加值计算得到。

政策相关性：该指标通过工业用水量除以工业增加值的计算，来衡量工业水资源的利用效率，水资源是有限的，单位工业增加值水耗越低，工业生产用水的效率越高，越有利于国家的可持续发展。

3. 单位 GDP 能耗

定义：单位 GDP 对应的能源消耗。

资料来源及方法：

- 数据源于《中国统计年鉴》。
- 该指标直接获得，或通过能源强度下降率计算而来。

政策相关性：能源是发展的重要资源，但在国家的可持续发展方面，调和能源的必要性和需求是一个挑战。能源生产和使用具有不利的环境和健康影响，在所有可用能源中，煤炭的温室气体排放以及对健康影响最严重。单位 GDP 能耗指标反映了经济结构和能源利用效率的变化。

4. 单位 GDP 化学需氧量排放

定义：单位 GDP 对应的化学需氧量排放量。

资料来源及方法：

- 数据源于《中国统计年鉴》、全国生态环境公报。
- 该指标通过化学需氧量除以 GDP 计算得到。

政策相关性：化学需氧量是以化学方法测量水样中需要被氧化的还原性物质的量。化学需氧量可以反映水体污染程度。单位 GDP 化学需氧量排放越高，越影响国家的可持续发展。

5. 单位 GDP 氨氮排放

定义：单位 GDP 对应的氨氮排放量。

资料来源及方法：

- 数据源于《中国统计年鉴》、全国生态环境公报。
- 该指标通过氨氮排放量除以 GDP 计算得到。

政策相关性：氨氮排放分为工业源、农业源、生活源，反映水体污染程度。单位 GDP 氨氮排放量越高，越对国家的可持续发展造成负面影响。

6. 单位 GDP 二氧化硫排放

定义：单位 GDP 对应的二氧化硫排放量。

资料来源及方法：

- 数据源于《中国统计年鉴》、《能源统计年鉴》、全国生态环境公报。

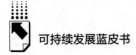

•该指标通过二氧化硫排放量除以 GDP 计算得到。

政策相关性：二氧化硫一般是在发电及金属冶炼等工业生产过程中产生的。含硫的燃料（如煤和石油）在燃烧时就会释放出二氧化硫。高浓度的二氧化硫与多种健康及环境影响相关，如哮喘及其他呼吸道疾病。二氧化硫排放是导致 PM2.5 浓度较高的主要因素。二氧化硫可影响能见度，造成雾霾，如果二氧化硫排放量增加，则会影响国家的可持续发展。

7. 单位 GDP 氮氧化物排放

定义：单位 GDP 对应的氮氧化物排放量。

资料来源及方法：

•数据源于《中国统计年鉴》、全国生态环境公报。

•该指标通过氮氧化物排放量除以 GDP 计算得到。

政策相关性：氮氧化物排放分为工业源、农业源、生活源，反映空气污染程度。单位 GDP 氮氧化物排放量越高，越影响国家的可持续发展。

8. 单位 GDP 危险废物产生量

定义：单位 GDP 对应的危险废物产生量。

资料来源及方法：

•数据源于《中国统计年鉴》、《中国环境统计年鉴》、全国生态环境公报。

•该指标通过危险废物产生量除以 GDP 计算得到。

政策相关性：根据《中华人民共和国固体废物污染防治法》的规定，危险废物是指列入国家危险废物名录或者根据国家规定的危险废物鉴别标准和鉴别方法认定的具有危险特性的废物。这里的危险废物排放指的是排放量，即由于工业事故导致的排放量。

9. 单位 GDP 二氧化碳排放

定义：单位 GDP 对应的二氧化碳排放量。

资料来源及方法：

•数据源于 CEADS 官网、中国生态环境状况公报。

•该指标通过二氧化碳排放量除以 GDP 计算得到。

政策相关性：单位 GDP 二氧化碳排放，即碳排放强度，指每单位国民生产总值的增长所带来的二氧化碳排放量。该指标主要是用来衡量一国经济同碳排放量之间的关系，如果一国在经济增长的同时，每单位国民生产总值所带来的二氧化碳排放量在下降，那么说明该国就实现了一个低碳的发展模式。

10. 非化石能源占一次能源比

定义：非化石能源与一次能源的比值。

资料来源及方法：

- 数据源于政府报告及相关新闻。

- 该指标直接获得，无须计算。

政策相关性：非化石能源包括当前的新能源及可再生能源，含核能、风能、太阳能、水能、生物质能、地热能、海洋能等可再生能源。发展非化石能源，提高其在总能源消费中的比重，能够有效降低温室气体排放量，保护生态环境，降低能源可持续供应的风险。

五 治理保护

1. 生态建设投入与 GDP 比

定义：生态建设投入占 GDP 的比重。

资料来源及方法：

- 暂无。

政策相关性：该指标指对生态文明建设和环境保护所有投入与 GDP 的比，表征国家对生态建设的重视程度。

2. 财政性节能环保支出占 GDP 比重

定义：财政性节能环保支出占 GDP 的比重。

资料来源及方法：

- 数据源于《中国统计年鉴》。

- 该指标通过财政性节能环保支出除以 GDP 计算得到。

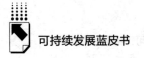

政策相关性：该指标指用于环境污染防治、生态环境保护和建设投资占当年国内生产总值（GDP）的比例。环境保护是可持续发展的重要组成部分。随着中国城市化的发展，产生了许多环境问题，包括空气污染、水污染及水土流失。这些问题不仅危害公共健康，而且自然资源的消耗还会限制未来的经济发展。因此从长远来看，环保支出是一项有利的投资，其可以提高环境的回弹性和寿命，这样环境得到更加有效的保护，能够再生并提供自然资源、生态系统服务，甚至能防止产生随机及灾难性事件。

3. 环境污染治理投资与固定资产投资比

定义：环境污染治理投资占固定资产投资的比重。

资料来源及方法：

• 数据源于《中国统计年鉴》。

• 该指标通过环境污染治理投资额除以社会固定资产投资额计算得到。

政策相关性：环境污染治理投资包括老工业污染源治理、建设项目"三同时"、城市环境基础设施建设三个部分。环境污染治理投资与固定资产投资比反映社会固定资产投资流向环境污染治理的水平。

4. 再生水利用率

定义：再生水利用率。

资料来源及方法：

• 暂无。

政策相关性：再生水是指将城市污水经深度处理后得到的可重复利用的水资源。污水中的各种污染物，如有机物、氨、氮等经深度处理后，其指标可以满足农业灌溉、工业回用、市政杂用等不同用途。在目前我国水资源短缺的状况下，开发和利用再生水资源是对城市水资源的重要补充，是提高水资源利用率的重要途径。

5. 城市污水处理率

定义：城市污水处理率。

资料来源及方法：

• 数据源于《中国城市建设统计年鉴》。

- 该指标直接获得，无须计算。

政策相关性：城市污水处理率指经管网进入污水处理厂处理的城市污水量占污水排放总量的百分比，反映了城市污水集中收集处理设施的配套程度，是评价城市污水处理工作的标志性指标。

6. 一般工业固体废物综合利用率

定义：一般工业固体废物综合利用量与一般工业固体废物产生量的比值。

资料来源及方法：

- 数据源于《中国统计年鉴》。

- 该指标通过一般工业固体废物综合利用量除以一般工业固体废物产生量计算得到。

政策相关性：一般工业固体废物产生量指未被列入《国家危险废物名录》或者根据国家规定的危险废物鉴别标准（GB5085）、固体废物浸出毒性浸出方法（GB5086）及固体废物浸出毒性测定方法（GB/T15555）鉴别方法判定不具有危险特性的工业固体废物。一般工业固体废物综合利用量指报告期内企业通过回收、加工、循环、交换等方式，从固体废物中提取或者使其转化为可以利用的资源、能源和其他原材料的固体废物量（包括当年利用的往年工业固体废物累计储存量）。由于工业化的发展，在中国，农业的地位正逐渐被制造业取代，而在工业生产中会产生成吨的固体废物，所以对这些废物的回收及重新利用可降低对自然资源的消耗，并减轻因固体废物处理带来的环境影响。

7. 危险废物处置率

定义：危险废物处置率。

资料来源及方法：

- 数据源于《中国统计年鉴》。

- 该指标通过危险废物处置量除以危险废物产生量计算得到。

政策相关性：根据《中华人民共和国固体废物污染环境防治法》的规定，危险废物是指列入国家危险废物名录或者根据国家规定的危险废物鉴别

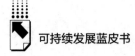

标准和鉴别方法认定的具有危险特性的固体废物。危险废物不利于自然环境，对危险废物进行及时有效的处置，可以减轻危险废物带来的环境影响。

8. **废气处理率**

定义：废气处理率。

资料来源及方法：

- 暂无。

政策相关性：废气处理率指经过处理的有毒有害的气体量占有毒有害的气体总量的比重。废气于自然环境有害，对废气进行及时有效的处置，可以减轻废气带来的环境影响。

9. **生活垃圾无害化处理率**

定义：生活垃圾无害化处理率。

资料来源及方法：

- 数据源于《中国统计年鉴》。
- 该指标直接获得，无须计算。

政策相关性：生活垃圾随意丢弃对环境会造成不良影响。无害化处理的目的是在废物进入环境之前，清除其含有的所有固体和危险废物元素。从性质上来看，这种将这些元素送入环境的方式是纯有机、无污染且可进行生物降解的。生活垃圾的随意丢放反过来会对环境寿命产生重大的不利影响，而且会由于污染加剧，还会严重影响城市空间。该指标可以对可持续发展下的垃圾处理情况进行衡量。

10. **碳排放强度年下降率**

定义：碳排放强度年下降率。

资料来源及方法：

- 数据源于 CEADS 官网、中国生态环境状况公报。
- 该指标通过计算单位 GDP 碳排放相比上年的下降率得到。

政策相关性：碳排放强度年下降率反映碳排放强度相比上一年的下降情况，衡量了中国推动节能减排及绿色低碳的进展。

11. 能源强度年下降率

定义：能源强度年下降率。

资料来源及方法：

• 数据源于《中国统计年鉴》。

• 该指标通过计算单位 GDP 能源消耗相比上年的下降率得到。

政策相关性：能源强度年下降率反映能源消耗强度相比上一年的下降情况，衡量了中国推动节能减排的进展。

附录二 中国省级可持续发展指标说明

表 1 CSDIS 省级指标集及权重

一级指标（权重）	二级指标	三级指标	单位	权重（%）	序号
经济发展（25%）	创新驱动	科技进步贡献率*	%	0.00	1
		R&D 经费投入占 GDP 比重	%	3.75	2
		万人口有效发明专利拥有量	件	3.75	3
	结构优化	高技术产业主营业务收入与工业增加值比例	%	2.50	4
		数字经济核心产业增加值占 GDP 比*	%	0.00	5
		电子商务额占 GDP 比重	%	2.50	6
	稳定增长	GDP 增长率	%	2.08	7
		全员劳动生产率	元/人	2.08	8
		劳动适龄人口占总人口比重	%	2.08	9
	开放发展	人均实际利用外资额	美元/人	3.13	10
		人均进出口总额	美元/人	3.13	11
社会民生（15%）	教育文化	教育支出占 GDP 比重	%	1.25	12
		劳动人口平均受教育年限	年	1.25	13
		万人公共文化机构数	个/万人	1.25	14
	社会保障	基本社会保障覆盖率	%	1.88	15
		人均社会保障和就业支出	元	1.88	16
		人口平均预期寿命*	岁	0.00	17
	卫生健康	人均政府卫生支出	元/人	1.25	18
		甲、乙类法定报告传染病总发病率	%	1.25	19
		每千人口拥有卫生技术人员数	人	1.25	20
	均等程度	贫困发生率	%	1.88	21
		城乡居民可支配收入比		1.88	22
		基尼系数*		0.00	23

一级指标（权重）	二级指标	三级指标	单位	权重（%）	序号
资源环境（10%）	国土资源	人均碳汇*	吨二氧化碳/人	0.00	24
		森林覆盖面积	%	0.83	25
		耕地覆盖面积	%	0.83	26
		湿地覆盖面积	%	0.83	27
		草原覆盖面积	%	0.83	28
	水环境	人均水资源量	米³/人	1.67	29
		全国河流流域一二三类水质断面占比	%	1.67	30
	大气环境	地级及以上城市空气质量达标天数比例	%	3.33	31
	生物多样性	生物多样性指数*		0.00	32
消耗排放（25%）	土地消耗	单位建设用地面积二三产业增加值	万元/公里²	4.00	33
	水消耗	单位工业增加值水耗	米³/万元	4.00	34
	能源消耗	单位GDP能耗	吨标煤/万元	4.00	35
	主要污染物排放	单位GDP化学需氧量排放	吨/万元	1.00	36
		单位GDP氨氮排放	吨/万元	1.00	37
		单位GDP二氧化硫排放	吨/万元	1.00	38
		单位GDP氮氧化物排放	吨/万元	1.00	39
	工业危险废物产生量	单位GDP危险废物产生量	吨/万元	4.00	40
	温室气体排放	单位GDP二氧化碳排放*	吨/万元	0.00	41
		可再生能源电力消纳占全社会用电量比重	%	4.00	42
治理保护（25%）	治理投入	生态建设投入与GDP比*	%	0.00	43
		财政性节能环保支出占GDP比重	%	2.50	44
		环境污染治理投资与固定资产投资比	%	2.50	45
	废水利用率	再生水利用率*	%	0.00	46
	固体废物处理	城市污水处理率	%	5.00	47
	危险废物处理	一般工业固体废物综合利用率	%	5.00	48

一级指标 （权重）	二级指标	三级指标	单位	权重 （%）	序号
治理保护 （25%）	废气处理	危险废物处置率	%	5.00	49
	垃圾处理	废气处理率*	%	2.50	50
	减少温室 气体排放	生活垃圾无害化处理率	%	0.00	51
		碳排放强度年下降率*	%	0.00	52
		能源强度年下降率	%	2.50	53

一 经济发展

1. 科技进步贡献率

定义：指广义技术进步对经济增长的贡献份额，即扣除资本和劳动贡献后，包括科技在内的其他因素对经济增长的贡献。

计量单位：%。

资料来源及方法：

• 目前难以获得数据，期望未来加入该指标。

政策相关性：科技是经济增长的重要动力，随着我国经济发展步入新常态，科技进步在经济发展中的贡献显得越来越重要。科技进步贡献率的提升，侧面反映了经济发展方式的转变，反映了科技创新为高质量发展增添新的动能。

2. R&D 经费投入占 GDP 比重

定义：研究与试验发展（R&D）经费投入占 GDP 的比重。

计量单位：%。

资料来源及方法：

• 数据源于《中国科技统计年鉴》。

• 计算方法：研究与试验发展（R&D）经费投入除以该省级地区年度 GDP 计算得出。

政策相关性：党的十九大报告强调，必须坚定不移贯彻创新发展理念，加快建设创新型国家。创新是引领发展的第一动力，是建设现代化经济体系的战略支撑。研究与试验发展（R&D）指为增加知识存量以及设计已有知识的新应用而进行的创造性、系统性工作，包括基础研究、应用研究和试验发展三种类型。R&D经费投入占GDP比重是评价地区科技投入水平和科技创新方面努力程度的重要指标，获得国际上的普遍认可。

3. 万人口有效发明专利拥有量

定义：平均每万常住人口所拥有的有效发明专利数量。

计量单位：件。

资料来源及方法：

●数据源于《中国科技统计年鉴》。

●计算方法：有效发明专利拥有量除以该省级地区年末常住人口数计算得出。

政策相关性：知识产权制度具有保障、激励创新的作用。在激励知识产权创造的基础上，进一步巩固落实知识产权的运用、保护、管理和服务，才能够确保知识产权创造社会价值和经济效益。万人口有效发明专利拥有量连续被列入"十二五""十三五"规划纲要，是激励创新驱动发展的重要指标。

4. 高技术产业主营业收入与工业增加值比例

定义：高技术产业主营业收入与工业增加值比例。

计量单位:%。

资料来源及方法：

●数据源于《中国科技统计年鉴》。

●计算方法：高技术产业营业收入除以该省级地区的工业增加值计算得出。

政策相关性：我国对于高技术产业（制造业）的界定是指R&D投入强度相对高的制造业行业，包括：医药制造，航空、航天器及设备制造，电子及通信设备制造，计算机及办公设备制造，医疗仪器设备及仪器仪表制造，信息化学品制造等六大类。高技术产业是影响国家战略安全和竞争力的核心要素。

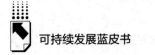

5. 数字经济核心产业增加值占 GDP 比

定义：数字经济核心产业增加值占 GDP 的比重。

计量单位：%。

资料来源及方法：

● 目前难以获得数据，期望未来加入该指标。

政策相关性：随着大数据、云计算、人工智能等为代表的数字技术的发展，数字与产业进行深度融合，数字经济应用而生，既包括数字产业化，也包括产业数字化。数字经济发展日益成为引领高质量发展的主要引擎、深化供给侧结构性改革的主要抓手、增强经济发展韧性的主要动力。

6. 电子商务额占 GDP 比重

定义：电子商务额占 GDP 的比重。

计量单位：%。

资料来源及方法：

● 数据源于《中国统计年鉴》。

● 计算方法：电子商务销售额与电子商务采购额之和，除以该省级地区的 GDP 计算得出。

政策相关性：近十余年电子商务在我国发展迅速，不仅创造了新的消费需求，增加了就业创业渠道，而且促进了转变经济发展方式，培育了经济新动力，逐渐成为引领地方经济发展的主力军。

7. GDP 增长率

定义：国民生产总值年增长率。

计量单位：%。

资料来源及方法：

● 数据源于《中国统计年鉴》。

● 计算方法：直接获得，未计算。

政策相关性：改革开放 40 多年来，我国始终坚持以经济建设为中心，不断解放和发展生产力。决胜全面小康社会，建设社会主义现代化强国都要建立在经济建设的基础上。新时代仍要坚持经济建设为中心，而 GDP 增长率正是衡量经济发展水平的重要指标。

8. 全员劳动生产率

定义：地区生产总值与年平均从业人员数之比。

计量单位：万元/人。

资料来源及方法：

- 数据源于《中国统计年鉴》。
- 计算方法：地区生产总值除以该省级地区从业人员数计算得出。

政策相关性：全员劳动生产率反映人均产出效率，是衡量生产力发展水平的核心标志。提高经济发展质量和效益的过程中，需要进一步提高全员劳动生产率。

9. 劳动适龄人口占总人口比重

定义：15~64岁人口在总人口中所占比重。

计量单位：%。

资料来源及方法：

- 数据源于《中国人口统计年鉴》。
- 计算方法：15~64岁人口数除以总人口数计算得出。

政策相关性：宏观经济增长模型认为，国内生产总值（GDP）的总量取决于劳动力、资本投入和全要素生产率。从生产者的角度看，人口总量、结构及其变动直接影响劳动力总量、结构的变化，进而影响经济发展的走势（王广州，2021）。随着我国出生率降低和平均寿命的延长，我国人口老龄化程度不断加强，人口年龄结构受到越来越大的关注。

10. 人均实际利用外资额

定义：实际利用外资额与常住人口之比。

计量单位：美元/人。

资料来源及方法：

- 数据源于各省国民经济和社会发展统计公报。
- 计算方法：实际利用外资额除以常住人口计算得出。

政策相关性：实际利用外资额是衡量对外开放的重要指标，能够真实反

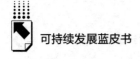
映利用外资情况。对外开放既要"走出去",也要"引进来",合理引进外资能够加快经济发展。

11.人均进出口总额

定义:进出口总额与常住人口的比。

计量单位:美元/人。

资料来源及方法:

● 数据源于《中国贸易外经统计年鉴》。

● 计算方法:地区进出口总额(按境内目的地、货源地分)除以常住人口计算得出。

政策相关性:进出口总额即出口额和进口额之和,人均进出口总额也是衡量对外开放程度的重要指标。党的十九届五中全会提出,"要加快构建以国内大循环为主体、国内国际双循环相互促进的新发展格局"。地方需要拓展开放的广度和深度,打造高水平、高层次、高质量的开放发展。

二 社会民生

1.教育支出占 GDP 比重

定义:财政教育支出与 GDP 的比。

计量单位:%。

资料来源及方法:

● 数据源于《中国统计年鉴》。

● 计算方法:财政教育支出除以该省级地区的地区生产总值计算得出。

政策相关性:财政教育支出占 GDP 比重是衡量地区对教育投入重视程度的重要指标。《中华人民共和国教育法》中提出"国家财政性教育经费支出占国民生产总值的比例应当随着国民经济的发展和财政收入的增长逐步提高"。加大教育经费投入,提高教育经费使用效益是优先发展教育事业的必然要求,是建设教育强国的迫切需要。

2.劳动人口平均受教育年限

定义：地区就业人口接受学历教育的年数总和的平均数。

计量单位：年。

资料来源及方法：

● 数据源于《中国劳动统计年鉴》。

● 计算方法：用就业人口中各受教育程度人口占比按小学 5 年、初中 9 年、高中 12 年、专科 15 年、本科 16 年、研究生 19 年加权平均计算得出。

政策相关性：劳动人口平均受教育年限是人力资本水平的体现。劳动人口平均受教育年限越长，劳动力素质越高，经济产出效率越高。

3.万人公共文化机构数

定义：公共文化机构（图书馆、文化馆、文化站、博物馆、艺术表演场馆）合计数与常住人口数之比。

计量单位：个/万人。

资料来源及方法：

● 数据源于《中国文化文物和旅游统计年鉴》。

● 计算方法：用公共文化机构数除以常住人口计算得出。

政策相关性：人民日益增长的美好生活需要不仅在于物质层面的丰裕，更在于精神文化的丰富。公共文化机构在满足人民精神文明需求和发挥精神文明力量中发挥重要作用。

4.基本社会保障覆盖率

定义：基本医疗保险和基本养老保险平均覆盖率。

计量单位:%。

资料来源及方法：

● 数据源于《中国统计年鉴》。

● 计算方法：将基本医疗保险参保人数和基本养老保险参保人数求平均，再除以该省级地区常住人口计算得出。

政策相关性：基本医疗保险制度极大地减轻居民就医负担，基本养老保险制度保障了参保人老年的基本生活，这两者都是增进民生福祉、维持社会

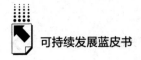
稳定的重要制度。

5. 人均社会保障和就业支出

定义：财政社会保障和就业支出与常住人口数之比。

计量单位：元/人。

资料来源及方法：

- 数据源于《中国统计年鉴》。
- 计算方法：财政社会保障和就业支出除以常住人口计算得出。

政策相关性：社会保障是在保障社会安定、助推经济发展、维护社会公平、缓解社会矛盾等方面发挥重要作用。政府在提供社会保障和稳定就业方面责无旁贷，财政社会保障和就业支出的投入情况直接体现政府的责任担当。

6. 人口平均预期寿命

定义：指同时期出生的一批人，参照当前分年龄组的死亡率预期能存活的平均时间。

计量单位：岁。

资料来源及方法：

- 目前难以获得数据，期望未来加入该指标。

政策相关性：平均预期寿命是健康水平的重要标志，平均预期寿命越高，表示地区居民的整体健康水平越高。同时，平均预期寿命也会影响劳动力参与时间。

7. 人均政府卫生支出

定义：政府卫生支出与常住人口数之比。

计量单位：元/人。

资料来源及方法：

- 数据源于《中国卫生健康统计年鉴》。
- 计算方法：各地区政府卫生支出除以常住人口数计算得出。

政策相关性：政府卫生支出指各级政府用于医疗卫生服务、医疗保障补助、卫生和医疗保障行政管理、人口与计划生育事务性支出等各项事业的经费。

8. 甲、乙类法定报告传染病总发病率

定义：每 10 万人口中甲、乙类法定报告传染病发病数。

计量单位：1/100000。

资料来源及方法：

- 数据源于《中国卫生健康统计年鉴》。
- 计算方法：直接获得，未计算。

政策相关性：《中华人民共和国传染病防治法》将传染病分为甲类、乙类和丙类。传染病对人体健康和社会稳定的威胁不断上升，传染病预防在公共卫生管理中的地位愈发重要。随着新冠疫情这一重大公共卫生事件的突发，全社会对于传染病防治的重视不断增强。

9. 每千人口拥有卫生技术人员数

定义：每千人口拥有卫生技术人员数。

计量单位：人。

资料来源及方法：

- 数据源于《中国统计年鉴》。
- 计算方法：直接获得，未计算。

政策相关性：卫生技术人员包括执业医师、执业助理医师、注册护士、药师（士）、检验技师（士）、影像技师、卫生监督员和见习医（药、护、技）师（士）等卫生专业人员。医疗与人民群众的身体健康和生老病死息息相关，是社会关注的热点话题。

10. 贫困发生率

定义：地区生活在贫困线以下的贫困人口数量占总人口之比。

计量单位：无。

资料来源及方法：

- 数据源于《中国农村贫困检测报告》。
- 计算方法：直接获得，未计算。

政策相关性：贫困发生率是对地区贫困状况的直观体现。消除贫困、改善民生、实现共同富裕是社会主义的本质要求。我国一直致力于脱贫减贫工

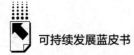

作，并提前 10 年实现《联合国 2030 年可持续发展议程》减贫目标。

11. **城乡居民可支配收入比**

定义：城镇居民人均可支配收入与农村居民人均可支配收入之比。

计量单位：无。

资料来源及方法：

• 数据源于《中国统计年鉴》

• 计算方法：城镇居民人均可支配收入除以农村居民人均可支配收入计算得出。

政策相关性：可支配收入指居民可自由支配的收入，可用于最终消费支出和储蓄的总和。城乡居民可支配收入比是对城乡发展均等程度的度量，数值越大，表明城乡收入差距越大，越不利于社会的可持续发展。

12. **基尼系数**

定义：根据洛伦茨曲线计算得到的衡量收入分配均衡程度的指标。

计量单位：无。

资料来源及方法：

• 目前难以获得数据，期望未来加入该指标。

政策相关性：基尼系数是衡量地区居民收入差距的常用指标，基尼系数越大，表明收入差距越大。收入差距如果过大，不利于社会稳定，并会导致一系列社会矛盾，因此需要采取措施缩小收入差距，防止两极分化。

三 资源环境

1. **人均碳汇**

定义：人均碳汇量。

计量单位：吨/人。

资料来源及方法：

• 目前难以获得数据，期望未来加入该指标。

政策相关性：碳汇是指通过植树造林、森林管理、植被恢复等措施，吸

收大气中的 CO_2，并将其固定在植被和土壤中，从而减少温室气体在大气中浓度的过程、活动或机制。碳汇将在应对气候变化、实现碳中和的目标过程中发挥越来越重要的作用（付加锋等，2021）。

2. 森林覆盖面积

定义：森林面积与省域国土面积之比。

计量单位：公顷/人。

资料来源及方法：

• 数据源于《中国统计年鉴》。

• 计算方法：森林面积除以该省的国土面积计算得出。

政策相关性：森林是重要的国土资源，森林资源在涵养水源、防风固沙、净化空气、减少二氧化碳浓度等方面发挥重要作用。

3. 耕地覆盖面积

定义：耕地面积与省域国土面积之比。

计量单位：公顷/万人。

资料来源及方法：

• 数据源于《中国统计年鉴》。

• 计算方法：耕地面积除以该省的国土面积计算得出。

政策相关性：耕地是粮食安全的重要载体，是农业最基本的生产资料。民以食为天，保护耕地是保持和提高粮食生产能力的重要前提。

4. 湿地覆盖面积

定义：湿地面积与省域国土面积之比。

计量单位：公顷/万人。

资料来源及方法：

• 数据源于《中国统计年鉴》。

• 计算方法：湿地面积除以该省的国土面积计算得出。

政策相关性：湿地是重要的国土资源，被喻为"地球之肾"，在净化水质、调节气候、储存水量、维持生物多样性等方面发挥重要作用。

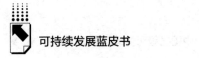

5. 草原覆盖面积

定义：草原面积与省域国土面积之比。

计量单位：公顷/万人。

资料来源及方法：

• 数据源于《中国统计年鉴》。

• 计算方法：草原面积除以该省的国土面积计算得出。

政策相关性：草原是重要的国土资源，不仅是畜牧业的重要依靠，也具有防止水土流失、调节气候、保育生物多样性等重要功能。

6. 人均水资源量

定义：人均拥有水资源量。

计量单位：米^3/人。

资料来源及方法：

• 数据源于《中国统计年鉴》。

• 计算方法：水资源总量除以常住人口计算得出。

政策相关性：农业种植、工业生产和人类生活都严重依赖水资源，用水问题的解决与人民的生活息息相关。水资源的合理利用需要政府科学规划与管理。保护好水资源成为水利用的当务之急。

7. 全国河流流域一二三类水质断面占比

定义：全国河流流域一二三类水质断面占比。

计量单位:%。

资料来源及方法：

• 数据源于各省环境状况公报。

• 计算方法：直接获得，未计算。

政策相关性：人类生产生活依赖于水资源，不仅需要水资源数量充足，更需要水资源质量高。居民饮水、农业灌溉、工业生产都对水质有不同的要求。人类活动如生活污水和工业废水的排放，会对水质产生极大的影响。河流流域水质断面检测为保护水资源、防治水污染、改善水环境、修复水生态打下坚实基础，激励地方政府不断保持并优化河流水质。

8.地级及以上城市空气质量达标天数比例

定义：地级及以上城市空气质量达到优良的天数在一年中所占比例。

计量单位:%。

资料来源及方法：

- 数据源于各省环境状况公报。

- 计算方法：直接获得，未计算。

政策相关性：空气质量的好坏是空气污染程度的体现，是依据空气中污染物浓度的高低来判断的。空气污染会对人体和动植物健康产生严重危害，导致呼吸道疾病以及眼鼻等黏膜组织产生疾病，导致植物叶片枯萎、产量下降，也会导致臭氧层被破坏、酸雨形成。党的十九大作出打赢蓝天保卫战的重大决策部署，保护空气质量、防治大气污染刻不容缓。

9.生物多样性指数

定义：测定一个群落中物种数目与物种均匀程度的指标。

计量单位：无。

资料来源及方法：

- 目前难以获得数据，期望未来加入该指标。

政策相关性：生物多样性为人类的生产生活提供大量支持，既具有直接使用价值，也具有间接使用价值，在维持气候、保护土壤和水源、维护正常的生态学过程方面发挥重要作用。

四 消耗排放

1.单位建设用地面积二三产业增加值

定义：二三产业增加值之和与建设用地面积之比。

计量单位：亿元/公里^2

资料来源及方法：

- 数据源于《中国统计年鉴》《中国城市建设统计年鉴》。

- 计算方法：第二产业和第三产业增加值之和，除以建设用地面积计算得出。

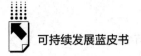
政策相关性：人类的生产和生活离不开土地，从农业向工业化发展的过程中，需要将耕地转化为建设用地。在土地资源是有限的基础上，既要为粮食安全保证耕地红线，又要为工业生产提供大量建设用地。因此土地的使用需要行政主管部门科学合理的规划。

2. 单位工业增加值水耗

定义：单位工业增加值所对应的工业用水量。

计量单位：米³/万元。

资料来源及方法：

• 数据源于《中国统计年鉴》。

• 计算方法：工业用水量除以工业增加值计算得出。

政策相关性：水资源可持续利用关系我国经济社会可持续发展。工业生产需要消耗大量水资源，然而水资源是有限的，需要增强节水意识、推动节水技术创新升级，不断提高工业用水效率以缓解水资源压力。

3. 单位 GDP 能耗

定义：单位地区生产总值对应的能源消耗量。

计量单位：吨标准煤/万元。

资料来源及方法：

• 数据源于各省统计年鉴、国家统计局。

• 计算方法：部分省级地区直接获得，部分省级地区通过能源强度年下降率及上年数据计算得出。

政策相关性：能源是地区发展的重要资源，但能源的消耗不利于环境保护和人体健康。对于中国这样的工业化国家，经济增长与人均能耗增加关系密切（Tamazian，2009），且直接导致自然资源开采量提高以及空气污染物的排放增加。因此节约能源、降低能源消耗对环境和社会发展具有重要意义。

4. 单位 GDP 化学需氧量排放

定义：单位 GDP 对应的化学需氧量排放量。

计量单位：吨/万元。

资料来源及方法：

● 数据源于《中国能源统计年鉴》。

计算方法：化学需氧量排放量除以该省级地区的地区生产总值计算得出。

政策相关性：化学需氧量是工业废水和生活污水中的主要污染物。化学需氧量高表明水体中有机污染物含量高，会毒害水中生物，摧毁河水中的生态系统，进而会通过食物链危害人类健康。

5. 单位 GDP 氨氮排放

定义：单位 GDP 对应的氨氮排放量。

计量单位：吨/万元。

资料来源及方法：

● 数据源于《中国能源统计年鉴》。

● 计算方法：氨氮排放量除以该省级地区的地区生产总值计算得出。

政策相关性：氨氮是工业废水和生活污水中的主要污染物，是导致水体富营养化的主要因素，一方面直接危害水生物的健康，破坏水生环境平衡；另一方面通过饮用水对人体健康产生影响，因此应进一步降低氨氮排放量。

6. 单位 GDP 二氧化硫排放

定义：单位 GDP 对应的二氧化硫排放量。

计量单位：吨/万元。

资料来源及方法：

● 数据源于《中国能源统计年鉴》。

● 计算方法：二氧化硫排放量除以该省级地区的地区生产总值计算得出。

政策相关性：二氧化硫是工业废气中的主要污染物，会导致酸雨的产生，同时也会对人体和动物产生危害。国内二氧化硫污染源主要来自金属冶炼和煤炭燃烧，需要采用先进技术与工艺，多措并举降低二氧化硫排放。

7. 单位 GDP 氮氧化物排放

定义：单位 GDP 对应的氮氧化物排放量。

计量单位：吨/万元。

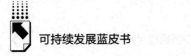

资料来源及方法：

• 数据源于《中国能源统计年鉴》。

• 计算方法：氮氧化物排放量除以该省级地区的地区生产总值计算得出。

政策相关性：氮氧化物是工业废气中的主要污染物，会产生酸雨、破坏臭氧平衡，同时也会危害人的身体健康。降低氮氧化物排放，对于生态环境可持续发展具有重要意义。

8. 单位 GDP 危险废物产生量

定义：单位 GDP 对应的危险废物产生量。

计量单位：吨/万元。

资料来源及方法：

• 数据源于《中国环境统计年鉴》。

• 计算方法：危险废物产生量除以该省级地区的地区生产总值计算得出。

政策相关性：工业生产是危险废物的主要来源，危险废物的毒性、易爆性、腐蚀性、化学反应性等危害特性会对大气、水体和土壤产生威胁，并进而危害人体健康。因此需要不断地进行技术创新，减少危险废物的产生。

9. 单位 GDP 二氧化碳排放

定义：单位 GDP 对应的二氧化碳排放量。

计量单位：吨/万元。

资料来源及方法：

• 目前难以获得数据，期望未来加入该指标。

政策相关性：人类向大气中排放大量二氧化碳是温室效应产生的主要原因。为应对全球气候变暖，世界各国均主动承担相应责任，我国承诺力争于 2030 年前实现二氧化碳排放达到峰值，即 2030 年以后二氧化碳排放量将不再增长。实现碳达峰是循序渐进的过程，需要从现在开始，不断降低二氧化碳排放量，进行绿色低碳发展。

10. 可再生能源电力消纳占全社会用电量比重

定义：可再生能源电力消纳量占全社会用电量的比重。

计量单位：%

资料来源及方法：

- 数据源于国家能源局。
- 计算方法：直接获得。未计算。

政策相关性：可再生能源主要是可再生的风能、太阳能、水能、生物质能等能源，是绿色低碳的能源。提升可再生能源电力消纳的比例，是调整能源消费结构的需求，也是绿色高质量发展的内在要求。建立健全可再生能源电力消纳保障机制是加快构建清洁低碳、安全高效的能源体系，促进可再生能源开发和消纳利用的重要举措。

五 治理保护

1. 生态建设投入与 GDP 比

定义：生态建设投入与 GDP 的比重。

计量单位：%。

资料来源及方法：

- 目前难以获得数据，期望未来加入该指标。

政策相关性："绿水青山就是金山银山"，良好的生态环境是经济社会可持续发展的重要条件。任何建设都需要成本投入，生态建设同样不例外，需要大量资金支持才能正常运转。生态建设所需投资巨大，产生的社会效益往往大于经济效益。

2. 财政性节能环保支出占 GDP 比重

定义：财政性节能环保支出占 GDP 比重。

计量单位：%。

资料来源及方法：

- 数据源于《中国统计年鉴》。

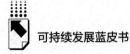
● 计算方法：财政节能环保支出除以其年度 GDP 计算得出。

政策相关性：环保支出包括环境管理、监控、污染控制、生态保护、植树造林、能源效率方面的支出及可再生能源投资。环境具有外部性和公共性的特点，无法单独依靠市场进行调节，财政节能环保支出是政府改善环境质量的重要手段（潘国刚，2020）。

3. 环境污染治理投资与固定资产投资比

定义：环境污染治理投资与固定资产投资的比。

计量单位：%。

资料来源及方法：

● 数据源于《中国统计年鉴》。

● 计算方法：将工业污染治理投资和城镇环境基础设施建设投资求和得到环境污染治理投资，再除以固定资产投资计算得出。

政策相关性：随着环境治理的加强，环保投资市场得到快速发展。环境污染治理投资的增加，使得污染物减排成效显著。

4. 再生水利用率

定义：再生水利用量与污水处理量之比。

计量单位：%。

资料来源及方法：

● 目前难以获得数据，期望未来加入该指标。

政策相关性：再生水即污水经过一定处理以后，达到指定标准可以循环再利用的水。可用于农业、工业以及市政生活等方面。再生水利用是解决水资源短缺的有效途径，即节约了水资源，又有效提高了水资源利用效率，具有较高的经济效益和社会效益（吕立宏，2011）。

5. 城市污水处理率

定义：城市污水处理率。

计量单位：%。

资料来源及方法：

● 数据源于《中国环境统计年鉴》。

● 计算方法：直接获得，未计算。

政策相关性：污水处理及再生利用的水平是经济发展、居民安全健康生活的重要标准之一。如果污水不经处理直接排放，会造成水体污染，危害饮用水安全和人体健康，进一步加剧水资源短缺。

6. 一般工业固体废物综合利用率

定义：一般工业固体废物的综合利用率。

计量单位：%。

资料来源及方法：

● 数据源于《中国环境统计年鉴》。

● 计算方法：一般工业固体废物综合利用量除以产生量。

政策相关性：一般工业固体废物综合利用量指当年全年调查对象通过回收、加工、循环、交换等方式，从固体废物中提取或者使其转化为可以利用的资源、能源和其他原材料的固体废物量。对固体废物的综合利用能够降低对自然资源的消耗，并减轻因固体废物处理带来的环境影响。

7. 危险废物处置率

定义：危险废物处理量与危险废物产生量之比。

计量单位：%。

资料来源及方法：

● 数据源于《中国环境统计年鉴》。

● 计算方法：危险废物处理量除以危险废物产生量。

政策相关性：危险废物处理量指将危险废物焚烧和用其他改变工业固体废物的物理、化学、生物特性的方法，达到减少或者消除其危险成分的活动，或者将危险废物最终置于符合环境保护规定要求的填埋场的活动中，所消纳危险废物的量。如若处置不当，危险废物中的有害物质就会通过土壤、大气和水体进入环境，造成严重污染。合理处理危险废物对于防范环境风险、维护生态安全具有重要意义。

8. 废气处理率

定义：废气处理率。

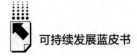

计量单位:%。

资料来源及方法:

● 目前难以获得数据,期望未来加入该指标。

政策相关性:废气具有扩散速度快、影响范围广的特点。未经处理而直接排放的工业废气往往含有大量有害物质,造成严重的环境污染,对环境和人体自身的危害都十分显著。

9. 生活垃圾无害化处理率

定义:生活垃圾无害化处理量与生活垃圾产生量的比率。

计量单位:%。

资料来源及方法:

● 数据源于《中国环境统计年鉴》。

● 计算方法:直接获得,未计算。

政策相关性:城市生活会产生大量垃圾,垃圾不经处理直接填埋或随意弃置,会对周围空气、土壤及地下水产生严重污染,进而间接危害人体健康。提高生活垃圾无害化处理率是社会发展、技术进步的必然要求。

10. 碳排放强度年下降率

定义:单位 GDP 二氧化碳排放较上一年下降的百分比。

计量单位:%。

● 资料来源及方法:

● 目前难以获得数据,期望未来加入该指标。

政策相关性:2021 年政府工作报告首次提出要扎实做好碳达峰、碳中和各项工作,碳达峰和碳中和是高质量发展的内在要求。《第十四个五年规划和 2035 年远景目标纲要》明确指出:"落实 2030 年应对气候变化国家自主贡献目标,制定 2030 年前碳排放达峰行动方案。"降低碳排放强度对于落实碳达峰、碳中和目标具有重要意义(唐遥,2021)。

11. 能源强度年下降率

定义:单位 GDP 能源消耗较上一年下降的百分比。

计量单位:%。

资料来源及方法：

• 数据源于国家统计局。

• 计算方法：直接获得，未计算。

政策相关性：《第十四个五年规划和 2035 年远景目标纲要》明确指出"完善能源消费总量和强度双控制度"，能源强度年下降率是能源消费强度控制的重要指标。

附录三　中国城市可持续发展指标说明

表1　CSDIS 指标体系

类别	序号	指标
经济发展(21.66%)	1	人均 GDP
	2	第三产业增加值占 GDP 比重
	3	城镇登记失业率
	4	财政性科学技术支出占 GDP 比重
	5	GDP 增长率
社会民生(31.45%)	6	房价-人均 GDP 比
	7	每千人拥有卫生技术人员数
	8	每千人医疗卫生机构床位数
	9	人均社会保障和就业财政支出
	10	中小学师生人数比
	11	人均城市道路面积+高峰拥堵延时指数
	12	0~14 岁常住人口占比
资源环境(15.05%)	13	人均水资源量
	14	每万人城市绿地面积
	15	年均 AQI 指数
消耗排放(23.78%)	16	单位 GDP 水耗
	17	单位 GDP 能耗
	18	单位二三产业增加值占建成区面积
	19	单位工业总产值二氧化硫排放量
	20	单位工业总产值废水排放量
环境治理(8.06%)	21	污水处理厂集中处理率
	22	财政性节能环保支出占 GDP 比重
	23	一般工业固体废物综合利用率
	24	生活垃圾无害化处理率

一　经济发展

1. 人均GDP

定义：城市人均GDP。

计量单位：元/人。

资料来源及方法：

- 数据源于各省、市统计年鉴。
- 该指标数值采用每个城市的年度GDP与该城市的年末常住人口数比值计算而来。

政策相关性：通过计算城市人均GDP的数值，可以衡量出该市的经济能力和经济效率。GDP的数值是衡量经济规模最直观的数据，人均GDP则是最能反映出人民生活水平的数据。通过人均生产量（或总生产量分配给单位人口），可以评价出各个城市个人产出率对经济发展促进的程度。它表示的是人均收入的增长及资源消耗的速度（联合国，2017）。我们采用人均GDP衡量的优势在于其帮助我们确定各个城市中获得有经济能力、有社会责任心和有环保意识人口所需工资福利的增加情况。

2. 第三产业增加值占GDP比重

定义：城市中第三产业增加值占国民生产总值（GDP）的比例。

计量单位:%。

资料来源及方法：

- 数据源于各省、市统计年鉴；
- 该指标数值采用城市第三产业增加值与该城市的年度GDP的比值计算而来。

政策相关性：经济产业一般划分为第一产业：农业。第二产业：建筑业、制造业。第三产业：服务业。经济的发展阶段与就业人口的大规模转移有密切的联系，在经济发展提升过程中，就业人口会从农业等劳动密集型产

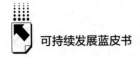

业流向工业和服务业。所以第三产业的增加值占比能够体现经济发展的阶段和发展水平。中国现在还处于经济快速发展阶段，就业人口在源源不断地向服务业转移，计算第三产业增加值占 GDP 的比重，具有重要的经济学意义。

3. 城镇登记失业率

定义：城镇登记失业率。

计量单位:%。

资料来源及方法：

• 数据源于各省、市统计年鉴，各市国民经济和社会发展统计公报。

• 计算方法：统计年鉴中直接获得。

政策相关性：城镇登记失业率的计算人员为：非农户口，处于法定工作年龄，有劳动能力而且有工作意愿，并且在当地就业服务机构进行就业登记的人员。失业率是世界各国衡量经济活动的重要指标，它测度的是社会上有工作能力和工作意愿的经济活跃人员。如果失业率处于高位，表明经济资源的分配效率低。同时也会导致部分人陷入贫困中。联合国在 2007 年指出：许多可持续发展指标体系均可以通过失业率的高低来衡量。通过计算失业率的高低，我们可以推测出来所在城市有多少人可以缴纳税收用以增加政府的收入，进而促进社会事业和环境保护活动的发展。

4. 财政性科学技术支出占 GDP 比重

定义：当地政府在科学技术的财政支出方面对应的国民生产总值（GDP）部分。

计量单位:%。

资料来源及方法：

• 数据源于《中国城市统计年鉴》。

• 计算方法：该指标通过采用所在城市政府的财政性科学技术支出总额与该城市年度 GDP 的比值计算而来。

政策相关性：科学技术作为第一生产力，本指标的作用是衡量城市所在政府通过财政性科技技术方面的投资比例。本指标能够直观地说明当地政府对就业、经济发展、社会以及环境等方面的科学技术投资强度，政府通过把相应的财政经费投入相关领域中，促进产品和服务的创新进步，从而带动产业的发展，带来新的发展领域，促进经济的可持续发展。在中国，政府一方面加大财政性科学技术支出，另一方面政府还在畅通科技发展过程中的机制障碍，借以通过科技的发展，助推中国经济的高质量发展。

5. GDP 增长率

定义：本城市的国民生产总值增长率。

计量单位：%。

资料来源及方法：

• 数据源于《中国城市统计年鉴》。

• 计算方法：年鉴直接获得，未计算。

政策相关性：GDP 作为世界各国通用的经济衡量指标，被定义为一个国家或地区在单位时间内所生产的最终产品或服务的市场总值。GDP 增长率在中国也是衡量政府经济发展的重要指标。经济的高增长率意味着经济的快速发展，但传统的 GDP 只衡量了经济的表现，并未对经济发展所带来的负面影响做出反应。所以我们在评估可持续发展指标体系中采用经济增长率就十分必要。

二 社会民生

1. 房价-人均 GDP 比

定义：房价与城市人均 GDP 的比值。

计量单位：房价/人均 GDP（元/元）。

资料来源及方法：

• 数据源于中国指数研究院。

• 计算方法：该指标采用各个城市的年均房价与人均 GDP 的比值计算而来。对于中国指数研究院未公布房价城市，我们采用回归模型进行预测。

政策相关性：选取本指标的意义在于衡量当地居民对住房的支付能力。随着经济的不断发展，中产阶级的规模也会不断增加。农村剩余的劳动力不

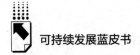
断地进入城市，两方因素的叠加对住房形成巨大的需求，结果就是带动许多城市的房价不断攀升。而部分城市的普通工人工资增长相对缓慢，高房价给当地居民带来了巨大压力。研究表明高房价也会对技术工人的迁移产生负面影响，从而降低了该地区的劳动力水平和生产力水平。

2.每千人拥有卫生技术人员数

定义：该地区每千人拥有卫生技术人员数量。

单位：人。

资料来源及方法：

●数据源于各省、市统计年鉴，各市国民经济和社会发展统计公报。

●计算方法：该指标采用地区卫生技术人员总数与该地区年末常住人口数的比值计算而来。

政策相关性：一个地区的发展水平不仅仅表现为经济成果，卫生技术条件也是重要的衡量标准。卫生技术人员作为专业的卫生健康人才，他们的分布可作为城市可持续发展的指标之一。与经济发展相对而言，经济发展水平较低的地区卫生技术人员的数量一般也相对较少。经济发展发达的地区卫生技术人员的数量相对宽裕。对中国而言，随着经济的发展，卫生技术人员逐步由农村流向城市，使得农村地区的人才流失严重。卫生健康事业作为重要的公共服务项目，各个城市应该通过提升待遇、优化环境来吸引卫生技术人员的落户。

3.每千人医疗卫生机构床位数①

定义：城市中每千人所拥有医疗卫生机构床位的数量。

单位：张。

资料来源及方法：

●数据源于各省、市统计年鉴，各市国民经济和社会发展统计公报。

---

① 2022年对上年度河南省城市的"每千人医疗卫生机构床位数"进行了订正，使用市域内医疗卫生机构床位数，而非市辖区医疗卫生机构床位数，与其他省市该指标口径保持一致。上年度河南省各城市的该单项指标排名较上年度公布排名会有所变化，其中郑州市、开封市、洛阳市、平顶山市四座城市变化较大，但对其整体排名影响不大，各城市上年度可持续发展综合排名订正前后基本一致。2022年延续使用市域内医疗卫生机构床位数。

• 计算方法：该指标采用该城市卫生技术人员总数与该城市年末常住人口数的比例计算而来。

政策相关性：该指标用以衡量本国或者本地区卫生资源和服务能力，床位数作为医疗卫生服务体系的核心资源，被世界各国所采用。国家卫生健康委印发的《医疗机构设置规划指导原则（2021-2025年）》，提出医疗机构设置的主要指标和八个方面的总体要求。医疗机构的设置以医疗服务需求、医疗服务能力、千人口床位数（千人口中医床位数）、千人口医师数（千人口中医师数）和千人口护士数等主要指标进行宏观调控。因为床位数与城市中的医院建筑面积呈正相关，所以我们选取该指标，既能够体现出该城市医疗整体的规模，同时也能够表现出对该城市公共服务规模的测度。该指标是城市可持续发展的重要表现。

4. 人均社会保障和就业财政支出

定义：本地政府用于社会保障和就业方面的人均财政支出。

单位：元/人。

资料来源及方法：

• 数据源于各省、市统计年鉴，各市财政决算报告。

• 计算方法：该指标采用每个城市政府用于社会保障和就业财政支出和该城市年末常住人口数的比值计算而来。

政策相关性：该指标作为衡量该地区社会保障体系覆盖的范围，并指出退休以后领取国家养老金人数的数量。在一个经济发展富裕的社会中，大部分人会把自己的资金放入养老金系统中，政府则将利用相应的资源用于帮助弱势人群，这部分人处于社会弱势的地位，例如低收入家庭、失业者以及老弱病残等群体。在中国，伴随经济的发展，大量农村劳动力会向城市聚集，因为产业的摩擦或者企业的升级改造等，会导致部分人群失业的现象。因此城市政府应该在社保、养老金做出一定的支出，去维持社会弱势群体的生存。

5. 中小学师生人数比

定义：该地区学校教师总人数与学生总人数之比。

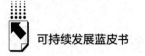

单位：人。

资料来源及方法：

• 数据源于各省、市统计年鉴，各市国民经济和社会发展统计公报。

• 计算方法：直接获得；采用该地区中小学学校教师总人数和该地区中小学学校学生总人数比值计算。

政策相关性：该指标用以显示城市学校教育规模的高低，教育水平是吸引高级技术人才的重要影响因素。良好的师生配比则是教育水平的重要指标，体现了一个地方的教育资源状况的高低，一般情况下经济越发达的城市，师生人数比也越高，城市作为人口流动的主要聚集地，生师比的差距，将决定人口流动的方向，该指标的意义在于指导当地政府科学规划城市教育资源，满足居民对高质量教育的需求。用以吸引流动人口的汇聚。

6. 人均城市道路面积+高峰拥堵延时指数

定义：人均城市道路面积也就是该城市人口平均所占用道路面积的大小。高峰拥堵延时指数用以评价该城市拥堵程度的指标。

计量单位：无。

资料来源及方法：

• 数据源于《中国城市统计年鉴》、高德地图。

• 计算方法：人均城市道路面积由市辖区城市道路面积与市辖区常住人口的比值得到，再通过将标准化的人均城市道路面积和城市高峰时段拥堵延迟指数相加，得到最终用于人均城市道路面积计算的数值。

政策相关性：随着经济的发展，社会上越来越多家庭在日常生活中拥有了自己的汽车。城市汽车保有量的增加，导致城市的道路越来越拥堵，城市道路的拥堵会降低整个城市的经济运行效率，例如增加通勤时间、增加企业运输成本、增加尾气排放等问题。这些消极的代价将影响城市的可持续发展水平。由于缺乏统一反映城市交通拥堵的指标，我们采用人均道路面积这一指标，因为在城市中居民可使用的实际道路面积越大，则预示着该城市的基础建设水平越高，社会经济流动性也会更快。

7. 0～14岁常住人口占比

定义：该城市人口中0～14岁年龄人群与该城市总人口的比重或百分比。

单位:%。

资料来源及方法：

● 数据源于全国人口第七次普查数据，各省、市统计年鉴，各市国民经济和社会发展统计公报。

● 计算方法：直接获得，未计算。

政策相关性：劳动力作为经济发展重要的基础，其年龄结构则是该地区过去人口自然增长、社会文化和人口迁移变化而来的结果。也是该地区未来经济发展潜力的重要标准，人口年龄结构也会影响未来人口的发展类型、发展速度和发展规模。国际上公认人口的最佳分布为均匀分布。其中0～14岁常住人口的占比则决定了该地区经济发展的潜力和后劲。该年龄段的人口在未来的10～15年将成为整个地区整个城市劳动力人口的中坚力量，为该地区的发展贡献出力量。

三　资源环境

1. 人均水资源量

定义：人均水资源量。

计量单位：米^3/人。

资料来源及方法：

● 数据来自各省、市的统计年鉴和水资源公报。

● 本指标是采用每个城市的水资源总量与年末常住人口总数的比值得到的。

政策相关性：我国水资源目前面临的问题还有很多，如人均水资源匮乏、供需矛盾加剧、部分城市和地区水资源开发不合理、过度开发问题依然严重。中国国土辽阔，气候条件多样，雨水空间分布不均。随着我国经济社会发展不断加快，水资源严重污染的问题也不断加剧，水质性缺水导致生活水资源总量减少。对水资源持续有效地管理显得至关重要，政府跨多部门进行规划才能为人们提供所需的水资源。虽然大部分用水在农业上，但在公共用途的水资源倘若管理不好，就会消耗更高的能耗和更多的资源来满足饮用水的需要。恰当管理水资源有利于实现可持续增长、增进公平和减少贫困。用水问题的解决与否，和人类的生活有直接关系。

2. 每万人城市绿地面积

定义：每万个市民所占的城市绿地面积。

计量单位：公顷/万人。

资料来源及方法：

● 数据源于《中国城市建设统计年鉴》和《中国城市统计年鉴》。

● 本指标是采用市辖区城市公园或绿地面积与市辖区常住人口的比值得到的。

政策相关性：绿地面积指的是能够用来绿化总的占地面积。近年来，我国城市绿化面积不断增长，我国城市绿化覆盖面积也呈逐年增长态势。城市绿地可以为居民提供丰富多样的生态系统服务，但是格局不均衡会使得人类在享受绿地带来效益的时候产生差异性。需要投入大量的资源和资本，才能保持城市中心地带绿地面积，该指标的变化是对城市经济重点变化的有效反映。对城市绿地面积进行高效管理有助于提升人民福祉。绿地是城市生态系统中的重要组成部分，它与人民生活和城市建设密切相关。合理安排绿地对城市的改善作用重大。

3. 年均 AQI 指数

定义：AQI（空气质量指数）是通过定量描述空气质量的数据，反映了城市的短期空气质量状况和变化趋势。通过计算几项污染物分别对应的分级指数，得到空气质量分指数，空气质量指数就是比较选择出最大的那个。

计量单位：

资料来源及方法：

● 数据源于中国空气质量在线监测分析平台。

● 本指标是由过去 12 个月的平均 AQI 指数计算得来的。

政策相关性：AQI（空气质量指数），反映了空气清洁或污染的程度，描述了对健康的影响，值越大表示污染越严重，空气污染严重会威胁公共健康。空气质量状况与人们的健康密切相关，污染程度过高的话，对人们的身体健康会产生重大的影响。对该指标进行研究，有利于针对不同的人群制定相应的措施，保障公众健康。

四　消耗排放

1. 单位 GDP 水耗[①]

定义：单位 GDP 水耗反映的是每生产一个单位的地区生产总值所需要的用水量。它是个水资源利用效率指标，代表了水资源消费水平和节水降耗状况。

单位：吨/万元。

资料来源及方法：

- 数据源于各省、市统计年鉴和水资源公报。
- 本指标是通过各城市的总用水量与其年度 GDP 的比值得到的。

政策相关性：该指标反映了其所属地区经济活动中对水资源的利用效率，是该地区经济结构和水资源利用效率的反映。水资源对于健康的生态系统及人类生存意义重大，更加有效地利用水资源对城市的可持续发展十分重要，其中降低单位 GDP 水耗是中国水资源持续利用的关键。中国需要在水资源利用上不断采取措施，提高水资源利用率和利用效率，实现水资源利用的目标。

2. 单位 GDP 能耗

定义：指一定时期内每生产一个单位的 GDP 所耗费的能源，反映的是每创造一个单位的社会财富所需要消耗的能源数量。

[①]　上年度黑龙江省用水量数据缺失，今年黑龙江省水利厅官网公布了上年度全省各城市用水量统计表。据此，我们对上年度缺失数据进行了填补。其中，造成哈尔滨市该项指标校正后排名比上年度公布排名有所下降，但对其整体排名影响不大。上年度对缺失数据的推算方法请参照上文指标体系数据分析方法。

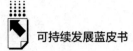

计量单位：吨/万元。

资料来源及方法：

●数据源于各省、市统计年鉴和各市统计公报。

●该指标是直接获得的，或者通过能源消费总量和国内生产总值的比值计算而来。

政策相关性：单位 GDP 能耗反映的是国家在经济活动中对能源的利用程度，能够表示经济结构和能源利用效率的情况。该指标既能够直接反映经济发展对能源的依赖程度，又能够间接地反映产业结构情况、能源消费结构和利用效率等多面内容。此外，该指标对各项节能政策措施所取得的效果也有间接反映的作用，能够更好地检验节能降耗的成效。

3. 单位二三产业增加值所占建成区面积

定义：城市每单位二三产业增加值所占的建成区面积。

计量单位：平方千米/十亿元。

资料来源及方法：

●数据源于《中国城市建设统计年鉴》《中国城市统计年鉴》。

●该指标是通过城市的市辖区建成区面积和市辖区二三产业增加值的比值取得。

政策相关性：目前中国是世界上最大的农业经济体，中国城市化在不断发展，人力资源不断由农村向城市聚集，相对应的是第二和第三产业不断发展。因此扩建制造业和服务业企业所需的基础设施等举措十分重要。该指标也是消耗排放控制指标中的一个重要指标，对研究城市可持续发展具有重要作用。该指标越大，代表着所创造的增加值越高，土地利用效率也更高，经济得到显著改进。

4. 单位工业总产值二氧化硫排放量①

定义：每生产万元工业总产值所排放的二氧化硫数量。

---

① 2022 年针对上年度报告中云南省各城市的工业总产值数据录入时的错误进行了订正。造成上年度昆明市、曲靖市、大理市该单项指标订正后排名较上年度公布排名有一定上升，但对于城市整体可持续发展水平及变化的分析影响有限。

计量单位：吨/万元。

资料来源及方法：

- 数据源于《中国城市统计年鉴》和各省、市统计年鉴。
- 该指标采用工业生产排放的二氧化硫数量与年度工业生产总值的比值获得。

政策相关性：该指标代表着在产生经济效益的同时所带来的环境污染程度，该指标数值越大，则表示产生经济效益随后对环境造成的危害更严重，对大气环境造成的污染相对较大。对该指标进行研究，可以审核重点行业，并对城市的可持续发展至关重要。此外，对节能减排重点行业的甄别也有很大意义，可以有针对性地增强环保政策。

5. 单位工业总产值废水排放量①

定义：每生产万元工业总产值所排放的工业废水量。

计量单位：吨/万元。

资料来源及方法：

- 数据源于《中国城市统计年鉴》和各省、市统计年鉴。
- 该指标采用工业生产排放的废水量与年度工业生产总值的比值获得。

政策相关性：对该指标进行研究，可以对几个重点行业进行甄别，例如：纺织业、食品制造业及烟草加工业。政府可以据此加强对这些行业的废水排放的监管力度，并对其有针对性地采取相应措施，督促其对技术的更新升级，降低工业废水排放量，提高污水处理技术。该指标反映了工业经济和废水排放量之间的关系。

五　环境治理

1. 污水处理厂集中处理率

定义：污水处理厂集中处理的污水量占所排放污水量的比值。

---

① 2022年针对上年度报告中云南各城市的工业总产值数据录入时的错误进行了订正。造成上年度昆明市、曲靖市、大理市该单项指标订正后排名比上年度公布排名有一定上升，但对于城市整体可持续发展水平及变化的分析影响有限。

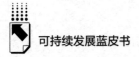

计量单位:%。

资料来源及方法:

• 数据源于《中国城市建设统计年鉴》。

• 该指标通过数据直接获得,其中个别数据是通过污水处理厂集中污水处理量和污水产生量的比值获得的。

政策相关性:城市每天运转都要产生大量的污水,包括生活污水、工业废水、雨水径流,等等。这些污水不能直接外排,应该得到有效处理,这样才能避免造成水污染,缓解水资源短缺加剧,促进城市经济社会的可持续发展。该指标反映了当地的污水集中收集处理设施的配套程度,是评价一个地区污水处理工作的标志性指标。

2. 财政性节能环保支出占 GDP 比重

定义:政府的财政性节能环保支出与国内生产总值的比值。

计量单位:%。

资料来源及方法:

• 数据源于各市财政决算报告和各省、市统计年鉴。

• 该指标由每座城市的财政性节能环保支出与当年国内生产总值的比值获得。

政策相关性:该指标是衡量环境保护问题的重要指标。环境保护是转变经济发展方式的重要方式,是推进生态文明建设的重要手段。随着经济不断发展,人口不断增长,工业化快速推进,能源消耗量不断攀升,污染产生量也在不断增加。各地区用于环境保护的财政预算也在逐年上升。合理安排环保经费对于财政支出的引导作用有着重要作用,环境问题对人体健康和社会稳定有着重要影响。该指标的研究对我国财政支出的结构特征和调整起到重要指示作用。

3. 一般工业固体废物综合利用率

定义:一般工业固体废物的综合利用量占一般工业固体废物产生量的比例。

计量单位:%。

资料来源及方法：

- 数据源于《中国城市统计年鉴》。

- 该指标是从数据中直接获取的。

政策相关性：工业固体废物指在工业生产过程中所产生的固体废物。固体废物的一类，简称工业废物，指的是工业生产活动中向外界排入的各种废渣、粉尘及其他废物。可分为一般工业废物（如高炉渣、钢渣、赤泥、有色金属渣、粉煤灰、煤渣、硫酸渣、废石膏、脱硫灰、电石渣、盐泥等）和工业有害固体废物。目前，我国工业固体废物综合利用率还有很大的上升空间。该指标的研究有利于分析中国工业固体废物处理行业市场的发展现状，对我国绿色工业发展的推进十分重要。

4. 生活垃圾无害化处理率

定义：生活垃圾无害化处理率。

计量单位：%。

资料来源及方法：

- 数据源于《中国城市建设统计年鉴》。

- 该指标是从数据中直接获得的，其中个别数据通过用生活垃圾无害化处理量和垃圾清运量比值计算而来。

政策相关性：目前，我国生活垃圾无害化处理率已经处在一个很高的水平。实际上，我们生活中绝大部分的垃圾都采用无害化处理，少部分垃圾未得到有效处理。垃圾在处理的过程中，将产生很多造成温室效应的气体。除了少部分可回收垃圾外，生活中很多垃圾都会通过填埋、焚烧和堆肥等方式进行无害化处理，但主要还是填埋和焚烧。和填埋相比，焚烧垃圾的处理方式更为经济，其处理能力在不断提升。提高生活垃圾无害化处理率对环境治理意义重大。

Abstract

Realizing sustainable development is the core task of global governance and building a community with a shared future for mankind in the new era. The report of the 20th National Congress of the Communist Party of China pointed out that the great rejuvenation of the Chinese nation should be comprehensively promoted with Chinese path to modernization. Promoting the harmonious coexistence of man and nature is the Chinese characteristic and essential requirement of Chinese path to modernization. The report is based on the basic framework of China's sustainable development evaluation index system, and conducts a comprehensive and systematic data validation analysis of China's sustainable development situation in 2021 from three levels: national, provincial, and key cities. The analysis of the data validation results of the national sustainable development indicator evaluation system shows that China's sustainable development level is continuously improving, its economic strength is significantly rising, social and people's well-being is continuously improving, the overall resource and environmental conditions are improving, the effectiveness of consumption and emission control is outstanding, and the effectiveness of governance and protection is gradually showing. The analysis of the data validation results of China's provincial sustainable development indicator evaluation system shows that the top 10 provinces are Beijing, Shanghai, Zhejiang, Guangdong, Tianjin, Chongqing, Fujian, Hainan, Jiangsu, and Hubei. The top ten cities in the comprehensive ranking of sustainable development of 110 large and medium-sized cities in China are Hangzhou, Zhuhai, Wuxi, Qingdao, Nanjing, Beijing, Shanghai, Guangzhou, Jinan, and Suzhou. Hangzhou has ranked first in the comprehensive ranking of sustainable development for three consecutive years.

The world is currently in a period of great development, transformation, and adjustment, and humanity is facing many global problems and challenges. The more at this moment, the more it is necessary for countries to strengthen cooperation, adhere to the path of sustainable development, and strive to achieve global sustainable development goals. China will continue to work hand in hand with people from all countries, taking the achievement of the 2030 Agenda for Sustainable Development as an opportunity, taking positive actions to create more opportunities for global development, striving to implement the Global Development Initiative, and jointly creating a development pattern of inclusive balance, coordination and inclusiveness, win-win cooperation, and common prosperity, contributing Chinese wisdom and solutions to the global development cause. The report proposes suggestions in the following aspects: to effectively implement the dual carbon goals and firmly adhere to the high-quality development path of ecological priority, green and low-carbon; Accelerate the optimization and adjustment of industrial structure, and build a green and low-carbon modern industrial system; Speed up high-level opening up and expand the development space of Chinese path to modernization; Continuously fight for the defense of blue sky, clear water, and pure land; Promote ecological protection and green and low-carbon development in the three northern regions; Continuously optimize ESG governance, guide enterprises to attach importance to green and low-carbon development and fulfill social responsibilities in investment and operation; Advocate for active public participation in the sustainable development of cities, and establish the concept that sustainable development is the "golden key" to solving global problems; Etc. The report also conducted thematic research on green buildings, dual carbon strategies, international discourse on ecological civilization, and ESG management. Case studies were conducted on cities such as Wuxi, Chengde, Taizhou, and Taiyuan, and the sustainable development practices of some enterprises were analyzed. The report also introduces and analyzes the sustainable development policies and achievements of international metropolises such as New York in the United States, S ã o Paulo in Brazil, Barcelona in Spain, Paris in France, Hong Kong in China, Singapore, Eindhoven in the Netherlands, and Dubai in the United Arab Emirates, and compares them with the sustainable development level of large and

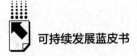
medium-sized cities in China through 15 indicators.

Keywords: Sustainable Development; Social Governance; Sustainable Development Agenda

Contents

I General Report

B . 1 2023 China Sustainable Development Evaluation Report

Zhang Huanbo , Guo Dong , Han Yanni , Sun Pei and Wang Jia / 001

1. CSDIS Country-Level Data Analysis / 003

2. CSDIS Province-Level Data Analysis / 007

3. CSDIS City Data Analysis / 011

4. Suggestions and Advisements / 017

Abstract: On the basis of the basic framework of the sustainable development evaluation index system, the report comprehensively and systematically analyzes and ranks the sustainable development status of China's national, provincial, and large and medium-sized cities in 2021. Research shows that from a national perspective, from 2015 to 2021, China's sustainable development level has continuously improved, with a significant leap in economic strength, continuous improvement in social welfare, overall improvement in resource and environmental conditions, outstanding results in consumption and emission control, and gradually emerging governance and protection effects. In 2021, China will maintain a strong driving force for sustainable development, but there is still a need to further improve its governance level in terms of resources and environment. From the perspective of 30 provinces, autonomous regions, and municipalities across the country, the top 10 are Beijing, Shanghai, Zhejiang, Guangdong, Tianjin, Chongqing, Fujian,

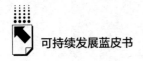
Hainan, Jiangsu, and Hubei provinces. The top ten cities in the comprehensive ranking of sustainable development of 110 large and medium-sized cities in China are Hangzhou, Zhuhai, Wuxi, Qingdao, Nanjing, Beijing, Shanghai, Guangzhou, Jinan, and Suzhou. Hangzhou has ranked first in the comprehensive ranking of sustainable development for three consecutive years. The report believes that to promote China's sustainable development level, it is necessary to effectively implement the dual carbon goals and firmly adhere to the high-quality development path of ecological priority, green and low-carbon; Accelerate the optimization and adjustment of industrial structure, and build a green and low-carbon modern industrial system; Speed up high-level opening up and expand the development space of Chinese path to modernization; Continuously fight for the defense of blue sky, clear water, and pure land; Promote ecological protection and green and low-carbon development in the three northern regions; Continuously optimize ESG governance, guide enterprises to attach importance to green and low-carbon development and fulfill social responsibilities in investment and operation; Advocate for active public participation in the sustainable development of cities, and establish the concept that sustainable development is the "golden key" to solving global problems.

Keywords: "Sustainable Development" Evaluation Index System; Governance; High-Quality Development; Innovation

II Sub-Reports

B . 2 Data Verification and Analysis of China's National Sustainable
Development Indicator System *Zhang Huanbo, Sun Pei /* 021

Abstract: Through the sustainable development indicator system, this report makes a detailed analysis and assessment of China's sustainable development status since 2015. The study shows that China's overall level of sustainable development has continued to improve, its economic strength has significantly improved, the well-being of people's livelihood has continued to improve, the overall condition of resources and environment has improved, the control of consumption and emission has achieved outstanding results, and the effect of governance and protection has gradually emerged. As a next step, it's necessary to consolidate and expand development achievements, to maintain a reasonable economic growth rate, continue to accelerate the optimization and adjustment of the industrial structure, and continue to fight for blue sky, clear water and clean land. At the same time, it's also essential to shore up weak spots in development, and to increase investment in education and culture, enhance the efficient use of land, and increase investment in governance

Keywords: National; Sustainable Development Evaluation; Index System

B.3   Data Verification Analysis of China's Provincial Sustainable Development Indicator System

Zhang Huanbo, Han Yanni and Wang Jia / 038

Abstract: According to the 2021 China Provincial Sustainable Development Indicator System data, the top 10 cities are Beijing, Shanghai, Zhejiang, Guangdong, Tianjin, Chongqing, Fujian, Hainan, Jiangsu, and Hubei. Beijing, Shanghai, Zhejiang, and Guangdong provinces remain in the top four places, the same as in 2020, with the four municipalities still in the top 10; In addition, Hubei Province has entered the top ten again, ranking 10 places ahead of 2020. From the five major classification indicators of economic development, social livelihood, resource environment, consumption and emissions, and governance and protection, the imbalanced characteristics of sustainable development in provincial-level regions have narrowed compared to last year. The degree of imbalance is measured by the range of different regions and indicator rankings. There are 14 provinces with high imbalance (difference value > 20), namely Beijing, Guangdong, Tianjin, Fujian, Hainan, Sichuan, Henan,

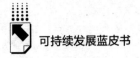
Yunnan, Guizhou, etc Hebei Province, Guangxi Zhuang Autonomous Region, Gansu Province, Heilongjiang Province, Qinghai Province; There are 15 provinces with moderate imbalance (10 < difference value ≤ 20), including Shanghai, Zhejiang, Chongqing, Jiangsu, Hubei, Hunan, Jiangxi, Shandong, Shaanxi, Anhui, Jilin, Liaoning, Shanxi, Inner Mongolia Autonomous Region, and Ningxia Hui Autonomous Region; The number of provinces with a relatively balanced (difference value ≤ 10) is 1, which is Xinjiang Uygur Autonomous Region. In 2021, with the improvement of factors such as the epidemic, the balance of sustainable development in various provinces and cities has increased compared to last year.

Keywords: Provincial Level; Sustainable Development; Evaluation Index System; Equilibrium Degree

B.4 Data Verification and Analysis of Sustainable Development Index System of 110 Large and Medium Cities in China

Guo Dong, Wang Jia, Wang Anyi, Chai Sen and Guo Yanru / 130

Abstract: This report provides a detailed evaluation of the sustainable development of 110 large and medium-sized cities in China this year. Based on the evaluation of 101 cities last year, this year we will expand all cities with a permanent population of over 5 million in urban areas. At the same time, we will basically include cities in the National Sustainable Development Agenda Innovation Demonstration Zone and add them to 110 cities for sustainable development ranking and detailed analysis. The top ten cities in the comprehensive ranking of sustainable development in 2023 are Hangzhou, Zhuhai, Wuxi, Qingdao, Nanjing, Beijing, Shanghai, Guangzhou, Jinan, and Suzhou. Hangzhou has ranked first in the comprehensive ranking of sustainable development for three consecutive years. The Yangtze River Delta, Pearl River Delta, Capital Metropolitan Area, and the most economically developed cities in the eastern coastal areas still have a high level of sustainable development. This report analyzes the overall ranking and balance of the sustainable development level of large and medium-sized cities in China based on five categories of indicators: economic development, social livelihood, resources and environment, consumption and emissions, and environmental governance. Overall, the level of sustainable development in Chinese cities continues to improve, but there is still a significant imbalance in the sustainable development of various dimensions within the city. While pursuing economic development, cities should pay attention to the development of multiple fields such as social livelihood and environmental governance, improve the balance of urban sustainable development, and better achieve urban sustainable development.

Keywords: Urban Sustainable Development; Evaluation Index System; Ranking of Urban Sustainable Development; and Balance of Urban Sustainable Development.

Ⅲ Special Topic

B.5 Implementing the "dual carbon" strategy to promote sustainable

development *Ning Jizhe* / 218

Abstract: Over the past 40 years of reform and opening up, China has adhered to the basic national policy of environmental protection and resource conservation, and has achieved significant results in implementing the sustainable development strategy. However, it should also be soberly observed that the global economy continues to slow down, green and low-carbon technologies and industrial competition are becoming increasingly fierce, and geopolitical conflicts are intensifying, posing huge challenges to global sustainable development. Therefore, we must actively and steadily implement the "dual carbon" strategy, focusing on expanding domestic demand; Vigorously promote green and low-carbon development; Accelerate green transformation through institutional

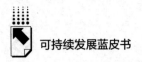

innovation; Deepen international cooperation to enhance global sustainable development capabilities, promote high-level global economic and social sustainable development, and promote the construction of a community of human and natural life.

Keywords: The "Dual Carbon" Strategy; Risks and Challenges; Green Transformation; International Cooperation

B . 6   Three trends in green building development

Qiu Baoxing / 222

Abstract: Green building is a new type of building model that aims to reduce negative impacts on the environment, improve resource utilization efficiency, protect human health and provide a comfortable and livable environment. With the deepening implementation of China's "dual-carbon" goal and the rapid development of renewable energy sources such as photovoltaics, green buildings will usher in an important development trend in terms of energy-saving technologies, renewable energy applications, and the enhancement of living comfort and occupant health. These trends will promote the sustainable development of green buildings, increase energy efficiency, reduce carbon emissions and improve people's quality of life and health.

Keywords: Green Building; Renewable Energy; Building Energy Efficiency

B . 7   Diversified empowerment promotes sustainable development

Zhao Baige, Yang Linlin and Xia Yaoyin / 231

Abstract: Since the adoption of the 2030 Agenda for Sustainable Development by the United Nations, sustainable development has become an international consensus, with clear goals and plans, and many progress has been made in implementation. Sustainable development is of great significance for solving the global development dilemma, promoting high-quality development in China, and promoting enterprise innovation and industrial upgrading. Currently, sustainable development brings forth new ideas in its models, with challenges and opportunities coexisting. From the perspective of China, the breakthrough path for sustainable development lies in multi subject participation, multi policy linkage, and multi-dimensional innovation.

Keywords: "2030 Agenda for Sustainable Development"; Sustainable Development; Dual Carbon

B. 8 International Negotiations on Climate Change and China's Dual-Carbon Strategy
Su Wei / 238

Abstract: With the frequent occurrence of extreme weather events and climate disasters around the world, climate change has become a common challenge and topic of the times for mankind. Countries around the world have been fighting climate change since the 1980s. China has always played an active and constructive role in international climate negotiations, and is a key participant, promoter and contributor to international cooperation combating climate change. China's understanding of climate change has gone through a process of continuous deepening, and its climate policy has undergone four stages of adjustment and strengthening. In September 2020, President Xi Jinping announced to the world that China will strive to achieve carbon peaking before 2030 and carbon neutrality before 2060. The *dual carbon goals* has started the county's new journey towards green and low carbon transformation, and has effectively promoted the global response to climate change. In order to achieve *the dual-carbon goal*, China has completed its top-level design and overall implementation programs in terms of climate targets and actions, focuseing on green and low-carbon energy development, strengthening energy conservation, reducing carbon and increasing efficiency, promoting industrial optimization and upgrading, accelerating the construction of low-carbon

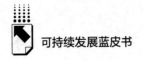
可持续发展蓝皮书

transportation systems, and green low-cabon and high quality development in urban and rural areas, vigorously developing circular economy, accelerating green and low-carbon technology innovation, consolidating and improving the carbon sink capacity of the ecosystem, improving the green and low-carbon policy system, and proactively promoting and contributing to global climate governance.

Keywords: Climate Change; Carbon Peaking and Carbon Neutrality; High-Quality Development

B.9 International discourse power and influence of contemporary China's ecological civilization   *Liu Yuning, Zhang Jian* / 254

Abstract: In the context of the century long upheaval, there has been a significant disparity in the balance of international power, constant international public opinion conflicts, and a sharper struggle for discourse power in the ideological field. The environmental crisis is no longer limited to one country, and exchanges between countries in the field of ecological civilization are also developing in depth. China attaches great importance to the construction of ecological civilization, elevating it into a national strategy and becoming a participant and leader in international ecological environment governance. Western capitalist countries, with their strong comprehensive national strength, occupy a dominant position in international ecological environment governance and control the international discourse on ecological civilization. Faced with the global ecological governance still characterized by a "strong in the west and weak in the east" discourse pattern, how to enhance the international discourse power and influence of China's ecological civilization has become a difficult problem that China must face and solve.

Keywords: International Public Opinion; Ideology; Discourse Power; Western Strength Self Weakness; Ecological Civilization; Influence

B.10　Practical Experience and Enlightenment of International ESG

　　Investment　　　　　　　　　　　　　*Wang Jun*, *Meng Ze* / 263

Abstract: Foreign ESG investment has developed relatively early, not only accumulating rich strategic skills in practical operations, but also improving supporting rules and regulations. However, in the past two years, ESG investment has experienced rapid growth, but the growth rate has slowed down in 2022 due to the impact of market environment. Based on the current situation of international ESG investment, this article analyzes the ways and methods to realize the value of ESG investment. Taking the United States, Europe, and Japan as examples, it summarizes the investment practice experience of their asset management institutions: firstly, a sound information disclosure system is an important infrastructure for ESG investment; Secondly, the investment strategies used in international ESG investment mainly rely on integration and screening methods; Thirdly, major international asset management institutions generally develop corresponding ESG investment guidelines based on industry and asset characteristics; The fourth is to actively participate in the corporate governance of invested enterprises and improve their ESG performance, which is also a strategy that international asset management institutions attach importance to.

Keywords: ESG Investment; Investment Strategy; Investment Practice

B.11　Research Report on China's ESG Local Governance

　　Data System　　　*Song Guanglei*, *Lin Zixin and Li Pingping* / 284

Abstract: In the context of dual carbon, this data system collects relevant ESG data from various provinces and municipalities in China from a meso perspective. At the environmental level, South China, East China, and Southwest regions are more suitable for ESG investment, but in some parts of East China, attention needs to be paid to avoiding the climate transition risks brought about by

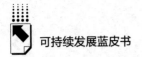

policies. At the social level, the regional economy and industrial advantages of the southern region are obvious, while some northern regions are facing the problem of high industrial concentration but low industrial prosperity, which urgently requires industrial upgrading and transformation. At the level of local governance, investment in the southern region is limited by physical space, but the heat of land transactions remains undiminished. Investment in urban investment bonds can avoid seven risky cities in the near future, including Tianjin, Hainan Province, Liaoning Province, Henan Province, Beijing City, Jilin Province, and Qinghai Province. Subsequent adjustments will be made according to government supporting measures. At the same time, according to the frequency of replacement of local provincial party committee members, it is better to control the critical period of investment projects within three years. Avoiding the risk of abnormal changes in leadership should consider the actual local situation, with prior investigation as the optimal solution and no universal conclusions. Overall, the best areas for ESG investment in China should be in the southeast coastal area and the southwest except for the plateau. To be implemented in specific industries, adjustments can be made according to the actual situation.

Keywords: ESG; local Governance; Data Systems

B.12 Suggestions on Practice and Development for Promoting ESG Investment in China   *Liu Xiangdong* / 297

Abstract: The idea of Environmental, Social and Governance (ESG) has been widely accepted and embraced by the world's governments, institutions and businesses. It also aligns highly with China's new development concept and requirements of high-quality development and the country's goals of peak carbon in 2030, carbon neutrality in 2060, as well as common prosperity, and modernization of Chinese characteristics. In recent years, Chinese governments, enterprises, and social organizations had paid more attentions to ESG management and investment practice. China has introduced a series of framework systems and policies for ESG investment, evaluation, and regulation. The scale of ESG investment and green finance has grown rapidly. ESG investment has become one part of effective investment. However, a few companies face the moral hazards when implementing ESG investments named as "greenwashing", the green premium, and the threat of anti-ESG events. In China, promoting ESG investments is not dominated by Chinese governments. Chinese companies should not lower business returns, and should pursue higher investment returns while balancing the spillover social and environmental benefits of their investment activities. Enlarging effective investment on ESG will support the long-term economic growth and benefit the whole society when complying with high international standards. In the future, enhancing the quality of ESG information disclosure, speeding up national-level uniform standards for ESG assessment, and enhancing investors' awareness and investment practices are necessary to accelerate ESG investment.

Keywords: ESG Investment; Green Premium; Sustainable Development; Information Disclosure Standards; Stakeholders

B.13 Several Issues of Family Education from the Perspective of Urbanization and Educational Equity   *Zhang Jian* / 314

Abstract: Building sustainable cities and providing inclusive and fair quality education to society are two important tasks facing China. With the rapid development of industrialization and urbanization, social and family structures are undergoing significant changes, and educational equity is also facing challenges. Families bear important responsibilities in cultivating children's intellectual, emotional, and personality growth, and are also the main venues for developing inclusive and fair education. At present, the lack and dislocation of family education are very prominent in China, and the emotional cultivation, character growth, cultural literacy improvement, self-reliance ability, and life skill training that children should receive in family education cannot be effectively guaranteed. The imbalanced allocation of social education resources and the lack of

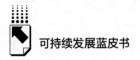

education in many families caused by factors such as employment and income will exacerbate the contradiction of educational inequality, and the resulting differences will cause social, political, and cultural barriers for children. This not only hinders children's growth, but also hinders the sustainable development of society. Chinese society must attach great importance to addressing the issue of educational equity for low-income families, migrant children, and left behind children, clarify the responsibility of family education, establish a child-centered family education system, and provide necessary planning guidance, policy support, and community assistance.

Keywords: Urbanization; Education Equity; Family Education; Collaboration

B. 14 Ideas and suggestions for coordinating green and low-carbon transformation and energy security   *Shen Jingyi*, *Cui Can* / 324

Abstract: Currently, facing the challenging international environment with high winds and waves, as well as the arduous domestic reform, development, and stability tasks, it is necessary to coordinate and promote the energy revolution, ensure energy security, and promote carbon peaking and carbon neutrality, in order to promote the green and low-carbon transformation of energy and deepen its implementation. We should start from reality, adhere to the principle of first establishing and then breaking, vigorously promote the clean development and utilization of fossil fuels, promote the construction of an energy supply system with clean and low-carbon energy as the main body, promote a modern industrial system that adapts to green and low-carbon transformation, establish a major scientific and technological collaborative innovation system for clean and low-carbon energy, and orderly promote the green and low-carbon transformation of energy while ensuring energy security.

Keywords: Carbon Peaking; Carbon Neutrality; Energy security; Low-Carbon Transformation

B . 15 Research on the development of new energy industry in African countries and the prospect of cooperation with my country

—*Taking Angola as an example*   *Zhang Yueyang* / 334

Abstract: As the world pays more and more attention to sustainable development and green energy, African countries, as regions with broad development potential, are gradually becoming the focus of the new energy industry. Among them, Angola, as my country's largest source of oil in Africa, is one of my country's important energy partners and an important barrier to maintain my country's energy security. In recent years, the changes in the century and the epidemic in the century have superimposed and resonated, the international situation is complicated, and the world's energy development pattern has undergone profound changes. As an important participant and technology leader in the global new energy field, my country has accumulated rich experience and strength in renewable energy technology and project implementation. Angola has abundant renewable energy resources, especially solar and wind energy, and has great potential for developing new energy industries. Studying the development of Angola's energy industry, assessing the prospects for cooperation in the new energy field, and sorting out the opportunities and challenges of cooperation in the new energy field are of great significance for China and Angola to achieve mutual benefit and win-win results in the energy field, and promote energy transformation and sustainable development.

Keywords: Angola; New Energy; Renewable Energy; Energy Transition; Sustainable Development

Ⅳ Cases

B . 16 Guangxi Beibu Gulf Economic Zone: Promoting Coordinated and Sustainable Development through Regional Integration

Qin Yuanzhen / 354

Abstract: Regional coordinated development is a key supporting power for

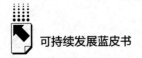
promoting high-quality development and an important component of sustainable development. The establishment of Guangxi Beibu Gulf Economic Zone with cities of Nanning, Beihai, Qinzhou, Fangchenggang, Yulin, and Chongzuo included in the Zone is an important measure to break administrative boundaries and coordinate regional sustainable development. In recent years, the notable achievements of establishing Guangxi Beibu Gulf Economic Zone can be witnessed from strengthened regional coordination, promoted urbanization, and the integrated development of Qinzhou, Beihai, and Fangchenggang cities. By strengthening resource integration and promoting regional integration development, Guangxi Beibu Gulf Economic Zone has promoted regional coordinated and sustainable development. However, due to insufficiency in economic size, market development and demand for cross-regional collaborative cooperation, the internal driving force for integration is also limited, which restricts the in-depth integrated development. Despite the strong development aspirations, vicious competition cannot be avoided. It is necessary to further strengthen top-level design, improve institutional mechanisms, stimulate internal driving forces for cooperation, optimize spatial and industrial layouts, and integrate resources to achieve joint construction and sharing, provide useful practical experience for promoting regional coordinated and sustainable development.

Keywords: Regional Integration; Guangxi Beibu Gulf Economic Zone; Regional Coordinated Development; Sustainable Development

B.17　Wuxi: A new model of high quality sustainable development

Zeng Wanglong / 366

Abstract: For a long time, Wuxi, which has a reputation as the "Pearl of Taihu Lake", is facing major challenges in green industrial transformation and achieving the "double carbon" goal while vigorously developing its economy. How to maintain rapid economic growth, take into account the ecological environment, and take the lead in achieving net zero carbon emissions in the city has become an urgent and important issue in Wuxi. In recent years, Wuxi has actively explored new models of high-quality sustainable development with the goal of building a "strong, rich, beautiful and civilized" new Wuxi. It has Focused on green industries and promoted industrial upgrading, and built a high-quality modern industrial system; Improved the innovation incentive mechanism, stimulated market vitality, and fostered sustainable innovation momentum; Strengthened the protection of the ecological environment, built a "waste-free city" and a "net zero-carbon city", and promoted the green and low carbon urban development; Vigorously promoted the innovation of green finance, realized the deep integration of green finance and green economy, and created a "Wuxi model" for high-quality sustainable development.

Keywords: Wuxi; Net Zero-Carbon City; Industry Upgrade; Innovation Drive; Green Economy

B.18 Chengde: Sustainable Innovation in Water Source Conservation in Urban Agglomeration *Zhang Ge* / 377

Abstract: Water is an indispensable and important resource for human survival and development. Currently, China is still one of the water deficient countries and faces an uneven distribution of water resources, with the northern region accounting for only 21% of the country's water resources. In this situation, doing a good job in "urban water conservation" is crucial for the sustainable development of the regional economy.

As a regional central city connecting Beijing, Tianjin, Hebei, Liaoning, and Inner Mongolia, Chengde actively plays a leading role in the innovation demonstration zone of the national sustainable development agenda, and has created typical cases such as "two rivers co governance and three water co construction" in ecological construction, circular economy, and other fields. It breaks traditional path dependence, realizes the reconstruction and upgrading of green industries, focuses on rural revitalization, and accelerates the development of characteristic

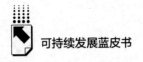

可持续发展蓝皮书

industries that enrich the people. Providing a "Chengde experience" with regional characteristics, replicability, and promotion for the sustainable development of similar regions both domestically and internationally.

Keywords: Water Source Governance; Green Industry; Clean Energy; Rural Revitalization; Chengde

B.19 Taizhou: From "Manufacturing Capital" to Building High Quality "Big Garden" *Sun Yingni* / 386

Abstract: Focusing on the construction of the "Big Garden", Taizhou has implemented high-quality actions to improve the ecological environment and continuously consolidate the ecological foundation. Taizhou is deepening its efforts to promote the construction of beautiful cities, towns, and villages. Based on the different situations and characteristics of cities, towns, and villages, it is tailored to local conditions to promote the common development of urban and rural areas. At the same time, Taizhou also vigorously explores the economic value inherent in ecology, transforming rich ecological resources into new driving forces for economic development, and creating comprehensive benefits. In terms of green industry development, Taizhou continuously optimizes its industrial structure, vigorously develops green manufacturing and eco-efficient agriculture, and promotes the green upgrading of traditional industries.

Keywords: Big Garden; Beautiful City; Ecological Economy; Green Industry

B.20 Taiyuan: Breaking the "dominance of one coal" and taking the path of sustainable energy development *Zhang Mingli* / 397

Abstract: Energy is an essential material for human production and life. With the continuous development of the economy and society, the demand for energy

594

by humans is also increasing. Taiyuan City, Shanxi Province is a typical city with coal as its pillar industry. Coal has brought a bright moment to Shanxi and also laid many hidden dangers for Shanxi. The advancement of China's industrialization process has accelerated the depletion of Taiyuan's coal resources, while also bringing ecological and environmental hazards to Taiyuan. In order to change the situation of "one coal dominates", Taiyuan has launched a path of developing circular economy, improving the competitiveness of coal enterprises, breaking away from dependence on resources, adjusting industrial structure, and optimizing resource allocation.

Keywords: Coal; Energy Structure; Diversified Development Taiyuan City, Shanxi Province

B.21   Chongqing Luohuang: Sustainable Practice of Transforming

Traditional Industrial Towns into Open Logistics Hub

Zou Biying, Wang Yanchun / 405

Abstract: Luohuang is a traditional industrial center in Jiangjin District, Chongqing. For a long time, the local economy has been supported by resource intensive industries with high energy consumption, high pollution, and low added value. In recent years, Luohuang has fully utilized its regional advantages in the construction of the Chengdu Chongqing dual city economic circle and the western land sea new channel, and has reorganized five major resource sectors - Luohuang Town, provincial characteristic industrial park "Jiangjin Luohuang Industrial Park", national open platform "Chongqing Jiangjin Comprehensive Bonded Zone", "Luohuang Port", one of the four major Yangtze River hub ports in Chongqing, and national railway logistics center "Xiaonanya Railway Logistics Center", Promote the high-quality transformation and development of this single traditional industrial town as a key logistics hub for opening up to the outside world. This not only involves the overall coordination of management functions in

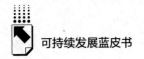
different business sectors within the economic zone, but also involves the transformation and upgrading of traditional industries and cross regional cooperation, the improvement of transportation channel capacity, and the full utilization of the preferential policy advantages of the comprehensive bonded zone. The West can connect Asia and Europe, the South can connect Southeast Asia, and the East can use the river to go to sea. From a traditional industrial town, Luohuang, as a logistics hub, is releasing greater sustainable development potential.

Keywords: Western Land Sea New Passage; Open Hub; Opening up to the outside world; Upgrade and Transformation; Chongqing Luohuang

B.22 International City Research Cases

Wang Anyi, Yang Yunan, Wang Chao,

Meng Xingyuan and Sylvia Gan / 418

Abstract: This report introduces and analyzes the sustainable development policies and achievements of international metropolises such as New York in the United States, S ã o Paulo in Brazil, Barcelona in Spain, Paris in France, Hong Kong in China, Singapore, Eindhoven in the Netherlands, and Dubai in the United Arab Emirates in five main areas of sustainable development: economic development, social livelihood, environmental resources, consumption and emissions, and governance and protection, And the sustainable development level of 110 large and medium-sized cities in China was compared through 15 indicators. In 2021, under the general environment of the gradual improvement of the COVID-19 epidemic, the economic recovery plans of various countries have achieved initial results, the economic growth of various international cities shows a significant rebound, and the GDP growth rate is approaching or even surpassing that of Chinese cities. Similar to previous years, Chinese cities generally have significant room for improvement in air quality, energy consumption, and water consumption. This year's report added discussions on sustainable development in the East Central and North African regions, as well as Dubai, one of the most economically developed cities in the region. Although Chinese cities, including Hangzhou, still lag significantly behind international comparison cities in certain fields, the statistical data of the indicators clearly reflect the progress of domestic cities year by year.

Keywords: International Cities; Sustainable Development; Comparison of Chinese Cities

B. 23   Rewiring Growth

—*Accelerating the Adoption of Circular and Carbon Free Healthcare*   Li Tao, Liu Kexin / 470

Abstract: The circular economy is a model of production and consumption, which involves sharing, leasing, reusing, repairing, refurbishing and recycling existing materials and products as long as possible. Developing circular economy is critical to addressing the challenges of climate change, resource scarcity, and biodiversity loss. 45% of global CO_2 emissions are attributable to materials extraction, supply, and the manufacture of equipment-often referred to as "embedded carbon". As a materials-intensive industry, the world's healthcare systems account for 5.2% of global CO_2 emissions. Thus, we-health technology companies, healthcare systems and other stakeholders-have a responsibility to act. This paper analyzed the history of circular economy and current situations from a global perspective, the urgent necessity and opportunities of circularity in healthcare, and the business strategy, actions, and results of Philips in driving circularity. Philips has realized that driving resource efficiency requires us to look beyond the design and production of hardware and take an integrated view of equipment, services and digital solutions. Through transiting to circularity, Philips help customers create resilient and sustainable healthcare systems that are resource-efficient, more connected, and inclusive-as well as delivering healthcare to more patients.

Keywords: Circular Economy; Circularity; CO_2 Emissions; Sustainable Healthcare Systems

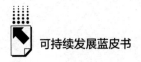
B.24 Biosphere 3: Exploration from Vanke Center Carbon Neutrality
Experimental Park to Community Carbon Neutrality

Shen Dong, Zhang Zhiheng, Cai Wenfei and Zhang Lingyan / 484

Abstract: The construction industry ranks first in the global carbon emissions
industry and bears significant responsibility for carbon emissions. From the
production of building materials to the construction, use, and final demolition of
buildings, the construction industry generates a large amount of carbon
emissions. In fact, according to data from the United Nations Environment
Programme, nearly 40% of global energy related carbon dioxide emissions come
from the construction and construction industries. In this context, communities, as
the cells of cities, have great potential for promoting carbon neutrality in
cities. Based on the green office park of Yuanwanke Headquarters, the Dameisha
Vanke Center, Shenshi Zero Carbon plans to transform and upgrade it into a
carbon neutrality park. The plan is to use the park as a pilot to drive local
communities and gradually build it into a Dameisha carbon neutrality demonstration
community within 3.2 square kilometers. In 2022, on the basis of the original
Vanke headquarters Vanke Center, the Dameisha Biosphere 3 will be upgraded
from a near zero energy office green building to a carbon neutrality experimental
park that integrates seven dimensions: green energy, near zero energy buildings,
low-carbon transportation, resource recycling, biodiversity, carbon emission
management, and lifestyle advocacy. It has now become an advanced carbon
neutrality demonstration park in Shenzhen. This article will introduce the above
aspects and share the current operational status and future plans of the Dameisha
Biosphere No. 3 Park through practical cases and experience. From the park to the
community, it will provide valuable experience for future carbon neutrality
communities.

Keywords: Dameisha; Biosphere 3; Carbon Neutral Communities; Clean
Energy; Green Buildings; Biodiversity

Contents ↖↘

B. 25   Green Development for aNet-Zero Future

Wang Xuan / 494

Abstract: Climate change driven by greenhouse gas (GHG) emissions poses a serious challenge to humanity in the 21st century. It has wreaked lasting havoc on the global natural ecosystem and on sustainable economic and social development. As a growing body of evidence suggests, climate change is here to stay as an immediate threat with long-term impacts, but climate governance is yet to move from consensus building to a stage of joint efforts and systematic action. Lenovo considers ESG as one of its development pillars and navigates through market cycles by giving back to the community. Its efforts centeraround national development, industrial progress, public wellbeing, and environmental conservation. It creates sustained growth through technological innovation. Building on its success in zero-carbon transformation enabled by digital and smart technology, Lenovo has established an approach to low-carbon development: reduce CO^2 emissions first in self-owned core manufacturing processes and then across the supply chain, and facilitate industrial peers in their similar drives. By doing so, Lenovo shoulders its responsibility for China's dual carbon goal and the world's 1. 5-degree target.

Keywords: Net zero Emissions; Responsibility of Supply-Chain Company; ESG; Social Value

B. 26   Amap: Amap Traffic Meta Analysis SaaS System, boosts traffic management sustainable

Dong Zhenning, Su Yuelong and Tao Huizhu / 505

Abstract: In 2019, in the Sustainable Development Blue Book: China's Sustainable Development Evaluation Report (2019), the author proposed for the first time the "smart +" approach of building smart cities from "connection" to "empowerment" - Amap demonstrated in detail the chassis role as China's largest man-earth relational attribute big data platform in the construction of smart cities. In

599

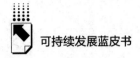

September of the same year, the Central Committee of the Communist Party of China and The State Council issued the Outline for "A country with strong transportation network". In August 2021, the special pilot work of building a comprehensive transportation and transportation big data was approved. As one of the first Internet platform enterprises to participate in the demonstration construction of a country with strong transportation network, Amap released an integrated mobility service platform, which effectively improves the travelers experience and injects new vitality into the entire industry chain. In terms of urban transportation and expressway and highway network operation, the Amap Traffic Meta Analysis (SaaS) system has proposed a new sustainable solution for the fine management of traffic. For the entire transportation industry such as traffic management, consulting and planning, it provides a professional system platform that can be implemented and has intelligent decision support ability, helping users to comprehensively judge the operating status of urban and regional roads and give solutions to problems, which provides the underlying technical support for the process of sustainable urban development in China.

Keywords: Sustainable Transport; Intelligent Transport; Mobility Services; Urban Transportation; Amap

Keywords: Sustainable Transport; Intelligent Transport; Mobility Services; Urban Transportation; Amap

皮书

智库成果出版与传播平台

❖ 皮书定义 ❖

皮书是对中国与世界发展状况和热点问题进行年度监测，以专业的角度、专家的视野和实证研究方法，针对某一领域或区域现状与发展态势展开分析和预测，具备前沿性、原创性、实证性、连续性、时效性等特点的公开出版物，由一系列权威研究报告组成。

❖ 皮书作者 ❖

皮书系列报告作者以国内外一流研究机构、知名高校等重点智库的研究人员为主，多为相关领域一流专家学者，他们的观点代表了当下学界对中国与世界的现实和未来最高水平的解读与分析。截至 2022 年底，皮书研创机构逾千家，报告作者累计超过 10 万人。

❖ 皮书荣誉 ❖

皮书作为中国社会科学院基础理论研究与应用对策研究融合发展的代表性成果，不仅是哲学社会科学工作者服务中国特色社会主义现代化建设的重要成果，更是助力中国特色新型智库建设、构建中国特色哲学社会科学"三大体系"的重要平台。皮书系列先后被列入"十二五""十三五""十四五"时期国家重点出版物出版专项规划项目；2013~2023 年，重点皮书列入中国社会科学院国家哲学社会科学创新工程项目。

权威报告·连续出版·独家资源

皮书数据库
ANNUAL REPORT(YEARBOOK)
DATABASE

分析解读当下中国发展变迁的高端智库平台

所获荣誉

- 2020年，入选全国新闻出版深度融合发展创新案例
- 2019年，入选国家新闻出版署数字出版精品遴选推荐计划
- 2016年，入选"十三五"国家重点电子出版物出版规划骨干工程
- 2013年，荣获"中国出版政府奖·网络出版物奖"提名奖
- 连续多年荣获中国数字出版博览会"数字出版·优秀品牌"奖

皮书数据库

"社科数托邦"
微信公众号

成为用户

登录网址www.pishu.com.cn访问皮书数据库网站或下载皮书数据库APP，通过手机号码验证或邮箱验证即可成为皮书数据库用户。

用户福利

- 已注册用户购书后可免费获赠100元皮书数据库充值卡。刮开充值卡涂层获取充值密码，登录并进入"会员中心"—"在线充值"—"充值卡充值"，充值成功即可购买和查看数据库内容。
- 用户福利最终解释权归社会科学文献出版社所有。

社会科学文献出版社 皮书系列
SOCIAL SCIENCES ACADEMIC PRESS (CHINA)

卡号：35664133659 4

密码：

数据库服务热线：400-008-6695
数据库服务QQ：2475522410
数据库服务邮箱：database@ssap.cn
图书销售热线：010-59367070/7028
图书服务QQ：1265056568
图书服务邮箱：duzhe@ssap.cn

法律声明

"皮书系列"（含蓝皮书、绿皮书、黄皮书）之品牌由社会科学文献出版社最早使用并持续至今，现已被中国图书行业所熟知。"皮书系列"的相关商标已在国家商标管理部门商标局注册，包括但不限于LOGO（🖐）、皮书、Pishu、经济蓝皮书、社会蓝皮书等。"皮书系列"图书的注册商标专用权及封面设计、版式设计的著作权均为社会科学文献出版社所有。未经社会科学文献出版社书面授权许可，任何使用与"皮书系列"图书注册商标、封面设计、版式设计相同或者近似的文字、图形或其组合的行为均系侵权行为。

经作者授权，本书的专有出版权及信息网络传播权等为社会科学文献出版社享有。未经社会科学文献出版社书面授权许可，任何就本书内容的复制、发行或以数字形式进行网络传播的行为均系侵权行为。

社会科学文献出版社将通过法律途径追究上述侵权行为的法律责任，维护自身合法权益。

欢迎社会各界人士对侵犯社会科学文献出版社上述权利的侵权行为进行举报。电话：010-59367121，电子邮箱：fawubu@ssap.cn。

社会科学文献出版社